MANUFACTURING
AUTOMATION

METAL CUTTING MECHANICS,
MACHINE TOOL VIBRATIONS,
AND CNC DESIGN

制造自动化

——金属切削力学、机床振动和CNC设计

（加）尤素福·阿廷塔斯（Yusuf Altintas）著
罗学科　刘　瑛　恩溪弄　译

化学工业出版社
·北京·

内容简介

本书是在第一版的基础上，结合作者多年指导博士研究生从事数控技术与制造自动化研究工作的一线科研经验，通过建立适当的模型，比较完整地描述切削加工过程，并通过仿真来研究切削参数对加工过程和加工质量的影响，从而深入研究切削参数对加工和加工稳定性及加工中各种物理现象的作用，以期优化切削参数并开发相关制造过程监控和参数优化的智能模块，使智能制造不只停留在生产管理和组织层面，而是深入到切削加工的参数和工艺优化层面，实现真正意义上的智能制造。本书对于优化制造过程，深入研究各类切削加工的物理过程有重要意义。

本书旨在满足机械制造、机电一体化等专业的硕士生、博士生、进修人员和部分高年级本科学生、从事制造自动化的相关科研人员的参考需求。

图书在版编目（CIP）数据

制造自动化：金属切削力学、机床振动和 CNC 设计 /（加）尤素福·阿廷塔斯（Yusuf Altintas）著；罗学科，刘瑛，恩溪弄译.—北京：化学工业出版社，2022.6

书名原文：Manufacturing automation:metal cutting mechanics, machine tool vibrations, and CNC design

ISBN 978-7-122-40917-1

Ⅰ. ①制… Ⅱ. ①尤… ②罗… ③刘… ④恩… Ⅲ. ①金属切削-机械动力学 ②机床-振动 ③数控机床 Ⅳ. ①TG5 ②TG659

中国版本图书馆 CIP 数据核字（2022）第 039432 号

责任编辑：张兴辉　金林茹
责任校对：边　涛
装帧设计：王晓宇

出版发行：化学工业出版社
（北京市东城区青年湖南街 13 号　邮政编码 100011）
印　　装：北京建宏印刷有限公司
787mm×1092mm　1/16　印张 18¾　字数 436 千字
2022 年 11 月北京第 1 版第 1 次印刷

购书咨询：010-64518888
售后服务：010-64518899
网　　址：http://www.cip.com.cn
凡购买本书，如有缺损质量问题，本社销售中心负责调换。

定　　价：188.00 元

新版译者序

我国已是制造大国，但我国制造业仍大而不强，与发达国家相比，仍存在较大差距，既表现在人均工业产值上，也表现在创新能力、核心技术、产业结构、产品质量及高端装备等方面。众所周知，制造业是我国国民经济的支柱产业，也是我国经济增长的主导产业和经济转型的基础。同时，制造业更是一个国家综合实力的体现，事关国家独立和主权。曾有报告指出："与制造业繁荣休戚相关的不仅仅是一个国家的财富，甚至还有这个国家的独立。每一个为实现其伟大目标的国家，都应拥有满足本国需求的所有基本市场要素。"这充分说明了制造业对一个国家经济和国家安全的极端重要性。

目前我国制造业正处在一个重要的转型发展期，以工业 4.0 为大背景的智能制造正成为产业升级的重要出路和手段，各种研究智能制造模式和构建智能制造系统的论文、专著、教材如雨后春笋般出现，也体现了学界和产业界对"中国制造 2025"战略的积极呼应，这显然是值得高兴的一件事。

Yusuf Altintas 教授的这部专著是对切削力学、加工稳定性、数控开放系统开发和传感器辅助智能制造等方面的底层基础研究。智能制造需要关注制造系统的信息流、控制流，而底层加工过程中力的相互作用对系统和工件质量的影响，以及对系统稳定性的影响和如何在保持系统稳定的情况下提高加工效率和加工质量，是必须要认真研究的，并通过数学模型的建立为控制和参数选择提供依据。数控技术作为实现智能制造的基础技术，其系统建模与控制、轨迹生成等也是数字制造及智能制造的核心，这本书在这些方面的研究应该说既深入又持久，并给出了具有可实现性的算法参考。作者将实际应用中的车削、铣削和钻削加工的力、振动和变形等因素与机床的模态分析相结合，从动力学角度建立了涵盖整个加工过程中的各种物理量、物理因素的数学模型，从而在实际加工前预测出不同切削参数与物理量之间的相互关系，预先对加工质量进行评估，这也是实现智能制造和制造自动化必须面对的问题。

我从 1989 年硕士研究生阶段开始，从事难加工材料切削加工和切削测力仪的开发工作，后在北京航空航天大学陈鼎昌教授指导下研究切削力学、钻头自动化刃磨、切削力测试传感器、振动切削等。2001 年到英国做访问学者时，在程凯教授的指导下进行精密加工和加工表面质量的研究，期间发现了 Yusuf Altintas 教授在剑桥大学出版社出版的这部专著，有眼前一亮的感觉，对 Yusuf Altintas 教授带领的团队在这方面的研究有了比较深入的了解，也与 Yusuf Altintas 教授建立了联系。认真学习这部专著后，更是觉得有必要将其引进国内，相信一定会对国内这方面的研究起到促进作用，后经化学工业出版社张兴辉副总编辑的努力和北京发格自动化设备有限公司提供的版权引进基金支持，这本书的第一版中译本于 2002 年 10 月出版发行，被多所高校选为研究生教材，发行量比较大，被引用 200 多次。在此期间也收到多位读者的电子邮件，就书中学术问题与译者进行探讨，包括华中科技大学、西安交通大学、北京航空航天大学的一些在读博士，也使我感到做了一件非常有意义的事情。2003 年，应北京航空航天大学刘强教授的邀请，Yusuf Altintas 教授到北京航空航天大学讲学并演示他们团队开发的 CUTPRO 软件，我有幸面见 Yusuf Altintas 教授并给他做演讲翻译，领略了教授的学术风采，他对我翻译其专著给予了充分肯定，并笑谈到中译本比原版发行量还大，还谈到他在几所高校讲学时也看到许多博士生在看中译本。受教授这段话的鼓励，我说下次再版继续翻译中文版。然而这本书的第二版出版后，引进翻译出版遇到了不少困难：首先是由于我工作岗位的变化，用于学术工作的时间非常有限；其次是国家之间版权交易手续烦琐，费用不菲。近两年，由于新冠肺炎疫情影响，反倒有了些时间进行翻译工作，翻译工作历时一年时间终于完成，同时得到了北人智能装备科技有限公司的支持。

这部专著重点介绍了金属切削过程力学、机床动力学及振动，进给驱动设计和控制，CNC 设计原理，传感器辅助加工和数控编程技术等知识。第二版在第一版的基础上进行了完善和丰富，加入了作者团队的最新研究成果，特别是对机床结构动力学和振动学的研究更为深入、丰富。

本书特别适合高年级本科生和研究生学习使用，特别适合作为机床动力学学习的教科书，也可以供机床设计研发工程师和制造工程师学习参考。它将帮助读者系统完整地学习金属切削力学的工程原理、机床振动、数控系统设计、传感器辅助智能加工，以及 CAD/CAM 技术等。

本书翻译过程中，北京印刷学院恩溪弄博士参与翻译了第 3 章和第 4 章的内容，北方工业大学刘瑛副教授参与了第 6 章和第 7 章内容的翻译。同时，北京印刷学院机电工程学院的杜艳平教授给予了大力支持。我所带领的北方工业大学先进制造技术团队给予了帮助和支持，在此一并感谢。

罗学科（luoxueke@ncut.edu.cn 或 xk_luo@bigc.edu.cn）
2021 年初秋于北京石油化工学院

前言

金属切削技术是应用最为广泛的产品最终成形工艺，伴随着材料科学、计算机科学和传感器技术的发展，金属切削技术也在不断地发展延伸。目前大量采用的是在计算机数控（CNC）机床上进行的车、钻、铣、拉、镗和磨等切削加工，从毛坯上切除多余的材料，将毛坯加工成最终的产品。本书第二版出版的目的是帮助学生和相关专业的工程师理解金属切削技术的科学原理并将这些原理应用到生产实际，解决在车间生产中遇到的实际问题。本书反映了作者的工程实践、研究经历及其制造工程的哲学思想。

工程师们在将基本物理原理应用到实际机床设计和加工工艺制定的过程中，以他们看得见、摸得着的方式进行学习是最好的方式。在分析、设计机床及其加工工艺中，数学、物理、计算机、算法和仪器设备将成为有用的集成工具。

金属切削发生在切削刀具和安装在机床上的工件材料之间，机床的运动是受 CNC 单元控制的，CNC 单元使用的数控（NC）指令是在计算机辅助设计/计算机辅助制造（CAD/CAM）系统上生成的，能否高效、精确地切除金属取决于 NC 程序的准备、加工工艺参数的设计、切削条件、刀具几何形状、工件和刀具的材料、机床刚度和 CNC 单元的性能。加工和机床领域的制造工程师必须熟悉上面所列的每个问题，更为重要的是将这些知识联系起来并以多学科综合的方式解决加工中的问题。

本书的前四章讲述了金属切削的详细数学模型，特别是车削、铣削和钻削加工，重点强调了解决车间实际问题和机床设计问题的宏观切削力学。虽然本书中没有涉及工件和刀具材料设计的微观切削力学，但简单介绍了材料可加工性的基本原理、刀具磨损机理和刀具破损问题，并给出了完整的图片。机床设计所需要的结构学、固体力学、振动学、运动学等知识在有关机械工程的教材中有专门论述。本书建立在以上这些知识的基础上，将振动的基本原理和实验模态分析技术应用于机床和金属切削领域。为了简单方便地解决加工振动问题，对相应的数学方法进行了简化，并对制造工程师在实际生产中遇到的加工颤振问题进行了深入的讨论。

本书的最后三章主要讲述 CNC 机床的编程、设计和生产自动化问题，简要介绍了数控编程和 CAD/CAM 技术，但对于初学 CNC 机床的编程和使用方法已经足够了。本书对驱动致动器的选择、反馈传感器、进给驱动的建模与分析、实时轨迹生成和插补算法的设计、CNC 定向误差的分析等内容的讲述比其他书更为详细。书中也全面地论述了开放式 CNC 设计的思想及在 CNC 机床上增加传感器和控制算法模块以改善加工精度和提高生产率的方法。

处理实际制造问题是学生们学习的最佳途径。本书中涉及的内容是经过实验验证并被广泛应用于研究室和工业生产的工程原理。书中给出的实例和思考问题源自作者及其学生的科学研究项目和已解决的工业实际问题。书中以工业项目形式给出的多学科交叉问题是为了便于读者同时应用所必需的各门技术，例如要求读者首先解决基本的切削力学问题，接下来分别解决铣削力学、立铣刀的静态变形和相应表面形状误差的建模、立铣刀的振动模型和颤振稳定性问题。例如，在解决飞机翅膀结构铣削加工问题中，读者对相关的知识链进行了综合联系，这也是来自工业实际的项目。与此类似，在另一个项目中，引导学生一步一步地走过了编程、实时建模和 CNC 机床控制等步骤。因为所有的项目均在作者的实验室进行了实验，因此书中提供的许多教学和研究装置可用于教师教学。

本书是为学习金属切削原理、机床振动、实验模态分析、NC 编程、CAD/CAM 技术、CNC 系统设计和基于传感器的智能加工技术的高年级本科学生、研究生和从事实际生产的制造工程师编写的，也可作为从事金属切削力学与动力学、CNC 技术和基于传感器的智能加工技术的科研工作者、工程技术人员的参考书。

书中的每章内容绝大多数源自作者本人的工程实践、科学研究和教学经历。每章内容都涉及作者在不列颠哥伦比亚大学（University of British Columbia）制造自动化实验室指导的多名研究生学位论文的内容。已毕业的研究生和助手 E.Budak、A.Spence、E. Shamoto、I. Lazoglu、Haikun Ren 和 F.Atabey 的研究对第 2 章的内容作出了贡献，这一章主要研究金属切削原理。E. Budak、S. Engin、P. Lee、S. Park、M. Namazi、D. Merdol、J. Roukema、Z. Dombavari 和 M. Eynian 的论文对写作第 3 章和第 4 章有很大的帮助，这两章主要讲述机床振动问题。K. Erkorkmaz、B. Sencer 和 C. Okwudire 的论文对写作第 5 章和第 6 章的内容有很大的帮助，这两章主要讲述 CNC 系统的设计原理。N. A. Erol 和 K. Munasinghe 的学位论文形成了最后一章，这一章主要是有关传感器辅助加工和开放式 CNC 系统设计的问题。作者向所有已毕业和在读的研究生在加工、机床、CNC 设计、加工过程监控等方面的研究积累表示感谢。

还要感谢几位对作者制造工程经历有帮助的机械师、工程师和教授。土耳其 Kirikkale 的 M.K.E Top Otomotiv 工厂的机床设计工程师、工艺师和机械师，加拿大 Montreal 的 Pratt& Whitney 公司的机械师，位于 Hamilton 的加拿大金属加工研究所的工艺设计人员，给予了我丰富的工程实际训练。作者在伊斯坦布尔技术大学接受了基本的工程教育并学到了丰富的机床设计和分析知识；在 New Brunswick 大学接受了 CAD/CAM 教育；在 McMaster 大学学到了有关机床工程背景的知识，这些对于作者在制造工程方面的全面发展和研究技能的提高有很大帮助。G. Pritschow、U. Heisel、T. Moriwaki、F. Klocke、M. Weck、H. van Brussel、G. Bryne、G. Stepan、T. Altan 和 A. G. Ulsoy 教授以及工业界的 M. Zatarin (Ideko)、M. Fujishima (MoriSeiki)、M. Lundblad (Sandvik)及 D. McIntosh (Pratt & Whitney Canada)与作者建立了深厚的个人友谊和合作研究关系。感谢机床技术研究基金（MTTRF）给予资助，Mori Seiki 提供实验机床，Sandvik Coromant 和 Mitsubishi 捐助用于研究工作的切削刀具。作者的研究工作、工程风格及人生哲学深受恩师 J. Tlusty 教授的影响。

本人向剑桥大学出版社的编辑 Peter Gordon 提供的支持表示感谢，感谢剑桥大学出版社和 Aptara 的合作与帮助。

机床和金属切削工程是多学科综合交叉的领域，要成为一名出色的制造工程师和研究者需要掌握多方面的知识，这需要特别努力勤奋的学习和工作，离开家庭成员的奉献是不可能实现的。作者的妻子 Nesrin、女儿 Cagla 和儿子 Hasan 对于作者将无数的周末和家庭节假日花费在建设不列颠哥伦比亚大学制造自动化实验室上表示理解和支持，这个实验室和这本书倾注了作者 25 年的心血。作者的母亲 Hatice 和先父 Hasan 是勤劳、忠厚和热情的村民，他们不但是作者的生活典范，更是精神支柱。作者的兄弟 Asim 及妹妹 Ummuhan 和妹夫 Ibrahim 不仅仅是作者的家庭成员，更是作者亲密无间的朋友，作者之所以能完成此书，要归功于所有在作者职业生涯和生活中给予支持的人们。

著者

目录

第1章 导言

机床、金属切削、计算机数控（CNC）、计算机辅助制造（CAM）以及传感器辅助智能加工技术所涉及的领域都相当宽泛，这些领域的每个问题都需要丰富的学术和工程经验，这样才能将它们有机地结合起来并应用到具体的制造工艺过程中去。

作为一名制造工程师，虽然不可能在所有这些领域都成为专家，但制造工程师必须熟悉精确而又经济地制造零件的基本工程基础。这本书的重点在于金属切削力学、加工过程中的静态和动态变形、CNC 的设计原理、传感器辅助加工和 CNC 机床编程技术的基础知识。本书是在 120 篇以上期刊论文和 60 篇以上学位论文的基础上，集成了作者在工程实际、科研及教学方面的丰富积累形成的。

本书内容是按下面的结构组织的：

第 2 章主要介绍金属切削力学的基本知识。首先介绍二维直角切削力学。论述了在切削过程中切屑形成和刀具前刀面及后刀面摩擦的基本规律；讲述了工件材料特性、刀具几何参数和切削条件之间的关系；比较详细地说明了辨识加工过程中的剪切角、刀具前刀面和运动的切屑之间的平均摩擦因数以及屈服剪切应力的方法。介绍了实际切削中斜角切削的几何关系，论述了实际切削加工中三维斜角切削的力学理论；根据斜角切削的力学定律给出了预测所有方向切削力的方法。介绍了制造业中最基本的三种切削方式（车削、铣削和钻削）的力学理论分析。对于铣削加工，讲述了在笛卡儿坐标系预测三维切削力的算法推导过程，并给出了实际切削的采样结果；给出了在实际中广泛应用的螺旋槽立铣刀切削力的预测算法。本章还简单介绍了有关刀具磨损和破损的方式及其成因，这些内容对于评价工件的可加工性是很重要的。

第 3 章主要讲述加工过程中的静态变形和振动问题。在加工过程中，加工静态变形是由工件和刀具的弹性变形引起的；当静态变形超出工件的允差极限后，将导致零件报废。书中给出了车削棒料和立铣加工时预测静态变形发生位置和大小的公式，这个方法也可以推广到其他加工方式（诸如磨削和钻削等）。加工过程中最普遍的问题源自动态变形（即刀具和工件之间的相对振动），其中最常见的振动现象是自激颤振，发生颤振后，刀具和工件之间的动态位移成指数规律增长，最终将导致刀具跳出切削区或刀具破坏。为了便于读者理解机床颤振，书中首先归纳总结了有关单自由度和多自由度振动的基本理论知识。机床颤振主要是通过分析实验数据进行研究的，书中也给出了有关实验模态分析的基本知识。利用模态分析技术，工程师们可以将复杂的机床和工件结构表示为其他工程师能够理解的一组数学表达式。模态分析技术不但能够分析颤振，也能明确地反映在加工期间发生颤振的根源，从而使设计工程师改进设计。

第 4 章讲述了在频域和离散时域直角切削和斜切加工过程的颤振理论。给出了加工过程中不同刀次引起的再生振动的数学模型；分别给出了有阻尼和无阻尼情况下直角切削中确定无颤振切削深度（简称切深）和主轴转速的方法。介绍了预测车削、钻削和铣削加工无颤振稳定性的数学模型，并介绍利用仿真结果和实际实验结合的方法获得无颤振稳定加工的方法，工程技术人员可以用这种方法提高生产率并避免发生颤振。

第 5 章介绍 CNC 技术及数控加工和编程的基本知识。首先总结了各种 CNC 机床普遍接受的标准 NC 指令，包括 CNC 机床接受的 NC 代码的格式，沿刀具路径运动的运动指令（如直线和圆弧插补指令），控制主轴和冷却液等的辅助指令和自动循环指令等。然后引入了计算机辅助制造（CAM）的内容，由 CAM 生成的 NC 程序通过 CNC 单元处理成根据轨迹生成器和插补算法产生的位置指令，传到各个驱动器。其中也给出了生成速度、加速度和加加速度平顺过渡的数学方法。以实际例子的形式给出了直线、圆弧和样条的实时插补方法。

掌握了 CNC 机床使用和编程的工程师们还要熟悉有关 CNC 机床设计及 CNC 内部运行的基本原理。本书第 6 章对 CNC 机床设计的基础知识进行了讲述，从驱动电机和伺服放大器的选择开始讲起，详细地介绍了进给伺服驱动系统的数学建模过程，根据对机械驱动系统的惯性和摩擦、伺服电机、放大器、速度和位置反馈传感器的实际判断给出了它们的传递函数。也讲述了将连续时域的物理系统模型变换到离散计算机时域的方法。给出了来自科研和生产实际的进给驱动数字控制系统的设计和调试过程。CNC 的设计包括直线、圆弧和样条插补实时刀具路径的生成，以及沿刀具路径的加速度、减速度和矢量进给速度的控制。本章还给出了设计电液机床驱动的完整例子，用以说明 CNC 设计的普遍原理，也就是说 CNC 技术可以应用于任何机械系统，而与致动器的类型无关。

加工技术近期发展的趋势是提高机床和 CNC 的智能化程度，这方面的内容在第 7 章中予以讨论。在机床上安装能够在加工时测量力、振动、温度和声音的传感器，通过数学模型可以发现这些传感器测量的信号和机床加工状态的关系；将数学模型编写成实时算法，可以监视机床的加工状态，并发送指令给 CNC 以采取相应的动作。本章中给出了一种智能加工和开放式实时 CNC 操作系统，可以进行模块化设计并将基于传感器的应用算法集成到机床上。本章包括了简单但也是最基本的加工过程控制算法及其理论基础，还给出了切削力自适应控制、刀具失效的在线检测和颤振检测算法及其实验验证和工程应用。

在每章的末尾给出了一些思考问题，它们大多来自作者所在的制造自动化研究实验室在实际设计、应用和实验中的问题，期望它们能让工科学生感受到工程实际中的一些问题。因为书中涉及多个工程学科在机床工程问题中的综合应用，因此作者认为本书的读者已经理解了相关机械工程的基本概念。但在附录中作者还是给出了有关拉氏变换和 z 变换的基本原理以及基于最小二乘方法的参数辨识技术。

本书作者所在实验室开发的先进数学模型经简化后作为金属切削力学、机床振动和控制的基本原理在本书给予讲授。而详细的数学模型在作者指导的学生学位论文和相关期刊文章中发表。相关算法也在先进加工过程仿真软件 CUTPRO[66]中采用，该软件在全球相关研究中心和制造企业得到广泛应用。

第2章 金属切削力学

2.1 导言

大多数机械零件的最终形状是通过机械加工获得的。许多成形过程像锻造、辊压和铸造，在成形后往往需要一系列的金属切削加工，以便获得零件最终要求的形状、尺寸及其表面质量。机械加工主要分为两大类：切削加工和磨削加工。切削加工用于从毛坯上切除材料，磨削加工往往在切削加工之后进行，以便使零件获得更高的表面质量和尺寸精度。最常见的切削加工有：车削、铣削和钻削，另外，还有一些特殊的切削加工方式，如：镗削、拉削、滚削、刨削和成形切削。所有金属切削的力学原理是一样的，但它们的几何关系和运动形式是不同的。本章内容并不涉及对各种切削加工的特性及刀具几何形状的具体分析，而着重于切削力学的基本原理，并给出了对铣削加工力学体系的综合分析讨论。读者要了解和学习这方面的内容，可以参考 Armarego 和 Brown[25]，Shaw[96] 及 Oxley[83]编写的有关金属切削方面的专著。

2.2 直角切削力学

虽然大多数切削加工是三维切削，并且其几何关系相当复杂，但在这里我们将以几何关系比较简单的二维直角切削为例来解释金属切削的基本力学原理。在直角切削加工中，材料是被垂直于刀具-工件相对运动方向的切削刃切除的。更为复杂的三维斜角切削的力学原理可以通过对直角切削模型施加相应的几何和运动变换获得。直角切削和斜角切削过程的示意图如图 2.1 所示。直角切削过程类似于刨削加工，刀具的切削刃是一条与切削速度（v）垂直的直线；一定切削宽度（b）和切削深度（h）的金属切屑被从工件上剪切下来。在直角切削中，假定切削过程中工件材料沿切削刃是不变形的，因此它是二维的平面应变变形过程，不涉及材料的侧向伸展。因此，切削力只施加在切削速度方向和切削厚度方向，它们分别被称作切向力（F_t）和进给力（F_f）。然而，在斜角切削过程中，切削刃有一倾斜角（i），并且在径向施加了第三个作用力——径向力（F_r）。

图 2.2 所示为直角切削的截面图，在切削过程中有三个变形区。在刀具的切削刃楔入工件的过程中，位于刀具前刀面的工件材料在主变形区（主剪切区）发生剪切滑移变形

形成了切屑；被剪切下来的材料——切屑，在沿刀具主切削面运动时发生部分变形，称为第二变形区；摩擦区是刀具后刀面从工件加工表面摩擦而过形成的，被称为第三变形区。切屑开始黏结到刀具的前刀面的部分被称为黏结区。在刀具的前刀面，摩擦应力与黏结区材料的屈服剪切应力大体相等；切屑停止黏结后，开始以恒定的滑移摩擦因数沿前刀面滑动；最后离开刀具，失去与刀具前刀面的接触。切屑与刀具接触区的长度取决于切削速度、刀具几何形状和被加工材料的特性。关于主剪切区的理论分析有两种基本的假说：Merchant[75]在假定剪切区是一个薄平面的假说上，建立了直角切削模型；其他的学者像 Lee 和 Shaffer[67]、Palmer 和 Oxley[84]，在分析厚剪切变形区的基础上，依据塑性定律提出了“剪切角预测”模型。在本章中，为了简单起见，假定剪切变形区是一个薄的区域。

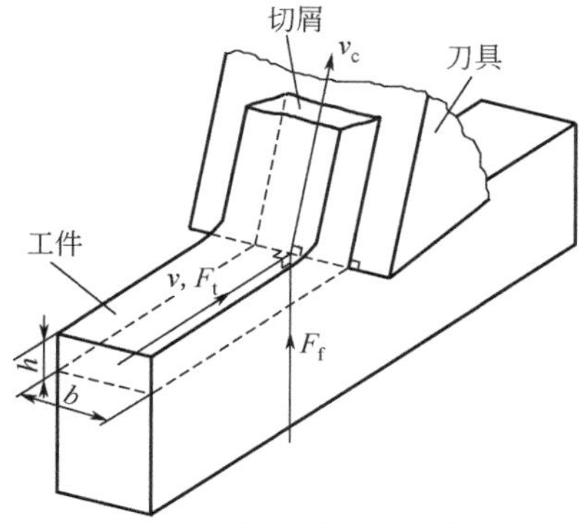

(a) 直角切削的几何关系

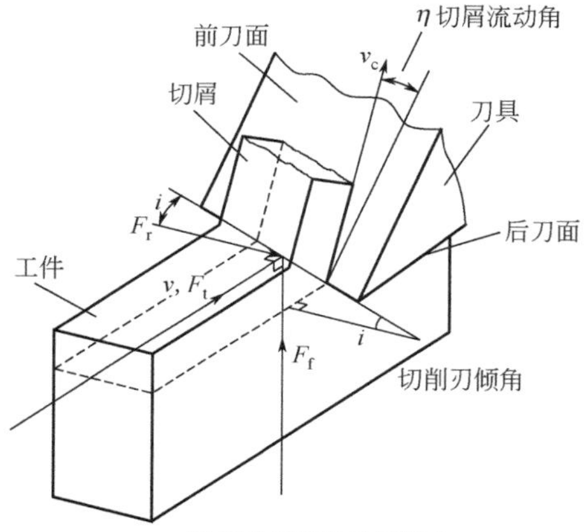

(b) 斜角切削的几何关系

图 2.1　直角切削和斜角切削过程的几何关系图

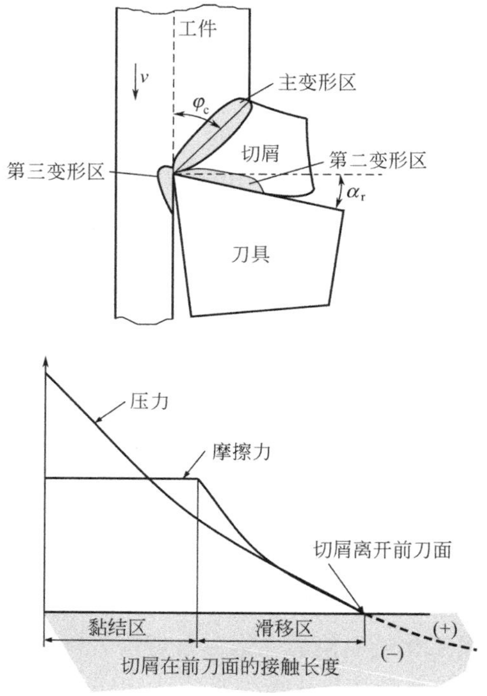

图 2.2　变形区和前刀面的载荷分布

图 2.3 是直角切削过程中的截面图，从图中可以分析切削过程中的变形几何关系和切削力。假定刀具的切削刃是没有倒角和圆角的锋利刀刃，并且变形发生在无限薄的剪切平面内。剪切角（φ_c）被定义为切削速度（v）方向和剪切平面之间的夹角。进一步假定剪切平面上的剪切应力（或称剪应力）（τ_s）和正应力（σ_s）是恒定的；施加在剪切平面的合力（F）与施加在刀具前刀面上切屑和刀具的接触区上的力（F）是一对平衡力；假定在刀具前刀面上切屑和刀具的接触区内取平均摩擦因数。从力平衡的观点看，切削合力（F_c）是进给力（F_{fc}）和切向力（F_{tc}）的合成，即：

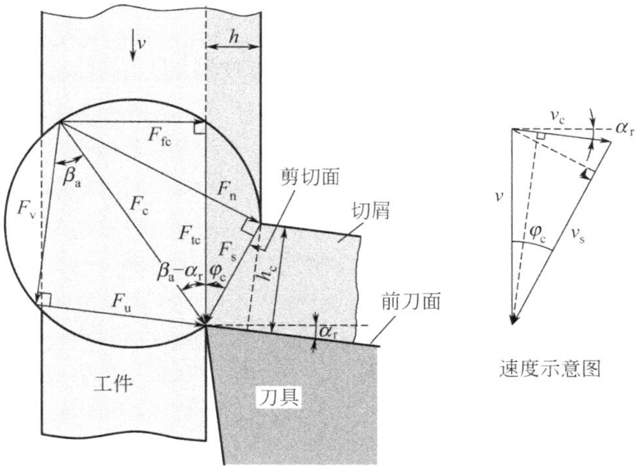

(a) 切削力示意图

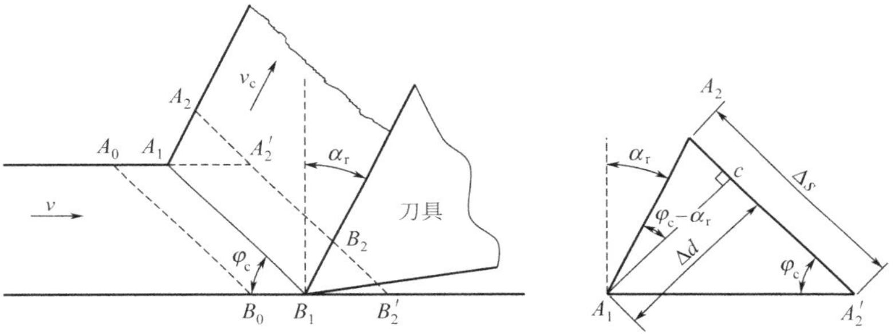

(b) 剪切变形和应变示意图

图 2.3　直角切削力

$$F_c = \sqrt{F_{tc}^2 + F_{fc}^2} \tag{2.1}$$

进给力（或推力）沿切削厚度方向，切向力（或切削动力，主切削力）沿切削速度方向。作用在刀具和作用在切屑上的力大小相等，方向相反。直角切削两个变形区的作用力如下。

（1）主剪切区

根据几何关系推导出作用在剪切平面的剪切力（F_s）为：

$$F_s = F\cos(\varphi_c + \beta_a - \alpha_r) \tag{2.2}$$

式中　β_a——刀具前刀面和运动的切屑之间的平均摩擦角；

α_r——刀具的前角；

φ_c——剪切角，它是切削速度（v）方向和剪切平面之间的夹角。

剪切力可以表示为进给力和切向力的函数：

$$F_s = F_{tc}\cos\varphi_c - F_{fc}\sin\varphi_c \tag{2.3}$$

同样，作用于剪切平面的法向力可以按下面的公式求得：

$$F_n = F_c\sin(\varphi_c + \beta_a - \alpha_r) \tag{2.4}$$

或

$$F_n = F_{tc}\sin\varphi_c + F_{fc}\cos\varphi_c \tag{2.5}$$

假定剪应力在剪切平面均匀分布，可以求得剪切应力（τ_s）：

$$\tau_s = \frac{F_s}{A_s} \tag{2.6}$$

其中剪切平面的面积：

$$A_s = b\frac{h}{\sin\varphi_c} \tag{2.7}$$

式中　b——切削宽度（在车削中为切削深度）；

h——切削厚度。

剪切平面的正应力（σ_s）为：

$$\sigma_s = \frac{F_n}{A_s} \tag{2.8}$$

切削速度（v）可以分解为两个分量（参见图 2.3 中的速度框图）。材料被从工件上以剪切速度（v_s）剪切掉。从速度矢量图，我们可以得到：

$$v_s = v\frac{\cos\alpha_r}{\cos(\varphi_c - \alpha_r)} \tag{2.9}$$

在剪切平面消耗的剪切功率为：

$$P_s = F_s v_s \tag{2.10}$$

这些功率将转化为热量。由此引起的剪切平面温度升高量（T_s）为：

$$P_s = m_c c_s (T_s - T_r) \tag{2.11}$$

式中　m_c——金属切除率，kg/s；

c_s——工件材料的特定热系数，N·m/(kg·℃)；

T_r——车间的温度。

金属切除率可以从切削条件求得：

$$\begin{cases} m_c = Q_c\rho \\ Q_c = bhv \end{cases} \tag{2.12}$$

式中，ρ 为工件材料特定的密度，kg/m^3；Q_c 单位为 m^3/s。

由式（2.9）～式（2.12）可以求得剪切平面的温度（T_s）：

$$T_s = T_r + \frac{P_s}{m_c c_s} \tag{2.13}$$

上面给出的公式只考虑所有的塑性变形均发生在剪切平面，并且所有的热量均消耗在剪切平面的情况。这种假说比 Boothroyd[30]预测的温度偏高，Boothroyd 考虑到了某些塑性变形发生在有限厚度的剪切区及有些热量被工件和切屑吸收，并被切屑带离切削平面的情况。Oxley[83]利用公式（2.14）修正对温度的预测：

$$T_s = T_r + \lambda_h(1-\lambda_s)\frac{P_s}{m_c c_s} \tag{2.14}$$

式中，λ_h（$0<\lambda_h\leqslant 1$）是一个考虑发生在薄变形区之外塑性变形的因子；λ_s 与传导到工件材料中的热量成正比。对于普通碳素钢，可以假定 λ_h 的平均值约为 0.7[107]。传导到

工件材料中的热量可以按经验公式（2.15）求得[83]：

$$\lambda_s=\begin{cases}0.5-0.35\lg(R_T\tan\varphi_c), & 0.04\leqslant R_T\tan\varphi_c\leqslant 10\\ 0.3-0.15\lg(R_T\tan\varphi_c), & R_T\tan\varphi_c\geqslant 10\end{cases} \tag{2.15}$$

式中　φ_c——剪切角，(°)；

R_T——无量纲热数值。

R_T 的数值由公式（2.16）给出：

$$R_T=\frac{\rho c_s vh}{c_t} \tag{2.16}$$

式中　c_t——单位工件材料传递的热量，W/(m·℃)。

同时也要注意，传递给工件材料的热量不可能超过加工中产生的总能量，也不可能出现将热量传入剪切平面的负传导现象，因此 $0<\lambda_h\leqslant 1$。

剪切平面的长度 L_c 可以从切削的几何变形关系求得：

$$L_c=\frac{h}{\sin\varphi_c}=\frac{h_c}{\cos(\varphi_c-\alpha_r)} \tag{2.17}$$

切削压缩系数（r_c）是切削厚度（h）与变形后切削厚度（h_c）之比：

$$r_c=\frac{h}{h_c} \tag{2.18}$$

可以由几何关系求得剪切角是刀具前角和切削压缩系数的函数：

$$\varphi_c=\arctan\frac{r_c\cos\alpha_r}{1-r_c\sin\alpha_r} \tag{2.19}$$

金属切削过程中的剪应变和应变率远比从标准的拉伸实验和金属成形过程中测得的剪应变和应变率数值高。变形后的几何形状如图 2.3 所示。假定未变形的切屑截面 $A_0B_0A_1B_1$ 以工件移动的速度 v 运动；工件材料在剪切平面（B_1A_1）发生塑性变形，切除下来的切屑在刀具的前刀面以切削速度 v_c 滑移；在Δt 时间后，未切削的金属带 $A_0B_0B_1A_1$ 变成了形状为 $A_1B_1B_2A_2$ 的切屑。由于在剪切角为 φ_c 的剪切平面发生剪切变形，因此切屑从期望的位置 $B_2'A_2'$ 移动到变形的位置 B_2A_2。由于是平面应变变形，故 $\overline{A_2'A_2}=\overline{B_2'B_2}$。剪切变（$\gamma_s$）被定义为变形量（$\Delta s=\overline{A_2A_2'}$）与变形前和变形后平面之间的名义距离（$\Delta d=\overline{A_1C}$）之比：

$$\gamma_s=\frac{\Delta s}{\Delta d}=\frac{\overline{A_2A_2'}}{\overline{A_1C}}=\frac{\overline{A_2'C}}{\overline{A_1C}}+\frac{\overline{CA_2}}{\overline{A_1C}}=\cot\varphi_c+\tan(\varphi_c-\alpha_r)$$

重新化简后，剪应变可以表示为：

$$\gamma_s=\frac{\cos\alpha_r}{\sin\varphi_c\cos(\varphi_c-\alpha_r)} \tag{2.20}$$

剪应变率为：

$$\gamma_s'=\frac{\gamma_s}{\Delta t}$$

假定剪切区的增量为Δs，剪切变形区的厚度为Δd，剪应变和剪切速度可以分别定义为：$\gamma_s=\Delta s/\Delta d$，$v_s=\Delta s/\Delta t$。那么，剪应变率可以定义为：

$$\gamma_s' = \frac{v_s}{\Delta d} = \frac{v\cos\alpha_r}{\Delta d\cos(\varphi_c - \alpha_r)} \tag{2.21}$$

因为剪切区的厚度Δd在切削过程中非常小，式（2.21）表明应变率非常高，特别是在假定应变区是厚度为0的平面时，应变率将无限大，那是不真实的。然而，用薄剪切平面近似的方法对金属切削进行宏观机理的分析是非常有用的。为了在实践中应用和进行大致的预测，剪切区的厚度可以近似地取剪切平面长度的一部分［例如：$\Delta d \approx (0.15 \sim 0.2) L_c$］。要进行更精确的分析，必须通过在加工过程中进行快停实验，保持剪切区的厚度并用扫描电子显微镜（SEM）对其进行测量。

（2）第二变形区

在切削过程中有两个切削力分量（法向力和前刀面的摩擦力）作用在刀具的前刀面（如图 2.3 所示）。法向力 F_v：

$$F_v = F_{tc}\cos\alpha_r - F_{fc}\sin\alpha_r \tag{2.22}$$

前刀面的摩擦力 F_u：

$$F_u = F_{tc}\sin\alpha_r + F_{fc}\cos\alpha_r \tag{2.23}$$

在对直角切削进行分析时，假定切屑以平均和恒定的摩擦因数 μ_a 沿刀具前刀面滑动。实际上，切屑在刀具的前刀面要黏结一小段时间，然后才以恒定的摩擦因数滑动[119]。前刀面上的平均摩擦因数由下式给出：

$$\mu_a = \tan\beta_a = \frac{F_u}{F_v} \tag{2.24}$$

可以用切向力和进给力求得摩擦角 β_a：

$$\tan(\beta_a - \alpha_r) = \frac{F_{fc}}{F_{tc}} \rightarrow \beta_a = \alpha_r + \arctan\frac{F_{fc}}{F_{tc}} \tag{2.25}$$

变形后的切屑在刀具的前刀面以速度 v_c 滑动：

$$v_c = r_c v = \frac{\sin\varphi_c}{\cos(\varphi_c - \alpha_r)} v \tag{2.26}$$

消耗在刀具与切屑接触面的摩擦功率为：

$$P_u = F_u v_c \tag{2.27}$$

在切削过程中消耗的总功率是消耗在剪切区和摩擦区功率的和：

$$P_{tc} = P_s + P_u \tag{2.28}$$

从切削力和切削速度平衡的观点，总功率也等于主轴电机消耗的切削功率：

$$P_{tc} = F_{tc} v \tag{2.29}$$

摩擦功率将使刀具和切屑的温度升高。从式（2.27）可以看出，如果速度增加，将引起摩擦功率的增加，从而导致刀具温度升高。过多的热量将引起刀具温度升高，从而导致刀具材料的软化，加速刀具磨损和破损。然而，制造工程师期望增加切削速度以获得比较高的金属切除率［式（2.12）］从而提高生产率。因此，制造工程的研究者面临的挑战是：降低切削力，通过改进刀具的几何形状设计使切屑带走更多的热量，开发耐热性能好的刀具材料，使刀具在温度升高时仍然保持比较高的硬度。刀具和切屑接触面的温度分布相当复杂，下面进行简单分析，以期对金属切削工程师有用。

消耗在刀具和切屑接触面的摩擦功率［式（2.27）］可以通过式（2.30）转换成热量：

$$P_u = m_c c_s \Delta T_c \tag{2.30}$$

式中，ΔT_c 是切屑的平均温度升高量。

Boothroyd[30]和 Stephenson[104]假定刀具和切屑的接触区是一个恒定黏结摩擦载荷作用下的恒定矩形塑性区；通过实验测量的温度和假定的塑性变形区可以导出关于温度的关系式[83]：

$$\lg\left(\frac{\Delta T_m}{\Delta T_c}\right) = 0.06 - 0.195\delta\sqrt{\frac{R_T h_c}{l_t}} + 0.5\lg\left(\frac{R_T h_c}{l_t}\right) \tag{2.31}$$

式中，ΔT_m 是在总接触长度为 l_t 的前刀面和切屑接触区里切屑的最大温度增量；δ（无量纲数）是刀具前刀面和切屑接触区里塑性层厚度与变形后切削厚度（h_c）的比值；刀具前刀面和切屑接触区的平均温度升高量（T_{int}）由式（2.32）给出：

$$T_{int} = T_s + \lambda_{int}\Delta T_m \tag{2.32}$$

式中　T_s——剪切平面的平均温度；

λ_{int}——（例如≈0.7）考虑温度沿刀具前刀面和切屑接触区长度变化的修正因子。

要进行精确的分析，塑性层厚度（δh_c）和 l_t 均需要用高倍显微镜（例如 SEM）来测量。我们所做的实验表明，前刀面的塑性层厚度为变形后切削层厚度的 5%～10%（$\delta/h_c \approx$ 0.05～0.1）。接触长度可以通过假定切削合力作用在接触长度的中点并平行于无应力切削边界来进行大致估算。从直角切削几何图（图2.3）可以大致预测切屑和前刀面的接触长度为：

$$l_t = \frac{h\sin(\varphi_c + \beta_a - \alpha_r)}{\sin\varphi_c \cos\beta_a} \tag{2.33}$$

在不加大刀具磨损的情况下，预测温度在刀具前刀面和切屑接触区分布，对确定最佳材料切除率的最大切削速度有很重要的意义。刀具材料内的结合剂可能被弱化或在扩散临界温度扩散到运动的切屑中去或在熔点熔化。对材料基本切削性能的研究要求识别刀具开始快速磨损时所对应的最大切削速度值。利用上面总结出的近似解决方法，我们可以选择刀具前刀面和切屑接触区温度（T_{int}）正好位于特定刀具材料临界扩散或熔化温度以下的切削速度。这方面的基础知识和实验研究可以参考 Oxley[83]的著作。

（3）第三变形区

刀具后刀面和已加工表面的接触尺寸和接触力取决于刀具磨损、切削刃刃磨方式及刀具材料和工件材料之间的摩擦特性。我们假定后刀面的总摩擦力为 F_{ff}，后刀面的法向力为 F_{fn}。如果简单地假定后刀面的压力（σ_f）均匀分布，那么后刀面的法向力表示为 $F_{fn}=\sigma_f VBb$，其中，VB 是后刀面的接触长度，b 是切削宽度。后刀面和已加工表面之间的平均摩擦因数（μ_f）可以定义为 $\mu_f=F_{ff}/F_{fn}$。后刀面和已加工表面之间的夹角叫后角（Cl_p），总接触力可以分解为切向力（F_{fe}）和进给力（F_{te}）如下公式：

$$\begin{cases} F_{te} = F_{fn}\sin(Cl_p) + F_{ff}\cos(Cl_p) \\ F_{fe} = F_{fn}\cos(Cl_p) + F_{ff}\sin(Cl_p) \end{cases} \tag{2.34}$$

应该注意到测量的切削力中包含由于剪切产生的力和在第三变形区发生在切削刃后刀面的“犁耕”或“划擦”作用产生的力。因此，测量的切削力分量可以表达为剪切力和切削刃产生力（刃口力）的叠加：

$$\begin{cases} F_{t} = F_{tc} + F_{te} \\ F_{f} = F_{fc} + F_{fe} \end{cases} \tag{2.35}$$

因此公式（2.35）中的切削力（F_t，F_f）只表示了剪切力（F_{tc}，F_{fc}）。切削刃上的切削力（F_{te}，F_{fe}）可以用本节中给出的方法，从正切削实验测得的切向力和进给力中求得。

由于很难从拉伸和摩擦实验中获得的标准材料特性来预测切削过程中刀具前刀面的平均摩擦因数和剪切平面的剪切角及剪应力。比较精确和现实的做法是通过直角切削实验来获得这些参数。通过在一定范围内改变刀具的前角，测得相应的变形后切屑的厚度和切向、进给方向的切削力；也可以通过在一定范围内改变进给量和切削速度的实验来考察切削厚度和切削速度对这些参数数值的影响。

表 2.1 给出的参数是利用碳化钨（WC）硬质合金刀具加工 Ti_4Al_4V 钛合金工件材料的直角切削实验结果，这些数据是对 180 多组实验数据进行统计分析得出的结果。在该实验中，用不同的刀具前角、不同的进给量和切削速度的组合，完成了一系列对钛合金（Ti_4Al_4V）管的直角切削加工。其中钛合金管的直径为 100mm，切削速度的范围为 2.6～47m/min；用测力仪对切向力（F_t）和进给力（F_f）进行测量。图 2.4 所示为直角切削切削力测试结果的两个例子。在切削条件中选用比较小的增量是为了增加切削力测量的可靠性。

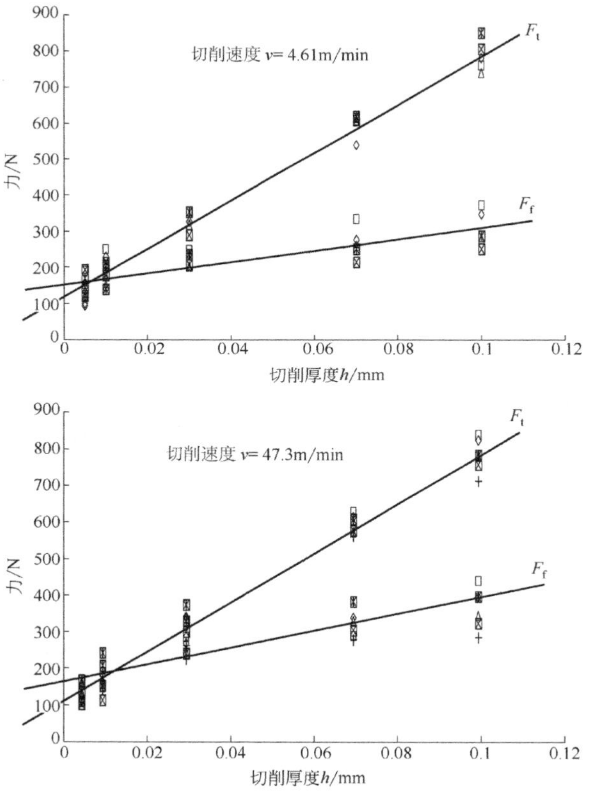

图 2.4　用碳化钨硬质合金刀具直角切削方式车削钛合金测得的切削力

该实验以不同的进给量和切削速度重复进行了多次，以保证测量结果统计分析的可靠性。刃口力可以通过将切削厚度外插值到0得到。从图中我们可以看出给定的切削速度下加工特定的钛合金材料，刃口力不是很大。平均刃口力系数 K_{te} 和 K_{tc} 表示单位宽度的划擦力。表2.1中的切削压缩系数 r_c、剪切应力 τ_s、剪切角 φ_c、摩擦角 β_a 是通过上述理论从测得的切削力分量和切削条件求得的。

表2.1 加工 Ti_4Al_4V 钛合金工件材料的直角切削数据

参数	数值	单位
τ_s	613	MPa
β_a	$19.1+0.29\alpha_r$	(°)
r_c	$c_o h^{c_1}$	
c_o	$1.755-0.028\alpha_r$	
c_1	$0.331-0.0082\alpha_r$	
K_{te}	24	N/mm
K_{fe}	43	N/mm

2.3 切削力的机械模型

由于直角切削力学理论不能直接应用到在实际中使用较多的带圆角、侧刃角、断屑槽的切削刀具的加工分析中，所以比较实际的做法是通过实验取得所用刀具几何形状和工件材料真实的相关参数。然而，必须注意到对于刀具设计和分析特定的金属切削过程，斜角切削（即三维切削）力学分析和塑性分析仍然是必要的，这些内容将在2.5节中讲述。

让我们以直角切削为例进行机械建模，我们可以将这种建模的思想扩展到其他非直角切削加工过程。在2.2节中，直角切削中的剪切力是所测得的进给力和切向切削力的函数，剪切力可以表示为剪切应力和剪切角的函数［式（2.6）和式（2.7）］：

$$F_s=\tau_s b\frac{h}{\sin\varphi_c} \tag{2.36}$$

根据式（2.2）和式（2.36），可以将切削合力（F_c）表示为剪切应力、摩擦角、剪切角、切削宽度和进给率的函数：

$$F_c=\frac{F_s}{\cos(\varphi_c+\beta_a-\alpha_r)}=\tau_s bh\frac{1}{\sin\varphi_c\cos(\varphi_c+\beta_a-\alpha_r)} \tag{2.37}$$

切向力和进给力与切削合力的关系可以表示为：

$$\begin{cases}F_{tc}=F_c\cos(\beta_a-\alpha_r)\\F_{fc}=F_c\sin(\beta_a-\alpha_r)\end{cases} \tag{2.38}$$

将式（2.37）代入式（2.38），会发现测量得到的主切削力是刀具几何形状和切削条件［例如，切削厚度（h）和切削宽度（a）］以及一些取决于加工过程和工件材料的参数（τ_s，β_a，φ_c，α_r）的函数：

$$F_{tc}=bh\left[\tau_s\frac{\cos(\beta_a-\alpha_r)}{\sin\varphi_c\cos(\varphi_c+\beta_a-\alpha_r)}\right] \tag{2.39}$$

同样，进给力可表示为：

$$F_{fc}=bh\left[\tau_s\frac{\sin(\beta_a-\alpha_r)}{\sin\varphi_c\cos(\varphi_c+\beta_a-\alpha_r)}\right] \tag{2.40}$$

有关金属切削的文献中被称作特定切削压力或切向切削力系数（K_{tc}，单位为MPa）的参数被定义为：

$$K_{tc}=\tau_s\frac{\cos(\beta_a-\alpha_r)}{\sin\varphi_c\cos(\varphi_c+\beta_a-\alpha_r)} \tag{2.41}$$

进给力常数（K_{fc}，单位为MPa）被定义为：

$$K_{fc}=\tau_s\frac{\sin(\beta_a-\alpha_r)}{\sin\varphi_c\cos(\varphi_c+\beta_a-\alpha_r)} \tag{2.42}$$

也可以用切削力系数的其他习惯表示法，假定进给力与切向力成正比，它们之间的比值为：

$$K_{fc}=\frac{F_{fc}}{F_{tc}}=\tan(\beta_a-\alpha_r) \tag{2.43}$$

式中，K_{fc}是无量纲形式，这可以从定义式（2.41）中看出，特定的切削压力是工件材料在切削期间的屈服剪切应力（τ_s）、剪切角（φ_c）、刀具几何形状（例如，刀具前角α_r）和刀具与切屑之间的摩擦角（β_a）的函数。在式（2.41）中只有刀具几何形状是事先知道的；摩擦角取决于所采用的润滑方式、刀具与切屑的接触区、刀具和工件的材料。因此前面给出的研究结果仍不能满足精确预测剪切角的需求，对剪切角的精确解析预测仍然是需要继续研究的课题。在目前关于切削过程的知识中，对于剪切平面的剪切应力的研究也仍是一个需要深入研究的问题。如果假定剪切平面是一个有厚度的区域，这显然比薄剪切平面的假说更接近实际情况。剪切变形区也存在加工硬化，并且剪切应力将比从单纯的扭转或拉伸实验测得的工件材料的原始屈服剪切应力要大。剪切区和摩擦区的温度变化也将影响工件材料的硬度，因此主变形区的剪切应力将是变化的。剪切屈服应力将是切削厚度以及由于加工硬化引起的应变的函数。因此，在习惯上将切削力机械地定义为切削条件（例如：b和h）和切削力系数（K_{tc}）和（K_{fc}）的函数：

$$\begin{cases}F_t=K_{tc}bh+K_{te}b\\F_f=K_{fc}bh+K_{fe}b\end{cases} \tag{2.44}$$

切削力系数（K_{tc}，K_{fc}）和刃口力系数（K_{te}，K_{fe}）与剪切变形无关，可以直接通过刀具-工件材料真实的切削实验标定获得。需要注意的是，刃口力系数随切削刀具的磨损会发生变化。还要注意的是，为了考虑切削厚度对摩擦角、剪切角和屈服剪切应力的影响，有时特定切削压力（K_t）及其比值（K_f）也表示为切削厚度的非线性函数：

$$\begin{cases}F_t=K_tbh,K_t=K_Th^{-p}\\F_f=K_fbh,K_f=K_Fh^{-q}\end{cases} \tag{2.45}$$

式中，p和q是以不同的进给率进行切削实验确定的切削力常数。

式（2.45）表达了切削力中的基本非线性因素，它被用在不考虑刃口力的机械模型中。必须注意：有些工件材料在不同的切削速度下显示出不同的屈服应力和摩擦因数，因此相应的切削力系数与切削速度有关，这时可以对切削力系数的表达式（2.45）进行扩展，使其包含切削速度变量。

【实例 2.1】对 AISI-1045 钢工件进行车削的切削条件为：切削深度 b=2.54mm；进给率 c=0.2mm/r；主轴转速 n=350r/min；工件直径=100mm；刀具前角 α_r=5°；工件材料的密度 ρ=7800kg/cm^3；钢特定的热系数 c_s=470N・m/(kg・℃)；热传导率 c_t=28.74W/(m・℃)。在实验中测量了下列数据：变形后的切削厚度 h_c=0.44mm，进给力 F_f=600N，切向力 F_t=1200N。假定车削是直角金属切削，可以求得下列数值：

切削合力	$F=\sqrt{F_t^2+F_f^2}=1342.0\text{N}$
切削压缩系数	$r_c=\dfrac{h}{h_c}=0.4545$
剪切角	$\varphi_c=\arctan\dfrac{r_c\cos\alpha_r}{1-r_c\sin\alpha_r}=25°$
摩擦角	$\beta_a=\alpha_r+\arctan\dfrac{F_f}{F_t}=31.6°$
摩擦因数	$\mu_a=\tan\beta_a=0.6144$
剪切力	$F_s=F\cos(\varphi_c+\beta_a-\alpha_r)=833.5\text{N}$
剪切平面面积	$A_s=b\dfrac{h}{\sin\varphi_c}=1.2\text{mm}^2$
剪切应力	$\tau_s=\dfrac{F_s}{A_s}=693.4\text{MPa}$
剪切平面的法向力	$F_n=F\sin(\varphi_c+\beta_a-\alpha_r)=1051.7\text{N}$
剪切平面的法向应力	$\sigma_s=\dfrac{F_n}{A_s}=876.43\text{MPa}$
切削速度	$v=\pi Dn=110\text{m}/\text{min}$
剪切速度	$v_s=v\dfrac{\cos\alpha_r}{\cos(\varphi_c-\alpha_r)}=116.6\text{m}/\text{min}=1.9436\text{m}/\text{s}$
剪切功率	$P_s=F_s v_s=1620\text{W}$
金属切除率	$m_c=Q_c\rho=bhv\rho=7.2644\times10^{-3}\text{kg}/\text{s}$
无量纲热数值	$R_T=\dfrac{\rho c_s vh}{c_t}=45.78,\ R_T\tan\varphi_c=21.34>10$
传递到工件中热量的比例	$\lambda_s=0.3-0.15\lg(R_T\tan\varphi_c)=0.1$
剪切平面的温度	$T_s=T_r+\lambda_h(1-\lambda_s)\dfrac{P_s}{m_c c_s}=20+299=319℃$ $(\lambda_h\approx0.7)$
摩擦力	$F_u=F\sin\beta_a=703.2\text{N}$
法向力	$F_v=F\cos\beta_a=1143\text{N}$
切屑流速	$v_c=r_c v=50\text{m}/\text{min}=0.8333\text{m/s}$
摩擦功率	$P_u=F_u v_c=586\text{W}$
切屑接触长度	$l_t=\dfrac{h\sin(\varphi_c+\beta_a-\alpha_r)}{\sin\varphi_c\cos\beta_a}=0.435\text{mm}$
总切削功率	$P_t=P_u+P_s=2200\text{W}$

特定的切削压力 $K_t = \frac{F_t}{bh} = 2362\text{N/mm}^2$

切削力的比值 $K_f = \frac{F_f}{F_t} = 0.5$

2.4 剪切角的理论预测

在 2.3 节已经总结了通过金属的直角切削实验求得剪切角、剪切应力和平均摩擦因数的方法。多年来，一直有研究者试图不依赖切削实验，从理论上预测剪切角。本节将介绍其中最有名的理论模型，它假定工件材料是严格的塑性体，没有应变硬化。这些模型假定剪切平面是薄平面；剪切平面的剪应力等于材料的屈服剪应力；平均摩擦因数从刀具材料和工件材料的摩擦实验获得，只有剪切角是未知的。下面给出预测剪切角的两种基本方法。

（1）最大剪应力原理

Krystof [64]在最大剪应力原理（即剪切发生在剪应力最大的方向）的基础上提出了剪切角的关系。切削合力与剪切平面之间的夹角为（$\varphi_c+\beta_a-\alpha_r$）（参见图 2.3），最大剪应力和主应力（即合力方向）之间的夹角一定为π/4。因此可以获得关于剪切角的下列关系：

$$\varphi_c = \frac{\pi}{4} - (\beta_a - \alpha_r) \qquad (2.46)$$

后来，Lee 和 Shaffer[67]从滑移线模型推导出了与此相同的剪切角关系。

（2）最小能量原理

Merchant[74]提出了将最小能量原理应用到剪切角预测上的观点。通过对切削功率［式（2.29）和式（2.38）］求偏导可以得到：

$$\frac{\mathrm{d}P_{tc}}{\mathrm{d}\varphi_c} = \frac{\mathrm{d}(vF_{tc})}{\mathrm{d}\varphi_c} = \frac{-v\tau_s bh\cos(\beta_a-\alpha_r)\cos(2\varphi_c+\beta_a-\alpha_r)}{\sin^2\varphi_c\cos^2(\varphi_c+\beta_a-\alpha_r)} = 0$$

或用 $\cos(2\varphi_c+\beta_a-\alpha_r)=0$

$$\varphi_c = \frac{\pi}{4} - \frac{\beta_a - \alpha_r}{2} \qquad (2.47)$$

据此预测出的剪切角要比由最大剪应力原理预测出的剪切角大。虽然由 Krystof、Merchant 和 Lee-Shaffer 给出的上述方程式由于假说过于简化不能得到完全相同的精确剪切角预测结果，但它们提供了剪切角（φ_c）、刀具前角（α_r）和工件与刀具材料摩擦因数（$\tan\beta_a$）之间的重要关系，其中剪切角（φ_c）和刀具前角（α_r）的关系是刀具设计最基本的理论。随着剪切角的增加，切削力和消耗的切削功率减小。此外，还表明必须通过采用润滑手段或采用摩擦因数小的材料减小刀具和切屑之间的摩擦因数，并在刀具切削刃能够经受切屑施加的压力和摩擦载荷的情况下尽可能地增大刀具前角。

2.5 斜角切削的力学分析

斜角切削的几何关系如图 2.5 所示。在直角切削中，切削速度（v）垂直于刀具的切削刃，而在斜角切削中，切削速度（v）在刀具切削刃的法平面内与切削刃之间有一个锐角倾斜角 i。

2.5.1 斜角切削的几何关系

要解释直角切削和斜角切削在几何关系上的不同，我们首先回到图 2.1 看看直角切削的几何关系。在直角切削中，垂直于切削刃并与切削速度 v 之间形成锐角（i）的平面被定义为法平面或 P_n。因为，剪切变形是平面应变没有侧向变形，剪切和切屑的运动被全部限定在平行于切削速度 v 且垂直于切削刃的法平面内，因此，切削速度（v）、剪切速度（v_s）和切屑的运动速度（v_c）均垂直于切削刃，并位于平行或与法平面（P_n）重合的速度平面（P_v）内，切削合力（F）以及作用在剪切区和切屑-刀具前刀面接触区的其他力均位于同一平面 P_n 内。在第三个方向（即垂直于法平面的方向）没有切削力。然而，在斜角切削中，切削速度是倾斜的或有一个倾斜角 i，因此剪切、摩擦、流屑方向和合力矢量的分量在笛卡儿坐标系（x，y，z）中有三个方向的分量（参见图 2.5）。在图 2.5 中，x 轴垂直于切削刃并位于切削平面；y 轴与切削刃重合；z 轴垂直于 xy 平面。在斜角切削中，力作用在三个方向；重要的平面有：剪切平面，前刀面，切削平面 xy，法平面 xz 或 P_n 和速度平面 P_v。许多分析假定在斜角切削中法平面的力学分析与直角切削相同，因此所有的速度和力矢量被投影到法平面。在图 2.6 中，剪切平面和 xy 平面之间的夹角被称作法向剪切角 φ_n。剪切速度位于剪切平面，并与法平面内垂直于切削刃的矢量形成斜剪切角 φ_i。剪切下来的切屑以切屑流动角 η 在前刀面上运动，切屑流动角从前刀面内垂直于切削刃的矢量测量，注意该法向矢量也位于法平面 P_n 内。切屑与前刀面之间的摩擦力与流屑方向一致。z 轴和前刀面内的法向矢量之间的夹角被定义为法向前角 α_n。前刀面的摩擦力（F_u）和垂直于前刀面的法向力（F_v）形成摩擦角为 β_a 的切削合力 F_c（参见图 2.6）。合力矢量（F_c）和法平面 P_n 之间有一投影锐角 θ_i，从而与法向力 F_n 形成平面角 $\theta_n+\alpha_n$。这里，θ_n 是 x 轴和 F_c 在 P_n 上投影之间的夹角。根据图 2.6 可以推导出下列几何关系：

$$F_u = F_c \sin\beta_a = F\frac{\sin\theta_i}{\sin\eta} \rightarrow \sin\theta_i = \sin\beta_a \sin\eta \tag{2.48}$$

$$F_u = F_v \tan\beta_a = F_v\frac{\tan(\theta_n+\alpha_n)}{\cos\eta} \rightarrow \tan(\theta_n+\alpha_n) = \tan\beta_a \cos\eta \tag{2.49}$$

由切屑速度（v_c）、剪切速度（v_s）和切削速度（v）形成的速度平面 P_v 如图 2.6 所示。每个速度矢量可用笛卡儿坐标系中的分量定义为：

$$\boldsymbol{v} = (v\cos i,\quad v\sin i,\quad 0)$$
$$\boldsymbol{v}_c = (v_c\cos\eta\sin\alpha_n,\quad v_c\sin\eta,\quad v_c\cos\eta\cos\alpha_n)$$
$$\boldsymbol{v}_s = (-v_s\cos\varphi_i\cos\varphi_n,\quad -v_s\sin\varphi_i,\quad v_s\cos\varphi_i\sin\varphi_n)$$

消掉 $\boldsymbol{v}$，$\boldsymbol{v}_c$ 和 $\boldsymbol{v}_s$ 之间的关系为：

$$\boldsymbol{v}_s = \boldsymbol{v}_c - \boldsymbol{v}$$

也可以得到剪切方向和流屑方向之间的几何关系[73]：

$$\tan\eta = \frac{\tan i\cos(\varphi_n-\alpha_n) - \cos\alpha_n\tan\varphi_i}{\sin\varphi_n} \tag{2.50}$$

上述关系给出了斜角切削中的几何关系。

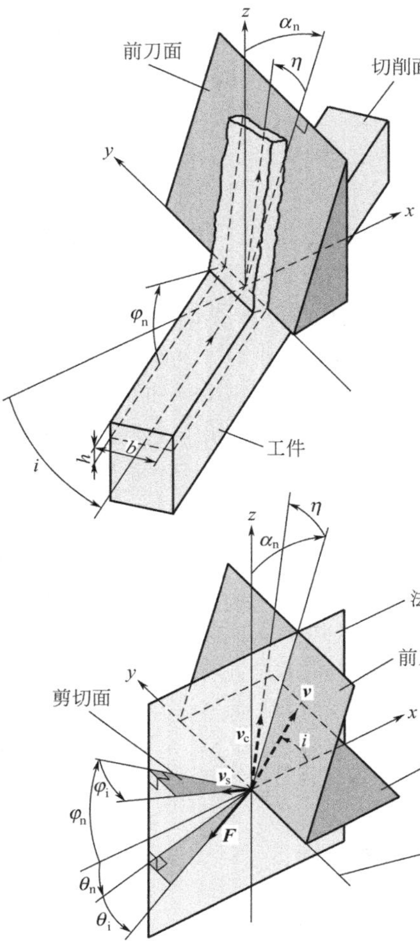

图 2.5　斜角切削的几何关系

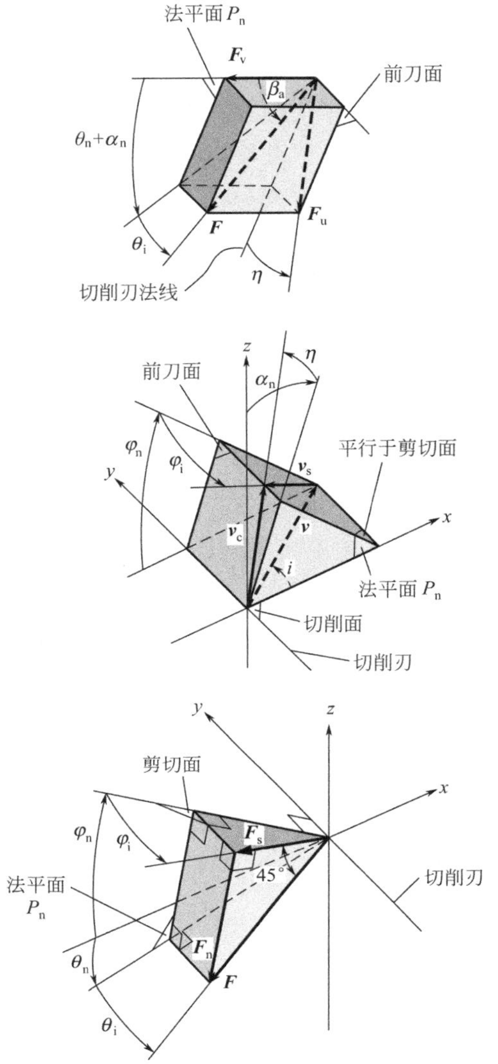

图 2.6　斜角切削中力、速度和剪切角的关系

2.5.2　斜角切削参数的求解

在斜角切削中有五个未知参数，它们分别是定义切削合力方向的 θ_n、θ_i，定义剪切速度方向的 φ_n、φ_i 和定义流屑方向的 η。要利用从斜角切削几何关系中得到的三个方程式［式（2.48）～式（2.50）］和两个附加的公式求解这五个未知的角度。已经有许多研究者给出了基于实验的切屑流动方向[25,102]和其他经验假说[70,68,35]的求解方法。Shamoto 和 Altinats[95]提出了对剪切角进行理论预测的方法；它与二维直角切削力学分析中应用的最大剪应力[64,67]和最小能量[74]原理处于并列地位。但它的核心是在力学定理的基础上预测剪切方向，而不是经验预测和几何关系的组合。

（1）最大剪应力原理

Krystof[64]将最大剪应力准则应用在直角切削中剪切角的预测上（即：$\varphi_n=\pi/4-\beta+\alpha_n$）。后来，Lee 和 Shaffer[67]从滑移线模型推导出了与此相同的剪切角关系。这两种方法均是假定剪切发生在剪应力最大的方向（剪切速度和切削合力之间的夹角为45°，参见图2.6）。这个原理同样可以应用到斜角切削，即切削合力（F_c）和剪切方向之间形成45°的锐角：

$$F_s=F_c[\cos\theta_i\cos(\theta_n+\varphi_n)\cos\varphi_i+\sin\theta_i\sin\varphi_i]=F_c\cos 45°$$

更进一步，用同样的原理，F_c 在剪切平面的投影与剪切方向重合，即切削合力在剪切平面内垂直于剪切方向的分力必定为0：

$$F_c[\cos\theta_i\cos(\theta_n+\varphi_n)\sin\varphi_i-\sin\theta_i\cos\varphi_i]=0$$

否则，剪切平面内剪切方向的剪切应力就不是最大剪应力。下面两个式子给出了剪切方向和切削合力方向之间必须存在的关系：

$$\sin\varphi_i=\sqrt{2}\sin\theta_i \tag{2.51}$$

$$\cos(\varphi_n+\theta_n)=\frac{\tan\theta_i}{\tan\varphi_i} \tag{2.52}$$

通过求解式（2.49）～式（2.52）这几个方程式，可以得到描述斜角切削力的五个未知角度（φ_n，φ_i，θ_n，θ_i，η）。然而直接求出这些方程式的解析解是相当困难的，因此需要借助数值迭代的方法。根据图 2.7 所示的框图求得其数值解。注意摩擦角（β_a）、前角（α_n）和倾斜角（i）可以通过几何关系和材料实验获得，属于已知量，可作为系统的输入量。Stabler[103]提出可以给切屑流动角赋予初始值（即 $i=\eta$），并按此值开始进行迭代。切削合力矢量 $\boldsymbol{F}$ 的方向（θ_n，θ_i）从方程式（2.48）和式（2.49）获得。同样，剪切方向角（φ_n，φ_i）可以从方程式（2.51）和式（2.52）获得，接下来将从方程式（2.50）中求得新的切屑流动角 η_e。真实的切屑流动角利用下面的插值算法通过迭代获得：

$$\eta(k)=\nu\eta(k-1)+(1-\nu)\eta_e$$

式中，k 是迭代计数器；插值比 ν 在（0，1）的范围内选取，为了提高收敛速度，插值比 ν 是动态更新的，即：如果 $\eta(k)$发生振荡就减小 ν 的值，如果它的数值朝一个方向发

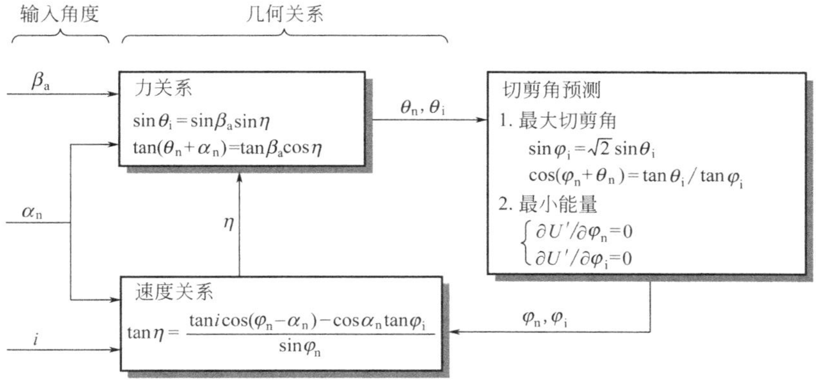

图 2.7　求解过程

展，就增加v的值。连续迭代直到切屑流动角收敛在 10^{-14} 的范围内为止。当把上述三维斜角切削的模型应用到二维直角切削时，它与 Krystof[64]及 Lee 和 Shaffer[67]在直角切削中应用最大剪应力原理得出剪切角表达式［即 $i=\theta_i=\varphi_i=0\rightarrow\varphi_n=\pi/4-(\beta_a-\alpha_n)$］的结果一致。这与式（2.51）相同，在直角切削中方程式（2.51）简化为 cos（$\varphi_n+\theta_n$）$=1/\sqrt{2}$。

（2）最小能量原理

Merchant[74]提出了将最小能量原理应用到直角切削剪切角预测上的理论。可以将该原理应用到斜角切削。从几何的观点，剪切力可以表示为 $\boldsymbol{F}$ 在剪切方向的投影（参见图 2.6）：

$$F_s = F_c[\cos(\theta_n+\varphi_n)\cos\theta_i\cos\varphi_i+\sin\theta_i\sin\varphi_i]$$

或表示为剪应力和剪平面面积的乘积（图 2.5）：

$$F_s=\tau_s A_s=\tau_s\left(\frac{b}{\cos i}\right)\left(\frac{h}{\sin\varphi_n}\right)$$

其中，A_s、b 和 h 分别是剪切面积、切削宽度和切削深度（切削厚度）。让两个剪切力的表达式相等，推导出切削合力为：

$$F_c=\frac{\tau_s bh}{[\cos(\theta_n+\varphi_n)\cos\theta_i\cos\varphi_i+\sin\theta_i\sin\varphi_i]\cos i\sin\varphi_n} \tag{2.53}$$

斜角切削中的切削功率（P_{tc}）可以表示为 F_c 的函数（参见图 2.6）：

$$P_{tc}=F_{tc}v=F_c(\cos\theta_i\cos\theta_n\cos i+\sin\theta_i\sin i)v$$

无量纲功率（P_t'）可以通过将式（2.53）代入得到，即：

$$P_t'=\frac{P_{tc}}{v\tau_s bh}=\frac{\cos\theta_n+\tan\theta_i\tan i}{[\cos(\theta_n+\varphi_n)\cos\varphi_i+\tan\theta_i\sin\varphi_i]\sin\varphi_n} \tag{2.54}$$

式中，v、τ_s、b、h 是常数。最小能量原理要求剪切角有唯一解，其对应的切削功率必须最小。因为剪切角是由 φ_n 和 φ_i 确定的，所以有：

$$\begin{cases}\partial P_t'/\partial\varphi_n=0\\ \partial P_t'/\partial\varphi_i=0\end{cases} \tag{2.55}$$

这为式（2.48）～式（2.50）三个几何关系提供了两个附加方程式。因此可以得到描述斜角切削力的五个未知角度（φ_n，φ_i，θ_n，θ_i，η）的解。然而求出这些方程式的解析解是相当困难的，需要利用数值迭代的方法进行求解。该算法从赋予切屑流动角初始值 $\eta=i$ 开始（Stabler[103]），接下来从式（2.48）、式（2.49）、式（2.51）和式（2.52）计算其余的角度。在计算完 θ_n、θ_i 和 φ_n 的初始值后，可以从式（2.54）获得切削功率（P_t'）。通过微小地改变剪切角（即：$\varphi_n+\Delta\varphi_n$ 和 $\varphi_i+\Delta\varphi_i$），可以求出最速下降方向（$\Delta P_t'/\Delta\varphi_n$，$\Delta P_t'/\Delta\varphi_i$）。剪切角以步长 ζ 在最速下降方向改变，以便切削能量趋近最小值：

$$\begin{bmatrix}\varphi_n(k)\\ \varphi_i(k)\end{bmatrix}=\begin{bmatrix}\varphi_n(k-1)\\ \varphi_i(k-1)\end{bmatrix}-\zeta\begin{bmatrix}\Delta P_t'/\Delta\varphi_n\\ \Delta P_t'/\Delta\varphi_i\end{bmatrix}$$

利用图 2.7 连续进行迭代，直到无量纲功率（P_t'）收敛到最小值。当把上述三维斜角切削的模型应用到二维直角切削时，将与 Merchant[74]给出的剪切角产生相同的表达式［即：$i=\theta_i=\varphi_i=0\rightarrow\varphi_n=\pi/4-(\beta_a-\alpha_n)/2$］。

(3) 经验法

关于斜角切削参数的求解有不少经验模型，在这里我们介绍 Armarego[28]给出的模型。在该模型中，关于剪切方向和切屑长度比采用了两个假说：①剪切速度与剪切力共线；②切屑长度比在直角切削和斜角切削中相同。前一个假说是 Stabler[103]给出的，被认为是最大剪应力准则之一［式（2.52）］，与上部分推导出的三个几何方程结合可以得出：

$$\tan(\varphi_n+\beta_n)=\frac{\cos\alpha_n\tan i}{\tan\eta-\sin\alpha_n\tan i} \tag{2.56}$$

式中，$\beta_n=\theta_n+\alpha_n$。因此它由下列方程给出［参见式（2.49）］：

$$\tan\beta_n=\tan\beta_a\cos\eta \tag{2.57}$$

后一个假说是 Armarego[28]根据自己的实验给出的，以便能从下面关于切削几何关系的方程中求得法向剪切角 φ_n：

$$\tan\varphi_n=\frac{r_c(\cos\eta/\cos i)\cos\alpha_n}{1-r_c(\cos\eta/\cos i)\sin\alpha_n} \tag{2.58}$$

通过数值方法求解这三个方程式，可以得到三个未知角度 η、φ_n 和 β_n，或者将 Stabler[103]的经验切屑流动规则（即 $\eta=i$）施加到方程式（2.58），可以避免数值迭代。

2.5.3 切削力的预测

切削力分量是切削合力 F_c 的投影，可以用测得的合力（F）减去切削刃上的分力（F_e）得到。切削力分量是剪切屈服应力（τ_s），切削合力方向（θ_n，θ_i），倾斜角 i 和斜角切削剪切角（φ_n，φ_i）的函数，如式（2.53）给出的 F_c 所示。切削力在切削速度方向（F_{tc}）、进给方向（F_{fc}）和法向（F_{rc}）的分力由式（2.59）给出（参见图 2.5 和图 2.6）：

$$\begin{cases}F_{tc}=F_c(\cos\theta_i\cos\theta_n\cos i+\sin\theta_i\sin i)\\ \quad =\dfrac{\tau_s bh(\cos\theta_n+\tan\theta_i\tan i)}{[\cos(\theta_n+\varphi_n)\cos\varphi_i+\tan\theta_i\sin\varphi_i]\sin\varphi_n}\\ F_{fc}=F_c\cos\theta_i\sin\theta_n\\ \quad =\dfrac{\tau_s bh\sin\theta_n}{[\cos(\theta_n+\varphi_n)\cos\varphi_i+\tan\theta_i\sin\varphi_i]\cos i\sin\varphi_n}\\ F_{rc}=F_c(\sin\theta_i\cos i-\cos\theta_i\cos\theta_n\sin i)\\ \quad =\dfrac{\tau_s bh(\tan\theta_i-\cos\theta_n\tan i)}{[\cos(\theta_n+\varphi_n)\cos\varphi_i+\tan\theta_i\sin\varphi_i]\sin\varphi_n}\end{cases} \tag{2.59}$$

习惯上用下列表达式表示切削力：

$$\begin{cases}F_t=K_{tc}bh+K_{te}b\\ F_f=K_{fc}bh+K_{fe}b\\ F_r=K_{rc}bh+K_{re}b\end{cases} \tag{2.60}$$

其中由剪切作用产生的相应切削力系数为：

$$
\begin{cases}
K_{tc} = \dfrac{\tau_s(\cos\theta_n + \tan\theta_i \tan i)}{[\cos(\theta_n + \varphi_n)\cos\varphi_i + \tan\theta_i \sin\varphi_i]\sin\varphi_n} \\
K_{fc} = \dfrac{\tau_s \sin\theta_n}{[\cos(\theta_n + \varphi_n)\cos\varphi_i + \tan\theta_i \sin\varphi_i]\cos i \sin\varphi_n} \\
K_{rc} = \dfrac{\tau_s(\tan\theta_i - \cos\theta_n \tan i)}{[\cos(\theta_n + \varphi_n)\cos\varphi_i + \tan\theta_i \sin\varphi_i]\sin\varphi_n}
\end{cases} \tag{2.61}
$$

如果借用 Armarego 的经典斜角切削模型，可以通过前面解释过的几何关系将切削力表达式转化为：

$$
\begin{cases}
F_{tc} = bh\left[\dfrac{\tau_s}{\sin\varphi_n} \times \dfrac{\cos(\beta_n - \alpha_n) + \tan i \tan\eta \sin\beta_n}{\sqrt{\cos^2(\varphi_n + \beta_n - \alpha_n) + \tan^2\eta \sin^2\beta_n}}\right] \\
F_{fc} = bh\left[\dfrac{\tau_s}{\sin\varphi_n \cos i} \times \dfrac{\sin(\beta_n - \alpha_n)}{\sqrt{\cos^2(\varphi_n + \beta_n - \alpha_n) + \tan^2\eta \sin^2\beta_n}}\right] \\
F_{rc} = bh\left[\dfrac{\tau_s}{\sin\varphi_n} \times \dfrac{\cos(\beta_n - \alpha_n)\tan i - \tan\eta \sin\beta_n}{\sqrt{\cos^2(\varphi_n + \beta_n - \alpha_n) + \tan^2\eta \sin^2\beta_n}}\right]
\end{cases} \tag{2.62}
$$

因此，相应的切削力系数为：

$$
\begin{cases}
K_{tc} = \dfrac{\tau_s}{\sin\varphi_n} \times \dfrac{\cos(\beta_n - \alpha_n) + \tan i \tan\eta \sin\beta_n}{\sqrt{\cos^2(\varphi_n + \beta_n - \alpha_n) + \tan^2\eta \sin^2\beta_n}} \\
K_{fc} = \dfrac{\tau_s}{\sin\varphi_n \cos i} \times \dfrac{\sin(\beta_n - \alpha_n)}{\sqrt{\cos^2(\varphi_n + \beta_n - \alpha_n) + \tan^2\eta \sin^2\beta_n}} \\
K_{rc} = \dfrac{\tau_s}{\sin\varphi_n} \times \dfrac{\cos(\beta_n - \alpha_n)\tan i - \tan\eta \sin\beta_n}{\sqrt{\cos^2(\varphi_n + \beta_n - \alpha_n) + \tan^2\eta \sin^2\beta_n}}
\end{cases} \tag{2.63}
$$

可以根据直角切削的数据库[35]用下列实用的方法预测斜角切削力。

① 通过直角切削实验获得剪切角（φ_c）、平均摩擦角（β_a）和剪切屈服强度（τ_s）的数值（如表 2.1 所给出的数据）。

② 采用假说：斜角切削中的法向剪切角等于直角切削的剪切角（$\varphi_c \equiv \varphi_n$）；法向前角等于直角切削前角（$\alpha_r \equiv \alpha_n$）；采用 Stabler[103]的切屑流动规则，切屑流动角等于斜角切削倾角（$\eta \equiv i$）；对于给定的切削速度，切削载荷和刀具-工件材料对，在斜角切削中的摩擦因数（β_a）和剪切强度（τ_s）与在直角切削中相同。

③ 利用式（2.63）给出的斜角切削力系数预测切削力。

在许多实际的切削加工如车削、钻削、铣削中，可以利用上面给出的斜角切削力学分析方法预测切削力。

2.6 车削加工的力学分析

图 2.8 所示为一种典型的普通车床。旋转的工件安装在主轴卡盘中，单刃车刀固定在刀台上。车削是用来加工回转体类零件的（参见图 2.9）。当工件太长太重时，在工件的两端分别用卡盘和尾座支撑。刀台固定在车床溜板箱的上部，溜板箱可沿主轴和尾座

的中心轴线和垂直于该轴线的方向移动。普通机床只有一台转速固定的电机，电机的运动通过皮带和齿轮箱传递给主轴和进给系统，转速在主轴箱和进给箱经不同的齿轮组合进一步减速，主轴箱和进给箱均具备有速度标记的变速手柄。而在 CNC 车床上，主轴转速和进给速度均是用 NC 程序直接编程控制，因为它们都有计算机控制的无级驱动，所以只有一级或没有齿轮减速。具有转塔刀架可以安装多把刀具的计算机数控（CNC）车削中心如图 2.10 所示。CNC 车床的转塔刀架可以沿主轴或沿垂直于主轴的方向移动，也可以同时沿这两个方向移动。如果刀具沿主轴方向运动，刀具将使圆柱工件的直径减小。如果刀具垂直于主轴移动，刀具将切除工件端面的材料，这被称为车端面。车圆柱和车端面的组合可以用来倒角或切断。车床允许通过齿轮箱使进给直线运动和主轴的旋转运动同步进行，这种同步运动用来进行螺纹加工。

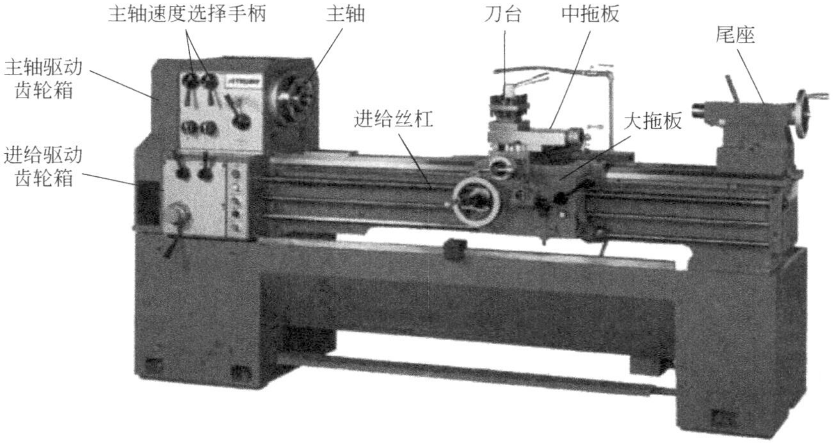

图 2.8　普通车床

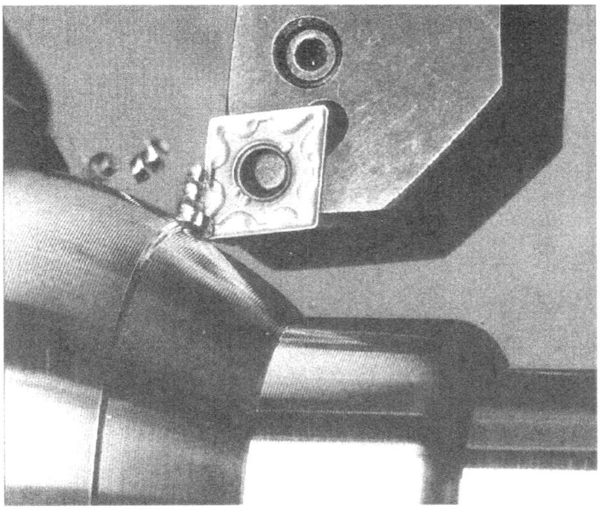

图 2.9　在 CNC 车床上用硬质合金刀具进行轮廓加工[1]

[1] 图片来源：Mitsubishi 材料公司。

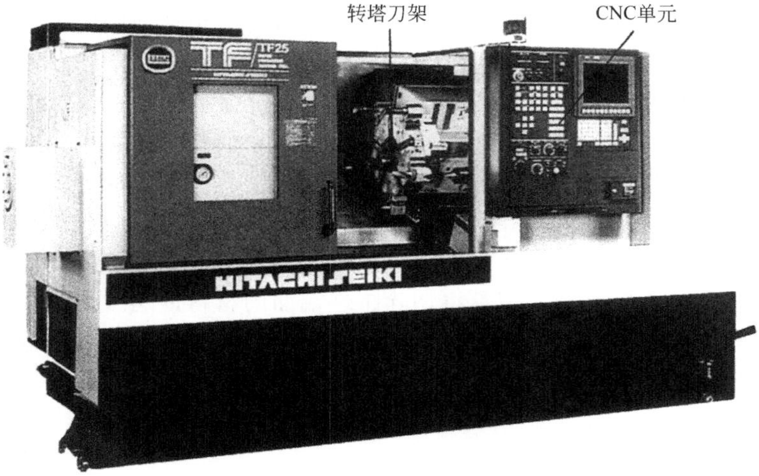

图 2.10　CNC 车削中心[1]

典型的圆柱车削过程如图 2.11 所示。刀具沿与主轴平行的方向运动，切除毛坯的表面层，减小被加工轴的直径。典型的车刀几何形状如图 2.12 所示。刀具上比较重要的几何参数有：刀尖圆弧半径、进给方向前角、切深方向前角和侧刃角。在切削过程中切屑从刀具前刀面滑过，进给方向前角是刀具前刀面对切削刃的倾斜角，而切深方向前角表示前刀面沿垂直于工件表面对刀尖的倾斜角。在直角切削中，切深方向前角为 0，只考虑进给方向前角。根据前角的方向，刀具分为正前角、零前角（前角为 0）和负前角刀具。正前角刀具将产生比较大的剪切角，另一方面它可以使切屑顺利地离开工件，因此可以减小切削力，故可以产生比较高的表面质量。负前角刀具在相同的切削条件下比正前角刀具产生的切削力大，因为它减小了剪切角。然而在断续切削中，由于刀具是周期性地进入或退出来切削工件的，负前角刀具可以提供比正前角刀具更强的冲击抵抗能力，因为在采用负前角刀具切削时，工件材料与刀具前刀面的初始接触远离强度比较弱的切

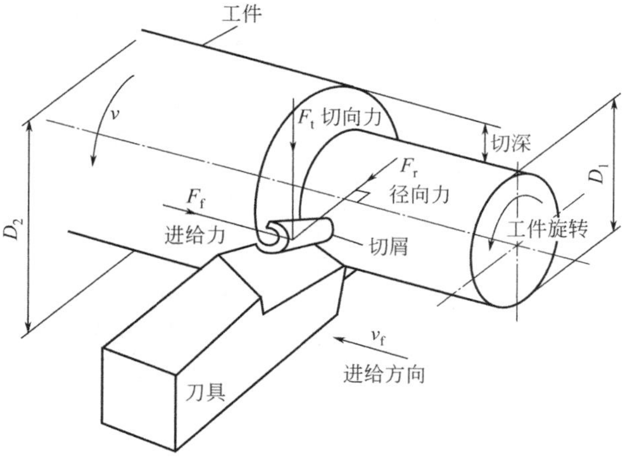

图 2.11　车削过程中的几何关系

[1] 图片来源：Hitachi Seiki 有限公司。

削刃。通常用硬质合金、陶瓷、金刚石和立方氮化硼（CBN）材料制成的机卡刀片具有与图 2.12 所示相同的几何形状。由于后角的存在，只有一个正前角面可以使用。具有负前角的硬质合金刀具由于采用零后角，机卡刀片的两个面均可以使用，从而降低了成本。例如，对于负前角刀具可以使用八个切削刃，而对于正前角刀具只有一个面的四个切削刃能用于加工。刀具具有小的圆角半径可以使加工表面的进刀痕迹最小。建议不要使用过大的刀尖圆弧半径，因为它可能引起加工中的自激振动或颤振。

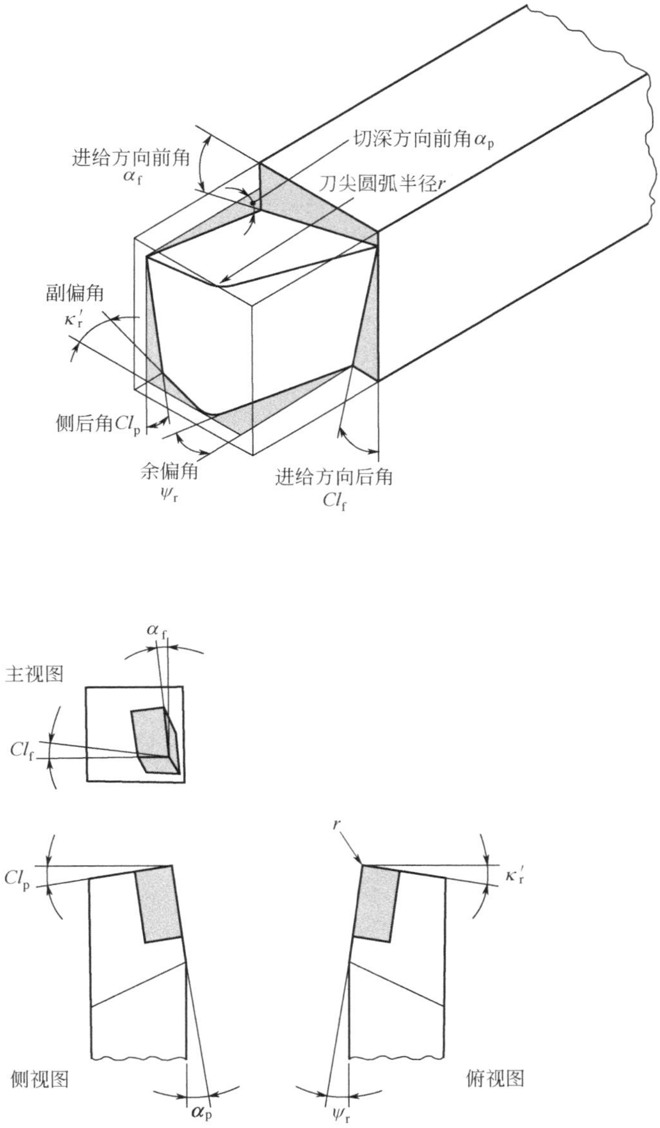

图 2.12　车刀的几何角度

目前，有很多种刀具角度的定义方式。然而，下面给出的基于进给前角-切深前角[25]的变换是斜角切削力学分析中最普遍的一种：

$$\begin{cases}\tan\alpha_0 = \tan\alpha_f\cos\psi_r + \tan\alpha_p\sin\psi_r \\ \tan i = \tan\alpha_p\cos\psi_r + \tan\alpha_f\sin\psi_r \\ \tan\alpha_n = \tan\alpha_o\cos i\end{cases} \tag{2.64}$$

式中，i、α_0 和 α_n 分别表示当量倾斜角、主前角和法前角。

如果要使用式（2.63）预测切削力，在求得切削力系数前，必须首先求出当量倾斜角（i）和法前角（α_n）。为了简单，可以采用 Stabler[103]的建议假定流屑角等于倾斜角。

车削力的预测

车削力的预测可以通过式（2.64）给出的角度变换，将直角切削参数变换到斜角车削的几何关系中，并用式（2.63）给出的斜角切削力系数得到切削力。其过程可以用图 2.13 所示的加工情况进行解释，其中采用的车刀刀尖圆弧半径为 r、进给方向后角为 α_f、切深方向后角为 α_p、工件直径为 d、径向切深 a 大于刀尖圆弧半径 r、进给率为 c。该进给率是主轴每转刀具的直线移动量。在径向切深小于刀尖圆弧半径（r）的切削区Ⅰ，切削厚度是一致的。然而，由于刀尖圆弧半径的存在，在切削区Ⅱ切削厚度是变化的。切削力的预测可以通过应用 2.5 节 Armarego[24,27]提出的经典斜角变换得到。这种变换将独立应用于每个切削区。

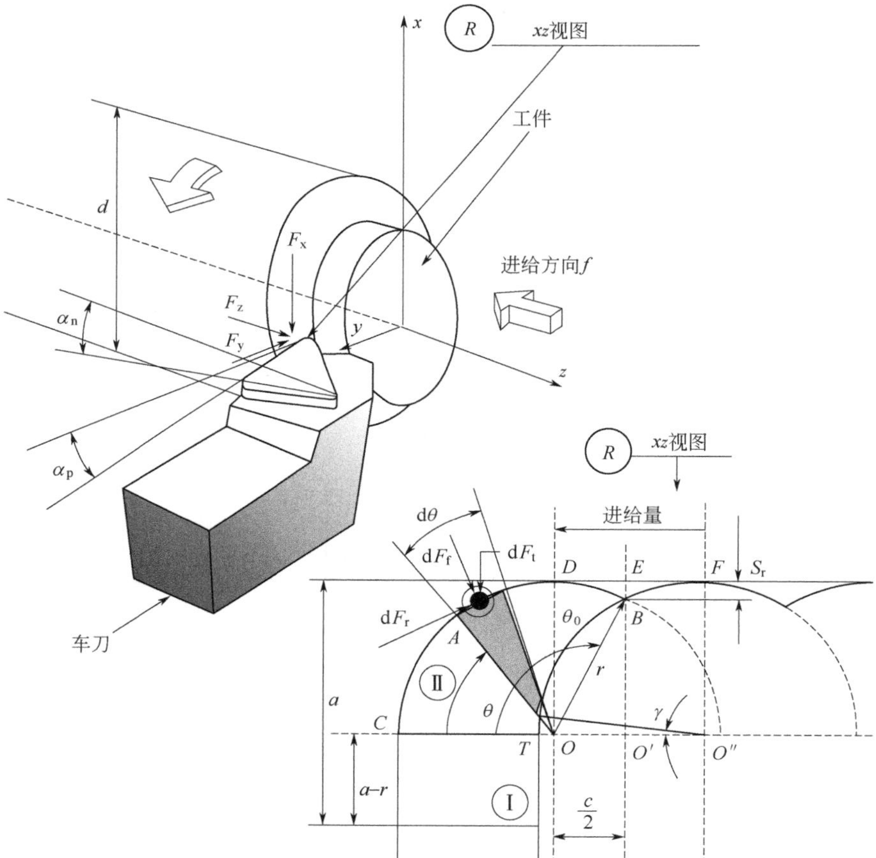

图 2.13　外圆车刀力学分析

① 切削区Ⅰ：径向切深小于刀尖圆弧半径（即 $0<y<r$）。切削厚度是常数并等于进给率（$h=c$）。切削力在 x、y、z 坐标方向的分力分别平行于切削力 F_t、F_r、F_f，如式（2.65）：

$$\begin{cases} F_{x\text{I}} = F_{t\text{I}} = K_{tc}c(a-r) + K_{te}(a-r) \\ F_{y\text{I}} = F_{r\text{I}} = K_{rc}c(a-r) + K_{re}(a-r) \\ F_{z\text{I}} = F_{f\text{I}} = K_{fc}c(a-r) + K_{fe}(a-r) \end{cases} \tag{2.65}$$

切削力系数（K_{tc}，K_{rc}，K_{fc}）采用从直角切削实验获得的直角切削参数（φ_n，τ_s，β_a）用式（2.63）求得。然而，由于刀具有进给方向前角和切深方向前角，当量倾斜角（i）和法前角（α_n）必须从式（2.64）求得。法向摩擦角从式（2.66）求得。

$$\beta_n = \arctan(\tan\beta_a \cos i) \tag{2.66}$$

注意：在切削区Ⅰ，对于这一特定的刀具其余偏角为 0。因为在直角切削实验中理论上不存在刃口力 K_{re}，它的数值可以取 0。

② 切削区Ⅱ：在该切削区切削厚度持续减小，斜角切削力沿曲线切削段方向是变化的。最精确的方法是把切削分成角增量为 $\mathrm{d}\theta$ 的微元来处理。切屑外表面的曲率中心是 O，内表面的曲率中心是 O''。刀具圆弧半径为 r，总接触角 $\angle COB=\theta_0$。切削面积的微分（$\mathrm{d}A$）可近似表示为：

$$\mathrm{d}A \approx \overline{AT}\mathrm{d}S \tag{2.67}$$

式中，$\mathrm{d}S = r\mathrm{d}\theta; \overline{AT} = \overline{AO} - \overline{TO}; \overline{AO} = r; \overline{OO''} = c; \overline{TO''} = r;$

$$\overline{TO} = \sqrt{c^2 + r^2 - 2cr\cos\gamma} \tag{2.68}$$

利用正弦定理：

$$\frac{\overline{OO''}}{\sin[\pi - (\pi - \theta + \gamma)]} = \frac{\overline{TO''}}{\sin(\pi - \theta)}$$

可以获得下列关系式：

$$\gamma = \theta - \arcsin\left[\frac{c}{r}\sin(\pi - \theta)\right] \tag{2.69}$$

用角度 θ 定义的瞬时位置切削厚度为：

$$\overline{AT} = h(\theta) = r - \sqrt{c^2 + r^2 - 2cr\cos\gamma} \tag{2.70}$$

对应的微切削面积为：

$$\mathrm{d}A_i = h(\theta) r \mathrm{d}\theta \tag{2.71}$$

因此作用在微切削面积上的切向力（$\mathrm{d}F_{t\text{II}}$）、径向力（$\mathrm{d}F_{r\text{II}}$）和进给力（$\mathrm{d}F_{f\text{II}}$）为：

$$\begin{cases} \mathrm{d}F_{t\text{II}} = K_{tc}(\theta)\mathrm{d}A + K_{te}\mathrm{d}S = [K_{tc}(\theta)h(\theta) + K_{te}]r\mathrm{d}\theta \\ \mathrm{d}F_{r\text{II}} = K_{rc}(\theta)\mathrm{d}A + K_{re}\mathrm{d}S = [K_{rc}(\theta)h(\theta) + K_{re}]r\mathrm{d}\theta \\ \mathrm{d}F_{f\text{II}} = K_{fc}(\theta)\mathrm{d}A + K_{fe}\mathrm{d}S = [K_{fc}(\theta)h(\theta) + K_{fe}]r\mathrm{d}\theta \end{cases} \tag{2.72}$$

由于斜角切削的几何参数是随余偏角 θ 变化的，要精确预测切削力就必须在每个微元计算切削力系数。将切深前角、进给前角和瞬时余偏角（$\psi_r=\theta$）代入式（2.63），可以得到当量倾斜角（i）和法前角（α_n），然后利用式（2.62）可以求得斜角切削力系数。刃口力与在直角切削中一样，假定刃口力的径向分量为 0（即 $K_{re}=0$）。微斜角切削力可以分解到车床的 x、y、z 方向，这些方向的切削力可以用测力仪在实验中测得：

$$\begin{cases} dF_{xII} = dF_{tII} \\ dF_{yII} = -dF_{fII}\sin\theta + dF_{rII}\cos\theta \\ dF_{zII} = dF_{fII}\cos\theta + dF_{rII}\sin\theta \end{cases} \tag{2.73}$$

将微切削力沿曲线切削段积分就可以给出在切削区Ⅱ的总切削力：

$$F_{qII} = \int_0^{\theta_0} dF_{qII},\quad q = x, y, z \tag{2.74}$$

式中，余偏角的极限为 $\theta_0=\pi-\arccos(c/2r)$。由于切削力系数和切削厚度均是瞬时余偏角 θ 的函数，式（2.73）连续积分的意义不大。比较实用的方法是在式（2.63）和式（2.62）中假定平均余偏角为 $\pi/2$，使用常数平均切削系数或沿曲线切削进行数字积分。曲线切削被分为 $K=\theta_0/\Delta\theta$ 个小切削段，可求得各个小切削段上的切削力，并求和：

$$F_{qII} = \sum_{k=0}^{K} dF_{qII},\quad q = x, y, z \tag{2.75}$$

式中，每个切削段的瞬时余偏角为 $\theta_k=k\Delta\theta$。

作用在刀具上的总切削力由切削区Ⅰ和切削区Ⅱ产生的力求和得到，因此有：

$$F_q = F_{qI} + F_{qII},\quad q = x, y, z \tag{2.76}$$

驱动主轴所需的力矩（T）和功率（P）为：

$$T = F_x\left(\frac{d-a}{2}\right),\quad P = F_x v \tag{2.77}$$

式中　d——工件直径，m；

　　v——切削速度，m/s。

力矩和功率的单位分别为 N·m 和 W。选择合适的进给率也很重要，必须选择不能在工件表面留下超出许可范围的大进给刀痕的进给率。从图 2.13 可以得到进给刀痕的高度（R_s）为：

$$R_s = r\left\{1-\cos\left[\arcsin\left(\frac{c}{2r}\right)\right]\right\} \tag{2.78}$$

对于其他的车刀也可以将其切削刃分为小的斜角切削段，采用同样的方法进行分析。预测切削力、力矩、功率和切削力系数对于选择机床规格，以及选择合理的切削速度、进给率和切削深度避免刀具破损和发生颤振有很重要的意义。预测在特定的刀具几何参数和特定的加工条件下加工时，其流屑方向和切屑类型也同样重要[54]。连续车削产生的切屑可能是带状、缠绕结和旋塞状，这些形状的切屑对加工是不利的（参见图 2.14[60]）。因为这些类型的切屑可能擦伤已加工表面或缠绕在刀具上，并很难用机床的机械排屑系统清除，而且它们对操作者也是不安全的。此外，擦伤工件的加工表面会降低生产率，也可能因为切屑缠绕在切削刃上而导致刀具损坏。影响切屑形状的基本因素是工件材料的特性、刀具几何参数、切削液、机床的动态特性和切削条件。一般情况下，在刀具的前刀面有断屑槽，机卡刀片在成形时也会设计有断屑槽，用来折断长切屑。断屑槽干涉切屑的自由流动，强制它们按一定的方向卷曲，从而产生拉应力，导致切屑折断。

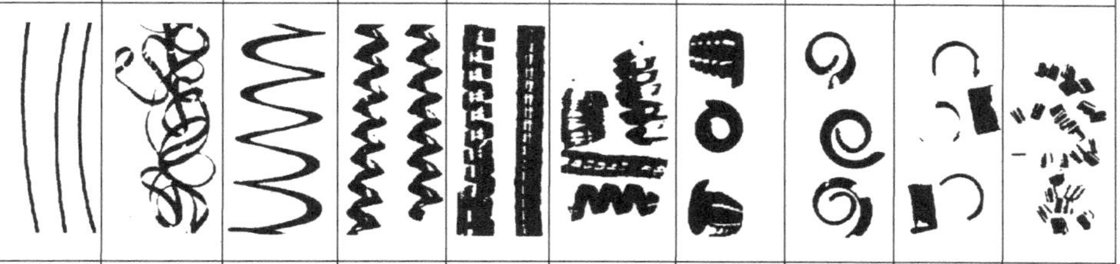

1	2	3	4	5	6	7	8	9	10
带状切屑	缠绕结切屑	旋塞状切屑	螺旋状切屑	长管状切屑	短管状切屑	螺旋管状切屑	盘旋状切屑	长逗号状切屑	短逗号状切屑
					利于加工的切屑形状				
			尚可接受的切屑形状						
不利于加工的切屑形状									

图 2.14　切屑形状的分类[60]❶

2.7　铣削加工的力学分析

图 2.15 所示是一种立式 CNC 加工中心，它可以进行铣削、钻削和攻螺纹。铣削是一种用单齿或多齿刀具进行的断续切削。铣刀安装在旋转的主轴上，工件安装在工作台上，工作台做直线运动趋近刀具从而实现切削。图 2.16 所示为端面铣刀和各种镶嵌式铣刀。每个铣刀齿经过一个次摆线路径[71,72]，产生间断的、厚度周期性变化的切屑。图 2.17 所示为各种铣削加工方式。铣削力与工件几何形状、铣刀和所用的机床均有关，本节将以比较简单的端面铣削为例来进行铣削力学分析。其他类型的铣削加工模型可以通过对端面铣削模型的扩展而获得。

图 2.15　立式 CNC 铣床❷

❶ 资料来源：Kluft 等，CIRP[25]。
❷ 资料来源：Hitachi Seike 有限公司。

图 2.16 端面铣削加工和各种镶嵌式铣刀[1]

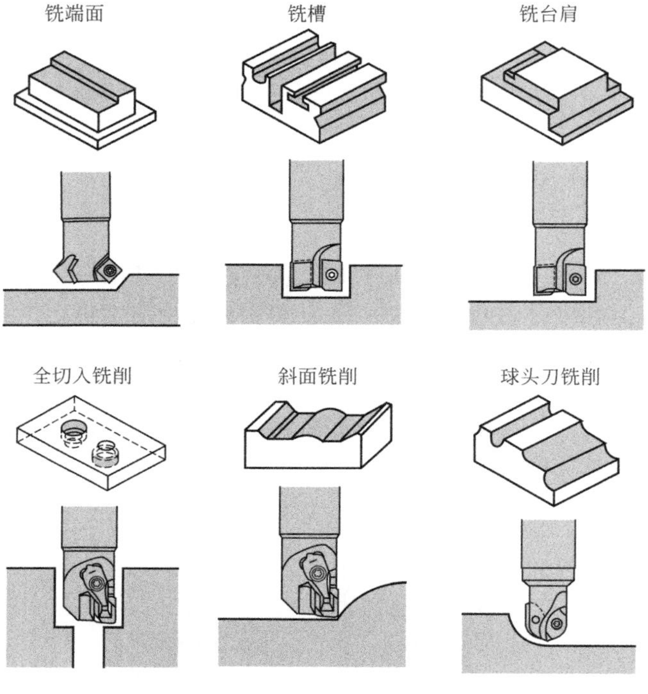

图 2.17 各种铣削方式[2]

铣削中所用的标准刀具的几何关系如图 2.18 所示。在强力端面铣中，双刃负前角刀具有利于增强对冲击力的抵抗。刚度大、功率高的铣床适合采用负前角刀具进行强力加工。对于精加工和轻加工，正前角刀具是比较理想的。正-负前角组合的刀具将产生比较好的表面质量，并有利于切屑从机卡刀槽中排除。在实际生产中常用三种铣削方式。

① 端面铣：铣刀相对于工件的切入角和切出角均不为 0。

② 逆铣：铣刀相对于工件的切入角为 0，切出角不为 0。

③ 顺铣：铣刀相对于工件的切入角不为 0，切出角为 0。

---

❶ 资料来源：Mitsubishi 材料公司。

❷ 资料来源：Mitsubishi 材料公司。

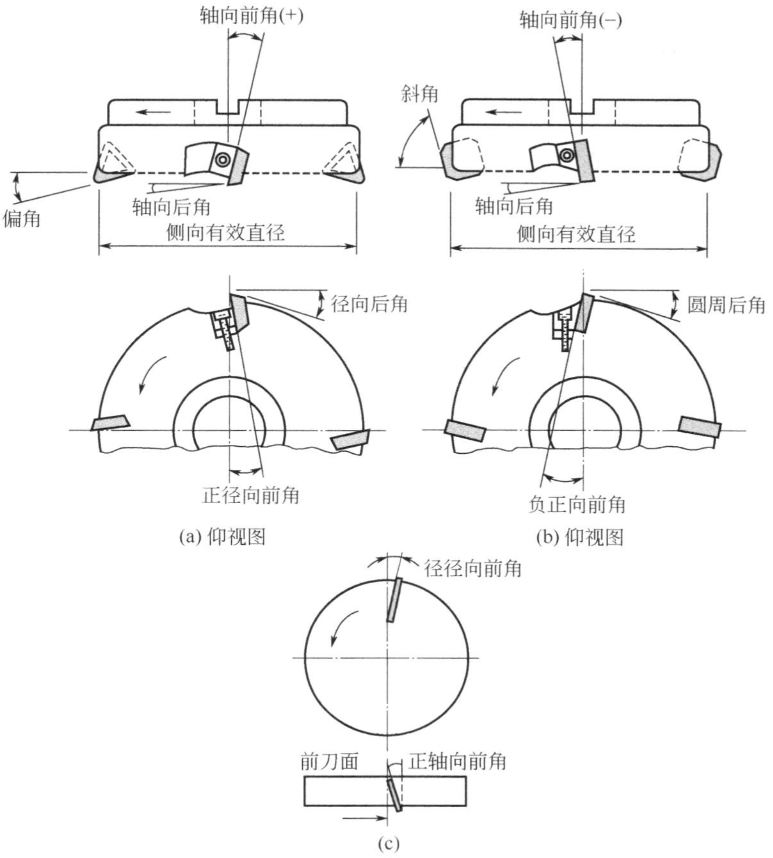

图 2.18　标准端铣刀的几何形状

逆铣和顺铣又称为周铣或立铣。铣削中切屑的形成如图 2.19 所示。与车削不同，在铣削中，瞬时铣削厚度（h）周期性变化，它是时变齿位角的函数。切削厚度的变化可以近似表示为：

$$h(\varphi)=c\sin\varphi \tag{2.79}$$

式中　c——进给率，mm/r 或 mm/齿；

φ——瞬时齿位角，(°)。

首先，在用镶嵌式铣刀进行端面铣时认为螺旋角为 0，切向［$F_t(\varphi)$］切削力、径向［$F_r(\varphi)$］切削力和轴向切削力［$F_a(\varphi)$］被表示为变化的切削面积［$ah(\varphi)$］和切削刃接触长度（a）的函数：

$$\begin{cases}F_t(\varphi)=K_{tc}ah(\varphi)+K_{te}a\\F_r(\varphi)=K_{rc}ah(\varphi)+K_{re}a\\F_a(\varphi)=K_{ac}ah(\varphi)+K_{ae}a\end{cases} \tag{2.80}$$

式中，K_{tc}，K_{rc} 和 K_{ac} 分别为剪切作用对切向、径向和轴向切削力的作用系数；K_{te}、K_{re} 和 K_{ae} 是刃口力系数。如果我们假定镶嵌式刀片的刀尖圆弧半径为 0，余偏角也为 0，那么切削力的轴向分量将为 0（即 F_a=0）。否则它们的影响必须在建模中有所体现，正如

2.6 节关于车削加工中给出的模型一样。对于特定的刀具-材料对，假定切削系数为常数，它们可以从铣削实验中求得，也可以利用式（2.64）和式（2.63）由斜角切削变换得到，有时它们也表示为瞬时切削厚度或平均切削厚度的非线性函数［式（2.45）］[46]。每转的平均切削厚度由铣刀齿扫过的区域求得：

$$h_{\mathrm{a}}=\frac{\int_{\varphi_{\mathrm{st}}}^{\varphi_{\mathrm{ex}}} c\sin\varphi \mathrm{d}\varphi}{\varphi_{\mathrm{ex}}-\varphi_{\mathrm{st}}}=-c\frac{\cos\varphi_{\mathrm{ex}}-\cos\varphi_{\mathrm{st}}}{\varphi_{\mathrm{ex}}-\varphi_{\mathrm{st}}} \tag{2.81}$$

主轴上的瞬时切削力矩（T_{c}）为：

$$T_{\mathrm{c}}=F_{\mathrm{t}}\frac{D}{z}$$

式中，D 为铣刀直径。

作用在铣刀上的水平（即进给）、法向和轴向切削力分量可以从图 2.19 所示的力平衡图推导出：

$$\begin{cases} F_{\mathrm{x}}(\varphi)=-F_{\mathrm{t}}\cos\varphi-F_{\mathrm{r}}\sin\varphi \\ F_{\mathrm{y}}(\varphi)=F_{\mathrm{t}}\sin\varphi-F_{\mathrm{r}}\cos\varphi \\ F_{\mathrm{z}}(\varphi)=F_{\mathrm{a}} \end{cases} \tag{2.82}$$

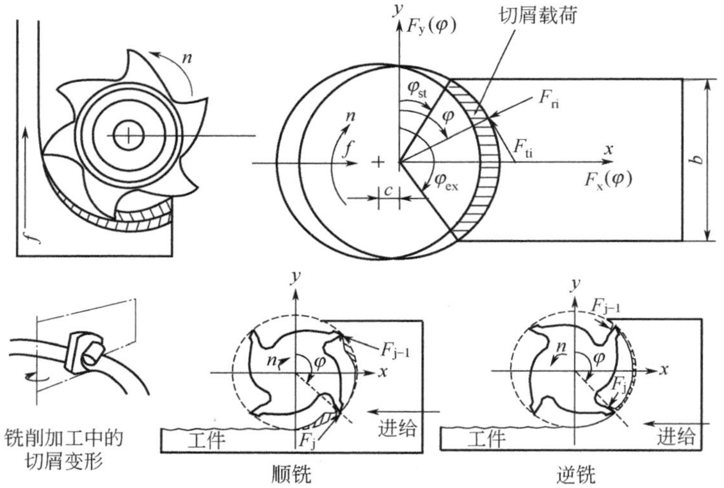

图 2.19　铣削加工的几何关系

必须注意：只有铣刀在切削区时才产生切削力，即：

当 $\varphi_{\mathrm{st}}\leqslant\varphi\leqslant\varphi_{\mathrm{ex}}$ 时，$F_{\mathrm{x}}(\varphi)>0$，$F_{\mathrm{y}}(\varphi)>0$，$F_{\mathrm{z}}(\varphi)>0$。

式中，φ_{st} 和 φ_{ex} 分别是刀具的切入和切出角。

另一个值得注意的是，同时参与切削的可能是多个刀齿，这取决于刀具的刀齿数和径向切削宽度。铣刀的刀齿齿间角（或铣刀齿间角）由下式给出：

$$\varphi_{\mathrm{p}}=\frac{2\pi}{N}$$

式中，N 是刀齿数。

当刀齿扫过的角度（$\varphi_{\mathrm{s}}=\varphi_{\mathrm{ex}}-\varphi_{\mathrm{st}}$）大于刀齿齿间角（即 $\varphi_{\mathrm{s}}>\varphi_{\mathrm{ex}}-\varphi_{\mathrm{st}}$）时，将有一个以上的刀齿在同时切削。当多个刀齿在同时切削时，必须考虑每个刀齿对总进给力和法向

切削力的贡献。同时也必须注意，由于铣刀的每个刀齿之间有一个齿间角，在刀具切削的瞬时位置，每个刀齿切削的厚度是不同的。我们可以用下面公式计算总的进给、法向和轴向切削力：

$$\begin{cases} F_x = \sum_{j=1}^{N} F_{xj}(\varphi_j) \\ F_y = \sum_{j=1}^{N} F_{yj}(\varphi_j) \\ F_z = \sum_{j=1}^{N} F_{zj}(\varphi_j) \end{cases} \tag{2.83}$$

它们在 $\varphi_{st} \leqslant \varphi_j \leqslant \varphi_{ex}$ 时成立。求和式中的每一项代表每一个齿对切削力的贡献。如果刀齿 j 出了切削区，它对总切削力的贡献将为 0。作用在刀具（或工件）上的瞬时切削合力为：

$$F = \sqrt{F_x^2 + F_y^2 + F_z^2} \tag{2.84}$$

作用在主轴上的瞬时切削力矩为：

$$T_c = \frac{D}{2} \times \sum_{j=1}^{N} F_{tj}(\varphi_j) \rightarrow \varphi_{st} \leqslant \varphi_j \leqslant \varphi_{ex} \tag{2.85}$$

式中，D 为铣刀直径。从主轴电机消耗的切削功率（P_t）为：

$$P_t = v \sum_{j=1}^{N} F_{tj}(\varphi_j) \rightarrow \varphi_{st} \leqslant \varphi_j \leqslant \varphi_{ex} \tag{2.86}$$

式中，$v=\pi Dn$ 是切削速度；n 是主轴转速。

对于给定的一组切削条件，工程师们可能要估计驱动铣床主轴和进给系统所需要的切削功率、力矩和切削力。切削力、力矩和功率均是以刀齿切过的时间为周期的。周期性的切削力动态地作用在机床、工件和刀具的每个齿上。图 2.20 所示为三种铣削方式下的典型切削合力。在铣刀半接触（即 $b=D/2$）的逆铣和顺铣中，切削力的趋势相反。在逆铣中，切削载荷从 0 开始逐渐增加，在切出时达到最大值；切削力的趋势与此相同。然而，对于顺铣，切削载荷在切入时最大，然后逐渐减小，切削力的趋势也是这样。建议制造工程师在追求高的材料切除率的强力铣削中采用逆铣，以减小冲击载荷；在精加工中，顺铣有利于获得光滑的表面质量。对称端面铣属于严重的间断切削，将对机床施加脉冲载荷，建议不要用在小型机床上且不用正前角刀具。机床的脉冲载荷可能激起机床各个结构振动模态的共振，并在每次切入和切出时引起瞬时振动。

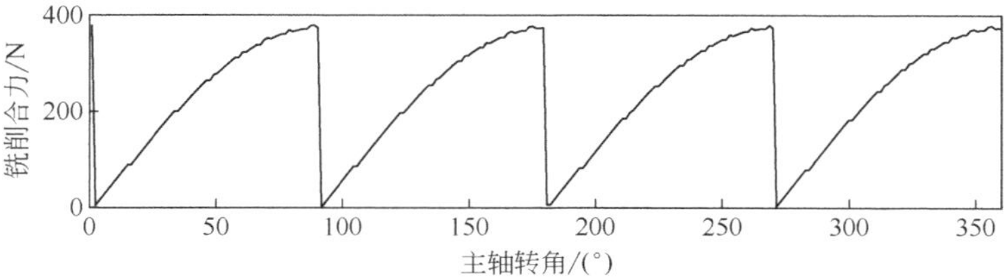

(a) 半接触逆铣

图 2.20

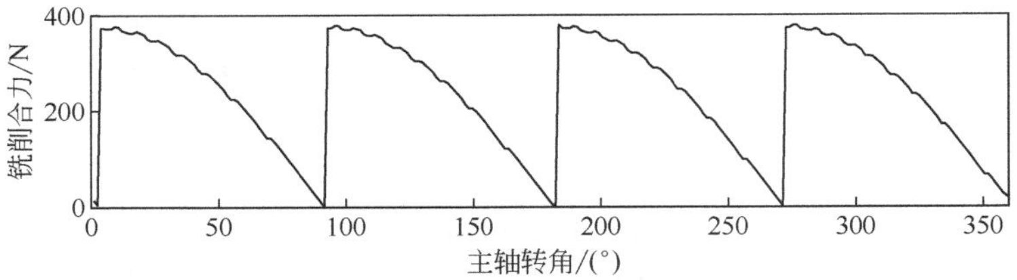

(b) 半接触顺铣

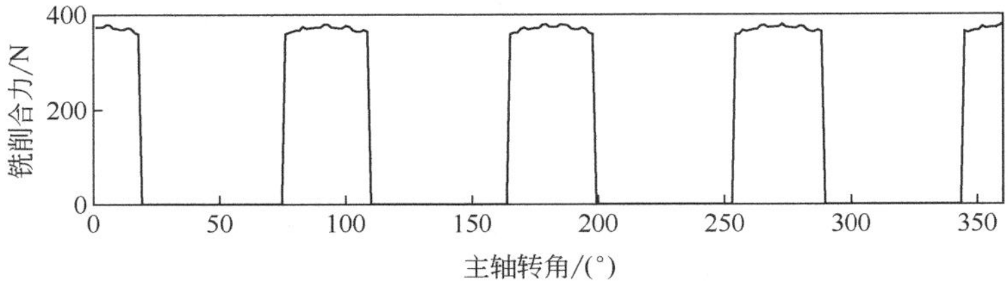

(c) 对称平面铣

图 2.20　模拟的铣削合力

平面铣刀：N=4（齿），a=2mm，c=0.1mm/齿，K_t=1800MPa，K_r=0.3，φ_{st}=75°，φ_{ex}=105°。

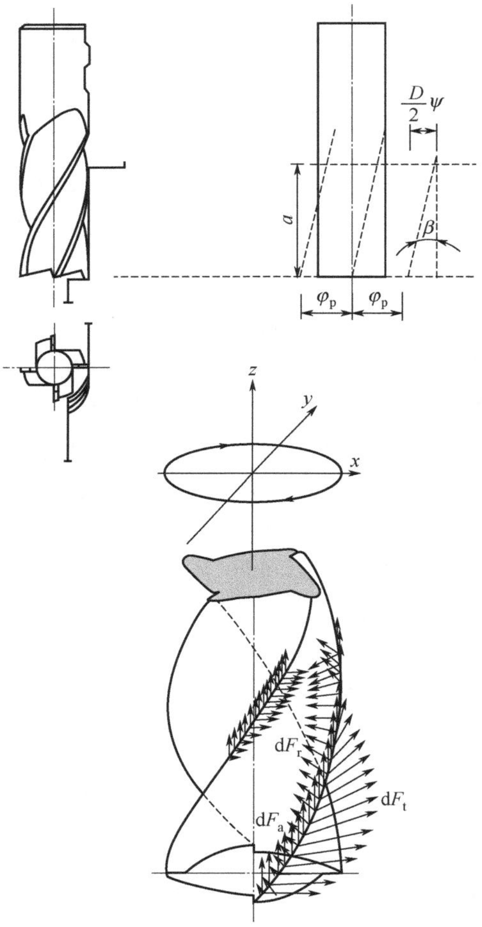

图 2.21　螺旋立铣刀的几何形状

螺旋立铣的力学分析

周期性的载荷会引起刀具的机械和热循环应力，从而导致刀具寿命的缩短。螺旋立铣刀的螺旋槽可以用来抑制铣削力振动分量的剧烈变化，这种刀具通常用在切削深度比较大但切削宽度比较小的情况。它们主要用于周铣，在这种情况下，往往要求零件侧壁的最终表面质量。图 2.21 所示的是一种典型的螺旋槽立铣刀。铣刀上的螺旋槽可以使切削载荷沿其逐渐增加[59]。如果铣刀的螺旋角为 β，切削刃轴上的点将比刀具的端点滞后，在轴向切削深度（z）处的滞后角（ψ）为（图 2.21）：

$$\begin{cases} \tan\beta = \dfrac{D\psi}{2z} \\ \psi = \dfrac{2z\tan\beta}{D} \end{cases} \tag{2.87}$$

当螺旋槽底部点的接触角为 φ 时，与该点轴向距离为 z（单位为 mm）处切削刃上点的接触角为（$\varphi-\psi$），显然，沿螺旋槽轴上各点的切削厚度是不同的。表 2.2 给出了铣削力仿真程序的伪代码。用户设定的输入变量有螺旋角、切入和切出角、轴向切削深度、刀齿数、进给率、主轴转速、刀具直径和切削力系数。刀具以小的增量角旋转，对每个小的增量旋转角，沿螺旋槽从底部到最终轴向切削深度处对各个薄片微元进行积分可得到铣削力。

图 2.22[15,35]所示是用螺旋圆柱立铣刀和螺旋球头立铣刀加工钛合金时切削力的实验和仿真结果。其中切削力系数是通过将表 2.2 给出的直角切削钛合金的切削力系数变换到斜角立铣的几何关系中［参见式（2.63)］得到的。实验和仿真结果之所以吻合得比较好是因为仔细地从一系列的直角切削实验中求得了剪切应力、剪切角和摩擦因数。对于更为复杂的铣刀和铣削加工的数学模型，也可以按 Altinatas 和 Lee[15]提出的方法，通过设计通用的参数化铣刀几何参数进行力学分析获得。

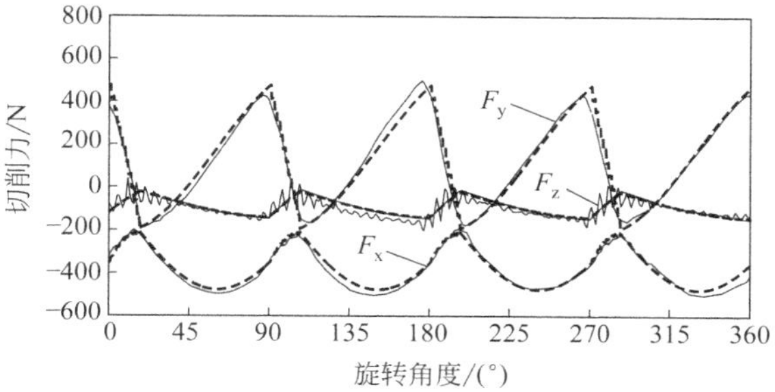

(a) 用圆柱立铣刀进行半接触逆铣

R_0=9.05mm，v=30m/min，N_f=4(螺旋槽)，

a_n=12°，轴向切深=5.08mm，i_0=30°。

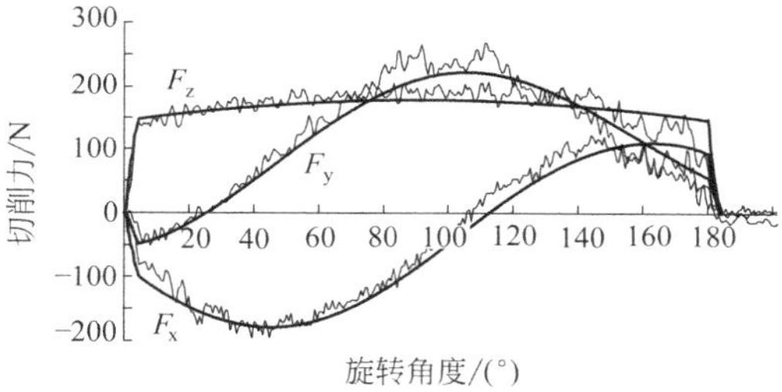

(b) 用球头刀铣槽

单螺旋槽球头铣刀R_0=5.08mm，名义螺旋角i_0=300，

轴向切深=1.27mm，主轴转速N=269r/min。

图 2.22　用立铣刀铣削 Ti_6Al_4V 合金时测量和仿真的切削力

（进给率=0.05mm/齿，α_n=0）

表 2.2　铣削力仿真算法的伪代码

输入	切削条件	$a,c,n,\varphi_{st},\varphi_{ex}$	变量	$\varphi_2=\varphi_1-\dfrac{2\tan\beta}{D}\alpha(j)$	更新因螺旋槽引起的接触角变化
	刀具几何参数	D,N,β	求解	if $\varphi_{st}\leqslant\varphi_2\leqslant\varphi_{ex}$	如果该刀齿在切削
	切削常数	$K_{tc},K_{rc},K_{te},K_{re}$		$h=c\sin\varphi_2$	该点的切削厚度
	积分角度	$\Delta\varphi$		$\Delta F_t=\Delta\alpha(K_{tc}h+K_{te})$	切向力微元
	积分高度	$\Delta\alpha$		$\Delta F_r=\Delta\alpha(K_{rc}h+K_{re})$	径向力微元

续表

输出	切削力记录	$F_x(\varphi),F_y(\varphi),F(\varphi)$
	切削力矩和功率记录	$T_c(\varphi),P_c(\varphi)$
变量	$\varphi_p=\dfrac{2\pi}{N}$	刀具齿间角
	$K=\dfrac{2\pi}{\Delta\varphi}$	角向积分步数
	$L=\dfrac{\alpha}{\Delta\alpha}$	轴向积分步数
	i=1～K	角向积分循环
	$\varphi(i)=\varphi_{st}+i\Delta\varphi$	螺旋槽底部刃的接触角
	$F_x(i)=F_y(i)=F_t(i)=0.0$	初始化力积分寄存器
	k=1～N	计算每个齿的切削力
	$\varphi_1=\varphi(i)+(k-1)\varphi_p$	刀齿 k 的接触角
	$\varphi_2=\varphi_1$	记忆当前接触角
	j=1～L	沿轴向切深积分
	$\alpha(j)=j\Delta\alpha$	轴向位置
	$\Delta F_x=-\Delta F_t\cos\varphi_2-\Delta F_r\sin\varphi_2$	进给力微元
	$\Delta F_y=\Delta F_t\sin\varphi_2-\Delta F_r\cos\varphi_2$	法向力微元
	$F_x(i)=F_x(i)+\Delta F_x$ $F_y(i)=F_y(i)+\Delta F_y$ $F_t(i)=F_t(i)+\Delta F_t$	求所有有效刀齿对切削力作用的总和
	else next j next k	
	在接触角$\varphi(i)$切削力的总和	
	$F(i)=\sqrt{F_x^2(i)+F_y^2(i)}$	切削合力
	$T_c(i)=\dfrac{D}{2}F_t(i)$	切削力矩
	next i	
	绘制 $F_x(i)$，$F_y(i)$，$F_z(i)$，$T_c(i)$随接触角$\varphi(i)$变化的曲线	

2.8 立铣切削力解析建模

2.7 节已讲解了立铣加工时切削力的离散仿真，切削力预测的精度极大地取决于所选择积分区间的大小。在螺旋立铣加工中，当轴向切深比较大时，为了避免切削力波形的数值振荡，轴向微元的高度必须很小。当用切削力来预测铣刀或工件的振动时，这种切削力波形的数值振荡会导致错误的振动仿真结果。同样，通过精确预测切削力沿铣刀和沿刚性比较小的薄壁管零件的分布，可以预测在工件表面形成的尺寸误差。当考虑立铣加工的工艺特性和运动学特性时，有可能推导出立铣加工时切削力的半解析表达式[23]。假定某把立铣刀（参见图 2.21）的螺旋角为 β，直径为 D，螺旋槽数为 N；轴向切深 a 为常数，接触角从法向轴（y）顺时针测量。假定某一螺旋槽底部端点的参考接触角被定为 φ，其余螺旋槽底部端点的接触角为：$\varphi_j=\varphi+j\varphi_p$；$j=0,1,2,\cdots,N-1$。在轴向切深为 z 处的滞后角为 $\psi=k_\beta z$，式中 $k_\beta=2\tan\beta/D$。

因此，螺旋槽 j 在轴向切深 z 处的接触角为：

$$\varphi_j(z)=\varphi+j\varphi_p-k_\beta z \tag{2.88}$$

作用在高度为 dz 的螺旋槽微元上的切向（d$F_{t,j}$）、径向（d$F_{r,j}$）和轴向（d$F_{a,j}$）切削力与式（2.80）相似，可以表示为：

$$\begin{cases} dF_{t,j}(\varphi,z)=\left\{K_{tc}h_j[\varphi_j(z)]+K_{te}\right\}dz \\ dF_{r,j}(\varphi,z)=\left\{K_{rc}h_j[\varphi_j(z)]+K_{re}\right\}dz \\ dF_{a,j}(\varphi,z)=\left\{K_{ac}h_j[\varphi_j(z)]+K_{ae}\right\}dz \end{cases} \tag{2.89}$$

式中，切削厚度为：

$$h_j(\varphi,z)=c\sin\varphi_j(z) \tag{2.90}$$

切削力的方向与沿刀具轴向的位置有关。假定将螺旋角作为立铣刀的斜角（即 $i=\beta$），那么切削力系数可以从式（2.62）求得。通过下列变换可以将微元力分解到进给（x）、法向（y）和轴向（z）：

$$\begin{cases} dF_{x,j}[\varphi_j(z)]=-dF_{t,j}\cos\varphi_j(z)-dF_{r,j}\sin\varphi_j(z) \\ dF_{y,j}[\varphi_j(z)]=+dF_{t,j}\sin\varphi_j(z)-dF_{r,j}\cos\varphi_j(z) \\ dF_{z,j}[\varphi_j(z)]=+dF_{a,j} \end{cases} \tag{2.91}$$

将微元力［式（2.89）］和切削厚度［式（2.90）］代入式（2.91）得：

$$\begin{cases} dF_{x,j}[\varphi_j(z)]=\left\{\dfrac{c}{2}\{-K_{tc}\sin2\varphi_j(z)-K_{rc}[1-\cos2\varphi_j(z)]\}+\right. \\ \qquad\left.[-K_{te}\cos\varphi_j(z)-K_{re}\sin\varphi_j(z)]\right\}dz \\ dF_{y,j}[\varphi_j(z)]=\left\{\dfrac{c}{2}\{K_{tc}[1-\cos2\varphi_j(z)]-K_{rc}\sin2\varphi_j(z)\}+\right. \\ \qquad\left.[K_{te}\sin\varphi_j(z)-K_{re}\cos\varphi_j(z)]\right\}dz \\ dF_{z,j}[\varphi_j(z)]=\left[K_{ac}c\sin\varphi_j(z)+K_{ae}\right]dz \end{cases} \tag{2.92}$$

为了求得螺旋槽 j 产生的总切削力，将微元切削力沿该螺旋槽参与加工的部分进行积分：

$$F_q[\varphi_j(z)]=\int_{z_{j,1}}^{z_{j,2}}dF_q[\varphi_j(z)]dz,\quad q=x,y,z \tag{2.93}$$

式中，$z_{j,1}[\varphi_j(z)]$和 $z_{j,2}[\varphi_j(z)]$是螺旋槽 j 参与切削部分的轴向上限和下限。将 $\varphi_j(z)=\varphi+j\varphi_p-k_\beta z$，$d\varphi_j(z)=-k_\beta dz$ 代入积分得到：

$$\begin{cases} F_{x,j}[\varphi_j(z)]=\left\{\dfrac{c}{4k_\beta}\{-K_{tc}\cos2\varphi_j(z)+K_{rc}\left[2\varphi_j(z)-\sin2\varphi_j(z)\right]\}+\right. \\ \qquad\left.\dfrac{1}{k_\beta}\left[K_{te}\sin\varphi_j(z)-K_{re}\cos\varphi_j(z)\right]\right\}_{z_{j,1}[\varphi_j(z)]}^{z_{j,2}[\varphi_j(z)]} \\ F_{y,j}[\varphi_j(z)]=\left\{\dfrac{-c}{4k_\beta}\{K_{tc}[2\varphi_j(z)-\sin2\varphi_j(z)]+K_{rc}\cos2\varphi_j(z)\}+\right. \\ \qquad\left.\dfrac{1}{k_\beta}\left[K_{te}\cos\varphi_j(z)+K_{re}\sin\varphi_j(z)\right]\right\}_{z_{j,1}[\varphi_j(z)]}^{z_{j,2}[\varphi_j(z)]} \\ F_{z,j}[\varphi_j(z)]=\dfrac{1}{k_\beta}\left[K_{ac}c\cos\varphi_j(z)-K_{ae}\varphi_j(z)\right]_{z_{j,1}[\varphi_j(z)]}^{z_{j,2}[\varphi_j(z)]} \end{cases} \tag{2.94}$$

要建立切削力模型，就必须求出每个螺旋槽轴向积分上限 $z_{j,1}$ 和下限 $z_{j,2}$。根据螺旋槽 j 和刀具每个刀齿的接触角[φ_{st}，φ_{ex}]，求轴向积分限有下列五种情况（图 2.23）。在整个切深 $z=a$ 处的滞后角为 $\psi_a=k_\beta a$。

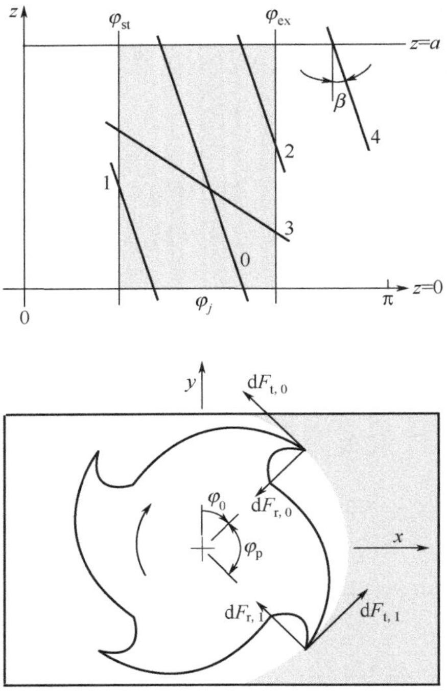

图 2.23　螺旋槽部分加工面的积分区，在特定的螺旋角 φ 和深度 z 下作用在刀具上的微元力

下列算法用来确定轴向积分限：

- 如果 $\varphi_{st}<\varphi_j(z=0)<\varphi_{ex}$ 那么 $z_{j,1}=0$；

情况 0： 如果 $\varphi_{st}<\varphi_j(z=a)<\varphi_{ex}$ 那么 $z_{j,2}=a$。

情况 1： 如果 $\varphi_j(z=a)<\varphi_{st}$ 那么 $z_{j,2}=(1/k_\beta)(\varphi+j\varphi_p-\varphi_{st})$。

- 如果 $\varphi_j(z=0)>\varphi_{ex}$ 并且 $\varphi_j(z=a)<\varphi_{ex}$ 那么 $z_{j,1}=(1/k_\beta)(\varphi+j\varphi_p-\varphi_{ex})$；

情况 2： 如果 $\varphi_j(z=a)>\varphi_{st}$ 那么 $z_{j,2}=a$。

情况 3： 如果 $\varphi_j(z=a)<\varphi_{st}$ 那么 $z_{j,2}=(1/k_\beta)(\varphi+j\varphi_p-\varphi_{st})$。

情况 4： 如果 $\varphi_j(z=0)>\varphi_{ex}$ 并且 $\varphi_j(z=a)>\varphi_{ex}$ 那么该螺旋槽脱离了切削区。

将从上面列出的五种情况求得的积分限 $z_{j,1}$ 和 $z_{j,2}$ 的数值代入式（2.94），为了便于计算机程序有效计算，可以将所得结果表达式进一步简化。注意：如果使用该表达式，在算法的开始，必须设定在 $\varphi=0$ 处 $j=0$。其余的螺旋齿分别为 j（$j=1,2,\cdots,N-1$），齿间角为 φ_p。将所有螺旋齿在接触角 φ 处的切削力求和将得到作用在刀具上的瞬时切削力：

$$\begin{cases} F_x(\varphi)=\sum_{j=0}^{N-1}F_{x,j} \\ F_y(\varphi)=\sum_{j=0}^{N-1}F_{y,j} \\ F_z(\varphi)=\sum_{j=0}^{N-1}F_{z,j} \end{cases} \tag{2.95}$$

作用在铣刀上的切削合力为：

$$F(\varphi)=\sqrt{F_x(\varphi)^2+F_y(\varphi)^2+F_z(\varphi)^2} \tag{2.96}$$

这种切削力的近似表达形式有利于提高计算效率，它可以用于铣削工艺规划，研究刀具和工件结构之间的相互作用和铣削工艺，也可以预测加工表面的质量。这种算法可以在 CAD/CAM 系统中有效地实现，从而进行铣削过程仿真[99]。

铣削加工中切削参数的机械辨识

利用直角切削参数如剪切角、剪切强度和摩擦因数来决定斜角铣削的切削力系数需要建立各种铣刀的几何模型［参见式（2.64）和式（2.63）］。然而，有些切削刀具的切削刃比较复杂，为求解切削力系数生成非常耗时的直角切削数据库是不可能的。在这种情况下，文献[35]中给出了快速标定铣刀的机械方法。在固定的接触角和轴向切削深度下，改变进给率进行一组铣削实验，测量每个刀齿周期的平均力。为了避免测量时刀具偏心的影响，先测量主轴每转的总切削力，再除以刀齿数。实验获得的平均切削力与从切削力表达式中求得的平均切削力相等，它可以用于辨识切削力系数。由于一个齿周期内每个刀齿切除的材料总量是一个常数，与有没有螺旋角无关，因此平均切削力与螺旋角无关。将 $dz=a$，$\varphi_j(z)=\varphi$ 和 $k_\beta=0$ 代入式（2.92），并在主轴一转内积分再除以齿间角（$\varphi_p=2\pi/n$），得出每齿周期的平均铣削力：

$$\bar{F}_q=\frac{1}{\varphi_p}\int_{\varphi_{st}}^{\varphi_{ex}}F_q(\varphi)d\varphi, q=x,y,z \tag{2.97}$$

因为螺旋槽只在接触区（即 $\varphi_{st}\leqslant\varphi\leqslant\varphi_{ex}$）进行切削。

积分后得到瞬时切削力为：

$$\begin{cases}\bar{F}_x=\left\{\frac{Nac}{8\pi}\left[K_{tc}\cos 2\varphi-K_{rc}(2\varphi-\sin 2\varphi)\right]+\right.\\ \qquad \left.\frac{Na}{2\pi}-(K_{te}\sin\varphi+K_{re}\cos\varphi)\right\}_{\varphi_{st}}^{\varphi_{ex}}\\ \bar{F}_y=\left\{\frac{Nac}{8\pi}\left[K_{tc}(2\varphi-\sin 2\varphi)+K_{rc}\cos 2\varphi\right]-\right.\\ \qquad \left.\frac{Na}{2\pi}(K_{te}\cos\varphi+K_{re}\sin\varphi)\right\}_{\varphi_{st}}^{\varphi_{ex}}\\ \bar{F}_z=\frac{Na}{2\pi}\left(-K_{ac}c\cos\varphi+K_{ae}\varphi\right)_{\varphi_{st}}^{\varphi_{ex}}\end{cases} \tag{2.98}$$

全齿（如铣槽）铣削实验是最为方便的；在这种情况下切入角 $\varphi_{st}=0$，切出角 $\varphi_{ex}=\pi$。将全接触铣削的条件代入式（2.98），一个周期中每齿的平均铣削力将简化为：

$$\begin{cases}\bar{F}_x=-\frac{Na}{4}K_{rc}c-\frac{Na}{\pi}K_{re}\\ \bar{F}_y=+\frac{Na}{4}K_{tc}c+\frac{Na}{\pi}K_{te}\\ \bar{F}_z=+\frac{Na}{\pi}K_{ac}c+\frac{Na}{2}K_{ae}\end{cases} \tag{2.99}$$

平均切削力可以表示为进给率（c）的线性函数和刃口力的和：

$$\bar{F}_q=\bar{F}_{qc}c+\bar{F}_{qe},\quad q=x,y,z \tag{2.100}$$

可以测量出在每种进给率下的平均力，刃口力的分量（F_{qc}，F_{qe}）将通过对这些数据进行线性回归得到。最后，可以由式（2.99）和式（2.100）求出切削力系数如下：

$$\begin{cases}K_{tc}=\frac{4\bar{F}_{yc}}{Na},\quad K_{te}=\frac{\pi\bar{F}_{ye}}{Na}\\ K_{rc}=\frac{-4\bar{F}_{xc}}{Na},\quad K_{re}=\frac{-\pi\bar{F}_{xe}}{Na}\\ K_{ac}=\frac{\pi\bar{F}_{zc}}{Na},\quad K_{ae}=\frac{2\bar{F}_{ze}}{Na}\end{cases} \tag{2.101}$$

这个过程可以重复地应用于各种几何形状的铣刀，因此在用新设计的铣刀以机械模型进行切削实验前不可能预测铣削力系数。然而，利用基本的直角切削参数在铣刀制造前可以通过斜角切削变换预测切削力系数。

2.9 钻削加工的力学分析

图 2.24 所示是用于孔加工的麻花钻的样品。麻花钻的底部有一个横刃及螺旋槽形成的两个主切削刃，两个主切削刃形成锋角（κ_t），螺旋槽的螺旋角为 β_0。螺旋槽不参与切削，它们主要用来排屑。横刃宽度为 2ω，横刃斜角为 ψ_c。由于横刃的存在，主切削刃偏离了钻头中心。在钻头以 c（单位为 mm/r）的进给率向材料中进给时，主切削刃以恒定的切削厚度（h）切除材料。轴向力用来推进钻头，主轴对钻头施加的扭矩用于克服钻削力矩。钻削力的分析必须对横刃和主切削刃分别进行。

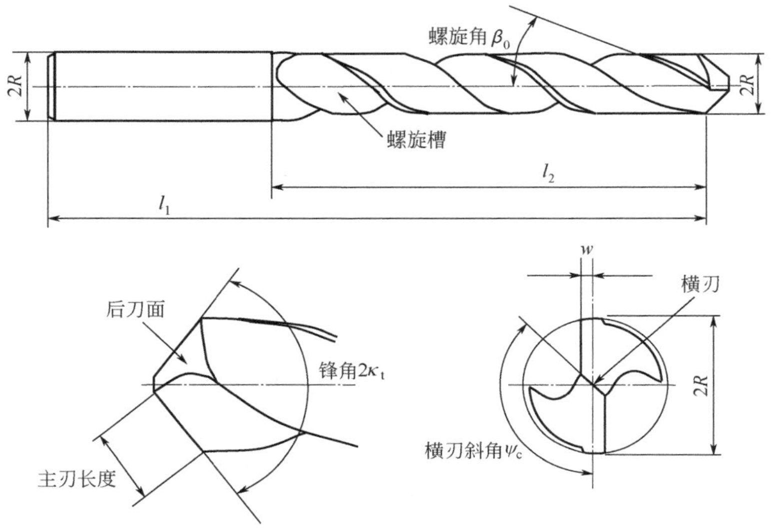

图 2.24 麻花钻的几何参数

① 横刃：横刃不进行切削，它只是通过挤压机理将材料挤压到侧面去。在对横刃进行分析时，不能采用切削定理，而要应用挤压机理。如果将这个过程简化为硬度测试，作用在横刃上的轴向力可以简化为：

$$THRUST_i = F_{z,i} = A_{ch} H_B \tag{2.102}$$

式中 H_B——工件材料的布氏硬度；

A_{ch}——横刃的瞬时挤压面积。

A_{ch} 是横刃长度［$2\omega/\sin(\pi-\psi_c)$］和被挤压材料与主切削刃接触长度［$c/(2\cos\gamma_t)$］的乘积。考虑到横刃两侧的接触，我们得到挤压的接触面积为：

$$A_{ch} = \frac{2wc}{\sin(\pi-\psi_c)\cos\kappa_t} \tag{2.103}$$

将横刃力近似为简单的挤压对精确分析钻削力是不可靠的。横刃的几何关系和挤压机理是相当复杂的，需要进行详细的几何建模和对各种经验因素实验标定[26]。近年来，刀具制造者已经对横刃的几何形状进行了极大的改进，使钻头入钻时的定心能力大大提高。在实际考虑中，因为横刃的宽度（2ω）很小，可将横刃力假定为主切削刃作用力的10%～15%，其扭矩可以忽略不计。

② 主切削刃：钻头主切削刃的几何关系相当复杂，为了利用直角切削到斜角切削的变换，必须识别沿主切削刃各切削点的螺旋角、法前角和倾斜角。由于横刃引起主切削刃偏移和钻头直径的变化，螺旋角、法前角和倾斜角从横刃与主切削刃的交点和主切削刃到螺旋槽的交点是变化的。下面对钻头几何形状的处理方法是基于 Galloway[47]和 Armarego 及 Brown[25]的研究工作。

钻头几何模型如图 2.25 所示，用它来解释斜角切削模型。在笛卡儿坐标系中，钻头轴为 z 轴，主切削刃平行于 x 轴，垂直于横刃的轴与 y 轴平行，坐标原点是钻头的中心点。

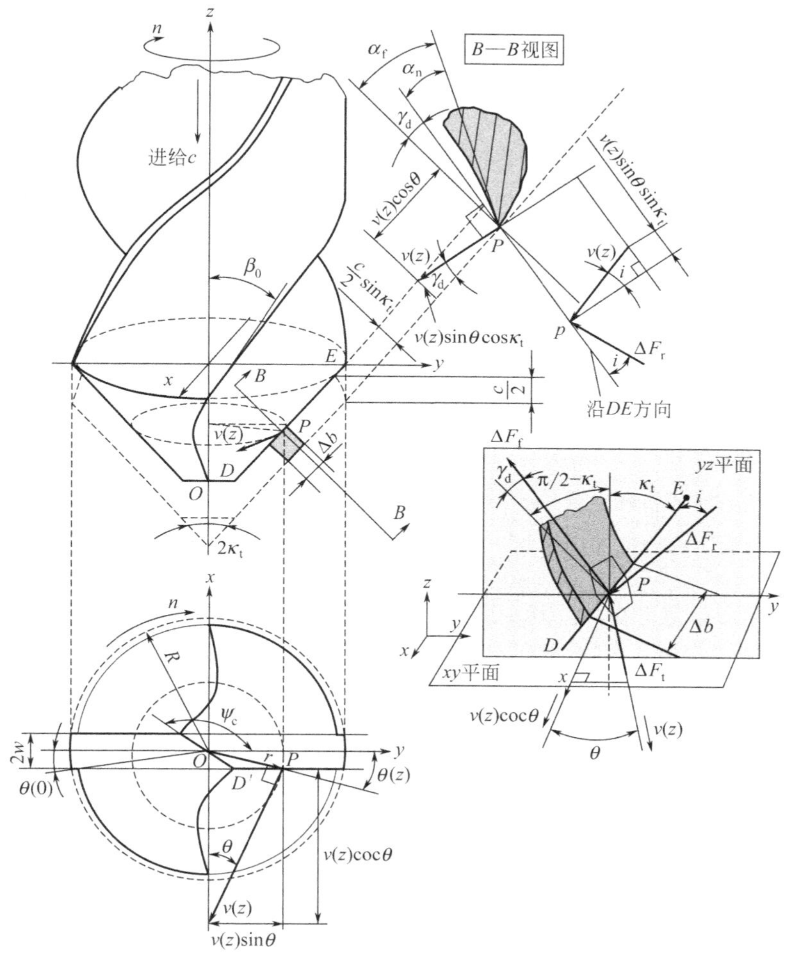

图 2.25　麻花钻的力学模型

首先考虑螺旋槽底部主切削刃和横刃的交点处（即 z=0 的平面）的情况，钻芯偏离钻头轴线的偏移量为 ω，横刃斜角为 ψ_c（参见图 2.26）。钻头中心到主切削刃和横刃交点处的径向距离为：

$$r(0)=\frac{w}{\sin(\pi-\psi_c)} \tag{2.104}$$

该点的坐标为：$x(0)=r(0)\cos(\pi-\psi_c)$，$y(0)=\omega$，$z=0$。

主切削刃与螺旋槽相交处 $z=a$，钻头直径为 R［参见图 2.26（b）］。主切削刃最外点和钻头中心点之间的径向距离为 $r(a)=R$，该点的坐标为：

$$\begin{cases} x(a)=R\cos\theta(a), \quad \theta(a)=\arcsin(w/R) \\ y(a)=w \\ z=a \end{cases} \tag{2.105}$$

式中，R 为钻头半径。

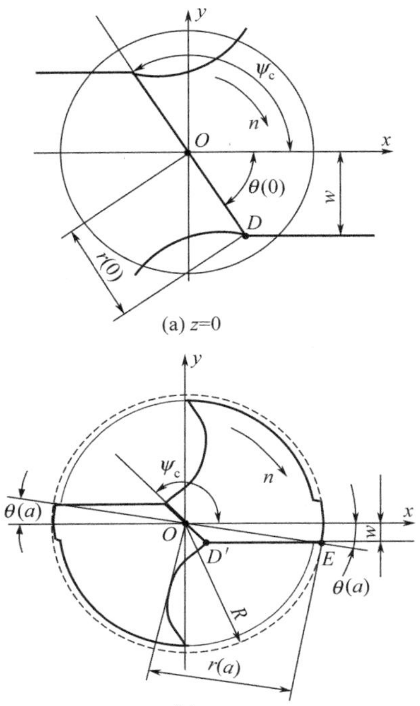

(a) $z=0$

(b) $z=a$

图 2.26 麻花钻底部和螺旋槽与主切削刃相交平面的顶视图

整个主切削刃在高度 $z=a$ 的 xy 平面的投影长度为：

$$\overline{D'E}=\overline{DE}\sin\kappa_t=b\sin\kappa_t \tag{2.106}$$

式中，$b=DE$ 是切削工件材料的主切削刃长度。虽然，螺旋角沿主切削刃是变化的，钻头的名义螺旋角（β_0）可以由螺旋槽的圆柱面部分［$r(a)=R$］定义为：

$$\tan\beta_0=\frac{2\pi R}{L_p} \tag{2.107}$$

式中，L_p 是螺旋槽的恒定节距长度。

考虑图 2.25 中主切削刃上的点 $P(x,y,z)$。主切削刃在高度 z 处 xy 平面的投影为 $\overline{D'P}=z\tan\kappa_t$。点 P 和钻头轴线之间的径向距离为：

$$r(z)=\sqrt{y(0)^2+[x(0)+\overline{D'P}]^2}=\sqrt{w^2+\left[w\cot(\pi-\psi_c)+z\tan\kappa_t\right]^2} \tag{2.108}$$

其坐标为：

$$\begin{cases} x(z)=r(z)\cos\theta(z) \\ y(z)=r(z)\sin\theta(z) \end{cases} \tag{2.109}$$

点 P 处的局部螺旋角可以表示为：

$$\beta(z)=\frac{2\pi r(z)}{L_p} \tag{2.110}$$

它在不同的高度 z 有不同的数值。速度（v）垂直于半径 $r(z)$，在 xy 平面的分量为：

$$\begin{cases} v_x(z)=v\cos\theta(z) \\ v_y(z)=v\sin\theta(z) \end{cases} \tag{2.111}$$

切削速度在锋角为 κ_t 的主切削刃上的投影为：

$$v_t=v_y\sin\kappa_t=v\sin\theta(z)\sin\kappa_t \tag{2.112}$$

倾斜角（i）被定义为切削速度和垂直于切削刃的法线之间的夹角：

$$\sin i=\frac{v_\text{t}}{v}=\sin\theta(z)\sin\kappa_\text{t} \tag{2.113}$$

切削力则在垂直于主切削刃的法平面内定义。如果考虑主切削刃上 P 点的法平面，切削速度（v）可以分解为垂直于切削刃的分量 $v_\text{y}(z)\cos\kappa_\text{t}$ 和平行于 v_y 的分量。两个速度分量之间的夹角为：

$$\tan\gamma_\text{d}=\frac{v_\text{y}\cos\kappa_\text{t}}{v_\text{x}}=\tan\theta(z)\cos\kappa_\text{t} \tag{2.114}$$

根据 Armarego 和 Brown 提出的计算有效前角的方法，考虑主切削刃内的一点并沿切削速度进行投影，得到[25]：

$$\tan\alpha_\text{f}=\frac{\tan\beta(z)\cos\theta(z)}{\sin\kappa_\text{t}-\tan\beta(z)\sin\theta(z)\cos\kappa_\text{t}} \tag{2.115}$$

根据几何关系可以得出法向前角为：

$$\alpha_\text{n}=\alpha_\text{f}-\gamma_\text{d} \tag{2.116}$$

虽然钻头的几何形状比较复杂，但可以利用式（2.114）～式（2.116）的关系来预测沿主切削刃的切削力。如果将钻头的主切削刃划分为高度为 dz、宽度为Δb 的小微元，每个主切削刃微元切除的面积为：

$$\text{d}A(z)=\Delta bh \tag{2.117}$$

式中，切削厚度 h 是被两个螺旋槽之一切除的，切削宽度Δb 为：

$$h=\frac{c}{2}\sin\kappa_\text{t},\quad \Delta b=\frac{\text{d}z}{\cos\kappa_\text{t}} \tag{2.118}$$

切向（平行于切削速度）、切屑流动方向和径向的切削力可以表示为：

$$\begin{cases}\text{d}F_\text{t}(z)=K_\text{tc}(z)\text{d}A+K_\text{te}\Delta b\\ \text{d}F_\text{f}(z)=K_\text{fc}(z)\text{d}A+K_\text{fe}\Delta b\\ \text{d}F_\text{r}(z)=K_\text{rc}(z)\text{d}A+K_\text{re}\Delta b\end{cases} \tag{2.119}$$

因为螺旋角、法向前角和倾斜角是变化的，式（2.119）中的切削系数在不同高度 z 的微元上是不同的，刃口力系数 K_te、K_fe 和 K_re 通过实验获得，切削力系数 K_tc、K_fc 和 K_rc 从直角切削数据库中用式（2.63）给出的斜角变换求得。

微元切削力分量（dF_t，dF_f，dF_r）可以分解到 x、y、z 方向，如图 2.27 所示：

$$\begin{cases}\text{d}F_\text{x}(z)=\text{d}F_\text{f}\sin\gamma_\text{d}-\text{d}F_\text{t}\cos\theta-\text{d}F_\text{r}\sin i\\ \text{d}F_\text{y}(z)=\text{d}F_\text{r}\sin i\sin\gamma_\text{d}\cos\kappa_\text{t}-\text{d}F_\text{f}\cos\gamma_\text{d}\cos\kappa_\text{t}-\text{d}F_\text{t}\sin\theta\\ \text{d}F_\text{z}(z)=\text{d}F_\text{f}\cos\gamma_\text{d}\sin\kappa_\text{t}-\text{d}F_\text{r}(\cos i\cos\kappa_\text{t}+\sin i\sin\gamma_\text{d}\sin\kappa_\text{t})\end{cases} \tag{2.120}$$

主切削刃施加在钻头上的总轴向力和力矩可以通过将总数为$M=b/\Delta b=b\cos\kappa_\text{t}/\text{d}z$的主切削刃微元对力和力矩的贡献相加得到。两个主切削刃（即切削区Ⅱ）产生的力和力矩可以表示为：

$$
\begin{cases}
THRUST_{ii} = 2\sum_{m=1}^{M} dF_z(z) \\
TORQUE_{ii} = 2\sum_{m=1}^{M} dF_t(z) r(z)
\end{cases}
\tag{2.121}
$$

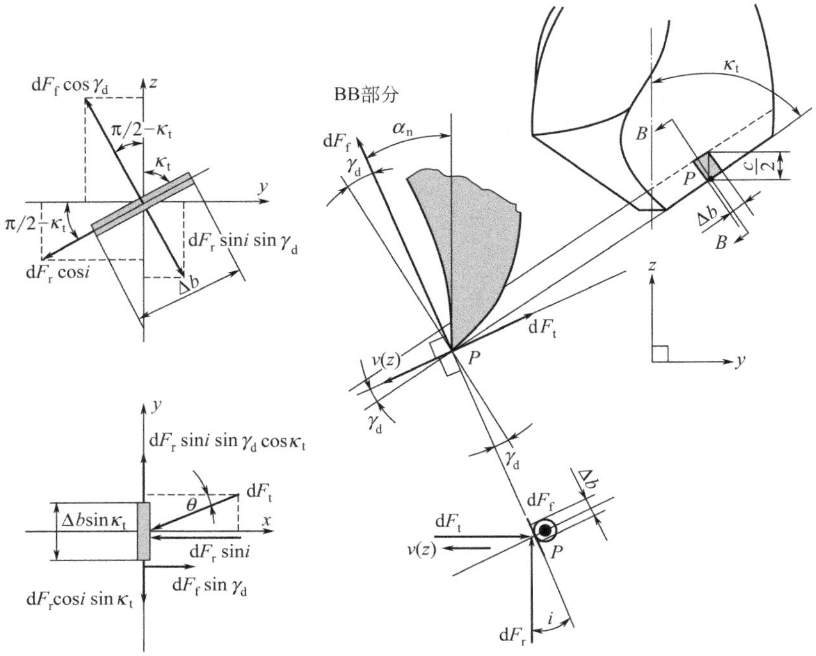

图 2.27　钻削力的方向

施加在钻头上的总轴向力为主切削刃的作用力和横刃的作用力之和：

$$
THRUST = THRUST_i + THRUST_{ii} \tag{2.122}
$$

横刃产生的力矩可以忽略不计。

横刃的力学分析和钻削加工中斜角切削分析建模是相当困难的。读者可以细阅 Armarego 等[26]学者的研究。麻花钻的刃磨要求精确地建立横刃和主切削刃的几何模型以及前角、螺旋角、沿横刃和主切削刃的后角等几何参数，因为这些参数对切削力学[37]、加工振动[91]和刀具磨损[55]有很大的影响。

2.10　刀具的磨损和破损

刀具只有在它所加工出的零件满足特定的表面质量和尺寸公差时才能被使用。当刀具由于其切削刃的磨损或破损（图 2.28）失去切削能力时，刀具就达到了它的寿命极限，必须用新刀具替代。刀具在加工过程中经历各种各样的磨损和破损；刀具磨损的定义是：刀具材料在工件材料和刀具接触区的逐渐损失[62]。与流动的切屑接触的刀具前刀面将发生月牙洼磨损（图 2.29）。刀具的切削刃产生加工表面，随着它的磨损，刀具的后刀面开始与工件表面接触和摩擦，从而导致后刀面的磨损（图 2.30）。在加工过程中，切削刃的热或机械过载、刀具过量磨损会引起切削力增大，或热或机械过载引起切削刃的微裂纹导致切削刃强度削弱，最终将导致切削刃突然破裂。制造工程师的目标是选择合理的刀具材料和刀具几何形状及参数，并对切削条件（即进给率、切削速度、切削深度和润滑情况）进行优化，从而在满足工件表面质量和尺寸精度的情况下，获得最经济的加工时间和刀具耐用度。这种寻求最优加工条件的研究被称为可切削加工性或机械加工性研究，下面将简单介绍其基础理论。

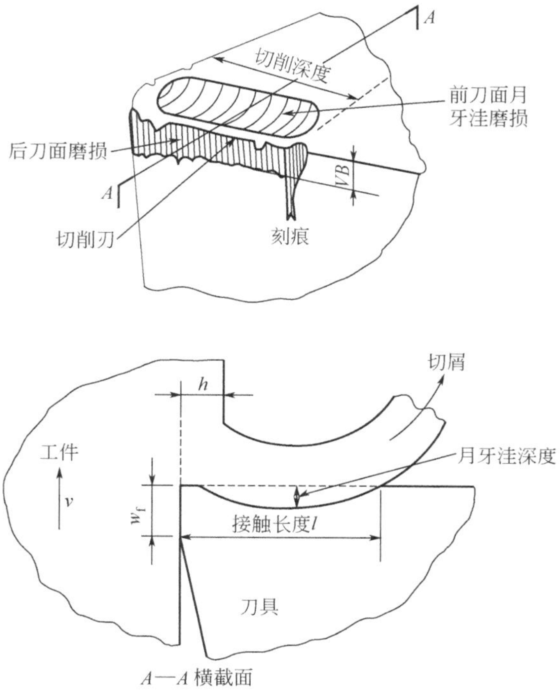

图 2.28　刀具磨损和破损的类型

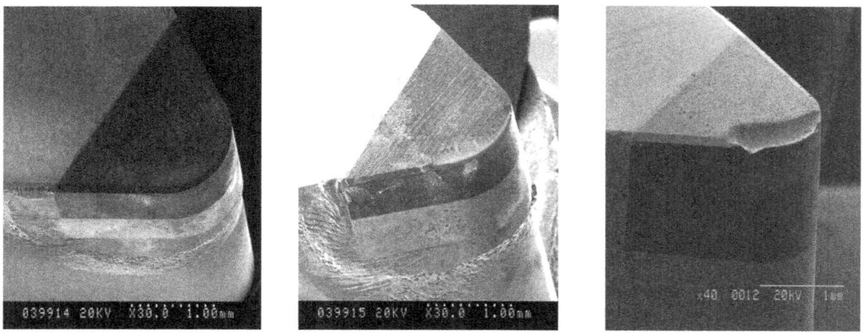

切削速度：240m/min
切削长度：872m

切削速度：400m/min
切削长度：907m

切削速度：800m/min
切削长度：780m

图 2.29　CBN 刀具分别以 240m/min、400m/min 和 800m/min 的速度车削 P20 模具钢时的磨损情况

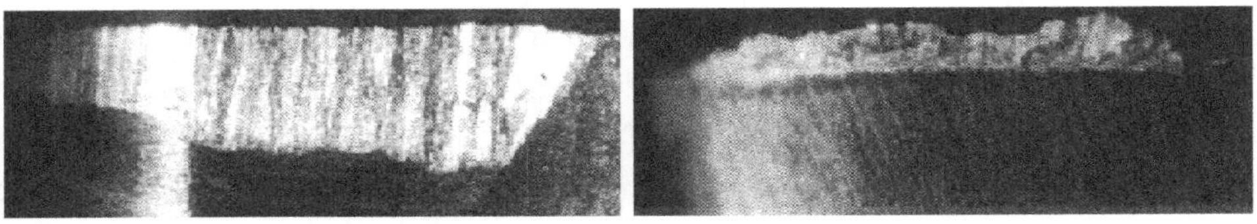

图 2.30 后刀面磨损和积屑瘤

2.10.1 刀具磨损

在刀具磨损过程中，可能同时存在几种机理的磨损，或者某种磨损机理占主导地位。这些磨损机理包括：磨耗磨损、黏结磨损、扩散磨损、疲劳磨损和化学磨损（如氧化磨损）。

（1）磨耗磨损

磨耗发生在硬材料（即刀具）从比较软的工件材料上切除小颗粒时，比较软的工件材料也以很小的比例从刀具材料切除更小的颗粒。硬的刀具材料颗粒嵌在硬的刀具和软的工件材料之间，这将引起附加磨耗磨损。刀具和工件材料中包含碳化物、氧化物和氮化物等硬的微结构，这些微结构引起加工过程中的磨耗磨损。

（2）黏结磨损

当刀具和工件在法向载荷的作用下相互运动时，比较软的工件材料的碎片将黏结在比较硬的刀具上。这些黏结的材料是不稳定的，它们从刀具上分离时将从刀具材料上撕掉一些碎片。在金属切削中，这种情况的典型例子就是积屑瘤。积屑瘤通常是在低速切削时，切屑材料焊接在切削刃上产生（参见图 2.30）。根据积屑瘤的尺寸和稳定性，它的存在可能因为有效正前角增大而减小了切削力，或者因为积聚的积屑瘤使刀具变钝增大了切削力。在低的切削速度下，刀具和切屑接触面的温度比较低（即低于奥氏体温度），容易在切削刃附近产生不稳定的大积屑瘤。此时，材料仍然很坚固而且不易从前刀面流过，随着切屑从前刀面的流过，切屑-刀具接触面的温度升高，导致切屑软化，就比较容易流动了。如果增加切削速度，积屑瘤的高度和长度都会变小，其位置局限在切削刃附近。因此预测切屑-刀具接触面的温度对寻找使积屑瘤最小的切削速度有重要意义[83]。

（3）扩散磨损

当刀具和工件材料接触区的温度升高时，这两种材料中的某些原子将被激活并不断向同种原子浓度低的一方扩散。比较典型的是碳化钨（WC）硬质合金刀具的磨损，其刀具材料中的碳化物（C）使材料变硬，钴（Co）则连接 WC 颗粒，在加工过程中，刀具中的碳原子向碳原子浓度比较低的切屑中扩散，刀具材料中碳原子不断流向切屑，将导致切削刃强度变弱，最终导致刀具破碎或破裂。

（4）氧化磨损

刀具和/或工件材料中的某些原子在接触区边界与空气接触（即氧气）将形成新的分子。在工件表面-刀具后刀面接触区附近刀具材料中的钨和钴将被氧化，导致刀具后刀面的磨损。根据刀具-工件材料、刀具几何形状和切削条件的不同，虽然各种机理的磨损在以不同的比率同时发生，但有一种磨损处于主导地位。刀具的磨损往往集中在刀具与工件材料接触的两个区域。切屑在刀具的前刀面滑动，直到离开接触区，因此在刀具前刀面将发生月牙洼磨损。新切削出的工件表面与刀具后刀面接触，在刀具的后刀面将观察到后刀面的磨损现象（参见图 2.28）。

（5）月牙洼磨损

月牙洼磨损发生在刀具-切屑的接触区，在这个区域刀具承受切屑滑动产生的重载荷及摩擦力和很高的切削温度（图 2.29）。在比较高的切削速度下（例如以 v=250m/min 的速度车削 P10 模具钢），硬质合金刀具的前刀面温度可能达到 1000℃。在这样高的温度下，刀具材料中的某些原子将连续不断地扩散到滑动的切屑中去。在刀具与切屑接触长度的中点附近，温度最高，由于严重的扩散此处的月牙洼磨损最为严重。随着月牙洼的扩展，它将越来越接近刀具切削刃，从而降低切削刃的强度引起刀具劈裂。可以通过选择与工件材料亲和力比较小的刀具材料减小扩散效应，从而使月牙洼磨损最小。采用润滑也可以减小磨损，润滑液渗透到刀具与切屑的接触区，将减小摩擦力，从而也能降低温度［参见式（2.27）］，由此可以抑制扩散活动，减小月牙洼磨损。利用在刀具表面涂覆 Al_2O_3、TiN 和 TiC 等材料的涂层刀具，可以降低工件材料（特别是 Fe）和刀具材料（特别是 WC）的化学亲和力。涂层的厚度一般是 3～5μm，涂层材料一般具有比较低的摩擦因数和在高温下比较高的化学稳定性，它们可以用作刀具中的硬质合金材料和滑动的切屑之间发生亲和的温度屏障。然而，涂层材料特别不易沉积在刀具的切削刃上，并且在强断续切削的情况下，涂层容易破裂。涂层刀具可以在高速切削时通过减小刀具磨损大大提高生产效率。在选择涂层材料时必须特别注意，一定要选择在温度升高时不能与工件材料产生化学亲和的涂层材料。

（6）后刀面磨损

后刀面的磨损是刀具的后刀面（主后刀面）与工件的已加工表面之间的摩擦引起的（参见图 2.30）。在刀具后刀面-工件表面接触区，刀具材料颗粒黏结在工件表面并周期性地被剪掉，在温度升高时，刀具和工件材料之间的黏结加剧。如工件材料中包含硬质点或有来自刀具材料中脱离的刀具硬颗粒，在工件表面和刀具后刀面相互接触并运动时，将在刀具后刀面产生磨耗磨损。虽然，在刀具后刀面的磨损中黏结磨损和磨耗磨损占主要地位，但也存在扩散磨损。

针对要加工的特定工件材料，在选择好润滑液、刀具材料和刀具几何参数后，在工程上最好的办法是寻找针对这种工件材料和刀具材料的临界温度极限所对应的切削速度。切削温度可以根据本章中针对直角切削给出的公式［参见式（2.32）］进行近似估计。也可以用 Oxley[83]和 Trent[115]给出的更为精确的分析和实验方法预测刀具-工件材料界面的温度。刀具-工件材料界面的温度必须低于刀具材料的扩散和熔化温度极限，否则刀具材料中的结合剂材料［如 WC 中的钴或立方氮化硼（CBN）中的 TiN 和 Al_2O_3］将扩散到切屑中，导致一系列扩散、黏结和磨耗磨损。另外，最好能知道工件材料的最低再结晶温度，因为在该温度切削将消除材料的加工硬化，甚至使工件材料变得像液体一样，从而极大地减小工件材料的剪切强度。如果该温度又不超过刀具材料的扩散磨损温度极限，那么在这个温度范围内加工可以避免积屑瘤，减小切削力和刀具承受的应力。

这里给出 Ren 和 Altintas 进行这方面研究的一个实际例子。利用中粒度的 CBN 刀具，在采用任何润滑的情况下加工硬度为 34HRC 的 P20 模具钢；CBN 刀具有一宽 0.1mm、15°的负倒棱角，CBN 刀具材料中添加有 TiN 和 Al_2O_3。P20 的成分为：0.33%C，0.3%Si，1.4%Mn，1.8%Cr，0.8%Ni，0.2%Mo，0.008%S；P20 被广泛地用作注塑模具材料。CBN

是除金刚石之外最硬的材料（87HRC），由于它具有很强的抗高温和抗磨损能力、低的摩擦因数，因此被广泛用在高速切削硬工具钢和模具钢上。利用切削力分析模型，估计剪切平面和刀具-切屑接触面的温度，据此确定切削速度和进给率[90]。现已发现在用 CBN 刀具车削 P20 材料时，最佳切削速度大约为 500m/min，此时对应的刀具-切屑接触面的平均温度为 1400℃左右。CBN 中添加材料（Al_2O_3）的扩散临界温度为 1600℃左右，P20 材料的熔化温度为 1300℃左右。ISO S10 硬质合金刀具，其添加材料钴的扩散温度为 1300℃左右，在没有任何润滑的条件下，它所要求的切削速度低于 300m/min。我们进行了一系列的直角切削实验来验证上面做出的预测，得到了 CBN 刀具的 3 张照片，如图 2.29 所示。这些照片是用扫描电子显微镜（SEM）拍摄的。从照片上看，切削速度为 240m/min 的刀具磨损量最小，在这种切削速度下，刀具-切屑接触面的温度预测为 1150℃左右；在以 400m/min 的切削速度切削 907m 后刀具并没有多大的磨损，然而，此时接触面的温度已接近 P20 材料的熔化温度，Fe 的氧化物可能与 CBN 刀具材料发生化学磨损。当切削速度增加到 800m/min 时，刀具-切屑接触面的温度将达 1600℃左右，从第三把刀具的照片上可以观察到，在经历了比较短的切削长度（780m）后，出现了严重的月牙洼磨损，在此切削速度下，CBN 中的添加材料将扩散到切屑中去。通过对温度预测研究表明，这种特定中粒度 CBN 的最佳切削速度为 500m/min。

上面给出的经典磨损机理适合像车削这样的连续切削加工；对于铣削加工，由于其切削不连续的特点，情况要更加复杂。在铣削加工中，铣削力随切削厚度的变化发生周期性的变化，铣刀齿周期性地切入或切出工件材料，因此它在加工过程中经受循环应力和温度，当刀具进入工件时，它被加热，当它退出切削进入外界环境（如空气或冷却液）时开始冷却，这种冷却一直持续到刀齿再次切入工件，这种周期性的热循环在刀具中所产生的交替压缩（加热循环）和拉伸（冷却循环）应力可能超过刀具的强度极限。即使这种热应力幅度不足以使刀具突然破裂，但这种循环热应力会引起刀具的疲劳损伤和磨损。因此所有的磨损机理均与刀具-工件材料、作用在刀具上的切削力和接触区的温度有关。切削速度的提高将引起摩擦能量消耗的增加，这将使刀具前刀面-切屑接触区和刀具后刀面-工件表面接触区的温度升高。因此，切削速度对磨损机理的作用最为强烈。随着刀具后刀面磨损量的增加，刀具-工件接触区变大，因此对工件表面的摩擦增强，这将导致工件表面质量变差以及大摩擦力和高切削温度，最终导致刀具破损。后刀面的磨损扩展将使刀具失去一部分切削刃，相应的被加工工件的尺寸精度也将损失同样大小的量。在生产实际中，控制后刀面的磨损量比控制月牙洼磨损更为重要；然而，如果刀具和工件材料之间没有很强的化学亲和力，在刀具被完全破坏之前，月牙洼磨损损失的刀具材料体积要比后刀面磨损损失的刀具材料体积大得多。

后刀面的磨损程度以主后刀面磨损带的宽度（VB）来度量（参见图 2.28）。典型的刀具寿命曲线如图 2.31 所示，后刀面随加工时间所经历的磨损历程可以划分为三个阶段：很锋利的刀具在切削开始不久被磨损；随加工时间的增加，磨损量以接近线性速度的方式逐渐发展；当磨损量（VB）到达临界极限时，后刀面的磨损急剧增加。刀具的磨损量在到达临界极限量（$VB_{\lim}$）之前必须进行替换以避免发生刀具的重大损坏。对应于 $VB_{\lim}$ 的切削时间被称作刀具寿命，Taylor[108]第一次将刀具寿命表示为切削条件的函数：

$$T_t = c_t v^{-p'} c^{-q'} \tag{2.123}$$

式中　T_t——刀具寿命，min；

　　v——切削速度，m/min，

　　c——进给率，mm/r。

c_t、p'和q'对给定的刀具-工件材料对是常数，这些常数可通过切削加工实验获得。

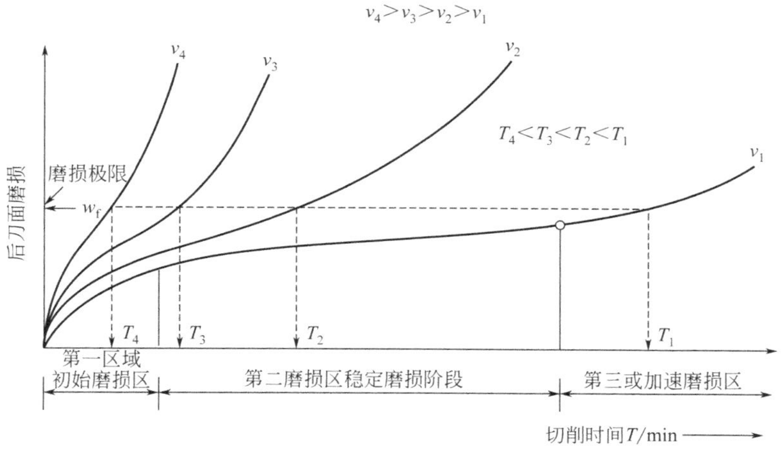

图 2.31　刀具寿命（T）曲线：后刀面磨损量（VB）在不同的切削速度（v）下随时间的变化

【实例 2.2】下面是从采用 K21 硬质合金刀片车削 AISI-1045 正火钢材料的切削加工实验中获得的测量数据。

实验号	切削速度 v/（m/min）	进给率/ （mm/min）	测量的刀具寿命 T_t/min
1	100	0.2	80
2	200	0.2	10
3	200	0.1	40

从实验 1 和 2 可知，

$$p' = \frac{\ln(T_{t1}/T_{t2})}{\ln(v_2/v_1)} = 3$$

从实验 2 和 3 可知，

$$q' = \frac{\ln(T_{t3}/T_{t2})}{\ln(c_2/c_3)} = 2$$

将p'和q'代入式（2.123）给出第三个参数：

$$c_t = 3.2\times10^6$$

对特定的实验刀具-材料对，Taylor 刀具寿命方程式为：

$$3.2\times10^6 = T_t v^3 c^2$$

给定恒定的进给率（c）或切削速度（v），可以绘制出刀具寿命的对数图［式（2.123）］，该对数图可以用来针对期望的刀具寿命选择合适的进给率和切削速度。从上面的实例中我们可以观察到，切削速度比进给率对刀具寿命的影响要大得多（即：$v \gg c \rightarrow q' > p'$）。理想的状态是在加工过程中在线监测刀具的磨损状态，当在刀具的磨损到达磨损极限时再换刀。然而，目前还没有能够应用到实际生产中的在线监测刀具状态的可靠测量系统，这个课题是急需努力研究的实际问题。众所周知，随着后刀面磨损的增加，切削力特别是进给方向的切削力将增加，后刀面和工件表面之间的摩擦将产生剪切之外的附加力，这些力对于后刀面的法向（即进给方向）的影响比较大。但是，切削力的增加也可能是由工件几何形状的变化或工件材料特性的变化引起的，所以确定切削力的增加和刀具磨损之间的关系还是比较困难的。

2.10.2 刀具破损

所谓刀具破损是指刀具大部分切削部位损失，使刀具失去了总体切削能力。刀具上碎片的剥离（即从刀具的切削刃损失一些微粒）是不被期望的，但它不妨碍刀具的总体切削能力。但是刀具上碎片的剥离会增加刀具前刀面和后刀面（图 2.28）的摩擦，如果这种现象始终未被发现，最终将导致整个刀具的破损。

用脆性材料制作的金属切削刀具在过大的切削载荷下（如大的进给率作用下）可能失效或由于循环机械和热应力的作用发生疲劳损坏。Zorev[120]通过实验给出了刀具-切屑接触区的切向和法向载荷分布图（参见图 2.2）。Zorev 发现在切屑从切削刃离开前，它首先黏结在刀具的前刀面，直到它与刀具分离开始滑动；因此，黏结区的切向载荷等于材料的屈服剪切应力。在滑动区，摩擦因数为常数且等于刀具和工件材料之间的摩擦因数。在分析简化了的直角切削力时，采用切屑和刀具前刀面之间的平均摩擦因数（μ_a），假定载荷为线性载荷。Loladze[69]采用光弹方法测量切削期间刀具切削楔内的应力分布，他的研究表明，在刀具-切屑接触区后，刀具压缩区的应力由压应力变为拉应力（参见图 2.2）。改变切削条件特别是切削厚度，应力分布的情况也发生变化，随着切削厚度的增加，拉应力区扩大，拉应力的幅值增加。

因此，如果进给率的增加使拉伸主应力达到破裂极限（即脆性刀具材料的最终拉伸强度），刀具将开始破裂。由于高速度切削产生的高温，硬质合金和高速钢（HSS）均有可能发生塑性破坏。刀具的塑性破坏最常发生在加工机械加工性能差的材料和耐热合金，例如用于航天工业的钛合金和镍合金，这些合金材料的切削导热性能差，不宜通过切屑将刀具切除区的热量带走，因此引起刀具中的高热应力载荷。摩擦能量或刀具-切屑接触区产生的热量与切削速度成正比［参见式（2.27）］，因此，用硬质合金刀具加工易切钢时典型的切削速度为 200m/min，但加工钛合金和镍合金时只能采用 60m/min 的切削速度，而且 HSS 刀具不能用来加工这些合金。硬质合金刀具涂层用的材料 TiC 或 TiN 和钛合金工件材料有化学亲和作用。用 TiC/Al_2O_3 做涂层材料的硬质合金刀具加工镍基合金时，后刀面的磨损大大减小，这是因为：①TiC 起到了切屑和刀具基体材料之间热屏障的作用；②Al_2O_3 减小了摩擦因数。这里只简单介绍了有关切削力学、机械加工性能和切削力预测的基础知识，要深入学习和详细了解有关这方面的知识，建议读者参考下列作者出版的相关书目：Oxley[83]，Armarego 和 Brown[25]，Shaw[96]，Trent[115] 和 Boothroyd[31]。

2.11 思考问题

1．通过一系列直角切削实验来获得硬度为 34HRC 的 P20 模具钢的剪切角、平均摩擦因数和剪切应力。切削条件及测量出的切削力和切削厚度在表 2.3 中给出。切削刀具是前角为 0° 的 S10 级的切断刀。切削宽度（即圆盘工件的宽度）为 b=5mm，切削速度为 v=240m/mm。P20 钢的特性为：系数 c_s=460N・m/(kg・℃)，密度 ρ=7800kg/m^3，热导率 c_t=28.74W/(m・℃)。

表 2.3　直角车削 P20 模具钢的实验条件和测量得到的数据

进给率 c /(mm/r)	切向力 F_t/N	进给力 F_r/N	测量的切削厚度 h_c/mm
0.02	350	290	0.050
0.03	480	350	0.058
0.04	590	400	0.074
0.05	690	440	0.083
0.06	790	480	0.102
0.07	890	505	0.116
0.08	980	540	0.131

① 通过测得的切削力进行线性回归求切削系数 K_{tc} 和 K_{fc}(N/mm^2)，刃口力常数 K_{te} 和 K_{fe}(N/mm)。

② 求解每次实验的剪切角（φ_c），剪切应力（τ_s）和平均摩擦因数（β_a），并将它们表示为切削厚度（h）的经验公式，从而形成直角切削数据库。

③ 利用经验公式用 φ_c、τ_s 和 β_a 预测切削力系数（K_{tc}，K_{fc}）并与线性回归得到的数值进行比较。

④ 对每次实验求解主剪切区的剪应变和应变率。

⑤ 求解主剪切区和刀具-切屑接触区的平均温度。

⑥ 利用直角切削到斜角切削的变换，表示螺旋角和法前角分别为 30° 和 5° 的螺旋立铣刀的切削力系数。

2．用 S10 硬质合金刀具加工直径为 D=57mm 的 P20 模具钢轴，刀具的进给方向前角 α_f=−5°，切深方向前角 α_p=−5°，余偏角为 0°。刀尖圆弧半径 r=0.8mm，径向切深、进给率和切削速度分别为：a=1mm，c=0.006mm/r，v=240m/min。用前角 α_r=−5° 的 S10 硬质合金直角干切 P20 模具钢轴的切削参数如下列表达式：

剪切应力　　$\tau_s=1400h+0.327v+507$(N/mm^2)

摩擦因数　　$\beta_a=33.69-12.16h-0.0022v$(°)

切屑压缩系数　$r_c=2.71h+0.00045v+0.227$

式中，h 的单位为 mm，v 的单位为 m/min。

① 求沿曲线切削长度切削厚度的分布。

② 利用斜角切削变换求沿曲线切削长度的切削系数。

③ 求沿曲线切削长度切向、径向和进给力（F_t，F_r，F_f）的分布。

④ 求车削该轴的总切削力（F_x，F_y，F_z）、力矩和功率。

3．N=8 螺旋槽的端铣刀，其前角 α_r=5°，螺旋角为 0°，直径 D=20mm，从刀具夹头伸出 L=40mm 的悬臂长度，该端铣采用半接触式顺铣加工 AI-7050 合金，进给率 c=0.1mm/r（或 mm/齿），轴向切深 a=30mm，AI-7050 的正切参数为：剪应力 τ_s=250MPa，剪切角 φ_c=20+α_r，平均摩擦因数 μ_a=0.35，切削刃产生的切削力忽略不计，合金端铣刀的弹性模量 E=200GPa，密度 ρ=7860kg/cm^3。

① 求端铣加工的切削力系数；

② 假定总切削力作用在刀具的自由端（z=0），计算工件表面（z=0）处最终加工表面的最大加工偏差。

③ 假定系统的阻尼比 ζ=2%，求刀齿切入切出频率与端铣的固有频率倍频时在 y 向引起的强迫振动的最大振幅。

4．用直径为 100mm，4 个螺旋槽，螺旋角为 30°，前角为 10°的立铣刀铣削航天器翅膀的支撑架。工件材料为 Al-7075。用恒定的切削速度（2500r/min）和轴向切深（a=1.5mm）以不同的进给率进行一系列的全接触铣削（即铣槽）实验。测得每齿周期的平均力如表 2.4 所示。假定采用式（2.80）给出的力学模型，试计算切削力系数（K_{tc}，K_{rc}，K_{ac}）和刃口力常数（K_{te}，K_{re}，K_{ae}）。

表 2.4　铣削 Al7075 时测得的平均铣削力

进给率/（mm/齿）	$\overline{F}_x$ / N	$\overline{F}_y$ / N	$\overline{F}_z$ / N
0.025	-69.4665	64.3759	-10.2896
0.050	-88.1012	99.1383	-20.5814
0.100	-105.6237	155.7100	-33.9852
0.150	-118.1107	210.4644	53.4833
0.200	-130.6807	263.4002	73.1515

5．试编写铣削加工的通用仿真程序，该程序必须能够应用于各种立铣和端面铣实验。可以采用前面问题中得出的切削力系数，忽略螺旋角对切削力系数的影响。仿真程序应至少能够仿真刀具一整转的铣削情况，并用图形显示表 2.5 给出的铣削实例。

表 2.5　仿真实例

实例号	a/mm	β/（°）	φ_{st}/（°）	φ_{ex}/（°）
1	5.00	0	0	120
2	40.0	30	0	90
3	40.0	30	0	180

进给率 c=0.1mm/齿，主轴转速 n=6000r/min

测量长度 l=54.5mm，刀具直径 d=19.05mm

螺旋槽数 N=4，　　弹性模量 E=2×10^{5}MPa

在同一张图上绘制下列变量，并对仿真结果给出简短的说明。

① 所有情况下的切削力 F_x 和 F_y。

② 所有情况下的切削合力和力矩。

6．利用麻花钻加工 Ti-6Al-4V 钛合金，麻花钻的参数为：直径 $2R$=19.05mm，横刃斜角 ψ_c=125°，横刃宽度 $2w$ =0.78mm，名义螺旋角 β_0=300。利用表 2.1 给出的 Ti-6Al-4V 材料的直角切削参数预测钻削进给率和主轴转速分别为：c=0.1mm/r，n=200r/min 时的轴向力、力矩和功率。

7．用 CBN 刀具干切硬度为 34HRC 的 P20 模具钢；刀具切削刃有一 15°的倒棱角，它的作用就像负前角一样。在不同的进给率和切削速度下进行了一系列的车削实验，每次实验均连续切削到达一定的切削长度 l_m，并记录后刀面的磨损量（VB）。利用最小二乘法从实际切削数据中得出下列关系：

$$VB=0.0023568v^{1.33}c^{0.7423}l_m^{0.796}$$

式中所用的单位为：后刀面磨损量 VB(mm)，切削速度 v(m/min)，进给率 c(mm/r)，加工长度 l_m(m)。预测下列切削条件下的换刀时间：v=240m/min，c=0.06mm/r，最大允许磨损量 VB=0.2mm，被加工轴的直径为 100mm。

第3章 机床结构动力学

3.1 导言

机床作为工作“母机”，采用各种加工或成形方式生产机械零件。为了保证特定的加工允差，机床的精度必须高于加工零件的精度。机床的精度受切削刀具相对于工件的定位精度和它们之间相关结构变形精度的影响。本章主要介绍切削刀具和工件之间静态和动态变形的工程分析与建模。

3.2 机床结构

机床系统由三大部分组成的：机械结构、驱动和控制系统。图 3.1 所示为卧式 CNC 加工中心及其组成部件。

（1）机械结构

机械结构由固定部件和运动部件组成，固定部件包括床身、立柱、横梁和齿轮箱机架。固定部件通常用来支撑诸如工作台、滑枕、主轴、齿轮、轴承和溜板箱这样的运动部件。机床零件在结构设计上要求高刚度、高热稳定性和大阻尼，为了使机床在加工时的静态和动态变形最小，一般总是过大地估算机床尺寸。本章不讨论机床结构设计的基本原则，在假定刀具和工件之间的静态和动态变形关系已经通过实验测得或通过解析方法进行预测的基础上，将给出结构变形对加工进度和加工性能的影响。

（2）驱动

机床的运动可分为主轴运动和进给运动。主轴驱动为主轴旋转运动提供足够的角速度、力矩和功率。主轴通过滚柱轴承或磁性轴承安装在主轴轴承箱里。低速和中速主轴通过 V 带与电机连接，在电机和主轴之间可能有一级齿轮减速装置和离合器。高速（$n>15000$r/min）主轴可能将电机直接安装在主轴里，以减小电机-主轴的连接所产生的惯性和摩擦。对于典型的通用加工中心，其高速和低速主轴可以在比较短的时间（例如 1h）内完成更换。进给驱动带动工作台或溜板箱运动，通常机床的工作台与螺母相连，螺母安装在丝杠上，根据进给速度、惯性和力矩的要求，丝杠可以直接与电机连接，也可以通过齿轮系统连接。在不同机床中，为了获得期望的进给速度，往往有多级齿轮减速；而在 CNC 机床上，每根进给轴都有自己专用的驱动电机。特别高速的机床可能采用直线电机驱动，没有螺母和丝杠装置，以避免不必要的惯量和接触元件之间的摩擦。

（3）控制系统

控制系统包括电机、功率放大器、开关和计算机，它们用来控制电气部分，使其按要求的顺序和时间工作。普通机床通常有继电器、行程开关及操作者控制的电位器和直接控制开关。CNC 机床拥有功率伺服放大器、光电开关和行程开关及计算机单元，并装有急停、控制和操作界面单元。进给速度和进给驱动的定位精度取决于伺服电机传递的力矩和功率，以及计算机数控（CNC）单元所采用的进给驱动的伺服控制算法，这些内容将在第 5 章和第 6 章中予以讨论。

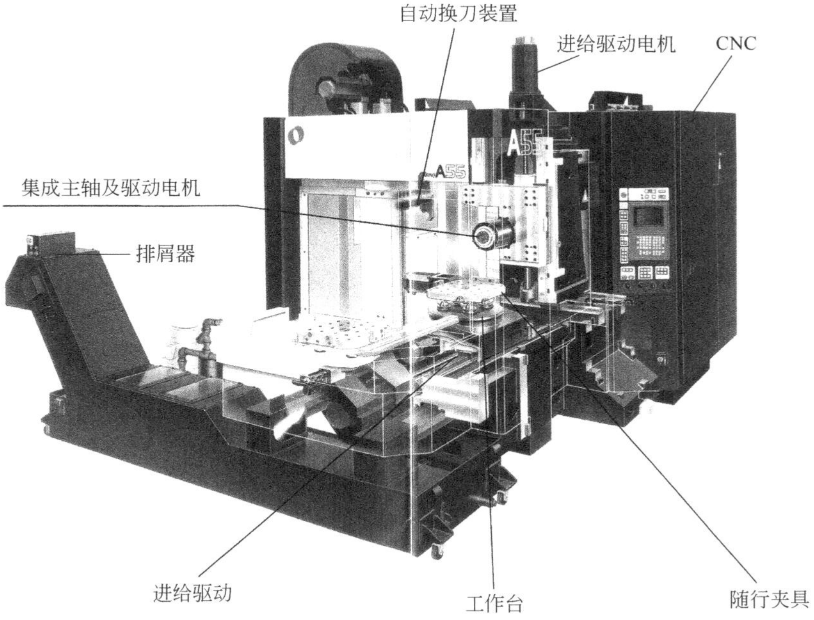

图 3.1　卧式 CNC 加工中心[1]

3.3　加工中的尺寸和形状误差

切削刀具和工件之间接触点的相对变形源于热、重量和切削载荷。机床的旋转和移动部件因摩擦而发热，而且在机床中各个部位温度的升高从来都是不一致的，这是由组成机床各部件的材料热系数不同造成的，另外热源的位置也是变化的。机床的工作台和主轴头位于机床的垂直框架或立柱上，它们的位置随刀具加工工件切削点位置的变化而变化，移动的重量将使刀具和工件在切削点处的刚度或相对位移发生变化。可以测量出机床工作台和主轴头在不同位置时热和重量引起的变形，并将它们存储在 CNC 单元的补偿寄存器中，当机床移动时，从补偿寄存器中读出的误差将加到机床的运动量上，以补偿在加工中因重量和热引起的变形。

[1] 资料来源：Makino 铣床有限公司。

在这里我们只涉及因切削力引起的变形误差，在刀具沿其设定路径运动时，切削力的大小和方向及刀具和工件之间的相对刚度均可能发生变化[61]，使工件尺寸偏离期望值的这种相对位移引起尺寸和形状误差。

3.3.1 外圆车削中的形状误差

图 3.2 所示为一种典型的外圆车削。如果切削刀具的余偏角不为 0 或刀尖圆弧半径比较大，这种车削将属于斜角切削，垂直于加工表面的径向力不为 0。径向力方向的任何弹性将在加工表面的形成点产生相对位移。这种结构可以模型化为一根弹性轴，在中心尾座处有一支撑力，在主轴卡盘端有支撑力和支撑弯矩。为了简单，假定所加工轴的平均直径为 d，如果径向切削力 F_r 施加在距离卡盘 l 处（参见图 3.2），在轴向位置 x 处轴的径向偏差（挠度）为：

$$y(x)=\frac{1}{EI}\left[-\frac{R_c}{6}x^3+\frac{F_r}{6}(x-l)^3+\frac{M_c}{2}x^2\right] \tag{3.1}$$

式中，E 为弹性模量；$I=(\pi d^4)/64$，是工件的惯性矩。卡盘端的支撑力 R_c 和支撑弯矩 M_c 为：

$$R_c=\frac{F_r(L-l)}{2L^3}[3L^2-(L-l)^2]$$

$$M_c=\frac{F_r l(L-l)(2L-l)}{2L^2}$$

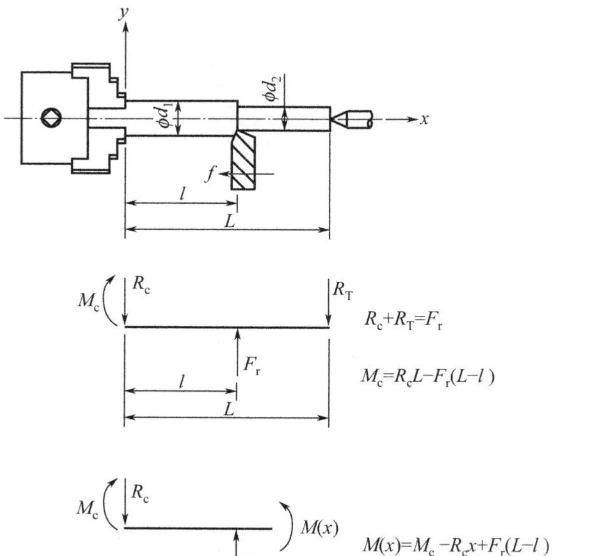

图 3.2 外圆车削中的形状误差

这个偏差将以尺寸误差的形式传递到刀具和工件接触点处（即 $x=l$）。径向偏差是以偏离机床尾座中心和主轴中心的连线（即机床轴）的位置定义的。因为工件被从固定的刀具位置推离了一个径向偏差量 $y(l)$，实际的径向切深将为 $a-y(l)$，因此在位置 $x=l$ 处，被加工工件的半径有 $y(l)$额外的余量或形状误差。要注意在刀具向卡盘方向移动的过程中，工件的刚度是变化的，因此沿工件轴向在工件已加工表面留下的形状误差是不同的。在工件的中点（$x=L/2$）形状误差最大。加工后的工件将不再是圆柱形，将成为桶形（国内一般叫腰鼓形❶）。当对桶形工件进行下一走刀的车削时，有效轴向切深将不再为常数，它将沿工件轴向发生变化，即 $a_{\text{effective}}=a+y(l)$。因为切削力的大小与切削深度成正比，径向切削力和工件的刚度将沿工件轴向发生变化，所以还会有形状误差。因此建议在精加工时采用小的切深和进给率（即小的切削力）。工艺工程师应根据工件的公差和中心点的刚度计算进给率和切削深度。

3.3.2 镗刀杆

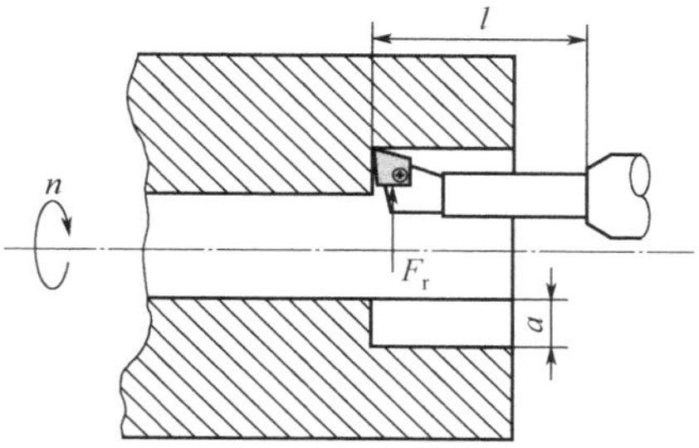

图 3.3 因镗刀杆变形产生的形状误差

图 3.3 所示为普通镗削加工的示意图。镗刀杆就像一根悬臂弹性梁，根据机床和工件的安装方式不同，镗刀杆有各种不同的安装方式。在车床上，镗刀杆可以安装在固定尾座上，工件安装在旋转的主轴上，这是在车床上进行内圆柱孔镗削的典型例子。镗刀杆也可以安装在卧式镗床或加工中心的主轴上，但要偏置与加工孔半径相等的量，这个偏置量用安装在主轴上的偏心调整装置来调整。大型棱柱零件的镗削采用将工件安装在镗削加工中心的工作台上的敞开方式进行[56]。

如果镗刀杆的长度为 l，在工件-切削刀具接触点的偏差量为：

$$\delta = \frac{F_r l^3}{3EI} = \frac{F_r}{k_r} \tag{3.2}$$

式中，F_r 是径向切削力；$k_r=(3EI)/l^3$，是镗刀杆的径向刚度。这个径向偏差量将以形状误差的方式传递给所镗削的孔，误差的大小取决于切削力的大小和该点的径向刚度。如果所用镗刀杆是圆柱形的，那么 $I=\pi d^4/64$，$k_r=(3\pi E d^4)/(64 l^3)$。如果镗刀杆截面形状是宽度为 b，高度为 h 的矩形，其惯性矩为 $I=(bh^3)/12$。矩形截面镗刀杆的刚度为：

$$k_r = \frac{Ebh^3}{4l^3}$$

为了增加镗刀杆的径向刚度，切削刀具要安装在矩形截面的宽度为 h 的面，这样，如果比值 $h/b>1$，那么就可以通过选择矩形截面镗刀杆刚度比较大的方向使加工表面的形状误差减小 h^3 倍。

3.3.3 立铣加工中的形状误差

零件的侧面是由立铣刀的圆周面加工成的，因此立铣也叫周铣。工件已加工表面垂直于立铣进给方向。如果将立铣的进给方向和进给方向的法向分别定为笛卡儿坐标系的 x 轴和 y 轴，y 轴方向的任何偏差将产生静态形状误差。可以将立铣刀作为弹性圆柱梁来

❶ 译者注。

考虑，通过夹头和卡盘悬臂于主轴。铣刀通常是机床系统刚度最薄弱的环节，因为铣刀直径与夹头到铣刀头的长度比值相当小。

螺旋立铣刀产生的形状误差相当复杂[98]。铣削力并非常数，它是随立铣刀的旋转变化的。另外，由于螺旋槽存在螺旋角，这也会产生沿刀具 z 轴变化的切削力[58]。

为了便于解释铣削表面的形成机理，首先考虑直槽立铣刀（即螺旋角为 0）的情况，在这里垂直于工件表面方向（法向 y 方向）的偏差最重要。法向力（F_y）引起的立铣刀自由端的静态偏差为[32]：

$$\delta_y = \frac{F_y}{k} \tag{3.3}$$

式中，$k=(3EI)/l^3, I=(\pi d^4)/64$。刀具的有效直径为 d，从夹头处开始测量的长度为 l。考虑到螺旋槽的存在，有效直径可以考虑为刀具外径的 0.8～0.85 倍。切削力与切削厚度 h 成正比，即：

$$F_y(\varphi) = K_{tc} a h(\varphi)(\sin\varphi - K_r \cos\varphi)$$

式中，φ 是从 y 轴开始测量的接触角；切削厚度 $h(\varphi)=c\sin\varphi$；c 是每齿进给量。刀齿在与工件接触时或位于法向轴 y 时生成工件表面。当刀齿位于 y 轴上时，切削厚度总为 0。这种情况在逆铣切入（$\varphi=0$）和顺铣切出（$\varphi=\pi$）时出现（参见图 3.4）。因此，对于直槽立铣刀，如果不考虑铣刀的弹性和切削量，当只有一个刀齿在切削时，表面的形状误差将为 0。这就是在精加工中常见的径向接触角比刀齿齿间角要小得多的原因。然而，如果同时有两个或多个刀齿参与切削，那么由于其他的螺旋槽在切削接触区进行切削，所以当某个刀齿位于 y 轴上时，切削力并不为 0。在这种情况下，对于逆铣，偏差在进入工件表面方向，引起过切形状误差；对于顺铣，偏差在离开表面方向，引起切削不足的形状误差。

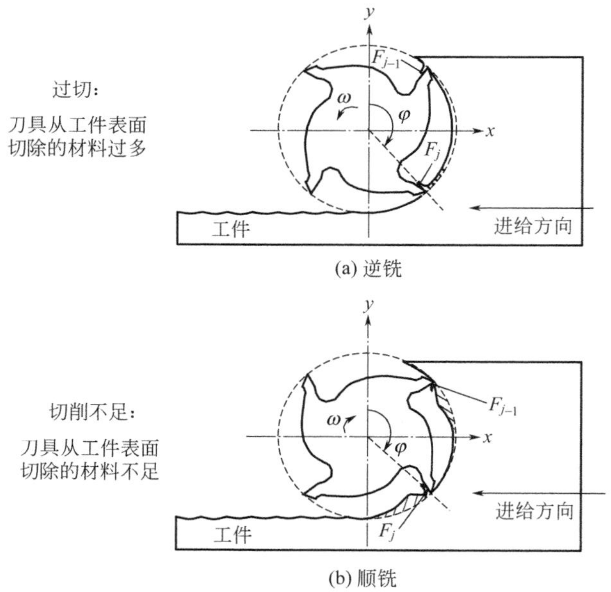

图 3.4　铣削宽度和铣削方式对表面形状误差的影响

当采用螺旋槽立铣刀时，加工表面的形成将变得比较复杂。甚至在只有一个刀齿切削时，也将在工件表面留下形状误差[106]。考虑某个螺旋槽切削刃在立铣刀底部位于 y 轴，因此其接触角为 0［即 $\varphi(z=0)=0$］，随着刀具的旋转，螺旋槽的顶端运动到接触角为 φ 的位置，此时，螺旋槽上从顶端开始坐标为 z 的位置正好处于 y 轴的位置，形成工件表面，因为此时法向切削力不为 0，立铣刀的弹性位移将在工件表面产生形状误差。由于螺旋角的存在，形成工件表面的切削刃点将沿螺旋槽上移。根据螺旋槽数和切削宽度的不同，可能会有一个以上的切削刃上的点位于 y 轴上或与形成的表面接触。接触点可以按下面的方法求得。

对逆铣，瞬时接触角 $[\varphi_j(z)=\varphi+(j-1)\varphi_{\mathrm{p}}-k_{\beta}z$，其中 $k_{\beta}=(2\tan\beta)/d]$ 为 0；对顺铣，瞬时接触角为 π[99]。可以得到：

$$z=\frac{\varphi+(j-1)\varphi_{\mathrm{p}}}{k_{\beta}}\quad（逆铣）$$

$$z=\frac{-\pi+(\varphi+(j-1)\varphi_{\mathrm{p}})}{k_{\beta}}\quad（顺铣）$$

式中，β 是螺旋角；$j=1,2,\cdots,N-1$ 是螺旋槽序号；$\varphi_{\mathrm{p}}=(2\pi)/N$ 是刀具的齿间角。预测表面形状误差的算法可以集成在第 2 章给出的切削力预测程序中。可以将刀具轴向切深 a 内的部分划分为 M 个小圆盘微元（参见图 3.5），它以增量 $\Delta\varphi$（即 $\varphi=0,\Delta\varphi,2\Delta\varphi,\cdots,\varphi_{\mathrm{p}}$）旋转。每个微元的切削深度为 $\Delta z=a/M$，当微元选择足够小时，可以忽略螺旋角的影响。微元 m 产生的切削力微元为（参考图 3.5）：

$$\Delta F_{ym}(\varphi)=K_{\mathrm{tc}}c\Delta z\sum_{j=0}^{N-1}\left[\sin\varphi_j(z)-K_{\mathrm{r}}\cos\varphi_j(z)\right]\sin\varphi_j \tag{3.4}$$

式中，K_{t} 和 K_{r} 是切削力系数；c 为每齿进给率。

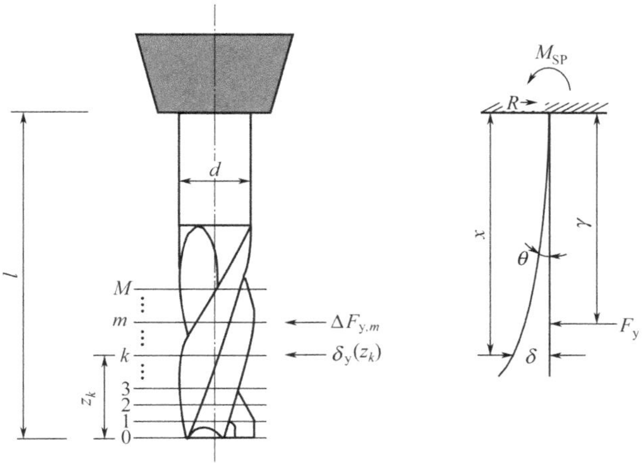

图 3.5　立铣刀的静态变形模型

微元 m 的接触角为 $\varphi_j(m)=\varphi+(j-1)\varphi_{\mathrm{p}}-k_{\beta}m\Delta z$。微元的切削力可以集中作用在微圆盘的上边界，施加在微元 m 上的切削力在接触点 z_k 处产生的 y 向偏差可以用悬臂梁的公式给出[33]：

$$\delta_{\mathrm{y}}(z_k,m)=\begin{cases}\dfrac{\Delta F_{ym}v_k^2}{6EI}(3v_m-v_k), & 0<v_k<v_m\\ \dfrac{\Delta F_{ym}v_m^2}{6EI}(3v_k-v_m), & v_m<v_k\end{cases} \tag{3.5}$$

式中，E 是弹性模量；I 是刀具的惯性矩；$v_k=l-z_k$；l 是从夹头端面开始测量到刀具该点的长度。刀具惯性矩的计算采用等价刀具半径 $R_e=0.8R$，式中 0.8 是考虑螺旋槽影响的近似计算因子。在轴向接触点 z_k 处产生的总静态偏差可以通过将作用在立铣刀上的所有 M 个微元切削力产生的偏差叠加得到：

$$\delta_{\mathrm{y}}(z_k)=\sum_{m=1}^{M}\delta_{\mathrm{y}}(z_k,m) \tag{3.6}$$

在切削刃上与工件形成表面的接触点，该点的偏差量 $\delta_{\mathrm{y}}(z_k)$将会成为工件的尺寸误差。随着刀具的旋转，所产生的工件侧壁尺寸误差可以显现在刀具轴和表面法向轴（y,z）组成的平面上。工件的表面三维形貌可以通过刀具沿进给方向（x）简单地重新定位而获得。图 3.6 所示为沿进给方向改变切削宽度预测的工件尺寸误差，立铣加工尺寸误差的详细分析可以参考文献[33]。

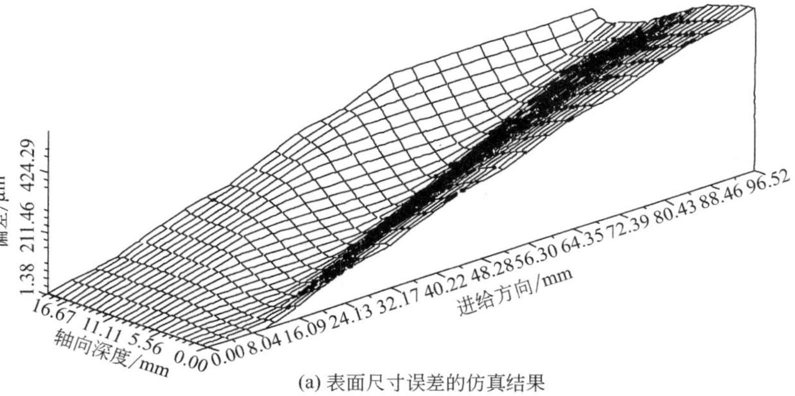

(a) 表面尺寸误差的仿真结果

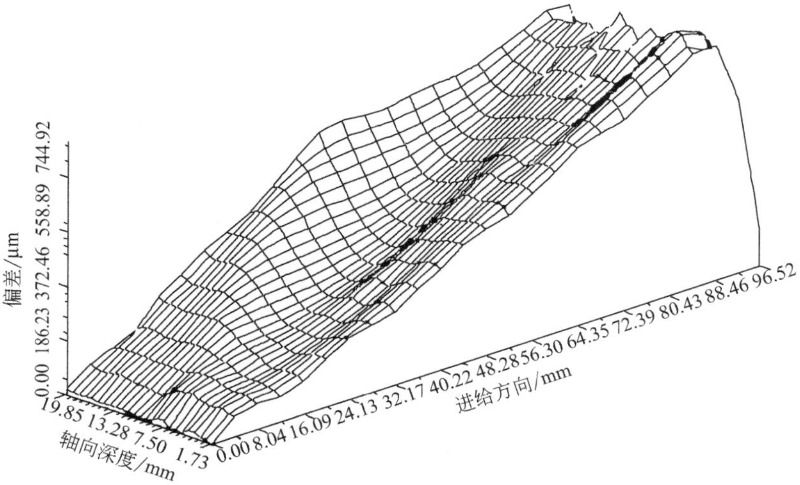

(b) 实验结果

图 3.6　立铣加工表面预测的实例

3.4 加工过程中的结构振动

加工过程中机床的振动极大地妨碍生产率的提高。机床的振动将加速刀具的磨损和破裂，引起加工表面质量恶化，并有可能引起机床主轴支撑轴承的损坏[57]。本节将首先讲述振动理论的一些基本知识。由于实验模态分析技术在现代加工设备中已有应用，因此本节中将对模态分析理论及其在加工实践中的应用进行综合介绍。学习振动工程的基础理论将有助于读者理解机床振动的机理以及在实践中避免机床振动的方法。

3.4.1 自由振动和强迫振动的基础知识

图 3.7 所示为一单自由度（Single Degree of Freedom，SDOF）系统的简单结构，可以将其模型化为质量（m）、弹簧（k）和阻尼（c）三个元件组成的系统。当外部力 $F(t)$ 施加在该结构上时，其运动可以用下面的微分方程来描述：

$$m\ddot{x}+c\dot{x}+kx=F(t) \text{ 或 } \ddot{x}+2\zeta\omega_{\mathrm{n}}\dot{x}+\omega_{\mathrm{n}}^{2}x=\frac{\omega_{\mathrm{n}}^{2}}{k}F(t) \tag{3.7}$$

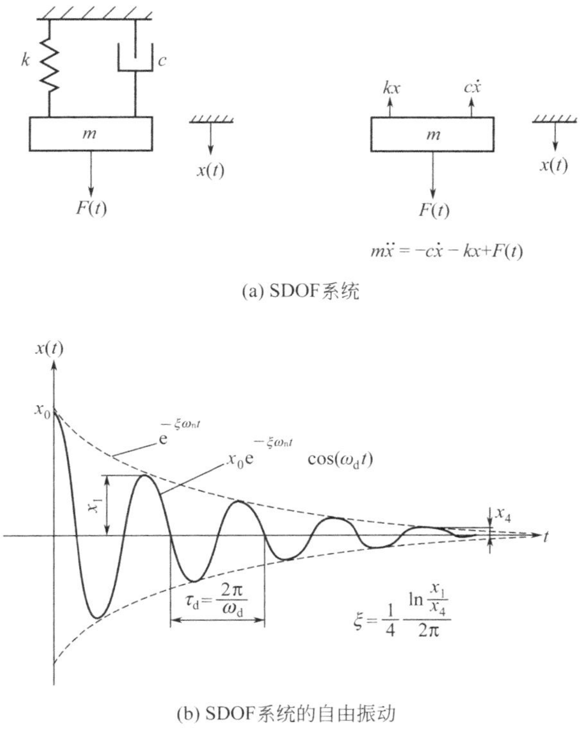

图 3.7 质量、弹簧和阻尼组成的单自由度系统的模型

如果系统受到冲击或它的静止位置偏离平衡位置，让其进行自由恢复运动，系统将经历自由振动。其振幅随时间以系统阻尼常数的函数衰减，振动频率主要取决于系统的刚度和质量，黏性阻尼常数对其影响很小。一般情况下，在机械结构中黏性阻尼常数的数值很小。当黏性阻尼常数为 0 时，系统振动的固有频率为：

$$\omega_n = \sqrt{\frac{k}{m}}$$

阻尼比定义为$\zeta = c/2\sqrt{km}$，在机械系统中它的数值总是小于 1。对于许多金属结构，ζ<0.05 或更小。该结构的阻尼固有频率定义为：

$$\omega_d = \omega_n\sqrt{1-\zeta^2}$$

假定质量为自由质量，不受外力的作用，静态位移为 x_0，将系统释放，其自由振动的运动可描述为：

$$x(t) = x_0 e^{-\zeta\omega_n t}\cos(\omega_d t)$$

振动周期为 $\tau_d=2\pi/\omega_d$，这是一种由测量的自由或过渡振动估算系统阻尼固有频率的简单办法。黏性阻尼常数可以用下列方程由第一个波和后续第 n 个波之间幅值衰减的比值进行近似估算。

$$\zeta = \frac{1}{n}\left(\ln\frac{x_1}{x_n}\right)\Big/(2\pi)$$

当存在外力 $F(t)$时，系统将经历强迫振动。当施加的力 $F(t)=F_0$ 恒定时，系统经过短时间的自由或过渡振动，稳定在静态偏离 $x_{st}=F_0/k$ 处。

机床结构的通用响应解可以通过求解运动的微分方程得到。以初始条件：位移为 $x(0)$，振动速度为 $x'(0)$，施加的外力为 $F(t)$，对运动方程进行拉氏变换，可得到：

$$\mathcal{L}\left(\ddot{x}+2\zeta\omega_n\dot{x}+\omega_n^2 x\right)=\mathcal{L}\left[\frac{\omega_n^2}{k}F(t)\right]$$
$$s^2x(s)-sx(0)-x'(0)+2\zeta\omega_n sx(s)-2\zeta\omega_n x(0)+\omega_n^2 x(s)=\frac{\omega_n^2}{k}F(s) \tag{3.8}$$

SDOF 系统的结构振动，也就是系统的通用响应可以用如下形式表示：

$$x(s)=\frac{\omega_n^2}{k}\times\frac{1}{s^2+2\zeta\omega_n s+\omega_n^2}F(s)+\frac{(s+2\zeta\omega_n)x(0)-x'(0)}{s^2+2\zeta\omega_n s+\omega_n^2} \tag{3.9}$$

忽略最终将作为过渡振动状态消失的初始条件的影响，系统的传递函数可以表达为：

$$\Phi(s)=\frac{x(s)}{F(s)}=\frac{\omega_n^2}{k}\times\frac{1}{s^2+2\zeta\omega_n s+\omega_n^2} \tag{3.10}$$

因为机械系统是欠阻尼（ζ<<1），系统的特征方程具有复共轭根（p,p^*），其振动可以表示为：

$$s^2+2\zeta\omega_n s+\omega_n^2=(s-p)(s-p^*)=0$$
$$p=-\zeta\omega_n+j\omega_d,\quad p^*=-\zeta\omega_n-j\omega_d$$

【实例 3.1】零初始条件[$x(0)=x'(0)=0$]下系统的阶跃[$F(t)=F_0\to t\geqslant 0,\mathcal{L}(F_0)=F_0/s$]响应。

$$x(s)=\frac{1}{k}\times\frac{\omega_n^2}{s^2+2\zeta\omega_n s+\omega_n^2}\times\frac{F_0}{s}=\frac{F_0}{k}\left(\frac{A}{s}+\frac{Bs+C}{s^2+2\zeta\omega_n s+\omega_n^2}\right)$$
$$\omega_n^2=As^2+2\zeta\omega_n s+\omega_n^2+Bs^2+Cs$$

$$A=\lim_{s\to 0} s\frac{\omega_n^2}{s(s^2+2\zeta\omega_n s+\omega_n^2)}=1, B=-A=-1, C=-2\zeta\omega_n$$

$$x(s)=\frac{1}{k}\times\frac{\omega_n^2}{s^2+2\zeta\omega_n s+\omega_n^2}\times\frac{F_0}{s}=\frac{F_0}{k}\left[\frac{1}{s}-\frac{s+2\zeta\omega_n}{(s+\zeta\omega_n)^2+\omega_d^2}\right] \tag{3.11}$$

$$x(s)=\frac{F_0}{k}\left[\frac{1}{s}-\frac{\zeta\omega_n}{(s+\zeta\omega_n)^2+\omega_d^2}-\frac{s+\zeta\omega_n}{(s+\zeta\omega_n)^2+\omega_d^2}\right]$$

注意：$\mathcal{L}^{-1}\left[\frac{s+a}{(s+a)^2+b^2}\right]=\mathrm{e}^{-at}\cos(bt)$且$\mathcal{L}^{-1}\left[\frac{b}{(s+a)^2+b^2}\right]=\mathrm{e}^{-at}\sin(bt)$，$x(t)=\mathcal{L}^{-1}x(s)=\frac{F_0}{k}\left[1-\frac{\zeta\omega_n}{\omega_d}\mathrm{e}^{-\zeta\omega_n t}\sin(\omega_d t)-\mathrm{e}^{-\zeta\omega_n t}\cos(\omega_d t)\right]$。

考虑到$[\sin(a+\varphi)=\sin a\cos\varphi+\cos a\sin\varphi=\sqrt{1-\zeta^2}\cos(\omega_d t)+\zeta\sin(\omega_d t)\rightarrow\tan\varphi=\sqrt{1-\zeta^2}/\zeta]$，系统的阶跃响应可以表示为：

$$x(t)=\frac{F_0}{k}\left[1-\mathrm{e}^{-\zeta\omega_n t}\frac{1}{\sqrt{1-\zeta^2}}\sin(\omega_d t+\varphi)\right]\rightarrow\varphi=\arctan\frac{\sqrt{1-\zeta^2}}{\zeta} \tag{3.12}$$

【实例 3.2】 初始位移 $x(0)=x_0$，外部力 $F(t)=0$，初始速度 $x'(0)=0$ 情况下的自由振动：

$$x(s)=\frac{s+2\zeta\omega_n}{(s+\zeta\omega_n)^2+\omega_d^2}x_0=\left[\frac{\zeta\omega_n}{(s+\zeta\omega_n)^2+\omega_d^2}+\frac{s+\zeta\omega_n}{(s+\zeta\omega_n)^2+\omega_d^2}\right]x_0$$

$$x(t)=x_0\mathrm{e}^{-\zeta\omega_n t}\frac{1}{\sqrt{1-\zeta^2}}\sin(\omega_d t+\varphi)\rightarrow\varphi=\arctan\frac{\sqrt{1-\zeta^2}}{\zeta} \tag{3.13}$$

【实例 3.3】 对连续系统以 T（单位为 s）的离散时间间隔进行采样，将欧拉近似$[s\approx(1-z^{-1})/T]$代入拉氏变化后的传递函数，可以求得系统 z 域的离散传递函数。

$$\Phi\left(s=\frac{1-z^{-1}}{T}\right)=\frac{\omega_n^2}{k}\times\frac{1}{s^2+2\zeta\omega_n s+\omega_n^2}\bigg|_{s=\frac{1-z^{-1}}{T}}$$

$$\Phi(z^{-1})=\frac{\omega_n^2}{k}\times\frac{1}{\left(\frac{1-z^{-1}}{T}\right)^2+2\zeta\omega_n\left(\frac{1-z^{-1}}{T}\right)+\omega_n^2} \tag{3.14}$$

$$\Phi(z^{-1})=\frac{b_0}{z^{-2}+a_1z^{-1}+a_0}$$

式中，$b_0=\frac{T^2\omega_n^2}{k}$；$a_1=-2(\zeta\omega_n T+1)$；$a_0=1+2\zeta\omega_n T+T^2\omega_n^2$。

可以采用离散时间间隔$[z^{-1}x(k)=x(k-1)]$，求出 SDOF 系统的机械振动。

$$\Phi(z^{-1})=\frac{b_0}{z^{-2}+a_1z^{-1}+a_0}=\frac{x(k)}{F(k)}$$

$$(z^{-2}+a_1z^{-1}+a_0)x(k)=b_0F(k)$$

$$x(k-2)+a_1x(k-1)+a_0x(k)=b_0F(k) \tag{3.15}$$

$$x(k)=\frac{1}{a_0}[-x(k-2)-a_1x(k-1)]+\frac{b_0}{a_0}F(k)$$

式中，$x(k)$是在给机械结构以间隔$t(t=kT\rightarrow k=0,1,2,\cdots,k)$施加 $F(k)$的力载荷时机械结构的振动量。差分方程可以通过在每个时间间隔 k 递归求解。采用近似方法从连续时间域到离散时间域的传递函数方法如下表所列。图 3.8 给出了每种近似方式对应的误差。

方式	s	z	积分近似
欧拉法（后差法）	$\dfrac{z-1}{zT}=\dfrac{1-z^{-1}}{T}$	$\dfrac{1}{1-Ts}$	$\omega(k)T$
前差法	$\dfrac{z-1}{T}=\dfrac{1-z^{-1}}{z^{-1}T}$	$1+Ts$	$\omega(k-1)T$
塔斯廷法（梯形法）	$\dfrac{2(z-1)}{T(z+1)}=\dfrac{2(1-z^{-1})}{T(1+z^{-1})}$	$\dfrac{2+sT}{2-sT}$	$\dfrac{T}{2}[\omega(k-1)T+\omega(k)]$

假定外部力为谐波力（也就是可以表示为正弦函数或余弦函数或它们的组合函数），那么就可以表示为：

$$\ddot{x}+2\zeta\omega_{\mathrm{n}}\dot{x}+\omega_{\mathrm{n}}^{2}x=\frac{\omega_{\mathrm{n}}^{2}}{k}F_{0}\sin(\omega t) \tag{3.16}$$

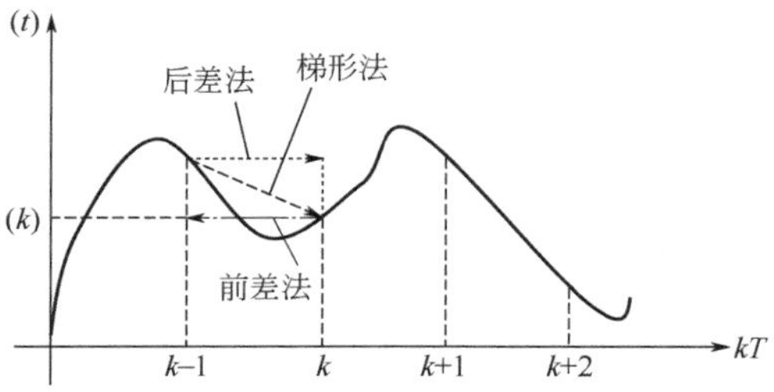

图 3.8　连续系统采用欧拉法（后差法）、前差法、塔斯廷法（梯形法）近似离散法产生的结果

因此，系统经历与外力相同频率 ω 的强迫振动，但有时间或相位滞后。假定初始载荷引起的过渡振动已经消失，系统处于稳定稳态。则：

$$x(t)=X\sin(\omega t+\varphi)$$

这就称作结构的频率响应（简称频响），在强迫振动中，采用复数谐函数在计算上更为方便。谐波力可以表示为：$F(t)=F_0\mathrm{e}^{\mathrm{j}\omega t}$。相应的谐波响应为 $x(t)=X\mathrm{e}^{\mathrm{j}(\omega t+\varphi)}$,将其代入运动方程式（3.16），我们可得到系统的频率响应函数（Frequency Response Funtion，FRF）如下：

$$\begin{aligned}&(\omega_{\mathrm{n}}^{2}-\omega^{2}+\mathrm{j}2\zeta\omega_{\mathrm{n}})X\mathrm{e}^{\mathrm{j}\varphi}\mathrm{e}^{\mathrm{j}\omega t}=\frac{\omega_{\mathrm{n}}^{2}}{k}F(t)=\frac{\omega_{\mathrm{n}}^{2}}{k}F_{0}\mathrm{e}^{\mathrm{j}\omega t}\\&\Phi(\omega)=\frac{X(\omega)}{F_{0}(\omega)}=\frac{\omega_{\mathrm{n}}^{2}}{k}\times\frac{1}{\omega_{\mathrm{n}}^{2}-\omega^{2}+\mathrm{j}2\zeta\omega_{\mathrm{n}}}\end{aligned} \tag{3.17}$$

也可以在传递函数［式（3.10）］中代入拉普拉斯算子$(s=\mathrm{j}\omega)$得到系统的 FRF，这与以谐波力为 ω 外激励的系统稳态响应等价。

谐振的幅值和相位角分别为：

$$\begin{cases}|\Phi(\omega)|=\left|\dfrac{X}{F_{0}}\right|=\dfrac{\omega_{\mathrm{n}}^{2}}{k}\times\dfrac{1}{\sqrt{(\omega_{\mathrm{n}}^{2}-\omega^{2})^{2}+(2\zeta\omega\omega_{\mathrm{n}})^{2}}}=\dfrac{1}{k}\times\dfrac{1}{\sqrt{\left(1-r^{2}\right)^{2}+(2\zeta r)^{2}}}\\ \varphi=\arctan\dfrac{-2\zeta\omega\omega_{\mathrm{n}}}{\omega_{\mathrm{n}}^{2}-\omega^{2}}=\arctan\dfrac{-2\zeta r}{1-r^{2}}\end{cases} \tag{3.18}$$

式中，固有频率比 $r=\omega/\omega_n$。式（3.18）被称为频率响应函数（FRF）或 SDOF 结构的响应，它的图形表示如图 3.9 所示。FRF[$\Phi(\omega)$]可以用实部[$G(\omega)$]和虚部[$H(\omega)$]表示，$\frac{X}{F_0}e^{j(\varphi-\alpha)}$ 的分量如下：

$$
\begin{cases}
G(\omega)=\dfrac{1-r^2}{k\left[(1-r^2)^2+(2\zeta r)^2\right]} \\
H(\omega)=\dfrac{-2\zeta r}{k\left[(1-r^2)^2+(2\zeta r)^2\right]}
\end{cases}
\tag{3.19}
$$

$\Phi(\omega)=G(\omega)+jH(\omega)$。注意在共振点 $(\omega=\omega_n, r=1), G(\omega_n)=0, H(\omega_n)=-1/(2k\zeta)$。

传递函数的实部和虚部分别表示在图 3.10 中，图 3.11 为其极坐标表示。当频率等于零时，实部等于静柔度（$1/k$），当激励频率趋近于固有频率（即 $r=1$）时，系统发生共振，振幅成为最大值，相位角趋近于−90°。对于谐波激励频率 ω，激励和响应之间的时间滞后可以由 $t_d=\varphi/\omega$ 求得。如果激励频率继续增加，相位角将趋近于−180°，或者时间滞后为激励的半个周期，振幅减小，这是因为物理结构对高频扰动不能响应。可以用傅里叶（Fourier）分析仪测得传递函数，从中分析阻尼比、刚度和固有频率。在激励频率为 0(即 $\omega=0$)时，$\Phi(\omega)$的幅值和其实部 $G(\omega)$的值等于静柔度（$1/k$）。在低频时读取该数值一定要注意，因为此时速度和加速度传感器的测量灵敏度很差。也可以从传递函数的高频

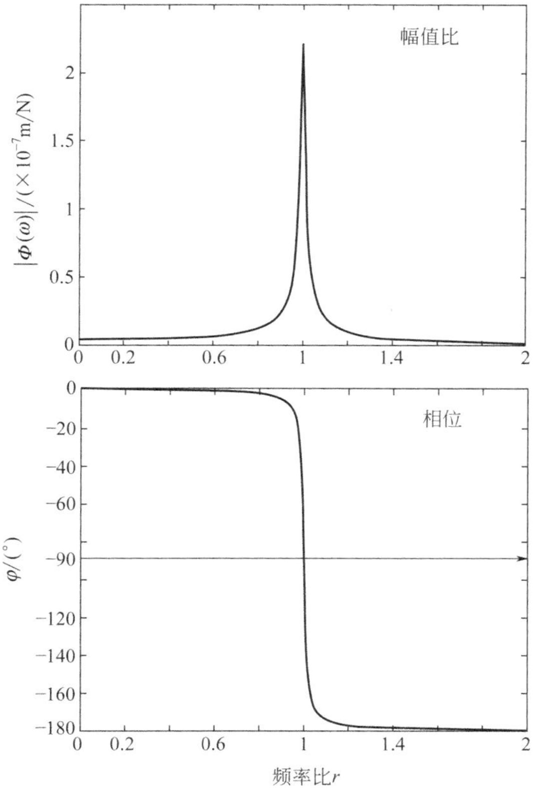

图 3.9　SDOF 系统的频率响应函数（FRF）

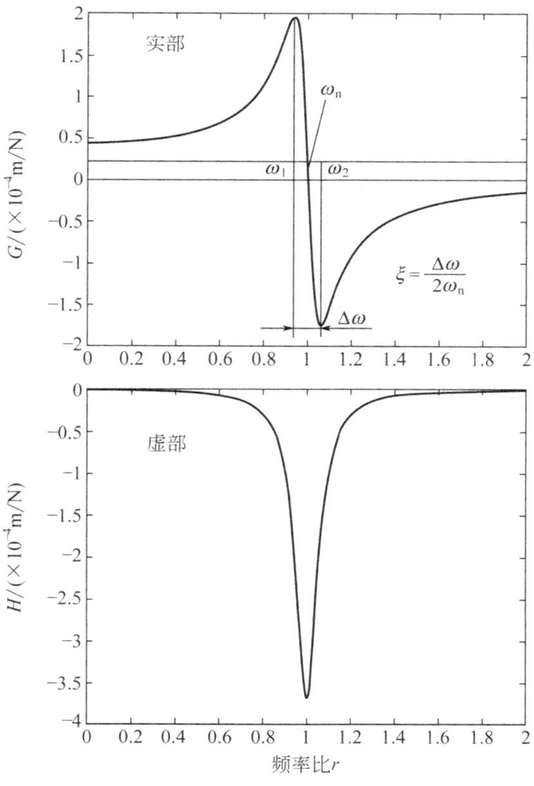

图 3.10　SDOF 系统 FRF 的实部和虚部

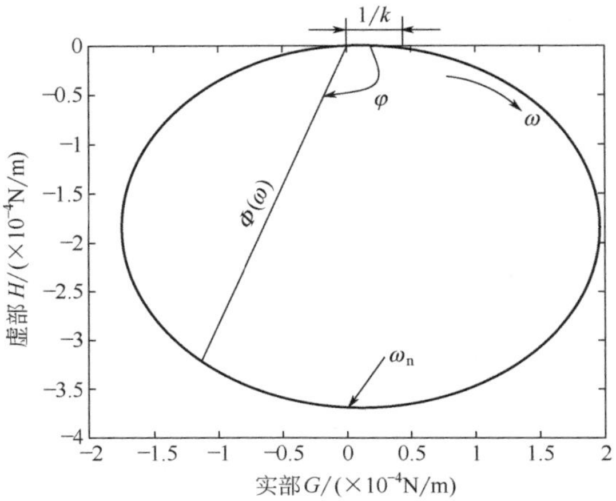

图 3.11 SDOF 系统的 FRF 在极坐标中的表示

段进行外插值得到共振幅值，进行刚度估算。位移传感器测得的静柔度精度比较高，$\Phi(\omega)$的最大幅值发生在 $\omega=\omega_n\sqrt{1-2\zeta^2}$ 处。其实部 $G(\omega)$有两个极值，分别位于：

$$\begin{aligned}\omega_1&=\omega_n\sqrt{1-2\zeta}\to G_{max}=\frac{1}{4k\zeta(1-\zeta)}\\ \omega_2&=\omega_n\sqrt{1+2\zeta}\to G_{min}=-\frac{1}{4k\zeta(1+\zeta)}\end{aligned} \tag{3.20}$$

在机械设备中，外部激励往往具有周期性，但不是谐波激励。周期性力可以表示为谐波力分量。当外部力 $F(t)$（如铣削力）为周期 $\tau=2\pi/\omega$（铣刀齿周期）的周期力时，它可以用傅里叶级数展开为：

$$F(t)=\frac{a_0}{2}+\sum_{n=1}^{\infty}a_n\cos(n\omega t)+\sum_{n=1}^{\infty}b_n\sin(n\omega t) \tag{3.21}$$

式中，n 是基频 ω 的谐波次数，傅里叶系数的精确解可以通过连续积分得到，它需用周期力函数 $F(t)$的数学表示。因为实际的外部激励（例如铣削力）具有周期性但波形不规则，可以采用离散数值分析技术计算傅里叶级数的系数。假定对周期性激励采用均匀的时间间隔 T（单位为 s）进行离散，在每个周期 τ 内采样 N 次（$\tau=NT$），可得到：

$$\begin{aligned}a_0&=\frac{2}{N}\sum_{i=1}^{N}F_i\\ a_n&=\frac{2}{N}\sum_{i=1}^{N}F_i\cos\frac{n2\pi t_i}{\tau},n=1,2,3,\cdots\\ b_n&=\frac{2}{N}\sum_{i=1}^{N}F_i\sin\frac{n2\pi t_i}{\tau},n=1,2,3,\cdots\end{aligned}$$

在实验分析中，F_i 对应于傅里叶分析仪第 i 次采样的力。周期函数的另一种离散傅里叶级数表示为：

$$F(t)=\sum_{n=0}^{N}c_n e^{-j\alpha_n}e^{jn\omega t} \tag{3.22}$$

式中，$c_n=\sqrt{a_n^2+b_n^2}$；$\alpha_n=\arctan\frac{b_n}{a_n}$。

c_n、α_n 是频率的函数，其相互关系图称为傅里叶频谱。对于周期非谐波激励，SDOF 系统的稳态响应可以将周期激励的每个谐波分量产生的振动进行叠加得到。

$$x(t)=\sum_{n=0}^{N}\frac{c_n}{k\sqrt{(1-n^2r^2)^2+(2\zeta nr)^2}}e^{j(n\omega t-\alpha_n-\varphi_n)} \tag{3.23}$$

实际上，大多数情况下，外部周期性激励可以用它的前 4～5 个谐波分量近似表示，通常高次谐波分量没有足够的能量对振动产生足以值得考虑的影响。铣削力是频率为刀齿切入频率的周期力，它可以表示为傅里叶级数的分量。如果铣削力的某个谐波的频率与结构的固有频率接近，就有必要选择其他的主轴速度以避免共振的出现。

3.4.2 有向频率响应函数

刀具和加工表面之间的静态和动态变形决定被加工工件的精度和可靠性。一般我们可以把机床描述为一系列的质量通过不同方向的弹簧相互连接[61]，切削合力通过这些弹簧和质量传递给机床。所有弹簧在垂直于切削表面方向产生的位移相叠加，决定工件最终的尺寸精度和所切除的切屑的体积。

考虑图 3.12 所示质量（m）通过一系列弹簧与刚性地面连接。每个弹簧（i）和质量在与加工表面方向(y)成角度(θ_i)的方向被定义为一个 SDOF 系统；切削合力 F 和加工表面方向之间的夹角为 β；所有在 y 方向产生位移的弹簧均受力 F 的作用。

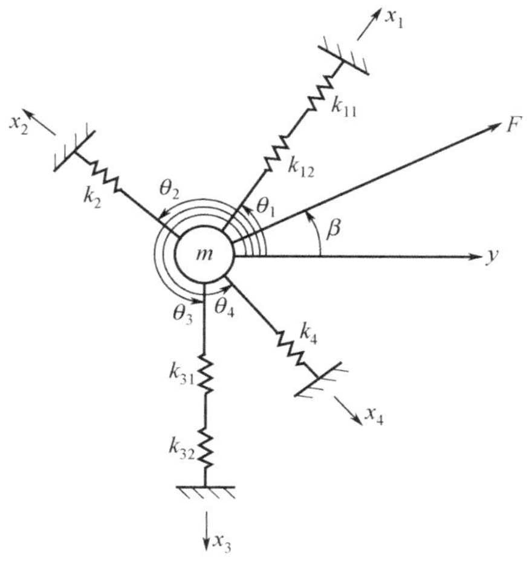

图 3.12 有向位移（y）和力（F）之间的交叉传递函数

传递给弹簧 i 的作用力为：

$$F_i = F\cos(\theta_i - \beta)$$

如果在每个弹簧方向的传递函数为 $\Phi_i(\omega)=x_i/F_i$，弹簧 i 产生的相应位移为：

$$x_i = F_i\Phi_i(\omega) = F\cos(\theta_i - \beta)\Phi_i(\omega)$$

弹簧 i 在 y 方向产生的位移为：

$$y_i = x_i\cos\theta_i = F\cos\theta_i\cos(\theta_i - \beta)\Phi_i(\omega)$$

将振动 x_i 在 y 方向的分量进行叠加将给出 y 方向的合成振动量。Koenigsberger 和 Tlusty[61]将这种切削力 F 和 y 方向合成振动之间的频率响应函数称为交叉或有向频率响应函数。即：

$$\Phi_y F(\omega) = \frac{y}{F} = \sum_{i=1}^{4} u_{\mathrm{d}i}\Phi_i(\omega) \tag{3.24}$$

式中，$u_{\mathrm{d}i}=\cos\theta_i\cos(\theta_i-\beta)$，是方向 i 的方向因子。当质量可以忽略不计时，上式可以用于计算在 y 方向产生的总静态变形。

3.4.3 设计和测量坐标系

在分析由一系列弹簧、阻尼和质量元件组成的机床结构模型时，涉及三个坐标系统。它们分别是设计坐标系、局部坐标系和模型坐标系。依据计算和物理解释的方便性，可以在这三个坐标系的任何一个中定义质量、弹簧和阻尼常数。模型坐标系没有任何物理意义，用于分析在特定的固有频率下整个机床的强度和行为，这些内容将在本小节中介绍。

设计坐标系和局部坐标系可以用两根弹簧串联组成的简单结构来说明（参见图 3.13）。假定力 F_1 和 F_2 作用在两个相互连接的弹簧上，位移在固定位置（即在弹簧没有变形的初始点 1 和 2）测量，其位移分别为 x_1 和 x_2，测量参考点是固定的，位移 x_1 和 x_2 被定义为测量坐标系或局部坐标系的位移。然而，当测量每根弹簧相对于各自两个端点的相对伸长量时，其对应的位移被定义为设计坐标系的位移。换句话说，局部位移表示结构上某个点的坐标的绝对变化量；设计位移表示各个弹簧各自的伸长或压缩量[111]。

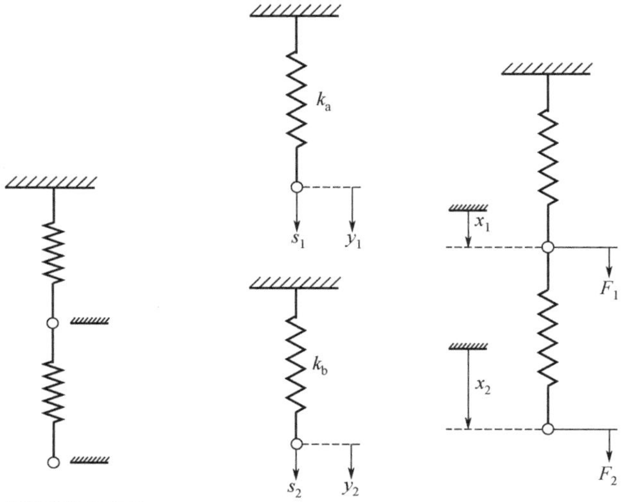

(a) 相互连接的弹簧　　(b) 设计坐标系　　(c) 局部坐标系

图 3.13　在局部和设计坐标系定义的位移和力

假定在设计坐标系中作用力分别为 S_1 和 S_2，对应位移为 y_1 和 y_2。则：

$$S_1 = k_a y_1, \quad S_2 = k_b y_2$$

或用通用矩阵形式表示为：

$$\begin{bmatrix} S_1 \\ S_2 \end{bmatrix} = \begin{bmatrix} k_a & 0 \\ 0 & k_b \end{bmatrix} \begin{bmatrix} y_1 \\ y_2 \end{bmatrix}$$

式中，k_a 和 k_b 是各个弹簧的设计刚度值。为了简单起见，可以采用式（3.25）的矩阵表示：

$$\boldsymbol{S} = \boldsymbol{K}_y \boldsymbol{y} \tag{3.25}$$

式中，$\boldsymbol{S}$ 和 $\boldsymbol{y}$ 是力和位移矢量；$\boldsymbol{K}_y$ 是设计坐标系的刚度矩阵。设计位移和局部位移之间的关系可以表示为：

$$\begin{cases} x_1 = y_1 \to y_1 = x_1 \\ x_2 = y_1 + y_2 \to y_2 = -x_1 + x_2 \end{cases}$$

或

$$\begin{bmatrix} y_1 \\ y_2 \end{bmatrix} = \begin{bmatrix} 1 & 0 \\ -1 & 1 \end{bmatrix} \begin{bmatrix} x_1 \\ x_2 \end{bmatrix} \to \boldsymbol{y} = \boldsymbol{T}\boldsymbol{x} \tag{3.26}$$

式中，$\boldsymbol{T}$ 是局部位移和设计位移之间的变换矩阵。同样力可以表示为：

$$\begin{cases} S_2 = F_2 \to F_2 = S_2 \\ S_1 = F_1 + F_2 \to F_1 = S_1 - S_2 \end{cases}$$

或

$$\boldsymbol{F} = \boldsymbol{T}^{\mathrm{T}} \boldsymbol{S} \tag{3.27}$$

利用变换矩阵 $\boldsymbol{T}$ 可以将刚度、质量和阻尼元素在坐标系之间进行相互转换。将式（3.25）和式（3.26）代入式（3.27）得到：

$$\boldsymbol{F} = \boldsymbol{T}^{\mathrm{T}} \boldsymbol{S} = \boldsymbol{T}^{\mathrm{T}} \boldsymbol{K}_y \boldsymbol{y} = \boldsymbol{T}^{\mathrm{T}} \boldsymbol{K}_y \boldsymbol{T} \boldsymbol{x}$$

注意：$\boldsymbol{F}=\boldsymbol{K}_{\mathrm{x}}\boldsymbol{x}$，我们可以从设计坐标系的刚度矩阵得到局部坐标系的刚度矩阵：

$$\boldsymbol{K}_{\mathrm{x}}=\boldsymbol{T}^{\mathrm{T}}\boldsymbol{K}_{\mathrm{y}}\boldsymbol{T} \tag{3.28}$$

同样，这样的变换也可以用在阻尼和质量矩阵上，即：

$$\boldsymbol{C}_{\mathrm{x}}=\boldsymbol{T}^{\mathrm{T}}\boldsymbol{C}_{\mathrm{y}}\boldsymbol{T},\quad \boldsymbol{M}_{\mathrm{x}}=\boldsymbol{T}^{\mathrm{T}}\boldsymbol{M}_{\mathrm{y}}\boldsymbol{T}$$

注意，在设计和局部坐标系中，位移和力的单位可以不同[111]。例如，在某个结构的特定位置，在局部坐标系中，位移可以用 mm 定义，而在设计坐标系中，可能是力矩产生的角位移。虽然实验测量是在局部坐标系中完成的，但设计工程师对设计坐标系中定义的各个元件的强度感兴趣。

3.4.4 多自由度系统的解析模态分析

机床在不同的方向有多个自由度（Degree of Freedom，DOF）。切削刀具相对于加工工件表面之间的振动是我们的主要研究点，因为它影响工件的最终表面质量、被切除切屑的厚度和激励机床的切削力。下面将给出一个 2-DOF 系统模态分析原理的例子[89]，如图 3.14 所示。

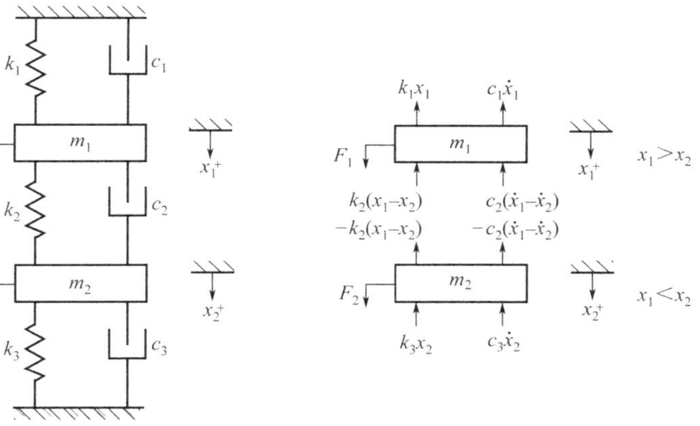

(a) 2-DOF系统的数学模型

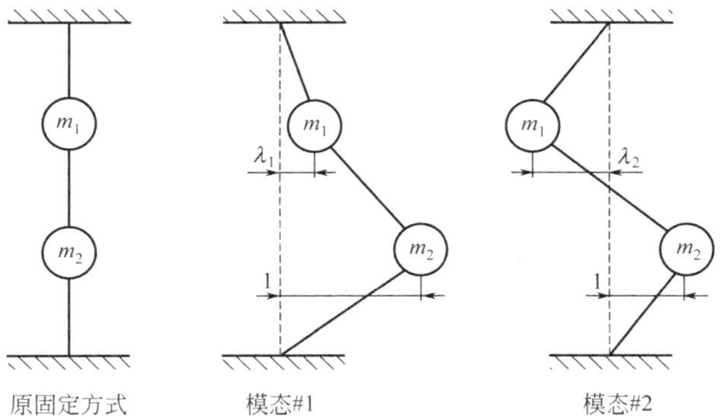

(b) 2-DOF系统的模态振型

图 3.14　2-DOF 系统的数学模型和模态振型

根据牛顿第二定律，质量 m_1 和 m_2 在局部或测量坐标系（x_1, x_2）中的运动方程可表示为：

$$\begin{cases} m_1\ddot{x}_1 = F_1 - c_1\dot{x}_1 - c_2(\dot{x}_1 - \dot{x}_2) - k_1x_1 - k_2(x_1 - x_2) \\ m_2\ddot{x}_2 = F_2 - c_2(\dot{x}_2 - \dot{x}_1) - k_2(x_2 - x_1) - k_3x_2 - c_3\dot{x}_2 \end{cases}$$

将该方程以矩阵形式重新组合得到：

$$\boldsymbol{M}_{\mathrm{x}}\ddot{\boldsymbol{x}} + \boldsymbol{C}_{\mathrm{x}}\dot{\boldsymbol{x}} + \boldsymbol{K}_{\mathrm{x}}\boldsymbol{x} = \boldsymbol{F} \tag{3.29}$$

式中的质量、刚度和阻尼矩阵分别为： $\boldsymbol{M}_{\mathrm{x}} = \begin{bmatrix} m_1 & 0 \\ 0 & m_2 \end{bmatrix}$， $\boldsymbol{K}_{\mathrm{x}} = \begin{bmatrix} k_1 + k_2 & -k_2 \\ -k_2 & k_2 + k_3 \end{bmatrix}$， $\boldsymbol{C}_{\mathrm{x}} = \begin{bmatrix} c_1 + c_2 & -c_2 \\ -c_2 & c_2 + c_3 \end{bmatrix}$

位移矢量 $\boldsymbol{x}$ 和力矢量 $\boldsymbol{F}$ 分别定义为：

$$\boldsymbol{x} = \begin{bmatrix} x_1(t) \\ x_2(t) \end{bmatrix}, \quad \boldsymbol{F} = \begin{bmatrix} F_1(t) \\ F_2(t) \end{bmatrix}$$

上述微分方程组的通解可以由式（3.30）所示的无阻尼自由振动方程求得（即 $c_1=c_2=c_3=0, \boldsymbol{F}=\boldsymbol{0}$）：

$$\boldsymbol{M}_{\mathrm{x}}\ddot{\boldsymbol{x}} + \boldsymbol{K}_{\mathrm{x}}\boldsymbol{x} = \boldsymbol{0} \tag{3.30}$$

无阻尼系统的通解为：

$$\boldsymbol{x}(t) = \boldsymbol{X}\sin(\omega t + \psi)$$

式中，$\boldsymbol{X}$ 和 ψ 是常数；ω 是系统的固有频率。将位移矢量 $\boldsymbol{x}(t)$和它的二阶导数加速度矢量代入方程（3.30）可得：

$$(\boldsymbol{K}_{\mathrm{x}} - \omega^2\boldsymbol{M}_{\mathrm{x}})\boldsymbol{X} = \boldsymbol{0} \tag{3.31}$$

或

$$\begin{bmatrix} k_1 + k_2 - \omega^2 m_1 & -k_2 \\ -k_2 & k_2 + k_3 - \omega^2 m_2 \end{bmatrix} \begin{bmatrix} X_1 \\ X_2 \end{bmatrix} = \begin{bmatrix} 0 \\ 0 \end{bmatrix}$$

要求特解，上面方程组的行列式必须为 0，令 $s=\omega^2$，可得：

$$\begin{vmatrix} k_1 + k_2 - sm_1 & -k_2 \\ -k_2 & k_2 + k_3 - sm_2 \end{vmatrix} = 0$$

或

$$s^n + a_1 s^{n-1} + \cdots + a_n = 0 \tag{3.32}$$

式中，n 是系统的自由度数。以 2-DOF 系统为例：

$$s^2 - \left(\frac{k_1 + k_2}{m_1} + \frac{k_2 + k_3}{m_2}\right)s + \frac{k_1k_2 + k_2k_3 + k_1k_3}{m_1m_2} = 0$$

该多项式有两个实根：$s_1 = \omega_{\mathrm{n1}}^2$ 和 $s_2 = \omega_{\mathrm{n2}}^2$，其中 ω_{n1} 和 ω_{n2} 是系统的固有频率，将每个解或模态的贡献进行叠加得到：

$$\begin{bmatrix} x_1(t) \\ x_2(t) \end{bmatrix}_1 = \begin{bmatrix} X_1 \\ X_2 \end{bmatrix}_1 \sin(\omega_{\mathrm{n1}}t + \Psi_1) + \begin{bmatrix} X_1 \\ X_2 \end{bmatrix}_2 \sin(\omega_{\mathrm{n2}}t + \Psi_2) \tag{3.33}$$

式中，$\boldsymbol{P}_{12} = [X_1, X_2]_{1,2}^{\mathrm{T}}$ 分别为与基频（ω_{n1}）和第二固有频率（ω_{n2}）相关的特征向量

或模态振型。X_{ik} 是节点 i 处的位移，ψ_k 是模态 k 引起的相位变化。式（3.31）的解只给出了每个节点的幅值比。习惯上将它们在参考坐标系（如 X_2）进行规范化表示。将 ω_{n1} 和 ω_{n2} 代入式（3.22）并化简得到：

$$\begin{cases}\left(\dfrac{X_1}{X_2}\right)_1=\lambda_1=\dfrac{k_2}{k_1+k_2-\omega_{n1}^2 m_1}=\dfrac{k_2+k_3-\omega_{n1}^2 m_2}{k_2}\\ \left(\dfrac{X_1}{X_2}\right)_2=\lambda_2=\dfrac{k_2}{k_1+k_2-\omega_{n2}^2 m_1}=\dfrac{k_2+k_3-\omega_{n2}^2 m_2}{k_2}\end{cases}$$

代入 $\lambda_{1,2}=(X_1/X_2)_{1,2}$ 并在过渡振动方程［式（3.33）］中令 $X_{21}=Q_1$ 及 $X_{22}=Q_2$，得到：

$$\begin{bmatrix}x_1(t)\\x_2(t)\end{bmatrix}=\begin{bmatrix}\lambda_1 & \lambda_2\\1 & 1\end{bmatrix}\begin{bmatrix}Q_1\sin(\omega_{n1}t+\psi_1)\\Q_2\sin(\omega_{n2}t+\psi_2)\end{bmatrix}$$

或用矢量形式表示为：

$$\boldsymbol{x}(t)=[\boldsymbol{P}_1\quad\boldsymbol{P}_2]\begin{bmatrix}q_1(t)\\q_2(t)\end{bmatrix}=\boldsymbol{P}\boldsymbol{q}(t)\tag{3.34}$$

式中，$\boldsymbol{P}_1=[\lambda_1,1]^{\mathrm{T}}$，$q_1$ 是第一模态振型及其引起的模态位移。由图 3.14（b）可看出模态振型的物理意义。某固有模态数在质量 m_2 处产生一个单位的位移，在质量 m_1 产生 λ_1 个单位的位移。$\boldsymbol{P}$ 是完全模态矩阵，对 n 自由度的系统其维数为 $n\times n$。然而，模态矩阵并非必须是方阵，其行数等于机床上坐标点的数目，每列表示一个模态。

因为模态是相互正交的，它们具有下列特性：

$$\boldsymbol{P}_1^{\mathrm{T}}\boldsymbol{M}_{\mathrm{x}}\boldsymbol{P}_2=0$$

然而：

$$\boldsymbol{P}_1^{\mathrm{T}}\boldsymbol{M}_{\mathrm{x}}\boldsymbol{P}_1=m_{\mathrm{q}1}$$

式中，$m_{\mathrm{q}1}$ 是与第一模态相关的模态质量。当把正交原理应用在其余的模态振型上时，局部质量和刚度矩阵转换为模态坐标：

$$\begin{cases}\boldsymbol{M}_{\mathrm{q}}=\boldsymbol{P}^{\mathrm{T}}\boldsymbol{M}_{\mathrm{x}}\boldsymbol{P}\\ \boldsymbol{K}_{\mathrm{q}}=\boldsymbol{P}^{\mathrm{T}}\boldsymbol{K}_{\mathrm{x}}\boldsymbol{P}\end{cases}\tag{3.35}$$

最终的模态质量矩阵 $\boldsymbol{M}_{\mathrm{q}}$ 和模态刚度矩阵 $\boldsymbol{K}_{\mathrm{q}}$ 是对角阵，对角阵上的每个元素代表相应某个节点的模态质量或模态刚度。注意当系统为比例阻尼系统时（即 $\boldsymbol{C}_{\mathrm{x}}=\alpha_1\boldsymbol{M}_{\mathrm{x}}+\alpha_2\boldsymbol{K}_{\mathrm{x}}$，其中 α_1 和 α_2 是实验常数），变换后的模态阻尼矩阵也是对角阵，即：

$$\boldsymbol{C}_{\mathrm{q}}=\boldsymbol{P}^{\mathrm{T}}\boldsymbol{C}_{\mathrm{x}}\boldsymbol{P}\tag{3.36}$$

对式（3.29）施加模态变换，可以得到用模态坐标表示的运动方程：

$$\begin{bmatrix}m_{\mathrm{q}1} & 0\\0 & m_{\mathrm{q}2}\end{bmatrix}\begin{bmatrix}\ddot{q}_1(t)\\\ddot{q}_2(t)\end{bmatrix}+\begin{bmatrix}c_{\mathrm{q}1} & 0\\0 & c_{\mathrm{q}2}\end{bmatrix}\begin{bmatrix}\dot{q}_1(t)\\\dot{q}_2(t)\end{bmatrix}+\begin{bmatrix}k_{\mathrm{q}1} & 0\\0 & k_{\mathrm{q}2}\end{bmatrix}\begin{bmatrix}q_1(t)\\q_2(t)\end{bmatrix}=\begin{bmatrix}0\\0\end{bmatrix}$$

或用矢量表示为：

$$\boldsymbol{M}_{\mathrm{q}}\ddot{\boldsymbol{q}}+\boldsymbol{C}_{\mathrm{q}}\dot{\boldsymbol{q}}+\boldsymbol{K}_{\mathrm{q}}\boldsymbol{q}=\boldsymbol{0}\tag{3.37}$$

用模态坐标表示的运动方程是非耦合的，可以采用求解单自由度系统的方式进行求解。如果将第一模态作为自由振动进行考虑，则：

$$m_{q1}\ddot{q}_1 + c_{q1}\dot{q}_1 + k_{q1}q_1 = 0$$

其解为：

$$q_1(t) = Q_1 e^{-\zeta_1\omega_{n1}t}\sin(\omega_{n1}\sqrt{1-\zeta_1^2}t + \Psi_1)$$

式中，模态阻尼比为 $\zeta_1 = c_{q1}/(2\sqrt{k_{q1}m_{q1}})$；$Q_1$ 是从初始条件求得的。在用模态坐标求解出位移后，用局部坐标表示的振动可以容易地从模态转换方程（3.25）（即 $\boldsymbol{x}(t)=\boldsymbol{Pq}$）得到。当把这种变换施加在 2-DOF 系统时，局部位移为：

$$\begin{bmatrix} x_1(t) \\ x_2(t) \end{bmatrix} = \begin{bmatrix} \lambda_1 & \lambda_2 \\ 1 & 1 \end{bmatrix}\begin{bmatrix} q_1 \\ q_2 \end{bmatrix}$$

通过将相同的模态变换施加在强迫振动方程式（3.29）的两边，力矢量 $\boldsymbol{F}$ 可以变换到模态坐标系[111]：

$$\boldsymbol{R} = \boldsymbol{P}^{\mathrm{T}}\boldsymbol{F} \tag{3.38}$$

那么，用模态坐标表示的强迫振动为：

$$\boldsymbol{M}_q\ddot{\boldsymbol{q}} + \boldsymbol{C}_q\dot{\boldsymbol{q}} + \boldsymbol{K}_q\boldsymbol{q} = \boldsymbol{R} \tag{3.39}$$

当把该变换施加在本例中的 2-DOF 系统上时，可以得到：

$$\begin{cases} m_{q1}\ddot{q}_1 + c_{q1}\dot{q}_1 + k_{q1}q_1 = R_1 \\ m_{q2}\ddot{q}_2 + c_{q2}\dot{q}_2 + k_{q1}q_2 = R_2 \end{cases}$$

它是没有耦合的微分方程组，可以用与前面介绍的单自由度系统相同的方法进行求解。可以用表示单自由度系统（SDOF）的方式［式（3.18）］用模态坐标表示每个模态 k 的 FRF：

$$\left|\Phi_{qk}(\omega)\right| = \left|\frac{q_k}{R_k}\right| = \frac{1}{k_{qk}}\frac{1}{\sqrt{(1-r_k^2)^2 + (2\zeta_k r_k)^2}}$$
$$\varphi_k = \arctan\frac{-2\zeta_k r_k}{1-r_k^2} \tag{3.40}$$

式中，频率比 $r_k=\omega/\omega_{nk}$。

对 2-DOF 系统的例子，模态位移可以表示为：

$$\begin{bmatrix} q_1(t) \\ q_2(t) \end{bmatrix} = \begin{bmatrix} \Phi_{q1} & 0 \\ 0 & \Phi_{q2} \end{bmatrix}\begin{bmatrix} R_1 \\ R_2 \end{bmatrix}$$

使用通用矩阵形式，可以表示为：

$$\boldsymbol{q} = \boldsymbol{\Phi}_q\boldsymbol{R} \tag{3.41}$$

式中，$\boldsymbol{\Phi}_q$ 是对角模态 FRF 矩阵。

将 $\boldsymbol{R}=\boldsymbol{P}^{\mathrm{T}}\boldsymbol{F}$ 和 $\boldsymbol{x}=\boldsymbol{Pq}$ 代入式（3.32），可得到用局部坐标表示的振动：

$$\boldsymbol{x} = \boldsymbol{P}\boldsymbol{\Phi}_q\boldsymbol{P}^{\mathrm{T}}\boldsymbol{F} \tag{3.42}$$

或

$$\boldsymbol{x} = \left(\sum_{k=1}^{n}\boldsymbol{P}_k\boldsymbol{P}_k^{\mathrm{T}}\Phi_{qk}\right)\boldsymbol{F} \tag{3.43}$$

式中，$\boldsymbol{P}_k$ 是模态 k 的特征矢量；n 是系统自由度数。

因此每个坐标的谐波强迫振动可以用模态振型 $\boldsymbol{P}_k$、模态传递函数 $\boldsymbol{\Phi}_{qk}$ 和外部强迫力 $\boldsymbol{F}$ 求得。如果外部强迫力为 $\boldsymbol{F}=[F_1\sin\omega t \quad 0]$，在局部坐标系中测得的振动 x_1 和 x_2 为：

$$\begin{cases}\dfrac{x_1(\omega)}{F_1(\omega)}=\lambda_1^2\Phi_{q1}+\lambda_2^2\Phi_{q2}\\[2ex]\dfrac{x_2(\omega)}{F_1(\omega)}=\lambda_1\Phi_{q1}+\lambda_2\Phi_{q2}\end{cases}$$

3.4.5 刀具和工件之间的相对频率响应

切削刀具和加工表面之间的相对振动决定了被加工工件的精度和相关机械结构的动态载荷[61]。根据第 2 章的内容我们知道，切削力可以根据给定的刀具几何参数、工件材料常数和切削条件进行预测。切削力分别施加在刀具和工件上，大小相等，方向相反，可以计算出刀具和工件结构之间的相对位移[111]。考虑图 3.15 所示的一般机床结构，刀具和工件之间的相对位移为（x_t-x_w），其中 x_t 和 x_w 分别为刀具和工件的位移。作用在刀具上（F_t）和工件上（F_w）的力大小相同，为 F_0，但方向相反（即 $F_t=-F_w$）。对于 n-DOF 系统，其位移和力矢量可以表示为[111]：

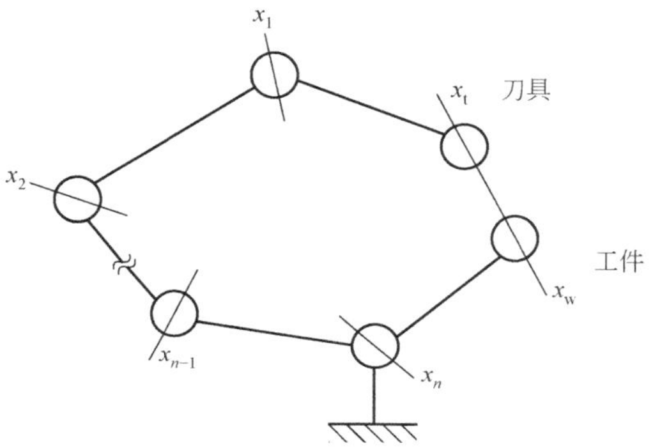

图 3.15 机床上刀具和工件之间的传递函数

$$\begin{cases}\boldsymbol{x}=[x_1,x_2,\cdots,x_t;\quad x_w,\cdots,x_n]\\ \boldsymbol{F}=[0,0,\cdots,1;\quad -1,\cdots,0]F_0\end{cases} \tag{3.44}$$

系统的运动方程为：

$$\boldsymbol{M}_x\ddot{\boldsymbol{x}}+\boldsymbol{C}_x\dot{\boldsymbol{x}}+\boldsymbol{K}_x\boldsymbol{x}=\boldsymbol{F}$$

式中，局部质量矩阵 $\boldsymbol{M}_x$、阻尼矩阵 $\boldsymbol{C}_x$ 和刚度矩阵 $\boldsymbol{K}_x$ 是 $n\times n$ 的方阵，力矢量的维数为 $n\times1$。特征值问题的解将得出维数为 $n\times n$ 的模态矩阵 $\boldsymbol{P}$：

$$\boldsymbol{P}=\begin{bmatrix}P_{11} & P_{12}\cdots P_{1t} & P_{1w}\cdots P_{1n}\\ P_{21} & P_{22}\cdots P_{2t} & P_{2w}\cdots P_{2n}\\ \vdots & \vdots \qquad \vdots & \vdots \qquad \vdots\\ P_{t1} & P_{t2}\cdots P_{tt} & P_{tw}\cdots P_{tn}\\ P_{w1} & P_{w2}\cdots P_{wt} & P_{ww}\cdots P_{wn}\\ \vdots & \vdots \qquad \vdots & \vdots \qquad \vdots\\ P_{n1} & P_{n2}\cdots P_{nt} & P_{nw}\cdots P_{nn}\end{bmatrix}$$

或

$$\boldsymbol{P}=[\boldsymbol{P}_1,\boldsymbol{P}_2,\cdots,\boldsymbol{P}_t,\boldsymbol{P}_w,\cdots,\boldsymbol{P}_n]$$

其中，每一列表示 n-DOF 系统结构的模态振型 $\boldsymbol{P}$。用上面模态矩阵中的相关行 t 和 w 从模态坐标变换方程（$\boldsymbol{x}=\boldsymbol{P}\boldsymbol{q}$）中可以求解出刀具和工件的位移：

$$\begin{cases} x_t = [P_{t1}\ P_{t2}\ \cdots\ P_{tt}\ P_{tw}\ \cdots\ P_{tn}][q_1\ q_2\ \cdots\ q_t\ q_w\ \cdots\ q_n]^T \\ x_w = [P_{w1}\ P_{w2}\ \cdots P_{wt}\ P_{ww}\ \cdots\ P_{wn}][q_1\ q_2\ \cdots\ q_t\ q_w\ \cdots\ q_n]^T \end{cases} \tag{3.45}$$

将模态力（$\boldsymbol{R}=\boldsymbol{P}^T\boldsymbol{F}$）代入模态位移矢量（$\boldsymbol{q}=\boldsymbol{\Phi}_q\boldsymbol{R}$），并记住在力矢量（$\boldsymbol{F}$）中除与坐标 x_t 和 x_w 对应的元素外，其余元素的值均为 0，将得出：

$$\boldsymbol{q}=\boldsymbol{\Phi}_q\begin{bmatrix} P_{t1}-P_{w1} \\ P_{t2}-P_{w2} \\ \vdots \\ P_{tn}-P_{wn} \end{bmatrix} F_0 = \begin{bmatrix} \Phi_{q1}(P_{t1}-P_{w1}) \\ \Phi_{q2}(P_{t2}-P_{w2}) \\ \vdots \\ \Phi_{qn}(P_{tn}-P_{wn}) \end{bmatrix} F_0$$

将这些模态位移代入式（3.45），给出刀具和工件的局部位移分别为：

$$\begin{cases} x_t = F_0 \sum_{i=1}^{n} \Phi_{qi} P_{ti}(P_{ti}-P_{wi}) \\ x_w = F_0 \sum_{i=1}^{n} \Phi_{qi} P_{wi}(P_{ti}-P_{wi}) \end{cases} \tag{3.46}$$

当机床结构在切削点受到谐波力的激励时，刀具和工件之间的相对 FRF 为：

$$\frac{x_t(\omega)-x_w(\omega)}{F_0(\omega)} = \sum_{i=1}^{n} \Phi_{qi}(P_{ti}-P_{wi})^2 \tag{3.47}$$

如果采用 2-DOF 系统表示刀具和工件结构（即 $x_1 \equiv x_t$ 和 $x_2 \equiv x_w$），力矢量为：$\boldsymbol{F}=[1\ -1]F_0$。根据以上分析步骤，在这个特定的例子中，刀具和工件之间的相对 FRF 为：

$$\frac{x_1-x_2}{F_0} = \Phi_{q1}(\lambda_1-1)^2 + \Phi_{q2}(\lambda_2-1)^2$$

3.5 机床结构的模态实验

通过模态测试技术可以得到机床结构的频响函数，如图 3.16 所示，给机床施加激励，并使用振动传感器测量响应，就可得到传递函数。施加冲击并测试响应得到机床结构频响函数的信号处理算法流程如图 3.17 所示，并给出了有信号处理理论、激励施加技术和仪器以及测量机床机械结构频响函数等。

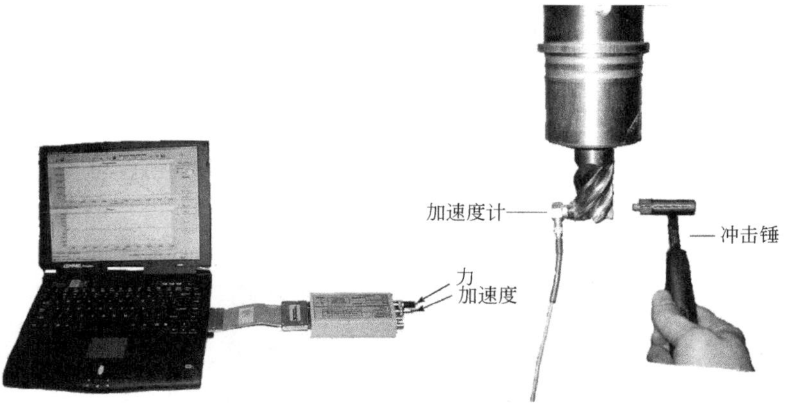

图 3.16 立铣端铣刀加工频响实验

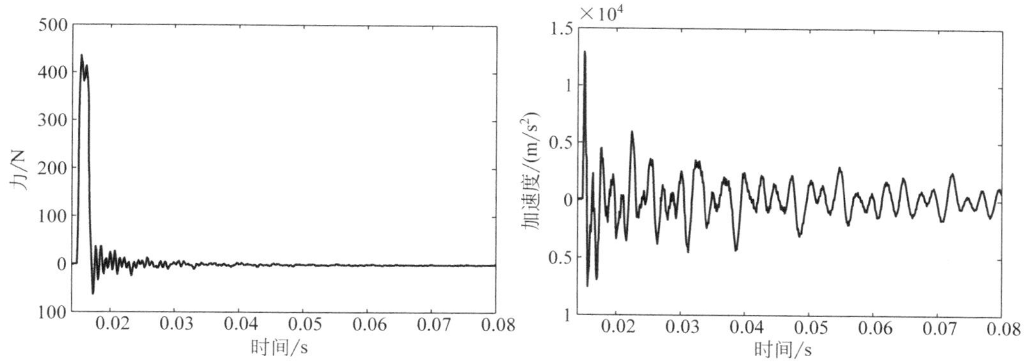

(a) 对附在铣削主轴上的立铣刀进行冲击实验，并测得冲击力和加速度

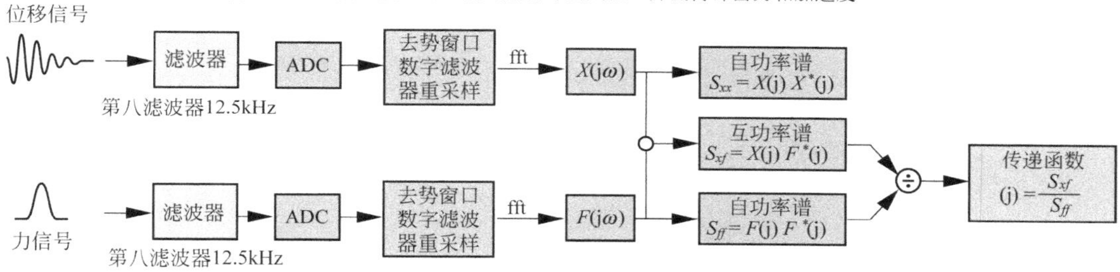

(b) 冲击实验频率响应测量和信号处理流程图

图 3.17　实验曲线与流程图（由 MAL 公司 CUTPRO 系统提供）

3.5.1　频率响应实验理论

设施加到结构上的激励为 $F(t)$，产生的振动为 $x(t)$，在连续时域中，力和振动的傅里叶变换如下：

$$\begin{cases} \mathcal{F}[x(t)] = \int_{-\infty}^{+\infty} x(t)\mathrm{e}^{-\mathrm{j}\omega t}\mathrm{d}t \\ \mathcal{F}[F(t)] = \int_{-\infty}^{+\infty} F(t)\mathrm{e}^{-\mathrm{j}\omega t}\mathrm{d}t \end{cases} \tag{3.48}$$

然而，施加的力和由此产生的振动只限定在了测量时间 t_1 内

$$\begin{cases} X(\mathrm{j}\omega) = \dfrac{1}{t_1}\int_0^{t_1} x(t)\mathrm{e}^{-\mathrm{j}\omega t}\mathrm{d}t \\ F(\mathrm{j}\omega) = \dfrac{1}{t_1}\int_0^{t_1} F(t)\mathrm{e}^{-\mathrm{j}\omega t}\mathrm{d}t \end{cases} \tag{3.49}$$

式中，$X(\mathrm{j}\omega)$和 $F(\mathrm{j}\omega)$分别是振动和力的功率谱。通过使用连接到计算机或专用傅里叶分析仪的数据采集板，以离散时间间隔（T_s）测量振动和力。如果希望在测量中获得 ω_r 的频率分辨率，那么需要收集总时间 $t_1=2\pi/\omega_r$ 内 N 个数据样本的测量值。

$$N = \frac{t_1}{T_s} \to t_1 = \frac{2\pi}{\omega_r} = NT_s \tag{3.50}$$

被测信号的最高频率等于奈奎斯特频率，如式（3.51）所示：

$$\omega_{\mathrm{m}}=\frac{2\pi/T_{\mathrm{s}}}{2}=\frac{1}{2}\times\frac{2\pi N}{t_1}=\frac{N}{2}\omega_{\mathrm{r}} \tag{3.51}$$

方程式（3.49）中给出的连续积分必须用它们的等价的离散时间来代替，如下所示：

$$t\to nT_{\mathrm{s}},\omega\to k\omega_{\mathrm{r}},\quad \mathrm{d}t\to T_{\mathrm{s}}$$

$$X(k\omega_{\mathrm{r}})=\frac{1}{t_1}\sum_{n=0}^{N-1}x(nT_{\mathrm{s}})\mathrm{e}^{-\mathrm{j}k\omega_{\mathrm{r}}t}T_{\mathrm{s}}=\frac{T_{\mathrm{s}}}{NT_{\mathrm{s}}}\sum_{n=0}^{N-1}x(nT_{\mathrm{s}})\mathrm{e}^{-\mathrm{j}k\frac{2\pi}{NT_{\mathrm{s}}}nT_{\mathrm{s}}}$$

$$=\frac{1}{N}\sum_{n=0}^{N-1}x(nT_{\mathrm{s}})\mathrm{e}^{-\mathrm{j}k\frac{2\pi}{N}n},\quad k=0,1,\cdots,\frac{N}{2}$$

另外，振动和力可以分解为实部和虚部，如式（3.52）所示：

$$\begin{cases}X(k\omega_{\mathrm{r}})=\dfrac{1}{N}\displaystyle\sum_{n=0}^{N-1}x(nT_{\mathrm{s}})\left[\cos\left(\dfrac{2\pi k}{N}n\right)-\mathrm{j}\sin\left(\dfrac{2\pi k}{N}n\right)\right]\\ F(k\omega_{\mathrm{r}})=\dfrac{1}{N}\displaystyle\sum_{n=0}^{N-1}F(nT_{\mathrm{s}})\left[\cos\left(\dfrac{2\pi k}{N}n\right)-\mathrm{j}\sin\left(\dfrac{2\pi k}{N}n\right)\right]\end{cases}\left(k=0,1,\cdots,\frac{N}{2}\right) \tag{3.52}$$

式中，$X(k\omega)$和 $F(k\omega)$分别是测量振动$[x(nT_{\mathrm{s}})]$和力$[F(nT_{\mathrm{s}})]$的离散傅里叶变换或频谱。这里，基频为$\omega_{\mathrm{r}}=2\pi f_{\mathrm{r}}=2\pi/t_1$，$n$ 对应采样计数器，k 是频率计数器。$X(k=0)$和 $F(k=0)$分别对应于振动和力测量的平均值。振动和力测量可以通过将频谱代入信号的傅里叶级数表示来进行数学重构。

$$x(t)=\sum_{k=0}^{N/2}X(k\omega_{\mathrm{r}})\mathrm{e}^{-\mathrm{j}k\omega_{\mathrm{r}}t},F(t)=\sum_{k=0}^{N/2}X(k\omega_{\mathrm{r}})\mathrm{e}^{-\mathrm{j}k\omega_{\mathrm{r}}t},\quad t=(0,1,\cdots,N)T_{\mathrm{s}} \tag{3.53}$$

由式（3.52）可知，频谱 $X(k\omega)$和 $F(k\omega)$有实部和虚部，它们的复共轭分别为 $X^*(k\omega)$和 $F^*(k\omega)$。

机床的 *FRF* 为$\Phi(\mathrm{j}\omega)$，可以用振动 $x(t)$的傅里叶变换除以力 $F(t)$的傅里叶变换，表示如下：

$$\Phi(\mathrm{j}\omega)=\frac{X(\mathrm{j}k\omega_{\mathrm{r}})}{F(\mathrm{j}k\omega_{\mathrm{r}})}=\frac{X(\mathrm{j}\omega)}{F(\mathrm{j}\omega)} \tag{3.54}$$

其中，$(\mathrm{j}\omega)$表示频谱，是复数且$\omega=k\omega_{\mathrm{r}}$。由于传感器信号中存在噪声，因此方程式（3.54）不用于评估来自测量的 *FRF*。假设振动测量噪声的频谱为 $N(\mathrm{j}\omega)$，力测量中噪声为 $M(\mathrm{j}\omega)$，测得的 *FRF*$[\Phi_{\mathrm{m}}(\mathrm{j}\omega)]$将为

$$\Phi_{\mathrm{m}}(\mathrm{j}\omega)=\frac{X(\mathrm{j}\omega)+N(\mathrm{j}\omega)}{F(\mathrm{j}\omega)+M(\mathrm{j}\omega)} \tag{3.55}$$

这显然不如理想状态那样准确，方程（3.54）中给出的无噪声系统的情况。噪声的影响可以通过引入交叉功率谱来衰减[50]。振动和力的交叉功率谱$[S_{\mathrm{xF}}(\mathrm{j}\omega)]$是通过分别对两个测量值进行傅里叶变换并将它们相乘得到的，如式（3.56）所示：

$$S_{\mathrm{xF}}(\mathrm{j}\omega)=X(\mathrm{j}\omega)F^*(\mathrm{j}\omega) \tag{3.56}$$

式中，$F^*(j\omega)$是力谱 $F(j\omega)$的复共轭。将式（3.55）的两边乘以分母中显示的力测量谱的复共轭得到

$$\begin{aligned}\Phi_{\rm m}(j\omega) &= \frac{X(j\omega)+N(j\omega)}{F(j\omega)+M(j\omega)}\times\frac{F^*(j\omega)+M^*(j\omega)}{F^*(j\omega)+M^*(j\omega)} \\ &= \frac{X(j\omega)F^*(j\omega)+X(j\omega)M^*(j\omega)+N(j\omega)F^*(j\omega)+N(j\omega)M^*(j\omega)}{F(j\omega)F^*(j\omega)+F(j\omega)M^*(j\omega)+M(j\omega)F^*(j\omega)+M(j\omega)M^*(j\omega)}\end{aligned} \tag{3.57}$$

施加在结构上的实际力和振动与测量中的噪声项无关；因此，包含噪声的交叉功率谱项必须为零。

$$\begin{cases}X(j\omega)M^*(j\omega)=N(j\omega)F^*(j\omega)=N(j\omega)M^*(j\omega)\simeq 0\\ F(j\omega)M^*(j\omega)=M(j\omega)F^*(j\omega)\simeq 0\end{cases}$$

测量的频率响应（简称频响）现在被简化为

$$\begin{aligned}\Phi_{\rm m}(j\omega) &= \frac{X(j\omega)F^*(j\omega)}{F(j\omega)F^*(j\omega)+M(j\omega)M^*(j\omega)} \\ &= \frac{S_{\rm xF}(j\omega)}{S_{\rm FF}(j\omega)+S_{\rm mm}(j\omega)}\end{aligned} \tag{3.58}$$

式中，振动与力的交叉功率谱为 $S_{\rm xF}(j\omega)=X(j\omega)F^*(j\omega)$；力的自功率谱为 $S_{\rm FF}(j\omega)=F(j\omega)F^*(j\omega)$；力传感器信号噪声的自功率谱为 $S_{\rm mm}(j\omega)=M(j\omega)M^*(j\omega)$。

式(3.58)两边同时除以力的自功率谱 $S_{\rm FF}(j\omega)$得

$$\Phi_{\rm m}(j\omega)=\frac{\Phi(j\omega)}{1+S_{\rm mm}(j\omega)/S_{\rm FF}(j\omega)} \tag{3.59}$$

式中，$\Phi(j\omega)$为结构的期望频响。

由式(3.59)可知，当信噪比远小于 1$\left[\text{即}\dfrac{S_{\rm mm}(j\omega)}{S_{\rm FF}(j\omega)}\ll 1\right]$时，测量的频响与实际频响接近，即 $\Phi_{\rm m}(j\omega)\simeq\Phi(j\omega)$。因此，在实际测量频响时，不是简单地将振动的傅里叶谱除以力，如式（3.54）所示，而是将测量的交叉功率谱除以力的自功率谱。

$$\Phi(j\omega)\simeq\frac{S_{\rm xF}(j\omega)}{S_{\rm FF}(j\omega)} \tag{3.60}$$

在实际中，为了进一步衰减噪声并使测量结果趋于平稳，取几个功率谱的平均值进行计算。通常，10 次测量结果的均值就足以获得系统的可靠频响函数。

$$\begin{aligned}\Phi_1(j\omega) &= \frac{\dfrac{1}{N_{\rm m}}\sum\limits_{n=1}^{N_{\rm m}}\left[X(j\omega)F^*(j\omega)\right]}{\dfrac{1}{N_{\rm m}}\sum\limits_{n=1}^{N_{\rm m}}\left[F(j\omega)F^*(j\omega)\right]+\dfrac{1}{N_{\rm m}}\sum\limits_{n=1}^{N_{\rm m}}\left[M(j\omega)M^*(j\omega)\right]} \\ &= \frac{\overline{S_{\rm xF}(j\omega)}}{\overline{S_{\rm FF}(j\omega)}+\overline{S_{\rm mm}(j\omega)}}\end{aligned} \tag{3.61}$$

式中，$\overline{S_{xF}(j\omega)}$为位移和力的平均交叉功率谱；$\overline{S_{FF}(j\omega)}$为力的平均功率谱。

或者，我们可以通过将式（3.55）乘以 $X^*(j\omega)$得到振动的功率谱，并得到频响函数如式（3.62）：

$$\Phi_2(j\omega)=\frac{\overline{S_{xx}(j\omega)}+\overline{S_{nn}(j\omega)}}{\overline{S_{xF}(j\omega)}} \tag{3.62}$$

如果在理想条件下进行测试，且结构为线性，则式（3.61）和式（3.62）给出相同频率响应函数值，$\Phi(j\omega)=\Phi_1(j\omega)=\Phi_2(j\omega)$。测量的准确性可以通过观察相干函数($\gamma_{xF}^2$)来检验，其定义为两个频响估计的比值，如下所示：

$$\gamma_{xF}^2=\frac{\Phi_1(j\omega)}{\Phi_2(j\omega)}=\frac{\overline{S_{xF}(j\omega)S_{xF}(j\omega)}}{\left[\overline{S_{FF}(j\omega)}+\overline{S_{mm}(j\omega)}\right]\left[\overline{S_{xx}(j\omega)}+\overline{S_{nn}(j\omega)}\right]}$$

如果噪声项和信号项的乘积为零，则相干函数一致，即$\Phi_1(j\omega)=\Phi_2(j\omega)$。如果相干函数在频率$\omega$处为1，则在该频率处记录的振动是由于施加的输入力所致。如果相干性为零，则记录的振动不是由于施加的力而是由于其他来源，因此，测量值是不准确的。测量的相干函数可以通过以下方式评估：

$$\gamma_{xF}^2=\frac{\left|\overline{S_{xF}(j\omega)}\right|^2}{\overline{S_{FF}(j\omega)S_{xx}(j\omega)}} \tag{3.63}$$

其中，所有频谱都包含了隐藏着噪声的信号。在模态实验中评估相干函数[式(3.63)]，通过观察相干函数偏离程度来评估测量的质量。另外，比较所施加力的功率谱和由此产生的振动也很重要。如果所施加的力的功率谱接近零，其中振动谱由于固有频率的存在而显示出较大的峰值，同样，测量是不准确的。因为它们的比率（即频响函数）在这一点将具有很大的灵活性，这在现实中是不存在的。

3.5.2 模态测试实验步骤

实验采用激振器或力锤进行激振。通过使用反馈控制的放大器，激振器可以提供控制振幅和频率的力。以柔性杆连接往复轴和结构，控制器通过其来传递正弦或随机力，并且在激振器的往复轴和柔性杆之间插入一个力传感器。通常采用钢琴线作为柔性杆，因此连接系统的柔性不会影响被测机床的结构参数。在机床运行中，例如以主轴或进给驱动，为了使其在测量期间保持在线性弹性区域，该结构是预加载的，否则，当以特定频率施加力时，结构是保持不动的。激振力具有正弦或随机波形，如果使用正弦力，则需在固有模态可能存在的整个频率区间内，在每个频率上激励系统，并且测量位移与力的比值，以及振动相对于力的相位。某些激振器带有一个控制器，可以扫过所有所需的频率。

另外，我们还可以使用带有力传感器的力锤来进行激振（见图 3.16）。虽然电磁或电动激振器可以提供所需的频率和振幅的力，但在机床上设置它们更加耗时。力锤的设置更容易也更快捷，但是机床结构在所需频率下的激励精度较低。机床制造商可以同时使用激振器和力锤对机床进行综合分析，而车间工程师通常使用力锤来快速识别机床动态特性，从而通过选择合适的转速来避免颤振。机床振动可以用加速度传感器或非接触式位移传感器来测量。使用蜡、胶水、磁铁或螺钉将加速度计连接到机床上，为避免给系统增加额外的质量，结构越轻越要选择质量较小的加速度传感器。使用加速度传感器进行测量得到的频响函数为$\Phi_a(\mathrm{j}\omega)=\ddot{x}/F$。若将加速度频响函数转换为位移频响函数，需要将由加速度传感器测量的频响函数除以$(\mathrm{j}\omega)^2$，即$\Phi(\mathrm{j}\omega)=[\ddot{x}/(\mathrm{j}\omega)^2]/F$。值得注意的是，如果激励是谐波，则加速度和位移具有以下关系：$x(t)=X\mathrm{e}^{\mathrm{j}\omega t}$，$\frac{\mathrm{d}^2}{\mathrm{d}t^2}x(t)=\ddot{x}(t)=(\mathrm{j}\omega)^2X\mathrm{e}^{\mathrm{j}\omega t}$。非接触式位移传感器主要有电容式、感应式和激光式三种类型。尽管激光位移传感器可以在 1cm 距离内的宽频率范围内具有相当精确的线性响应，但在机器上安装它们既昂贵又耗时。电容式或电感式传感器具有较小的频率带宽和仅在毫米位移范围内的线性响应，然而，振动幅度通常小于 1mm。同时，由于$(\mathrm{j}\omega)^2$测量值的数量级，加速度计在低频模式下无效。因此，电容式或电感式位移传感器在工程实际中得到了广泛的应用，尤其是在低频模式下。

如果使用力锤，则相当于在结构上施加类似于半正弦波的力波形。力波形的大小和持续时间取决于锤的质量和锤头。较大的力锤提供的力持续时间较长，这适用于激励具有低固有频率的较重结构。小力锤以较少的能量提供较窄的力波形，因此，小力锤更适用于激发具有较高固有频率的较轻结构。锤头可以与力锤上的力传感器相连，其材料通常包括硬钢、铝、青铜、聚氯乙烯和橡胶，锤头材质越硬，力波形越窄，激励频率范围较大。锤头材质较软，则其与结构的接触时间较长，激励频率范围小。

冲击测试技术需要在评估频谱之前对锤击力和振动信号测量进行预处理。锤子和结构之间的接触时间通常非常短，并且明显短于振动传感器检测到的机床振动的持续时间。将力信号加窗处理，设置窗振幅在接触力的持续时间内为 1，其他剩余时间为 0。矩形窗消除了接触力为 0 后的噪声，但这种技术会造成傅里叶变换的失真，因此，首选平滑衰减到零的替代方法。力信号在其持续时间内乘以 1，并通过指数函数逐渐减小至 0，该指数函数的持续时间为总采样时间的 1/16。同时，振动测量还须乘以指数衰减窗口，以便在测量时间内振动减弱。此外，如果在测量结束前很长时间内，振动消失了，残留的噪声可能会对信号处理产生不良影响。指数窗口通常在总采样时间内从 1 衰减到 0.05。图 3.17 给出了典型的力和振动测量过程以及信号处理的流程图。

3.6 多自由度系统的实验模态分析

通过结构动态测试可以辨识现有多自由度系统（Multi Degree of Freedom，MDOF）的 FRF。通过建模，一台机床可以表示为集中质量通过线性/扭转弹簧连接起来组成的系统。为此，对机床物理结构的观察及技术图纸的理解要有良好的工程经验。为了获得这一领域更宽广的知识，还需要进一步学习并进行测量实验。Ewins[44]编写的参考书以及傅里叶分析仪制造商和商业模态分析系统软件提供商所提供的培训课程对掌握这方面的知识有很大的帮助。下面将简要介绍实验模态分析的基本知识。

（1）留数的概念

单自由度系统［式（3.7)］的传递函数在拉普拉斯（Laplace,以下简称拉氏）域可以表示为：

$$h(s)=\frac{X(s)}{F(s)}=\frac{1/m}{s^2+2\zeta\omega_\text{n}s+\omega_\text{n}^2} \tag{3.64}$$

式中，$s^2+2\zeta\omega s+\omega_\text{n}^2$ 是系统的特征方程，它有两个复数共轭根：$s_1=-\zeta\omega_\text{n}+\text{j}\omega_\text{d}$，$s_1^*=-\zeta\omega_\text{n}-\text{j}\omega_\text{d}$。

传递函数式（3.64）可以表示为部分分式展开的形式：

$$h(s)=\frac{r}{s-s_1}+\frac{r^*}{s-s_1^*}=\frac{\alpha+\beta s}{s^2+2\zeta\omega_\text{n}s+\omega_\text{n}^2} \tag{3.65}$$

式中的留数为：

$$\begin{cases} r=\sigma+\text{j}v \\ r^*=\sigma-\text{j}v \end{cases} \tag{3.66}$$

相应的参数为：

$$\begin{cases} \alpha=2(\zeta\omega_\text{n}\sigma-\omega_\text{d}v) \\ \beta=2\sigma \end{cases} \tag{3.67}$$

根据系统的模态数和阻尼不同，留数可以有实部和虚部。然而，对于 SDOF 系统，其留数具有确定值：

$$r=\lim_{s=s_1}(s-s_1)\frac{1/m}{(s-s_1)(s-s_1^*)}=\frac{1/m}{s_1-s_1^*}=\frac{1/m}{2\text{j}\omega_\text{d}}$$

$$r^*=\lim_{s=s_1^*}(s-s_1^*)\frac{1/m}{(s-s_1)(s-s_1^*)}=\frac{1/m}{s_1^*-s_1}=-\frac{1/m}{2\text{j}\omega_\text{d}}$$

因此，对于 SDOF 系统留数的实部必须为 0（$\sigma=0$ 和 $\beta=0$）。对于单位质量，留数值必为 $r=1/(2\text{j}\omega_\text{d})$。

注意：在有的文献中传递函数也采用下面的留数表示法：

$$h(s)=\frac{r'}{2\text{j}(s-s_1)}+\frac{r'^*}{2\text{j}(s-s_1^*)}=\frac{\alpha'+\beta's}{s^2+2\zeta\omega_\text{n}s+\omega_\text{n}^2} \tag{3.68}$$

式中的留数为：

$$\begin{cases} r'=\sigma'+\text{j}v' \\ r'^*=\sigma'-\text{j}v' \end{cases} \tag{3.69}$$

相应的参数为：

$$\begin{cases} \alpha'=\zeta\omega_\text{n}v'-\omega_\text{d}\sigma' \\ \beta=v' \end{cases}$$

因此，对于 SDOF 系统留数的虚部必须为 0（$v'=0$ 和 $\beta'=0$）。对于单位质量，留数值必为 $r'=1/\omega_\text{d}$。

可以通过下面的留数变换将第一种表示方式转化为后面一种表示方式：

$$r=r'/(2\text{j})\rightarrow\sigma=v'/2,\quad v=\sigma'/2$$

有的商业模态分析软件包采用后一种表示法。

（2）MDOF 系统的传递函数

通过对式（3.29）进行拉氏变换，可以得到 MDOF 系统在 s 域的运动方程：

$$\boldsymbol{M}s^2+\boldsymbol{C}s+\boldsymbol{KX}(s)=\boldsymbol{F}(s) \tag{3.70}$$

或

$$\boldsymbol{B}(s)\boldsymbol{X}(s)=\boldsymbol{F}(s)$$

那么，MDOF 系统的传递函数矩阵为：

$$\boldsymbol{H}(s)=\frac{\boldsymbol{X}(s)}{\boldsymbol{F}(s)}=\frac{\mathrm{adj}\,\boldsymbol{B}(s)}{|\boldsymbol{B}(s)|} \tag{3.71}$$

式中，$|\boldsymbol{B}(s)|$是特征方程，从$|\boldsymbol{B}(s)|=0$ 的解可以求出 MDOF 系统的特征值。注意对于 n-DOF 系统，其传递函数矩阵 $\boldsymbol{H}(s)$为 $n\times n$ 维矩阵，并且所有的元素具有共同的分母$|\boldsymbol{B}(s)|$。

以 2-DOF 系统为例，其传递函数为：

$$\boldsymbol{H}(s)=\begin{bmatrix} h_{11}(s) & h_{12}(s) \\ h_{21}(s) & h_{22}(s) \end{bmatrix}$$

式中，$h_{11}(s)=\left[\dfrac{r_{11,1}}{s-s_1}+\dfrac{r_{11,1}^*}{s-s_1^*}\right]_{\text{mode 1}}+\left[\dfrac{r_{11,2}}{s-s_2}+\dfrac{r_{11,2}^*}{s-s_2^*}\right]_{\text{mode2}}$

或

$$h_{11}(s)=\left[\frac{\alpha_{11,1}+\beta_{11,1}s}{s^2+2\zeta_1\omega_{\text{n}1}s+\omega_{\text{n}1}^2}\right]_{\text{mode 1}}+\left[\frac{\alpha_{11,2}+\beta_{11,2}s}{s^2+2\zeta_2\omega_{\text{n}2}s+\omega_{\text{n}2}^2}\right]_{\text{mode 2}} \tag{3.72}$$

传递函数矩阵中的元素 h_{il} 通过实验测量获得，分母由每个模态 k 的模态参数$(\zeta,\ \omega_{\text{n}})k$ 组成。当用力 $\boldsymbol{F}=[F_1\quad F_2]$激励 2-DOF 系统，并在点 1 测得振动量时，则：

$$h_{11}=\frac{x_1}{F_1}\to F_2=0;\quad h_{12}=\frac{x_1}{F_2}\to F_1=0$$

例如，加速度计安装在点 1，用冲击锤在点 1 冲击该结构，只能测得 h_{11}，在点 2 冲击测得 h_{12}。将加速度计安装在点 2，用冲击锤在点 1 和点 2 进行冲击，用傅里叶分析仪可以得到相关传递函数中的元素 h_{21} 和 h_{22}。注意所有的元素具有相同的分母，但留数或分子不同。对于线性系统，传递函数矩阵是对称的（即 $h_{12}\equiv h_{21}$）。后面将证明只需测出传递函数的一行或一列，利用模态矩阵的特性和传递函数的对称性就足以得到完整的模态矩阵。在分析仪中所测量的传递函数以频域形式存储，虽然分析仪带有转换程序，可以用时间域或其他频域表示形式显示测量的数据，然而它通常是以每个频率的实部和虚部的形式存储。利用计算机中的模态分析软件可以将测量的频域传递函数数据（h_{il}）转换成数字计算形式。对于给定的固有模态数，模态分析系统扫描传递函数的数据获得最大共振幅值和它对应的频率，该频率对应的传递函数的实部为 0。这些频率是系统的固有频率，然后系统用分母具有的（$2\times n$）阶多项式对数据进行曲线拟合。通过更进一步的数据处理，传递函数可以表示为式（3.72）所示的 n 个独立的 2 阶微分方程。因此可以通过曲线拟合估计每个模态的固有频率、阻尼和留数的数值[2]。用一般的形式，所测量的传递函数矩阵 $\boldsymbol{H}(s)$的 i 行 l 列的元素为：

$$h_{il}=\sum_{k=1}^{n}\frac{\alpha_{il,k}+\beta_{il,k}s}{s^2+2\zeta_k\omega_{nk}s+\omega_{nk}^2} \tag{3.73}$$

式中，ω_{nk} 和 ζ_k 分别是系统模态 k 的无阻尼固有频率及模态阻尼比。系统的频率响应可以通过代入 $s=\mathrm{j}\omega$ 获得，其中激励频率 ω 可以在覆盖所有固有频率的范围内扫描。利用双线性近似的方法 $s=[2(1-z^{-1})]/[\delta t(1+z^{-1})]$，用同样的方程可以对强迫振动或颤振进行时域仿真，其中 δt 是数字积分的时间间隔，z^{-1} 是时间后移算子［即 $z^{-1}x(t)=x(t-\delta t)$］。完整的传递函数可以表示为下面的矩阵形式：

$$\boldsymbol{H}(s)=\sum_{k=1}^{n}\frac{\boldsymbol{R}_k}{s^2+2\zeta_k\omega_{nk}s+\omega_{nk}^2} \tag{3.74}$$

其中，$n\times n$ 维矩阵中的每个元素 $R_k=(\alpha+\beta_s)_k$ 代表模态 k 在 i 行 l 列的留数。

系统的模态振型可以从估计的留数中求得。记住从式（3.43）可以用模态振型和模态传递函数表示位移矢量：

$$\boldsymbol{x}=\left(\sum_{k=1}^{n}\boldsymbol{P}_k\boldsymbol{P}_k^{\mathrm{T}}\varPhi_{qk}\right)\boldsymbol{F}$$

因此

$$\boldsymbol{H}(s)=\sum_{k=1}^{n}\boldsymbol{P}_k\boldsymbol{P}_k^{\mathrm{T}}\varPhi_{qk} \tag{3.75}$$

如前所述，可以任意按比例放大或缩小特征矢量 $\boldsymbol{P}_k$。综合式（3.74）和式（3.75），可以得到：

$$\boldsymbol{H}(s)=\sum_{k=1}^{n}\left(\frac{\boldsymbol{P}_k\boldsymbol{P}_k^{\mathrm{T}}}{m_{qk}}\times\frac{1}{s^2+2\zeta_k\omega_{nk}s+\omega_{nk}^2}\right)=\sum_{k=1}^{n}\frac{\boldsymbol{R}_k}{s^2+2\zeta_k\omega_{nk}s+\omega_{nk}^2}$$

注意，对模态 k 使用没有缩放的模态矩阵，其模态质量为：

$$m_{qk}=\boldsymbol{P}_k^{\mathrm{T}}\boldsymbol{M}_x\boldsymbol{P}_k$$

因此，$\boldsymbol{P}_k^{\mathrm{T}}\boldsymbol{P}_k/m_{qk}$ 表示利用模态质量的平方根（即 $\boldsymbol{u}_k=\boldsymbol{P}_k/\sqrt{m_{qk}}$）对每个特征值进行归一化。留数与模态振型之间有下列关系：

$$\boldsymbol{P}_k\boldsymbol{P}_k^{\mathrm{T}}/m_{qk}\equiv\boldsymbol{u}_k\boldsymbol{u}_k^{\mathrm{T}}=\boldsymbol{R}_k \tag{3.76}$$

式中，$\boldsymbol{u}_k$ 对应于给定单位模态质量的归一化模态振型。换句话说，当采用下列变换时，质量为单位质量：

$$\boldsymbol{u}_k^{\mathrm{T}}\boldsymbol{M}_x\boldsymbol{u}_k=1$$

这个过程对于辨识结构的模态振型、模态刚度和模态阻尼常数在数学上是比较方便和简单的。

可以用下列通用形式表示特定模态 k 的留数矩阵：

$$\boldsymbol{R}_k=\begin{bmatrix} u_1u_1 & u_1u_2 & \cdots & u_1u_l & \cdots & u_1u_n \\ u_2u_1 & u_2u_2 & \cdots & u_2u_l & \cdots & u_2u_n \\ \vdots & \vdots & \vdots & \vdots & \ddots & \\ u_lu_1 & u_lu_2 & \cdots & u_lu_l & \cdots & u_lu_n \\ \vdots & \vdots & \vdots & \vdots & \ddots & \\ u_nu_1 & u_nu_2 & \cdots & u_nu_l & \cdots & u_nu_n \end{bmatrix}_k$$

从模态 k 的留数矩阵中抽取行或列 l，可得：

$$\begin{bmatrix} R_{1l} \\ R_{2l} \\ \vdots \\ R_{ll} \\ \vdots \\ R_{nl} \end{bmatrix}_k = \begin{bmatrix} u_1 u_l \\ u_2 u_l \\ \vdots \\ u_l u_l \\ \vdots \\ u_n u_l \end{bmatrix}_k$$

式中，$k=1,2,\cdots,n$，n 是模态数。从激励和测量点匹配的第一个解 u_l 开始，可以从测量的传递函数的一行或一列计算出模态振型。求得模态 k 的模态振型矢量如下：

$$\begin{cases} u_{lk} = \sqrt{R_{ll,k}} \\ u_{1k} = \dfrac{R_{1l,k}}{u_{lk}} \\ u_{2k} = \dfrac{R_{2l,k}}{u_{lk}} \\ \qquad \vdots \\ u_{nk} = \dfrac{R_{nl,k}}{u_{lk}} \end{cases} \tag{3.77}$$

将该过程对所有模态重复进行就可以构造出结构的完全模态矩阵。系统的模态矩阵是一个由模态振型列构成的 $n\times m$ 的矩阵：

$$\boldsymbol{U} = [\boldsymbol{u}_1 \ \boldsymbol{u}_2 \ \cdots \ \boldsymbol{u}_m] \tag{3.78}$$

式中，m 是系统的模态数；n 是结构上的测量点或坐标数。注意模态矩阵不必是方阵。例如，对于不同数目的模态可能只有 2 或 3 个测量点，这取决于结构和用于振动分析的测量点数。辨识出的传递函数可以用于分析机床在不同载荷条件下的一般行为，并研究机床在加工过程中的颤振稳定性，这些内容将在下一节给出。

注意因为矩阵的元素为复数 $R=\alpha+\beta s$，因此最终的模态振型可能是复数并取决于模态频率（ω_d）。可以用下面方法获得简化的实模态振型：

$$R_{il,k} = \alpha_{il,k} + \beta_{il,k} s \quad \leftarrow s = \mathrm{j}\omega_\mathrm{d} \tag{3.79}$$

为了使模态振型为实数，$R_{il,k}$ 的虚部必须为 0（即 $\beta_{il,k}=2\sigma_{il,k}=0$）或留数的实部必须为 0（$\sigma_{il,k}=0$）。这适用于结构具有比例阻尼，它的阻尼比 $\boldsymbol{C}$ 是质量 $\boldsymbol{M}$ 和刚度 $\boldsymbol{K}$ 的线性组合，即 $c=\eta_m m+\eta_k k$，η_m 和 η_k 为恒量。留数变为 $r=\mathrm{j}\nu$，$r^*=-\mathrm{j}\nu$，并且 $\alpha_{il,k}=2\omega_{\mathrm{d}k}\nu_{il,k}$。例如，式（3.77）的模态参数为 $u_{lk}=\sqrt{R_{ll}}=\sqrt{2\omega_{\mathrm{d}k}\nu_{lk}}$。

【实例 3.1】对图 3.18 所示的 2-DOF 系统进行实验分析。位于梁顶部和中部的集中质量均为 m_0=0.76kg，梁的尺寸为 l=450mm，b=25.4mm，h=5mm，钢材的质量密度为 ρ=7860kg/m^3。梁的质量为 $m_\mathrm{b}=bhl\rho$=0.45kg。采用加速度计测量振动，用装有压电力传感器的冲击锤设备冲击该结构（参见图 3.16）。传感器连接到放大器和功率单元上，用于将测量的电荷信号转化为放大的电压信号。放大的力信号连接到傅里叶分析仪的输入通道，放大的加速度计信号连接到其输出通道。两个传感器的标定因子被输入到分析仪以便获得正确的测量单位。在加速度计所安装的位置点 1 冲击该结构测得传递函数 h_{11}，实验重复进行 10 次，将分析仪测得的平均传递函数作为接受的传递函数。交叉传递函数元素 h_{12} 是在加速度计仍安装在点 1，而在点 2 冲击该结构测量得到的。测得的传递函数（h_{11}，h_{12}）输入计算机并用模态分析软件进行处理。

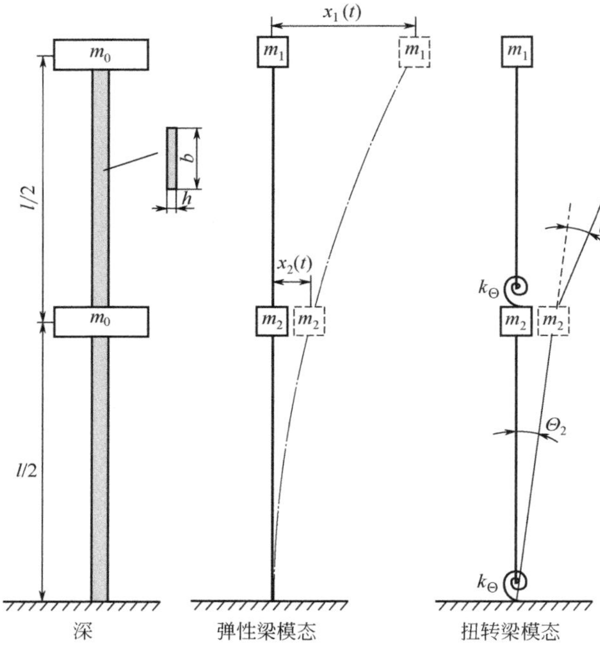

图 3.18　承载两个集中质量的细长梁

模态分析软件输出了两个模态的下列信息：

估计的参数	模态 1	模态 2
ω_d/(rad/s)	53.0041	349.9659
ζ/%	0.0113	0.0047
ω_n/Hz	8.433	55.677
h_{11} 的留数/(m/N)	$1.8303\times10^{-3}-6.9526\times10^{-3}$j	$1.1546\times10^{-5}-1.4518\times10^{-4}$j
h_{12} 的留数/(m/N)	$2.0721\times10^{-4}-3.0926\times10^{-3}$j	$4.6012\times10^{-5}+3.7015\times10^{-4}$j

注意，当用加速度计进行测量时，在进行数据处理前留数必须转化为位移单位（即对每个模态其留数除以 $\omega_d^2\,\mathrm{e}^{\mathrm{j}\pi}$），代入 $\alpha=2(\zeta\omega_n\sigma-\omega_d v)$ 和 $\beta=2\sigma$，可以获得下列直接（h_{11}）和交叉（h_{12}）传递函数：

$$\begin{cases} h_{11}(s)=\dfrac{0.7392+0.00366s}{s^2+2\zeta_1\omega_{n1}s+\omega_{n1}^2}+\dfrac{0.1017+2.3092\times10^{-5}s}{s^2+2\zeta_2\omega_{n2}s+\omega_{n2}^2} \\ h_{12}(s)=\dfrac{0.3281+4.1442\times10^{-4}s}{s^2+2\zeta_1\omega_{n1}s+\omega_{n1}^2}+\dfrac{-0.2589+9.2024\times10^{-5}s}{s^2+2\zeta_2\omega_{n2}s+\omega_{n2}^2} \end{cases}$$

通过代入 s=jω，并对所有感兴趣的频率进行扫描，可以重构该结构曲线拟合的传递函数。可以从留数中抽取第一模态的复模态振型：

$$u_{11}=\sqrt{\alpha_{11,1}+\beta_{11,1}s}\Big|_{s=\mathrm{j}\omega_{\mathrm{d}1}}=\sqrt{0.7392+0.00366\times 53.0041\mathrm{j}}$$
$$=0.8670+0.1119\mathrm{j}$$
$$u_{21}=\frac{\alpha_{12,1}+\beta_{12,1}s}{u_{11}}\Bigg|_{s=\mathrm{j}\omega_{\mathrm{d}1}}=\frac{0.3281+4.1442\times 10^{-4}\times 53.0041\mathrm{j}}{0.8670+0.1119\mathrm{j}} \tag{3.80}$$
$$=0.3754-0.0231\mathrm{j}$$

对于第二阶模态，有：

$$u_{12}=\sqrt{\alpha_{11,2}+\beta_{11,2}s}\Big|_{s=\mathrm{j}\omega_{\mathrm{d}1}}=\sqrt{-0.2589+2.3092\times 10^{-5}\times 349.9659\mathrm{j}}$$
$$=0.3191+0.0127\mathrm{j} \tag{3.81}$$
$$u_{22}=\frac{\alpha_{12,2}+\beta_{12,2}s}{u_{12}}\Bigg|_{s=\mathrm{j}\omega_{\mathrm{d}2}}=\frac{-0.2589+9.2024\times 10^{-5}\times 349.9659\mathrm{j}}{0.3191+0.0127\mathrm{j}}$$
$$=-0.8062+0.1329\mathrm{j}$$

单位模态质量的最终复模态矩阵为：

$$\boldsymbol{U}=\begin{bmatrix}\begin{bmatrix}0.8670+0.1119\mathrm{j}\\0.3754-0.0231\mathrm{j}\end{bmatrix}_1 & \begin{bmatrix}0.3191+0.0127\mathrm{j}\\-0.8062+0.1329\mathrm{j}\end{bmatrix}_2\end{bmatrix}$$

注意，为了简单起见，可以忽略分子的复数部分（即 β=0），这将得到实模态振型和实质量、刚度和阻尼矩阵。

因为两个模态质量均为单位质量（即 $m_{\mathrm{q}1}=m_{\mathrm{q}2}=1$），模态刚度的值为：

$$\begin{cases}k_{\mathrm{q}1}=\omega_{\mathrm{n}1}^2=53.0041^2=2809\mathrm{N/m}\\k_{\mathrm{q}2}=\omega_{\mathrm{n}2}^2=349.9659^2=122480\mathrm{N/m}\end{cases}$$

其模态阻尼常数为：

$$c_{\mathrm{q}1}=2\zeta_1\omega_{\mathrm{n}1}=2\times 0.0113\times 53.0041=1.1928\mathrm{N/(m\cdot s^{-1})}$$
$$c_{\mathrm{q}2}=2\zeta_2\omega_{\mathrm{n}2}=2\times 0.0047\times 349.9659=3.2741\mathrm{N/(m\cdot s^{-1})}$$

在模态坐标中这两个模态的传递函数表示为：

$$\varPhi_{\mathrm{q}1}=\frac{1}{m_{\mathrm{q}1}s^2+c_{\mathrm{q}1}s+k_{\mathrm{q}1}}=\frac{1}{s^2+1.1928s+2809}$$
$$\varPhi_{\mathrm{q}2}=\frac{1}{m_{\mathrm{q}2}s^2+c_{\mathrm{q}2}s+k_{\mathrm{q}2}}=\frac{1}{s^2+3.2741s+122480}$$

将其代入式（3.74），可以求得传递函数矩阵为：

$$\begin{bmatrix}X_1(s)\\X_2(s)\end{bmatrix}=\begin{bmatrix}u_{11}^2\varPhi_{\mathrm{q}1}+u_{12}^2\varPhi_{\mathrm{q}2} & u_{11}u_{21}\varPhi_{\mathrm{q}1}+u_{12}u_{22}\varPhi_{\mathrm{q}2}\\u_{11}u_{21}\varPhi_{\mathrm{q}1}+u_{12}u_{22}\varPhi_{\mathrm{q}2} & u_{21}^2\varPhi_{\mathrm{q}1}+u_{22}^2\varPhi_{\mathrm{q}2}\end{bmatrix}\begin{bmatrix}F_1(s)\\F_2(s)\end{bmatrix}$$

式中，$m_{\mathrm{q}1}=m_{\mathrm{q}2}=1$，而且考虑的是实模态振型[real($u$)]。通过对模态矩阵进行逆变换，可以得到在局部坐标系的质量、阻尼和刚度矩阵：

$$\boldsymbol{M}_{\mathrm{x}}=\boldsymbol{U}^{-\mathrm{T}}\boldsymbol{I}\boldsymbol{U}^{-1}=\begin{bmatrix}1.1797 & -0.1018\\-0.1018 & 1.2732\end{bmatrix}(\mathrm{kg})$$

梁的实际质量（m_{b}）可以按下面方式分布在点 1 和点 2：

$$m_1 = m_0 + m_b / 4 = 0.76 + 0.45 / 4 = 0.873\text{kg}$$

$$m_2 = m_0 + m_b / 2 = 0.76 + 0.45 / 2 = 0.985\text{kg}$$

分析得到的实际质量大约为 0.873kg 和 0.985kg；与质量矩阵对角位置预测的质量（1.1797kg，1.2732kg）有一定的差异，但其比值是一样的。产生误差的原因是测量中的噪声、频率分解、加速度计和力传感器的误差等。对角线之外存在的非零质量表示系统中有些动态耦合：

$$\boldsymbol{C}_x = \boldsymbol{U}^{-T}\boldsymbol{C}_q\boldsymbol{U}^{-1} = \begin{bmatrix} 1.8447 & -1.1320 \\ -1.1320 & 3.8524 \end{bmatrix} [\text{N}/(\text{m}\cdot\text{s}^{-1})]$$

$$\boldsymbol{K}_x = \boldsymbol{U}^{-T}\boldsymbol{K}_q\boldsymbol{U}^{-1} = \begin{bmatrix} 0.2847\times10^5 & -0.5839\times10^5 \\ -0.5839\times10^5 & 1.3776\times10^5 \end{bmatrix} (\text{N}/\text{m})$$

刚度值是相当合理的，它们反映了将梁固定在地上的阻尼损失和加速度计的测量误差。

【实例 3.2】 考虑图 3.19 中测量到的频响的细长梁，测点的值在表中给出。

Φ/(μm/N)	G(668Hz)	G(812Hz)	H(741Hz)	G(3812Hz)	G(3862Hz)	H(3838Hz)
Φ_{11}	+0.4386	−0.3292	−0.7613	+0.6935	−0.6959	−1.3915
Φ_{12}	+0.3751	−0.2995	−0.6695	+0.1996	−0.2076	−0.4060

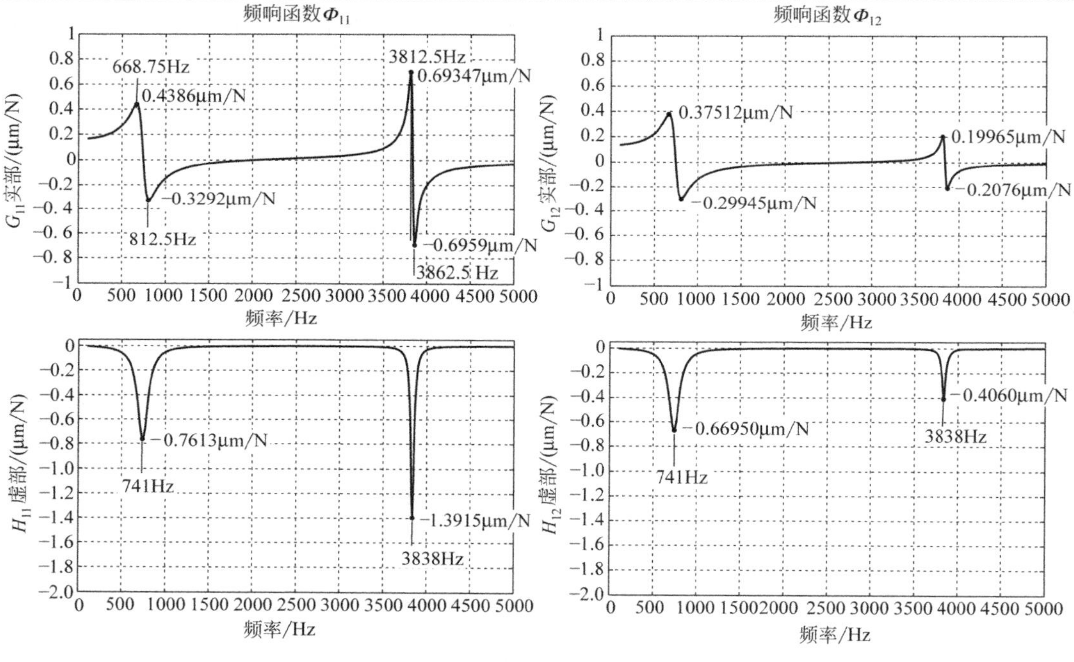

图 3.19　测量梁上两点的频响函数

两个测点处的模态振型和频响函数的计算方法如下，从共振频率周围的实部和虚部，识别出模态参数。

$$\omega_{n1} = 741\text{Hz} = 2\pi\times741\text{rad/s} = 4655.8\text{rad/s},\ \ \zeta_1 = \frac{812-688}{2\times741} = 0.084$$

$$k_1 = \frac{-1}{2\xi_1 H_{11,1}} = \frac{1}{2\times0.084\times0.7613} = 7.8187\text{N}/\mu\text{m},\quad m_1 = \frac{k_1}{\omega_{n1}^2} = \frac{7.8187\times10^6}{4197.2^2} = 0.3607\text{kg}$$

$$\omega_{n2}=3838\text{Hz}=2\pi\times3838\text{rad/s}=24115\text{rad/s},\ \zeta_2=\frac{3862-3812}{2\times3838}=0.0065$$

$$k_2=\frac{-1}{2\zeta_2 H_{11,2}}=\frac{1}{2\times0.0065\times1.3915}=55.28\text{N}/\mu\text{m},\quad m_2=\frac{k_2}{\omega_{n2}^2}=\frac{55.28\times10^6}{24115^2}=0.0951\text{kg}$$

值得注意的是，当在点 1 处测量力和振动时，得到一阶模态的刚度和质量。

$$\varPhi_{11}(s)=\frac{u_{11}u_{11}}{s^2+2\zeta_1\omega_{n1}s+\omega_{n1}^2}+\frac{u_{12}u_{12}}{s^2+2\zeta_2\omega_{n2}s+\omega_{n2}^2}$$

$$\varPhi_{11}(\mathrm{j}\omega)=\frac{u_{11}u_{11}}{\omega_{n1}^2-\omega^2+\mathrm{j}2\zeta_1\omega_{n1}\omega}+\frac{u_{12}u_{12}}{\omega_{n2}^2-\omega^2+\mathrm{j}2\zeta_2\omega_{n2}\omega}$$

将 $s=\mathrm{j}\omega_{n1}$ 代入，ω_{n2} 的影响可以忽略不计，因此上式可转化为：

$$\varPhi_{11}(\omega=\omega_{n1})\approx H_{11,1}=\frac{u_{11}u_{11}}{\mathrm{j}2\zeta_1\omega_{n1}^2}=\frac{-\mathrm{j}u_{11}u_{11}}{2\zeta_1\omega_{n1}^2}$$

$$u_{11}=\sqrt{-2\zeta_1\omega_{n1}^2H_{11,1}}=\sqrt{2\times0.084\times4655.8^2\times0.7613\times10^{-6}}=1.6651$$

$$\varPhi_{11}(\omega=\omega_{n2})\approx H_{11,2}=\frac{-\mathrm{j}u_{12}u_{12}}{2\zeta_2\omega_{n2}^2}$$

$$u_{12}=\sqrt{-2\zeta_2\omega_{n2}^2H_{11,2}}=\sqrt{2\times0.0065\times24115^2\times1.3915\times10^{-6}}=3.2434$$

测试点 1 和测试点 2 之间的交叉传递函数如下：

$$\varPhi_{12}=\frac{u_{11}u_{21}}{s^2+2\zeta_1\omega_{n1}s+\omega_{n1}^2}+\frac{u_{12}u_{22}}{s^2+2\zeta_2\omega_{n2}s+\omega_{n2}^2}$$

$$\varPhi_{12}(\omega=\omega_{n1})\approx H_{12,1}=\frac{-\mathrm{j}u_{11}u_{21}}{2\zeta_1\omega_{n1}^2},u_{21}=\frac{2\zeta_1\omega_{n1}^2H_{12,1}}{-\mathrm{j}u_{11}}$$

$$u_{21}=\frac{2\times0.084\times4655.8^2\times(-\mathrm{j}0.6695\times10^{-6})}{-\mathrm{j}1.6651}=1.4643$$

$$\varPhi_{12}(\omega=\omega_{n2})\approx H_{12,2}=\frac{-\mathrm{j}u_{12}u_{22}}{2\zeta_2\omega_{n2}^2}\quad u_{22}=\frac{2\zeta_2\omega_{n2}^2H_{12,2}}{-\mathrm{j}u_{12}}$$

$$u_{22}=\frac{2\times0.0065\times24115^2\times(-\mathrm{j}0.4060\times10^{-6})}{-\mathrm{j}3.2434}=0.9463$$

模态矩阵为 $\boldsymbol{U}=\begin{bmatrix}\begin{bmatrix}1.6651\\1.4643\end{bmatrix}_{\text{mode 1}}\begin{bmatrix}3.2434\\0.9463\end{bmatrix}_{\text{mode 2}}\end{bmatrix}$

由模态矩阵和模态参数识别出梁在两个测量点的直接传递函数。

测量点 1 的传递函数如下所示：

$$\frac{x_1}{F_{y1}}=\frac{u_{11}u_{11}}{s^2+2\zeta_1\omega_{n,1}s+\omega_{n,1}^2}+\frac{u_{12}u_{12}}{s^2+2\zeta_2\omega_{n,2}s+\omega_{n,2}^2}$$

$$=\frac{(1.6551)^2}{s^2+2\times0.084\times4655.8s+4655.8^2}+\frac{(3.2434)^2}{s^2+2\times0.0065\times24115s+24115^2}$$

$$\frac{x_1}{F_{y1}}=\frac{2.7724}{s^2+782.18s+21.677\times10^6}+\frac{10.5192}{s^2+313.5s+581.533225\times10^6}$$

代入 $s=\mathrm{j}\omega_{\mathrm{n}1}$， $H_{11,1}=\dfrac{2.7724}{782.18\times4655.8}=-\mathrm{j}0.7613\times10^{-6}$ 检验表达式，其与表中给出的测量值相同。

测量点 2 处的传递函数表示为：

$$\begin{aligned}\frac{x_2}{F_{y2}}&=\frac{u_{11}u_{21}}{s^2+2\zeta_1\omega_{\mathrm{n}1}s+\omega_{\mathrm{n}1}^2}+\frac{u_{12}u_{22}}{s^2+2\zeta_2\omega_{\mathrm{n}2}s+\omega_{\mathrm{n}2}^2}\\&=\frac{1.6651\times1.4643}{s^2+2\times0.084\times4655.8s+4655.8^2}+\frac{3.2434\times0.9463}{s^2+2\times0.0065\times24115s+24115^2}\end{aligned}$$

$$\frac{x_2}{F_{y2}}=\frac{2.4381}{S^2+782.18s+21.677\times10^6}+\frac{3.0692}{s^2+313.5s+581.533225\times10^6}$$

3.7 模态参数识别

具有 n 阶模态的系统的动力学模型用下面的频响函数表示为:

$$\varPhi_{\mathrm{pq}}(\omega)=\sum_{k=1}^{n}\left(\frac{\alpha_k+\mathrm{j}\omega\beta_k}{-\omega^2+\omega_{\mathrm{n}k}^2+\mathrm{j}2\zeta_k\omega_{\mathrm{n}k}\omega}\right)=\sum_{k=1}^{n}\left(\frac{A_{\mathrm{pq},k}}{\mathrm{j}\omega-\lambda_k}+\frac{A_{\mathrm{pq},k}^{*}}{\mathrm{j}\omega-\lambda_k^{*}}\right)\tag{3.82}$$

式中，$(A_{\mathrm{pq},k},A_{\mathrm{pq},k}^{*})$ 和 $(\lambda_k,\lambda_k^{*})$ 分别是系统的复共轭留数和特征值。模态参数的估计是在有限的频率范围进行的，其中一阶模态的频响表示为

$$\varPhi_{\mathrm{R}}(\omega)=\varPhi_{\mathrm{low}}(\omega)+\frac{A_{\mathrm{pq},k}}{\mathrm{j}\omega-\lambda_k}+\frac{A_{\mathrm{pq},k}^{*}}{\mathrm{j}\omega-\lambda_k^{*}}+\varPhi_{\mathrm{hi}}(\omega)\tag{3.83}$$

式中， $\varPhi_{\mathrm{low}}(\omega)=\dfrac{\alpha_{\mathrm{low}}+\mathrm{j}\omega\beta_{\mathrm{low}}}{-\omega^2+\omega_{\mathrm{nlow}}^2}$ 为低阶模态的剩余效应，称为剩余惯性； $\varPhi_{\mathrm{hi}}(\omega)=\dfrac{\alpha_{\mathrm{hi}}+\mathrm{j}\omega\beta_{\mathrm{hi}}}{-\omega^2+\omega_{\mathrm{nhi}}^2}$ 为高阶模态的剩余效应，称为剩余柔性。

剩余模态模型为无阻尼二阶线性系统，如下所示：

$$\begin{aligned}\varPhi_{\mathrm{R}}(\omega)&=G_{\mathrm{r}}(\omega)+\mathrm{j}H_{\mathrm{r}}(\omega)\\&=\frac{\alpha_{\mathrm{low}}+\mathrm{j}\omega\beta_{\mathrm{low}}}{-\omega^2+\omega_{\mathrm{nlow}}^2}+\frac{\alpha_k+\mathrm{j}\omega\beta_k}{-\omega^2+\omega_{\mathrm{n}k}^2+\mathrm{j}2\zeta_k\omega_{\mathrm{n}k}\omega}+\frac{\alpha_{\mathrm{hi}}+\mathrm{j}\omega\beta_{\mathrm{hi}}}{-\omega^2+\omega_{\mathrm{nhi}}^2}\end{aligned}\tag{3.84}$$

式中， ω_{nlow} 和 ω_{nhi} 分别用来表示低频和高频模态。

识别每一阶模态的振型、阻尼比和固有频率。首先，识别系统的特征值 $(\lambda_k=-\zeta_k\omega_{\mathrm{n}k}+\mathrm{j}\omega_{\mathrm{d}k})$，将式（3.84）两边同时乘以 $(-\omega^2+\omega_{\mathrm{n}k}^2+\mathrm{j}2\zeta_k\omega_{\mathrm{n}k}\omega)$，得

$$\begin{aligned}&\varPhi_{\mathrm{R}}(\omega)\left[-\omega^2+\omega_{\mathrm{n}k}^2+\mathrm{j}2\zeta_k\omega_{\mathrm{n}k}\omega\right]\\&=\frac{(\alpha_{\mathrm{low}}+\mathrm{j}\omega\beta_{\mathrm{low}})(-\omega^2+\omega_{\mathrm{n}k}^2+\mathrm{j}2\zeta_k\omega_{\mathrm{n}k}\omega)}{-\omega^2+\omega_{\mathrm{nlow}}^2}+\alpha_k+\mathrm{j}\omega\beta_k+\frac{(\alpha_{\mathrm{hi}}+\mathrm{j}\omega\beta_{\mathrm{hi}})(-\omega^2+\omega_{\mathrm{n}k}^2+\mathrm{j}2\zeta_k\omega_{\mathrm{n}k}\omega)}{-\omega^2+\omega_{\mathrm{nhi}}^2}\\&=\frac{-\omega^2\alpha_{\mathrm{low}}+\alpha_{\mathrm{low}}\omega_{\mathrm{n}k}^2+\mathrm{j}2\alpha_{\mathrm{low}}\zeta_k\omega_{\mathrm{n}k}\omega-\mathrm{j}\omega^3\beta_{\mathrm{low}}+\mathrm{j}\omega\omega_{\mathrm{n}k}^2\beta_{\mathrm{low}}-2\zeta_k\omega_{\mathrm{n}k}\omega^2\beta_{\mathrm{low}}}{-\omega^2+\omega_{\mathrm{nlow}}^2}+\\&\quad(\alpha_k+\mathrm{j}\omega\beta_k)\end{aligned}$$

$$+\frac{-\alpha_{\text{hi}}\omega^2+\alpha_{\text{hi}}\omega_{\text{n}k}^2+\text{j}2\alpha_{\text{hi}}\zeta_k\omega_{\text{n}k}\omega-\text{j}\omega^3\beta_{\text{hi}}+\text{j}\omega\omega_{\text{n}k}^2\beta_{\text{hi}}-2\zeta_k\omega_{\text{n}k}\omega^2\beta_{\text{hi}}}{-\omega^2+\omega_{\text{nhi}}^2}$$

$$\cong\frac{\sigma_1+\text{j}\nu_1}{-\omega^2+\omega_{\text{nlow}}^2}+(\alpha_k+\text{j}\omega\beta_k)+\frac{\sigma_2+\text{j}\nu_2}{-\omega^2+\omega_{\text{nhi}}^2}=\frac{C_1}{-\omega^2+\omega_{\text{nlow}}^2}+(\alpha_k+\text{j}\omega\beta_k)+\frac{C_2}{-\omega^2+\omega_{\text{nhi}}^2} \tag{3.85}$$

式中，$C_1=\sigma_1+\text{j}\nu_1$ 和 $C_2=\sigma_2+\text{j}\nu_2$ 为复剩余常数。

当考虑带外频率的影响时，剩余项可以用任何数学术语来表达。剩余估计值没有任何物理意义，其主要用来估计各阶模态的固有频率和阻尼比(即极点)。将式(3.85)分为实部和虚部，表示为：

$$\Phi_{\text{R}}(\omega)[-\omega^2+\omega_{\text{n}k}^2+\text{j}2\zeta_k\omega_{\text{n}k}\omega]=[G_{\text{r}}(\omega)+\text{j}H_{\text{r}}(\omega)][-\omega^2+\omega_{\text{n}k}^2+\text{j}2\zeta_k\omega_{\text{n}k}\omega]$$

$$\begin{aligned}&-\omega^2G_{\text{r}}(\omega)+\omega_{\text{n}k}^2G_{\text{r}}(\omega)-2\zeta_k\omega_{\text{n}k}\omega H_{\text{r}}(\omega)=\alpha_k+\frac{\sigma_1}{-\omega^2+\omega_{\text{nlow}}^2}+\frac{\sigma_2}{-\omega^2+\omega_{\text{nhi}}^2}\\&-\omega^2H_{\text{r}}(\omega)+\omega_{\text{n}k}^2H_{\text{r}}(\omega)+2\zeta_k\omega_{\text{n}k}\omega G_{\text{r}}(\omega)=\omega\beta_k+\frac{\nu_1}{-\omega^2+\omega_{\text{nlow}}^2}+\frac{\nu_2}{-\omega^2+\omega_{\text{nhi}}^2}\end{aligned} \tag{3.86}$$

在测量频响函数的时候，用户可以设置模态的上频率(ω_{nhi})和下频率(ω_{nlow})的边界，在每个频率(ω)上测量包含实部$[G_{\text{r}}(\omega)]$和虚部$[H_{\text{r}}(\omega)]$的频响函数，进而确定特征值$(\zeta_k,\omega_{\text{n}k})$和剩余项$(\alpha_k,\beta_k;\sigma_1,\nu_1;\sigma_2,\nu_2)$。式（3.86）采用矩阵形式表示如下：

$$\begin{bmatrix}-\omega H_{\text{r}}(\omega) & G_{\text{r}}(\omega) & -1 & 0 & \dfrac{-1}{-\omega^2+\omega_{\text{nlow}}^2} & \dfrac{-1}{-\omega^2+\omega_{\text{nhi}}^2} & 0 & 0\\ \omega G_{\text{r}}(\omega) & H_{\text{r}}(\omega) & 0 & -\omega & 0 & 0 & \dfrac{-1}{-\omega^2+\omega_{\text{nlow}}^2} & \dfrac{-1}{-\omega^2+\omega_{\text{nhi}}^2}\end{bmatrix}\begin{bmatrix}2\zeta_k\omega_{\text{n}k}\\ \omega_{\text{n}k}^2\\ \alpha_k\\ \beta_k\\ \sigma_1\\ \sigma_2\\ \nu_1\\ \nu_2\end{bmatrix} \tag{3.87}$$

$$=\begin{bmatrix}\omega^2G_{\text{r}}(\omega)\\ \omega^2H_{\text{r}}(\omega)\end{bmatrix} \tag{3.88}$$

模态参数估计矩阵［式（3.87）］可表示如下：

$$\boldsymbol{A}(\omega)\boldsymbol{P}_{\text{m}}=\boldsymbol{B}(\omega) \tag{3.89}$$

式中，$\boldsymbol{P}_{\text{m}}$ 为未知模态参数。在模态频率范围周围有很多频率点，因此

$$\begin{bmatrix}A(\omega_1)\\ A(\omega_2)\\ ..\\ ..\\ A(\omega_n)\end{bmatrix}\boldsymbol{P}_{\text{m}}=\begin{bmatrix}B(\omega_1)\\ B(\omega_2)\\ ..\\ ..\\ B(\omega_n)\end{bmatrix} \tag{3.90}$$

未知参数向量 $\boldsymbol{P}$ 采用线性最小二乘法求解得到：

$$P=(A^{T}A)^{-1}A^{T}B \tag{3.91}$$

根据最小二乘法，这里只保留 ζ_k 和 ω_{nk}，其余的剩余变量可忽略。根据上述表达式，仅由一组测量值或频响函数估计特征值，但因为极点是全局的，所以其对于其他所有频响函数测量值都是相同的。

根据原始的频响函数方程式（3.84），分离各项的实部和虚部，可估计剩余或模态振型如下所示：

$$G_r+jH_r=\frac{\alpha_{low}+j\omega\beta_{low}}{D_l}+\frac{\alpha_k+j\omega\beta_k}{E_1+jE_2}+\frac{\alpha_{hi}+j\omega\beta_{hi}}{D_h} \tag{3.92}$$

$$(G_r+jH_r)=\frac{(\alpha_{low}+j\omega\beta_{low})(E_1+jE_2)D_h+D_l(\alpha_k+j\omega\beta_k)D_h+D_l(E_1+jE_2)(\alpha_{hi}+j\omega\beta_{hi})}{D_lD_h(E_1+jE_2)} \tag{3.93}$$

式中，

$$\begin{aligned}
&D_l=-\omega^2+\omega_{nlow}^2\\
&E_1=-\omega^2+\omega_{nk}^2\\
&E_2=2\zeta_k\omega_{nk}\omega\\
&D_h=-\omega^2+\omega_{nhi}^2\\
&(G_r+jH_r)[D_lD_h(E_1+jE_2)]\\
&=(\alpha_{low}+j\omega\beta_{low})(E_1+jE_2)D_h+D_l(\alpha_k+j\omega\beta_k)D_h+D_l(E_1+jE_2)(\alpha_{hi}+j\omega\beta_{hi})
\end{aligned} \tag{3.94}$$

化简等式右边，得

$$\begin{aligned}
&(\alpha_{low}+j\omega\beta_{low})(E_1+jE_2)D_h+D_l(\alpha_k+j\omega\beta_k)D_h+D_l(E_1+jE_2)(\alpha_{hi}+j\omega\beta_{hi})\\
&=(\alpha_{low}+j\omega\beta_{low})(D_hE_1+jD_hE_2)+D_lD_h\alpha_k+j\omega D_lD_h\beta_k+(D_lE_1+jD_lE_2)(\alpha_{hi}+j\omega\beta_{hi})\\
&=D_hE_1\alpha_{low}+jD_hE_2\alpha_{low}+j\omega D_hE_1\beta_{low}-\omega D_hE_2\beta_{low}+D_lD_h\alpha_k\\
&\quad+j\omega D_lD_h\beta_k+D_lE_1\alpha_{hi}+j\omega D_lE_1\beta_{hi}+jD_lE_2\alpha_{hi}-D_lE_2\omega\beta_{hi}\\
&=D_lD_h\alpha_k+D_hE_1\alpha_{low}-\omega D_hE_2\beta_{low}+D_lE_1\alpha_{hi}-D_lE_2\omega\beta_{hi}\\
&\quad+j(\omega D_lD_h\beta_k+D_hE_2\alpha_{low}+\omega D_hE_1\beta_{low}+D_lE_2\alpha_{hi}+\omega D_lE_1\beta_{hi})
\end{aligned} \tag{3.95}$$

同样，整理等式左边的实部和虚部

$$\begin{aligned}
(G_r+jH_r)D_lD_h(E_1+jE_2)&=D_lD_hE_1G_r+jD_lD_hG_rE_2+jD_lD_hE_1H_r-H_rD_lD_hE_2\\
&=D_lD_hE_1G_r-H_rD_lD_hE_2+j(D_lD_hG_rE_2+D_lD_hE_1H_r)
\end{aligned} \tag{3.96}$$

为使等式成立，左右两边的实部和虚部分别相等，可得：

$$\begin{aligned}
&D_lD_h\alpha_k+E_1D_h\alpha_{low}-\omega E_2D_h\beta_{low}+D_lE_1\alpha_{hi}-\omega D_lE_2\beta_{hi}=D_lE_1D_hG_r-D_lE_2D_hH_r\\
&\omega D_lD_h\beta_k+E_2D_h\alpha_{low}+\omega D_hE_1\beta_{low}+D_lE_2\alpha_{hi}+\omega D_lE_1\beta_{hi}=D_lE_2D_hG_r+D_lE_1D_hH_r
\end{aligned} \tag{3.97}$$

剩余项 $P_m^{T}=[\alpha_k,\beta_k,\alpha_{low},\beta_{low},\alpha_{hi},\beta_{hi}]^{T}$ 为未知数，未知参数向量 P_m 可以分离实部和虚部，如下所示：

$$\begin{bmatrix} D_lD_h & 0 & E_1D_h & -\omega E_2D_h & D_lE_1 & -\omega D_lE_2\\ 0 & \omega D_lD_h & E_2D_h & \omega E_1D_h & D_lE_2 & \omega D_lE_1\end{bmatrix}\begin{bmatrix}\alpha_k\\ \beta_k\\ \alpha_{low}\\ \beta_{low}\\ \alpha_{hi}\\ \beta_{hi}\end{bmatrix} \tag{3.98}$$

$$\begin{bmatrix} D_l E_l D_h G_r - D_l E_2 D_h H_r \\ D_l E_2 D_h G_r + D_l E_l D_h H_r \end{bmatrix} \tag{3.99}$$

对于模态周围的每次测量，α_k 和 β_k 均采用线性最小二乘法进行估计，其余的项 $(\alpha_{low}, \beta_{low}, \alpha_{hi}, \beta_{hi})$ 可忽略。k 阶模态的留数 $A_{pq,k}$ 可估计为：

$$A_{pq,k} = \frac{\beta_k}{2} + j\left(\frac{\alpha_k - \beta_k \omega_{nk} \zeta_k}{-2\omega_{dk}}\right) \tag{3.100}$$

虽然系统的极点是全局的，但是由于每次测量构成模态振型中的一个元素，所以剩余的估计需要对每一组测量值进行计算。当系统具有比例阻尼时，留数的实部为 $\beta_k = 0$，因此，留数就变成了

$$A_{pq,k} = -j\frac{\alpha_k}{2\omega_{dk}} \tag{3.101}$$

模态参数辨识的全局非线性优化

当考虑剩余模态影响时，单独估计每个模态往往可以满足计算要求的精度。然而，当模态之间存在强烈耦合时，同时考虑所有模态和所有频响测量值的全局参数优化可以得到更准确的结果。采用非线性最小二乘最速下降优化方法，调节所有参数，直到满足指定的误差准则。

通过在 Laplace 域中构造传递函数 $H_{pq}(s)$：

$$\begin{aligned}
H_{pq}(s) &= \sum_{k=1}^{n}\left(\frac{\sigma_k + j\nu_k}{s - s_1} + \frac{\sigma_k - j\nu_k}{s - s_1^*}\right) = \sum_{k=1}^{n}\left[\frac{(\sigma_k + j\nu_k)(s - s_1^*) + (\sigma_k - j\nu_k)(s - s_1)}{(s - s_1)(s - s_1^*)}\right] \\
&= \sum_{k=1}^{n}\left\{\frac{(\sigma_k + j\nu_k)[s - (-\zeta_k\omega_{nk} - j\omega_d)] + (\sigma_k - j\nu_k)[s - (-\zeta_k\omega_{nk} + j\omega_d)]}{[s - (-\zeta_k\omega_{nk} + j\omega_d)][s - (-\zeta_k\omega_{nk} - j\omega_d)]}\right\}^1 \\
&= \sum_k = 1^n\left[\frac{2\sigma_k s + 2\sigma_k\zeta_k\omega_n k + j\omega_d\sigma_k + j\nu_k\zeta_k\omega_n k - \nu_k\omega_d - j\sigma_k\omega_d - j\nu_k\zeta_k\omega_n k - \nu_k\omega_d}{s^2 - (-\zeta_k\omega_n k - j\omega_d - \zeta_k\omega_n k + j\omega_d)s + (\zeta_k^2\omega_n k^2 + \omega_d^2)}\right] \\
&= \sum_k = 1^n\left[\frac{2\sigma_k s + 2\sigma_k\zeta_k\omega_n k - 2\nu_k\omega_d}{s^2 - (-2\zeta_k\omega_n k)s + (\zeta_k^2\omega_n k^2 + \omega_d^2)}\right] \\
&= \sum_k = 1^n\left[\frac{2\sigma_k s + 2\sigma_k\zeta_k\omega_n k - 2\nu_k\omega_d}{s^2 - (-2\zeta_k\omega_n k)s + (\zeta_k^2\omega_n k^2 + \omega_n k^2 - \zeta_k^2\omega_n k^2)}\right] \\
&= \sum_k = 1^n\left[\frac{2\sigma_k s + 2\sigma_k\zeta_k\omega_n k - 2\nu_k\omega_d}{s^2 + 2\zeta_k\omega_n ks + \omega_n k^2}\right]
\end{aligned} \tag{3.102}$$

代入 $s = j\omega$，得到的频响函数值如下：

$$H_{pq}(j\omega) = \sum_{k=1}^{n}\left[\frac{2(\sigma_k\zeta_k\omega_{nk} - \nu_k\omega_d) + j2\sigma_k\omega}{\omega_{nk}^2 - \omega^2 + j2\zeta_k\omega\omega_{nk}}\right]$$

频响用模态阻尼比 (ζ_k)、每个模态的固有频率 (ω_{nk}) 以及模态留数的系数 σ_k 和 ν_k 来表示。对于每个模态，需要识别四个模态参数 $(\omega_{nk}, \zeta_k, \sigma_k, \nu_k)$。如果测量点数为 N，则 M 阶模态需要识别的模态参数总数为 $M(2N+2)$。以 $p_j[\ j = 1, 2, \cdots, M(2N+2)\ ]$表示 $M(2N+2)$ 个估计参数 $(\omega_{nk}, \zeta_k, \sigma_k, \nu_k)$。如果测量响应表示为 $H_{pq}(\omega)$，估计函数为 $\tilde{H}_{pq}(\omega, p)$，评估曲

线拟合的误差函数 J 为测量响应和估计响应之间的差，$\Delta H_{\mathrm{pq}}(\omega,p)=H_{\mathrm{pq}}(\omega)-\tilde{H}_{\mathrm{pq}}(\omega,p)$。对所有 N 个测量点测量 n 个数据点，则误差函数表示为：

$$J(\omega,p)=\sum_{q=1}^{N}\sum_{i=1}^{n}\left\{[\mathrm{Re}\,\Delta H_{\mathrm{pq}}(\omega_i,p)]^2+[\mathrm{Im}\,\Delta H_{\mathrm{pq}}(\omega_i,p)]^2\right\}$$

最速下降法的参数以负斜率 $(-\nabla J)$ 为更新方向。分数部分通过数值近似参数(p)在小区间上斜率依次估计。每次迭代更新参数为

$$p_j=p_j-S\frac{\partial J}{\partial P_j}\quad j=1,2,\cdots,M(2N+2)$$

式中，S 为步长，合理选择步长可使误差函数 J 以最优的速度降低。

通常情况下，首先以步长 S=1 对误差函数进行计算，若误差函数减小，S 增加一个系数 $\gamma(\gamma>1)$，得到新的步长 $S_{\mathrm{new}}=\gamma S_{\mathrm{prev}}$，继续迭代，直到在方向 $(-\nabla J)$ 上找到最小的 J。否则，如果误差函数增加，S 以 $S_{\mathrm{new}}=S_{\mathrm{prev}}/\gamma$ 递减，继续迭代，直到找到使 J 减少的步长。值得注意的是，当误差函数以 $(-\nabla J)$ 的方向递减时，只要步长足够小，误差函数总会降低。所以，为了使误差函数以最优的速度降低，我们需要设定一个前后两次迭代之间的相对变化值 (ε)，如下所示：

$$\frac{\left|J_{\mathrm{new}}-J_{\mathrm{old}}\right|}{J_{\mathrm{new}}}<\varepsilon$$

假设比例阻尼 $(\sigma_k=0)$，特征向量中的每个模态振型的元素变为

$$u_{kp}=\sqrt{-2\nu_k\omega_{\mathrm{d}k}}\quad\rightarrow u_{kq}=\frac{-2\nu_k\omega_{\mathrm{d}k}}{u_{kp}}\quad q=1,2,\cdots,N$$

式中，p 为测量的模态振型系数；u_{kp} 为实值，因此留数需为负，这使得结构在激励点上总是沿着作用力的方向移动。

3.8 立铣刀与主轴刀柄的连接装置

在实际生产过程中，测量主轴上的每个刀具和刀架会耗费大量的人力物力及生产时间。采用响应耦合方法分析，将线性自由-自由立铣刀或立铣刀支架单元组装到始终保持不变的主轴上。我们通过模态实验测量主轴，并采用梁理论或有限元方法对自由端铣刀或刀柄组件进行建模，进而采用数学方法结合两个子结构，从而避免在生产机器上进行耗时较多的脉冲测试[94]。首先，我们需要确定两个子结构在装配节点处的刚度和阻尼。

机床刀具装置（结构 AB）分为两个子结构，如图 3.20 所示。子结构 A 代表刀架，子结构 B 代表到刀架法兰为止的其余机床装置。两个结构在点 2 处刚性连接。

立铣刀（A）在两个自由端（1,2）处的频响函数为:

$$\begin{bmatrix}X_1\\X_{\mathrm{A}2}\end{bmatrix}=\begin{bmatrix}H_{\mathrm{A},11}&H_{\mathrm{A},12}\\H_{\mathrm{A},21}&H_{\mathrm{A},22}\end{bmatrix}\begin{bmatrix}F_1\\F_{\mathrm{A}2}\end{bmatrix}\tag{3.103}$$

式中，X_1 和 $X_{\mathrm{A}2}$ 为平移和角位移的位移向量。F_1 和 $F_{\mathrm{A}2}$ 分别作用于结构的点 1 和点 2。$H_{\mathrm{A},ij}$ 项是点 i 和 j 之间的频响函数。同样，子结构（B）在其自由端（2）处的频响函数为：

$$\boldsymbol{X}_{B2}=\boldsymbol{H}_{B22}\boldsymbol{F}_{B2} \tag{3.104}$$

由于 A 和 B 两个子结构在点 2 处为刚性耦合，则在点 2 处的平衡和相容条件为：

$$\begin{aligned}F_2&=F_{A2}+F_{B2}\\X_2&=X_{A2}=X_{B2}\end{aligned} \tag{3.105}$$

用于将主轴（A）与子结构（B）的自由-自由模型耦合，并通过

$$H_2=H_{A,22}+H_{B,22} \tag{3.106}$$

将式（3.106）代入式（3.104），得到

$$X_2=H_{B,22}F_{B2}=H_{A,21}F_1+H_{A,22}(F_2-F_{B2}) \tag{3.107}$$

整理式（3.107），得到结构 B 上的力，表示为：

$$F_{B2}=(H_{B,22}+A_{A,22})^{-1}(H_{A,21}F_1+H_{A,22}F_2)=(H_2)^{-1}(H_{A,21}F_1+H_{A,22}F_2) \tag{3.108}$$

最后，点 1 和点 2 处的位移可以表示为频响函数和作用力 F_1、F_2 的函数，如下所示：

$$\begin{aligned}X_1&=H_{A,11}F_1+H_{A,12}(F_2-F_{B2})\\&=H_{A,11}F_1+H_{A,12}F_2-H_{A,12}(H_2)^{-1}(H_{A,21}F_1+H_{A,22}F_2)\\&=(H_{A,11}-H_{A,12}H_2^{-1}H_{A,21})F_1+(H_{A,12}-H_{A,12}H_2^{-1}H_{A,22})F_2\end{aligned} \tag{3.109}$$

$$\begin{aligned}X_2&=H_{A,21}F_1+H_{A,22}(F_2-F_{B2})\\&=H_{A,21}F_1+H_{A,22}F_2-H_{A,22}H_2^{-1}(H_{A,21}F_1+H_{A,22}F_2)\\&=(H_{A,21}-H_{A,22}H_2^{-1}H_{A,21})F_1+(H_{A,22}-H_{A,22}H_2^{-1}H_{A,22})F_2\end{aligned}$$

式（3.109）整理为矩阵形式，得

$$\begin{bmatrix}X_1\\X_2\end{bmatrix}=\begin{bmatrix}H_{A,11}-H_{A,12}H_2^{-1}H_{A,21} & H_{A,12}-H_{A,12}H_2^{-1}H_{A,22}\\H_{A,21}-H_{A,22}H_2^{-1}H_{A,21} & H_{A,22}-H_{A,22}H_2^{-1}H_{A,22}\end{bmatrix}\times\begin{bmatrix}F_1\\F_2\end{bmatrix} \tag{3.110}$$

式中，$H_2=H_{A,22}+H_{B,22}$。

式（3.110）表示带支架的主轴与刀架-刀具伸出结构的响应耦合。自由-自由-刀架-刀具组件的响应为 $H_{A,11}$、$H_{A,12}$ 和 $H_{A,22}$，利用有限元模型建模，并采用逆响应耦合方法可得到主轴在点 2 处的响应 $H_{B,22}$。

由式（3.109）和式（3.110）得到下列交叉响应和直接响应：

$$\begin{aligned}\frac{X_1}{F_1}&=H_{11}=H_{A,11}-H_{A,12}H_2^{-1}H_{A,21}\\\frac{X_2}{F_1}&=H_{12}=H_{A,21}-H_{A,22}H_2^{-1}H_{A,21}\\\frac{X_1}{F_2}&=H_{21}=H_{A,21}-H_{A,12}H_2^{-1}H_{A,22}\\\frac{X_2}{F_2}&=H_{22}=H_{A,22}-H_{A,22}H_2^{-1}H_{A,22}\end{aligned} \tag{3.111}$$

每个频响函数均包含平移位移和转动位移，则式(3.111)可扩展为:

$$\begin{aligned}
\begin{bmatrix} x_1 \\ \theta_1 \end{bmatrix} &= \begin{bmatrix} h_{11,\mathrm{ff}} & h_{11,\mathrm{fM}} \\ h_{11,\mathrm{Mf}} & h_{11,\mathrm{MM}} \end{bmatrix} \begin{bmatrix} f_1 \\ M_1 \end{bmatrix} = \boldsymbol{H}_{11} \begin{bmatrix} f_1 \\ M_1 \end{bmatrix} \\
\begin{bmatrix} x_2 \\ \theta_2 \end{bmatrix} &= \begin{bmatrix} h_{12,\mathrm{ff}} & h_{12,\mathrm{fM}} \\ h_{12,\mathrm{Mf}} & h_{12,\mathrm{MM}} \end{bmatrix} \begin{bmatrix} f_1 \\ M_1 \end{bmatrix} = \boldsymbol{H}_{12} \begin{bmatrix} f_1 \\ M_1 \end{bmatrix} \\
\begin{bmatrix} x_1 \\ \theta_1 \end{bmatrix} &= \begin{bmatrix} h_{21,\mathrm{ff}} & h_{21,\mathrm{fM}} \\ h_{21,\mathrm{Mf}} & h_{21,\mathrm{MM}} \end{bmatrix} \begin{bmatrix} f_2 \\ M_2 \end{bmatrix} = \boldsymbol{H}_{21} \begin{bmatrix} f_2 \\ M_2 \end{bmatrix} \\
\begin{bmatrix} x_2 \\ \theta_2 \end{bmatrix} &= \begin{bmatrix} h_{22,\mathrm{ff}} & h_{22,\mathrm{fM}} \\ h_{22,\mathrm{Mf}} & h_{22,\mathrm{MM}} \end{bmatrix} \begin{bmatrix} f_2 \\ M_2 \end{bmatrix} = \boldsymbol{H}_{22} \begin{bmatrix} f_2 \\ M_2 \end{bmatrix}
\end{aligned} \tag{3.112}$$

将式（3.112）代入式（3.111），根据转动和平动自由度，得到点 1 和点 2 处直接传递函数和交叉传递函数，表示为:

$$\begin{aligned}
\boldsymbol{H}_{11} &= \begin{bmatrix} h_{11,\mathrm{ff}} & h_{11,\mathrm{fM}} \\ h_{11,\mathrm{Mf}} & h_{11,\mathrm{MM}} \end{bmatrix} = \begin{bmatrix} h_{\mathrm{A}11,\mathrm{ff}} & h_{\mathrm{A}11,\mathrm{fM}} \\ h_{\mathrm{A}11,\mathrm{Mf}} & h_{\mathrm{A}11,\mathrm{MM}} \end{bmatrix} - \begin{bmatrix} h_{\mathrm{A}12,\mathrm{ff}} & h_{\mathrm{A}12,\mathrm{fM}} \\ h_{\mathrm{A}12,\mathrm{Mf}} & h_{\mathrm{A}12,\mathrm{MM}} \end{bmatrix} \boldsymbol{H}_2^{-1} \begin{bmatrix} h_{\mathrm{A}21,\mathrm{ff}} & h_{\mathrm{A}21,\mathrm{fM}} \\ h_{\mathrm{A}21,\mathrm{Mf}} & h_{\mathrm{A}21,\mathrm{MM}} \end{bmatrix} \\
\boldsymbol{H}_{21} &= \begin{bmatrix} h_{21,\mathrm{ff}} & h_{21,\mathrm{fM}} \\ h_{21,\mathrm{Mf}} & h_{21,\mathrm{MM}} \end{bmatrix} = \begin{bmatrix} h_{\mathrm{A}21,\mathrm{ff}} & h_{\mathrm{A}21,\mathrm{fM}} \\ h_{\mathrm{A}21,\mathrm{Mf}} & h_{\mathrm{A}21,\mathrm{MM}} \end{bmatrix} - \begin{bmatrix} h_{\mathrm{A}12,\mathrm{ff}} & h_{\mathrm{A}12,\mathrm{fM}} \\ h_{\mathrm{A}12,\mathrm{Mf}} & h_{\mathrm{A}12,\mathrm{MM}} \end{bmatrix} \boldsymbol{H}_2^{-1} \begin{bmatrix} h_{\mathrm{A}22,\mathrm{ff}} & h_{\mathrm{A}22,\mathrm{fM}} \\ h_{\mathrm{A}22,\mathrm{Mf}} & h_{\mathrm{A}22,\mathrm{MM}} \end{bmatrix} \\
\boldsymbol{H}_{22} &= \begin{bmatrix} h_{22,\mathrm{ff}} & h_{22,\mathrm{fM}} \\ h_{22,\mathrm{Mf}} & h_{22,\mathrm{MM}} \end{bmatrix} = \begin{bmatrix} h_{\mathrm{A}22,\mathrm{ff}} & h_{\mathrm{A}22,\mathrm{fM}} \\ h_{\mathrm{A}22,\mathrm{Mf}} & h_{\mathrm{A}22,\mathrm{MM}} \end{bmatrix} - \begin{bmatrix} h_{\mathrm{A}22,\mathrm{ff}} & h_{\mathrm{A}22,\mathrm{fM}} \\ h_{\mathrm{A}22,\mathrm{Mf}} & h_{\mathrm{A}22,\mathrm{MM}} \end{bmatrix} \boldsymbol{H}_2^{-1} \begin{bmatrix} h_{\mathrm{A}22,\mathrm{ff}} & h_{\mathrm{A}22,\mathrm{fM}} \\ h_{\mathrm{A}22,\mathrm{Mf}} & h_{\mathrm{A}22,\mathrm{MM}} \end{bmatrix}
\end{aligned} \tag{3.113}$$

式中，

$$\begin{aligned}
\boldsymbol{H}_2^{-1} &= \left(\begin{bmatrix} h_{\mathrm{A}22,\mathrm{ff}} & h_{\mathrm{A}22,\mathrm{fM}} \\ h_{\mathrm{A}22,\mathrm{Mf}} & h_{\mathrm{A}22,\mathrm{MM}} \end{bmatrix} + \begin{bmatrix} h_{\mathrm{B}22,\mathrm{ff}} & h_{\mathrm{B}22,\mathrm{fM}} \\ h_{\mathrm{B}22,\mathrm{Mf}} & h_{\mathrm{B}22,\mathrm{MM}} \end{bmatrix} \right)^{-1} \\
&= \begin{bmatrix} h_{\mathrm{A}22,\mathrm{ff}} + h_{\mathrm{B}22,\mathrm{ff}} & h_{\mathrm{A}22,\mathrm{Mf}} + h_{\mathrm{B}22,\mathrm{Mf}} \\ h_{\mathrm{A}22,\mathrm{Mf}} + h_{\mathrm{B}22,\mathrm{Mf}} & h_{\mathrm{A}22,\mathrm{MM}} + h_{\mathrm{B}22,\mathrm{MM}} \end{bmatrix}^{-1} \\
&= \begin{bmatrix} h_{22,\mathrm{ff}} & h_{22,\mathrm{Mf}} \\ h_{22,\mathrm{Mf}} & h_{22,\mathrm{MM}} \end{bmatrix}^{-1} \\
&= \frac{1}{h_{22,\mathrm{Mf}}^2 - h_{22,\mathrm{MM}} h_{22,\mathrm{ff}}} \begin{bmatrix} -h_{22,\mathrm{MM}} & h_{22,\mathrm{Mf}} \\ h_{22,\mathrm{Mf}} & -h_{22,\mathrm{ff}} \end{bmatrix}
\end{aligned}$$

根据式（3.113）中三个矩阵 $\boldsymbol{H}_{11}$、$\boldsymbol{H}_{12}$ 和 $\boldsymbol{H}_{22}$ 中的第一个元素以及互易条件，得到以下四组非线性方程:

$$\begin{aligned}
h_{11,\mathrm{ff}} &= h_{\mathrm{A}11,\mathrm{ff}} - \frac{1}{h_{2,\mathrm{ff}} h_{2,\mathrm{MM}} - h_{2,\mathrm{fM}} h_{2,\mathrm{Mf}}} \big[(h_{\mathrm{A}12,\mathrm{ff}} h_{2,\mathrm{MM}} - h_{\mathrm{A}12,\mathrm{fM}} h_{2,\mathrm{MF}}) h_{\mathrm{A}21,\mathrm{ff}} + \cdots \\
&\quad + (h_{\mathrm{A}12,\mathrm{fM}} h_{2,\mathrm{ff}} - h_{\mathrm{A}12,\mathrm{ff}} h_{2,\mathrm{fM}}) h_{\mathrm{A}21,\mathrm{Mf}} \big] \\
h_{12,\mathrm{ff}} &= h_{\mathrm{A}12,\mathrm{ff}} - \frac{1}{h_{2,\mathrm{ff}} h_{2,\mathrm{MM}} - h_{2,\mathrm{fM}} h_{2,\mathrm{Mf}}} \big[(h_{\mathrm{A}12,\mathrm{ff}} h_{2,\mathrm{MM}} - h_{\mathrm{A}12,\mathrm{fM}} h_{2,\mathrm{MF}}) h_{\mathrm{A}22,\mathrm{ff}} + \cdots \\
&\quad + (h_{\mathrm{A}12,\mathrm{fM}} h_{2,\mathrm{ff}} - h_{\mathrm{A}12,\mathrm{ff}} h_{2,\mathrm{fM}}) h_{\mathrm{A}22,\mathrm{Mf}} \big] \\
h_{22,\mathrm{ff}} &= h_{\mathrm{A}22,\mathrm{ff}} - \frac{1}{h_{2,\mathrm{ff}} h_{2,\mathrm{MM}} - h_{2,\mathrm{fM}} h_{2,\mathrm{Mf}}} \big[(h_{\mathrm{A}22,\mathrm{ff}} h_{2,\mathrm{MM}} - h_{\mathrm{A}22,\mathrm{fM}} h_{2,\mathrm{MF}}) h_{\mathrm{A}22,\mathrm{ff}} + \cdots \\
&\quad + (h_{\mathrm{A}22,\mathrm{fM}} h_{2,\mathrm{ff}} - h_{\mathrm{A}22,\mathrm{ff}} h_{2,\mathrm{fM}}) h_{\mathrm{A}22,\mathrm{Mf}} \big] \\
h_{2,\,\mathrm{fM}} &= h_{2,\,\mathrm{Mf}}
\end{aligned} \tag{3.114}$$

式中，$h_{2,\mathrm{ff}}$、$h_{2,\mathrm{fM}}$、$h_{2,\mathrm{Mf}}$和$h_{2,\mathrm{MM}}$为装置在点 2 处的响应，而$h_{11,\mathrm{ff}}$、$h_{12,\mathrm{ff}}$和$h_{22,\mathrm{ff}}$通过在点 1 和 2 处的冲击锤测试得到，自由-自由子结构 A 的频响函数通过有限元计算获得。该非线性方程组通过软件 MAPLE®进行求解。频响函数在 B 点处的平移和旋转自由度可以通过以下方式获得：

$$\begin{aligned} h_{\mathrm{B22,ff}} &= h_{2,\mathrm{ff}} - h_{\mathrm{A22,ff}} \\ h_{\mathrm{B22,fM}} &= h_{\mathrm{B22,Mf}} = h_{2,\mathrm{fM}} - h_{\mathrm{A22,fM}} \\ h_{\mathrm{B22,MM}} &= h_{2,\mathrm{MM}} - h_{\mathrm{A22,MM}} \end{aligned} \tag{3.115}$$

旋转主轴动力学模型的矩阵表达形式如下所示：

$$H_{\mathrm{B},22} = \begin{bmatrix} h_{\mathrm{B22,ff}} & h_{\mathrm{B22,fM}} \\ h_{\mathrm{B22,Mf}} & h_{\mathrm{B22,MM}} \end{bmatrix} \tag{3.116}$$

如图 3.21 所示，一个带有刀具的冷缩配合 HSK 63 刀架安装在主轴上。在点 1 和点 2 进行三个冲击模态测量实验：点 1 处的直接频响函数；在点 1 和点 2 处$h_{11,\mathrm{ff}}$的交叉频响；点 2 处的$h_{12,\mathrm{ff}}$及直接频响；$h_{22,\mathrm{ff}}$如图 3.20 所示。刀架的伸出结构 A 使用基于 Timoshenko 梁的有限元方法建模。

带有 HSK 63A 锥度组件的刀架和主轴通过方程式（3.106）和式（3.111）耦合可得：

$$H_{11} = \left[H_{\mathrm{A},11} - H_{\mathrm{A},12}(H_{\mathrm{B},22} + H_{\mathrm{A},22})^{-1} \right] H_{\mathrm{A},21} \tag{3.117}$$

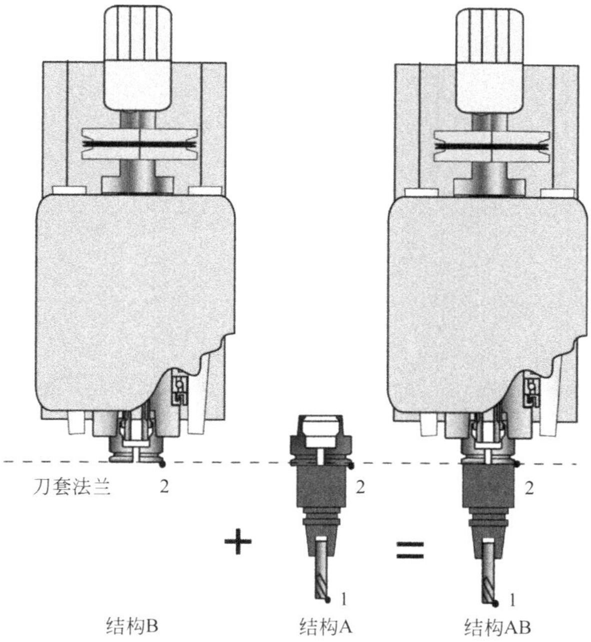

图 3.20　刀架和主轴之间的响应耦合模型

在有限元模型中，立铣刀凹槽部分占总直径的 80%，并且在冷缩配合中刀具-刀柄连接被认为是刚性的。由于刚体模态对结构间的耦合起着重要作用，所以刀柄模型处于自由-自由状态。经多次冲击实验验证，有限元模型的阻尼比为 1%~3%。

在卧式加工中心上进行实验，首先采用量规长度为 60mm 的短缩配合夹具对带有 HSK 63 接口的主轴进行识别，同时，通过采用所提的响应耦合技术估计量规长度为

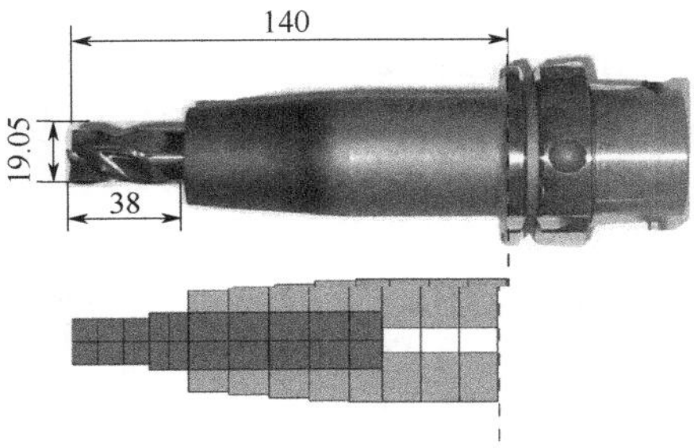

图 3.21　HSK 63 刀架和立铣刀组件的有限元模型

140mm 的刀架（图 3.21）的频响。在冷缩配合中，工具-刀柄连接为刚性连接，凹槽占总柄直径的 80%。在 x 和 y 方向上，将预测的刀尖处频响与实验的频响进行对比，如图 3.22 所示，对于颤振稳定性预测来说，其满足所需的计算精度。在柔性工装模态主导的高频范围内，由于力锤谱强度的损失，很难通过脉冲模态测试准确测量频响，此时，预测方法则能够更准确地得到更高的频率范围的频响。

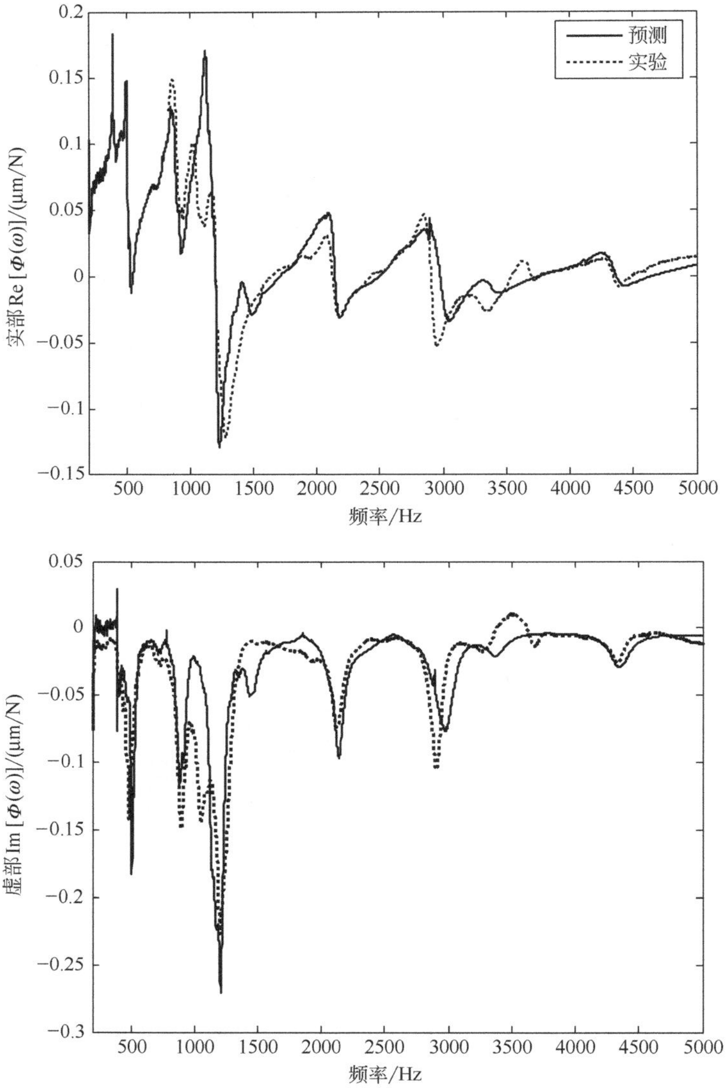

图 3.22　高速加工中心上刀尖 x 方向频响的测量和预测

3.9 思考问题

1．一圆柱形 AISI 4340 轴安装在普通车床的卡盘和中心尾座之间，其弹性模量 E=200GPa，轴的直径 d=30mm，长度为 L=20mm，径向切深 a=0.5mm。斜角车削刀具的径向切削力（F_r）系数 K_r=500MPa，$F_r=K_rah$，h 是切削厚度。

① 绘制刀具从尾座向卡盘方向进给时在整个轴上形成的尺寸误差图。假定尾座和卡盘是刚性支撑。

② 测得卡盘和尾座的刚度分别为 k_{sp}=50000N/mm，k_{ts}=30000N/mm。重新绘制考虑卡盘和尾座刚度的尺寸误差图。

2．螺旋槽数为 4 的细长高速钢（HSS）立铣刀直径 d=19.05mm，长度 L=100mm，用它以半接触逆铣和顺铣方式加工 7075 铝合金。给出的切向和径向力切削力系数为 K_t=1200MPa，K_r=0.3，其中：$F_t=K_tah$，$K_r=F_r/F_t$。HSS 的弹性模量 E=204GPa。绘制并比较轴向切削深度分别为 a=10、20、30mm 时，采用逆铣和顺铣方式加工，在表面形成的尺寸误差图。

3．如图 3.18 所示，两个小矩形钢零件，质量相同为 m_0=0.76kg，附着在细长悬臂钢梁的中点和端点。钢梁的尺寸为 l=450mm，b=25.4mm，h=5mm。钢的弹性模量 E=204GPa，密度 ρ=7860kg/m^3。假定钢梁一半的质量加在中点，四分之一的质量加在端点，并假定它在弹性最大的方向 x 向振动时近似为 2-DOF 系统。开发一综合程序完成下列问题：

① 利用弹性力学的方法求在局部坐标（x）的刚度矩阵。

② 用牛顿定理推导在局部坐标系的运动方程。求出固有频率、模态矩阵和模态振型，绘制梁的实模态振型。

③ 假定梁在中点和端点模型化为两个扭簧，利用梁在这些点的扭转设计刚度，用拉格朗日公式表示运动方程。使用扭转位移（θ_1，θ_2）作为设计坐标，求出固有频率和模态振型，说明局部和设计坐标中解的不同之处。

④ 写出局部坐标（x）和设计坐标（θ）之间的转化矩阵。利用设计刚度矩阵、设计质量矩阵和坐标转化矩阵求出局部质量矩阵和刚度矩阵。

⑤ 写出模态质量和模态刚度矩阵。预测将梁的端点偏移 1mm 并释放，不发生振动的质量 1 和质量 2。

4．假定用实验模态分析法对前面思考问题 3 中的梁进行分析。测量的数据用实验模态分析软件进行分析，得到的结构参数在实例 3.1 中已经给出。

① 估算局部质量、阻尼和刚度矩阵。

② 估算扭簧设计常数。

③ 绘制点 1 和点 2 的直接传递函数和交叉传递函数。

④ 对从解析分析和实验模态分析得到的传递函数进行比较。

5．Tlusty 和 Moriwaki[111]对立式铣床进行了建模，如图 3.23 所示。x_1，…，x_5 是局部坐标，设计坐标为对应设计扭簧 γ_1，…，γ_5 的旋转角度 α_1，…，α_5。设计坐标（α_i）是相对坐标，它是相对轴 A_1，…，A_5 的旋转角度。从所做的测量和分析给出局部刚度、质量和阻尼矩阵如下：

局部刚度矩阵 $\boldsymbol{K}_x$/(m/N)

$+3.0383\times10^{8}$	-1.4309×10^{8}	$+4.7365\times10^{7}$	-2.6006×10^{8}	$+5.9897\times10^{7}$
-1.4309×10^{8}	$+1.2182\times10^{8}$	-3.7234×10^{7}	$+5.8508\times10^{7}$	-7.9269×10^{6}
$+4.7365\times10^{7}$	-3.7234×10^{7}	$+1.7730\times10^{7}$	-2.7861×10^{7}	-1.8665×10^{3}
-2.6006×10^{8}	$+5.8508\times10^{7}$	-2.7861×10^{7}	$+4.2966\times10^{8}$	-2.0022×10^{8}
$+5.9897\times10^{7}$	-7.96269×10^{6}	-1.8665×10^{3}	-2.0022×10^{8}	$+1.6220\times10^{8}$

局部质量矩阵 $\boldsymbol{M}_x$/kg

$+7.3779\times10^{1}$	-1.1939×10^{1}	$+4.3726\times10^{-5}$	$+5.5505\times10^{-4}$	-7.3919×10^{-4}
-1.1939×10^{1}	$+3.9957\times10^{1}$	$+3.4192\times10^{0}$	-2.9887×10^{-4}	$+1.7549\times10^{-4}$
$+4.3726\times10^{-5}$	$+3.4192\times10^{0}$	$+2.7603\times10^{1}$	-3.6039×10^{-5}	-2.2129×10^{-4}
$+5.5505\times10^{-4}$	-2.9887×10^{-4}	-3.6039×10^{-5}	$+4.8745\times10^{1}$	-2.7705×10^{1}
-7.3919×10^{-4}	$+1.7549\times10^{-4}$	-2.2129×10^{-4}	-2.7705×10^{1}	$+4.7240\times10^{2}$

局部阻尼矩阵 $\boldsymbol{C}_x$/(N/m/s)

$+8.6796\times10^{3}$	-4.5561×10^{3}	$+1.1930\times10^{3}$	-3.4018×10^{3}	-1.3886×10^{3}
-4.5561×10^{3}	$+5.5794\times10^{3}$	-1.3945×10^{3}	-5.1046×10^{2}	$+4.4820\times10^{2}$
$+1.1930\times10^{3}$	-1.3945×10^{3}	$+1.1798\times10^{3}$	-8.6024×10^{1}	-1.0541×10^{3}
-3.4018×10^{3}	-5.1046×10^{2}	-8.6024×10^{1}	$+9.8393\times10^{3}$	-5.6767×10^{3}
-1.3886×10^{3}	$+4.4820\times10^{2}$	-1.0541×10^{3}	-5.6767×10^{3}	$+1.0013\times10^{4}$

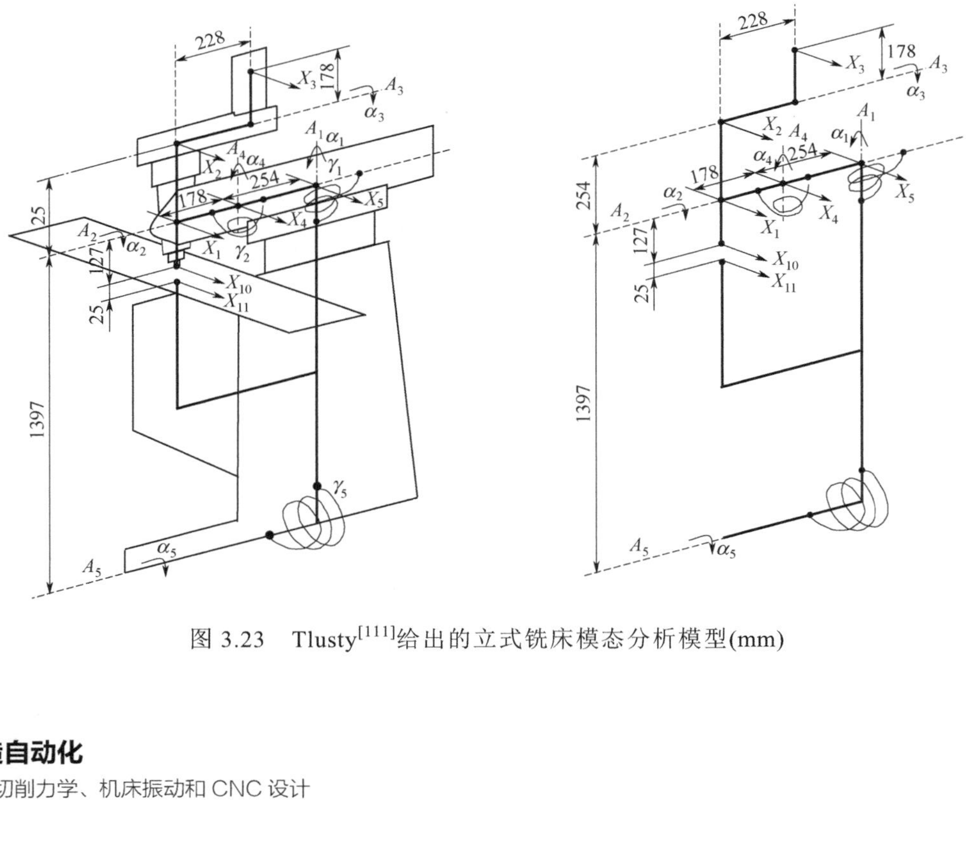

图 3.23　Tlusty[111]给出的立式铣床模态分析模型(mm)

① 计算系统各个模态的特征值、特征向量和阻尼比。在机床的骨架模型上绘制模态振型图。所有关键的机床弹性变形出现在 x_1，…，x_5 方向，垂直于 x 方向的其他两个方向的弹性变形可以忽略。

② 现在考虑刀具 x_{10} 和工件 x_{11} 之间的相对运动。假定工作台及其支撑是连接在立柱上的刚体，在 x_5 和 α_5 方向有自由度。刀具是连接坐标 x_1 和 x_2 的刚体的延伸，在这种思想指导下，用坐标系 x_{10}，x_2，x_3，x_4，x_{11} 替代坐标系 x_1，…，x_5。将局部坐标系的 k_x、m_x 和 c_x 转换到新坐标系，计算点 x_{10} 和 x_{11} 之间的相对传递函数。绘制刀具-工件之间相对传递函数的实部和奈奎斯特图（即极坐标图）。

③ 作为模态识别问题的延伸，写出局部坐标系和设计坐标系之间的转换矩阵 $\boldsymbol{C}$，将局部刚度 $\boldsymbol{K}_\mathrm{x}$ 矩阵转化为设计刚度 $\boldsymbol{K}_\alpha$ 矩阵，并求解 5 个扭簧的设计刚度。

第4章 机床振动学

4.1 导言

机床在加工过程中既有强制振动又有自激振动。切削力有周期性的，如铣削加工时的切削力；而钻削中的非对称齿、车削和镗削中的不平衡或轴跳动也会产生周期性变化的切削力。在所有情况下，切削力可以在齿数或主轴传动的频率上呈周期性变化，这些频率可能有强烈的谐波，达到齿或主轴通过频率的 4～5 倍。如果出现谐波与机床和/或工件结构的自然频率之一相吻合，系统就会出现强制振动。强制振动可以在时域中用常微分方程来求解，也就是将预测的切削力或干扰力施加到结构的传递函数上来求解。然而，自激和颤振对加工操作的安全和质量是最不利的，这一点将在本章讨论。

机床的颤振源于加工中切屑形成过程中的自激机理。机床-工件系统的某个模态最初被切削力所激励。在车削加工中，上一转切削或铣削加工的前一个刀齿切削时，在工件表面留下波纹，在接下来的一转或刀齿的切削中，由于存在机床的结构振动，也将留下表面波纹[112]。根据两个连续波纹之间的相移，在接近但不等于加工系统主结构模态的颤振频率处，加工系统的最大切削厚度将成指数增长，成长中的振动将增加切削力，也可能损坏刀具并产生带波纹的低质量表面。自激颤振可能是模态耦合或切削厚度的再生引起的[114]。模态耦合颤振发生在切削平面有两个方向的振动时。再生颤振源于留在切屑上下两面的波纹之间的相位差，在大多数加工中，再生颤振先于耦合颤振发生。因此，下面将以直角切削为例解释再生颤振的基本原理。然而，当考虑振动模式的交叉耦合时，本章中提出的稳定性模型已经涵盖了该模式耦合。

4.2 直角切削中的再生颤振稳定性分析

本节先给出了不考虑阻尼情况下正交切削过程中再生颤振的基本原理；接下来给出了稳定性的无量纲分析方法，以说明稳定性叶瓣图和主轴转速及阻尼比之间的关系，也给出了低速切削时阻尼对稳定性影响的解析和实验分析方法。

4.2.1 直角切削的稳定性分析

假定采用平面正角切槽刀沿垂直于工件的轴线方向进给，工件圆柱轴安装在车床的主轴卡盘和中心尾座之间（参见图 4.1）。被加工轴在进给方向有弹性，该方向的切削力（F_f）使之产生振动。在加工开始前，轴的表面是光滑的，但由于弯曲振动，在加工开始后刀具在工件进给方向 y 也就是径向切削力（F_f）方向留下波纹。当第二转开始后，加工表面的内、外面均有波纹，内面的波纹是刀具正在切削产生的［即内调制，$y(t)$］，外面的波纹是前一转车削过程中振动留下的［即外调制，$y(t-T)$］。

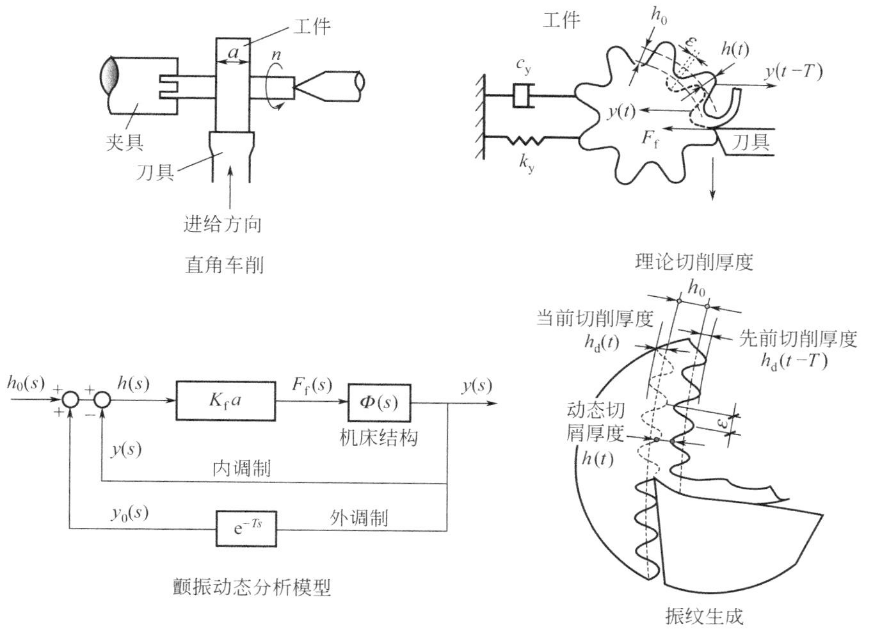

图 4.1 直角切削中的再生颤振

因此，最终的切削厚度不再是常数，它是振动频率和工件旋转速度的函数。通用动态切削厚度可以表示如下：

$$h(t)=h_0-[y(t)-y(t-T)] \tag{4.1}$$

式中，h_0 是理论切削厚度，它等于机床的进给率；$[y(t)-y(t-T)]$是由于当前时刻 t 的振动和一个主轴旋转周期（T）前的振动所产生的动态切削厚度。

假定工件在径向近似于一个单自由度系统，系统的运动方程可以表示为：

$$\begin{aligned} m_y y(t)+c_y y(t)+k_y y(t)&=F_f(t)=K_f a h(t) \\ &=K_f a\left[h_0+y(t-T)-y(t)\right] \end{aligned} \tag{4.2}$$

式中，进给方向的切削力正比于进给方向的切削力系数（K_f）及切削宽度 a 和动态切削厚度 $h(t)$。因为方程右边的力函数的解取决于方程左边当前和过去的振动量［$y(t)$，$y(t-T)$］，因此颤振表达式是一个延时微分方程。而且，如果振动量太大，[即 $y(t)-y(t-T)>h_0$]，那么刀具将跳出切削，从而产生零切削厚度和零切削力。另外，由于刀具跳出切削，将使前一转在工件表面留下的振痕对当前切削厚度计算的影响变得更为复杂（即多重再生效应）。切削力系数 K_f 可能依据瞬时切削厚度和刀具或工件振动方向而变化，这将使动态切削过程更为困难。当刀具后刀面与工件上刀具留下的波纹面摩擦时，将增加切削过程中的阻尼，起到衰减振动的作用。因为整个切削过程过于复杂和非线性化，很难进行正确的解析建模。因此，时域和数值方法被广泛应用于加工过程中颤振的仿真。然而，明确地理解颤振稳定性是十分重要的，线性稳定性理论是对它最好的解释。Tobias[113]、Tlusty[112]和 Merrit[77]利用线性理论对颤振稳定性进行了分析。在线性稳定性分析中，诸如刀具跳出切削[110]、多重再生效应、过程阻尼和非线性切削力系数等非线性因素被忽略。

颤振系统可以用图 4.1 所示的框图来表示，图中动态切削过程中的参数在拉氏域表示。系统的输入是期望的切削厚度 h_0，反馈系统的输出是留在内表面的当前振动 $y(t)$。在拉氏域，$y(s)=Ły(t)$，前一转留在外表面的振动痕迹为 $e^{-sT}y(s)=Ły(t-T)$，其中 T 是主轴旋转周期。在拉氏域的动态切削厚度为：

$$h(s)=h_0-y(s)+e^{-sT}y(s)=h_0+(e^{-sT}-1)y(s) \tag{4.3}$$

它所产生的动态切削力为：

$$F_f(s)=K_f a h(s) \tag{4.4}$$

该切削力激励机床结构所产生的当前振动为：

$$y(s)=F_f(s)\Phi(s)=K_f a h(s)\Phi(s) \tag{4.5}$$

式中，单自由度工件结构的传递函数 $\Phi(s)=\dfrac{y(s)}{F_f(s)}=\dfrac{\omega_n^2}{k_y(s^2+2\zeta\omega_n s+\omega_n^2)}$。

将 $y(s)$代入 $h(s)$得到：

$$h(s)=h_0+(e^{-sT}-1)K_f a h(s)\Phi(s)$$

最后得到动态切削厚度和参考切削厚度之间的传递函数为：

$$\frac{h(s)}{h_0(s)}=\frac{1}{1+(1-e^{-sT})K_f a\Phi(s)} \tag{4.6}$$

该闭环传递函数的稳定性取决于特征方程的根，即：

$$1+(1-e^{-sT})K_f a\Phi(s)=0$$

令特征方程的根为 $s=\sigma+j\omega_c$。如果根的实部为正（即 $\sigma>0$），那么时域将有正指数的指数项（即 $e^{+|\sigma|t}$），颤振将无限增长，系统将不稳定。负的实数根（$\sigma<0$）将随着时间的增长抑制振动（即：$e^{-|\sigma|t}$），系统将是没有颤振的稳定切削。当根的实部为 0（$s=j\omega_c$）时，系统处于临界稳定状态，工件以颤振频率 ω_c 和恒定的振幅振荡。注意颤振频率不等于结构的固有频率，因为切削过程的特征方程在结构传递函数之外有一附加项。然而，颤振频率还是很接近于结构的固有模态。用临界稳定性边界线进行分析，特征函数变为：

$$1+(1-e^{-j\omega_c T})K_f a_{lim}\Phi(j\omega_c)=0 \tag{4.7}$$

式中，a_{lim} 是无颤振加工的最大轴向切削深度。

传递函数可以分解为实部和虚部（即 $\Phi(j\omega_c)=G+jH$）。将特征方程分实部和虚部重新排列得到：

$$\{1+K_f a_{lim}\{G[1-\cos(\omega_c T)]-H\sin(\omega_c T)\}\}+j\{K_f a_{lim}\{G\sin(\omega_c T)+H[1-\cos(\omega_c T)]\}\}=0$$

特征方程的实部和虚部必须均为 0。如果首先考虑虚部，那么：

$$G\sin(\omega_c T)+H\left[1-\cos(\omega_c T)\right]=0$$

和

$$\tan\psi=\frac{H(\omega_c)}{G(\omega_c)}=\frac{\sin\omega_c T}{\cos\omega_c T-1} \tag{4.8}$$

式中，ψ 是结构传递函数的相移。

利用三角恒等式 $\omega_c T=\cos^2(\omega_c T/2)-\sin^2(\omega_c T/2)$ 和 $\sin(\omega_c T)=2\sin(\omega_c T/2)\cos(\omega_c T/2)$，可得：

$$\tan\psi=\frac{\cos(\omega_c T/2)}{-\sin(\omega_c T/2)}=\tan(\omega_c T/2-3\pi/2)$$

和

$$\omega_c T=3\pi+2\psi \rightarrow \psi=\arctan\frac{H}{G} \tag{4.9}$$

注意，利用计算机从传递函数中计算相位角 ψ 时，必须按图 4.2 中的解释正确计算。主轴转速［n(r/s)］和颤振频率（ω_c）的关系对动态切削厚度有影响。假定颤振频率为 ω_c(rad/s)或 f_c(Hz)，留在工件表面的振动波纹数为：

$$f_c T=\frac{f_c}{n}=k+\frac{\varepsilon}{2\pi} \tag{4.10}$$

式中，k 是所产生波纹的整数个数；f_c 单位为 Hz；T 单位为 s。

$\varepsilon/(2\pi)$是产生波纹数的小数，角度 ε 表示内调制和外调制之间的相位差。注意如果主轴转速和颤振频率比为整数，切削表面内外波纹的相位差将是 0 或 2π；因此不管是否存在振动，切削厚度将是常数。在这种情况下，内［$y(t)$］、外［$y(t-T)$］波纹互相平行。如果相位角不是 0，切削厚度将连续变化。考虑 k 个完全振动循环，相移为：

$$2\pi f_c T=2k\pi+\varepsilon \tag{4.11}$$

式中，内外波纹之间的相移为 $\varepsilon=3\pi+2\psi$。可以求出相应的主轴周期［T(s)］和主轴转速［n(r/s)］：

$$T=\frac{2k\pi+\varepsilon}{2\pi f_c}\rightarrow n=\frac{60}{T} \tag{4.12}$$

使特征方程的实部等于 0，可求得临界轴向切削深度：

$$1+K_f a_{lim}\left\{G[1-\cos(\omega_c T)]-H\sin(\omega_c T)\right\}=0$$

或

$$a_{lim}=\frac{-1}{K_f G\left[1-\cos(\omega_c T)-(H/G)\sin(\omega_c T)\right]}$$

代入 $H/G=\sin(\omega_c T)/[\cos(\omega_c T)-1]$，并重新化简得到：

$$a_{lim}=\frac{-1}{2K_f G(\omega_c)} \tag{4.13}$$

注意，因为切削深度是物理量，它的解只有在传递函数的实部［$G(\omega_c)$］为负值时才有效，颤振可能发生在 $G(\omega_c)$为负值的任何频率。如果利用 $G(\omega_c)$的最小值选择 a_{lim}，那么可以保证在任何主轴速度都避免颤振。式（4.13）表明了轴向切削深度与结构的柔度和工件材料的切削力系数成反比，工件材料越硬，切削力系数 K_f 越大，因此将减小轴向切削深度。同样机床或工件的弹性也将减小轴向切削深度或生产率。

$G>0, H<0 \rightarrow \psi = -\arctan|(H/G)|$
$G<0, H<0 \rightarrow \psi = -\pi + \arctan|(H/G)|$
$G<0, H>0 \rightarrow \psi = -\pi - \arctan|(H/G)|$
$G>0, H>0 \rightarrow \psi = -2\pi + \arctan|(H/G)|$

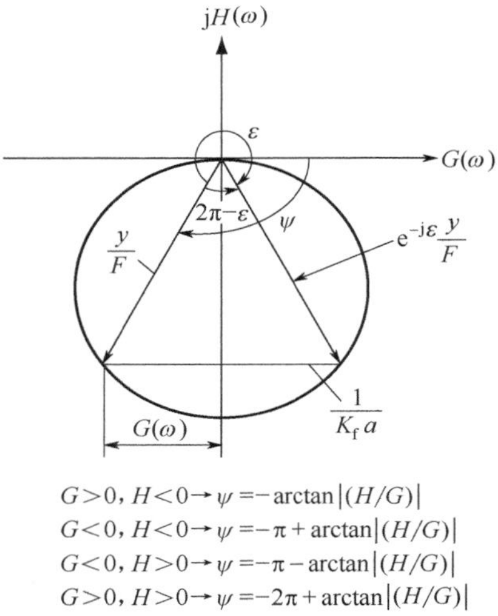

图 4.2　从极坐标图计算相位角 ψ

上面的稳定性表达式首先由 Tlusty[112] 提出，Tobias[113] 和 Merrit[77] 给出了同样的结果。Tobias 提出了稳定性图用以表示无颤振主轴速度和轴向切削深度之间的关系。假定结构在切削点的传递函数（Φ）和切削力系数 K_f 已知或已经测得，可以将绘制稳定性叶瓣的过程总结为如下几点：

① 在传递函数的实部为负值处选择颤振频率（ω_c）。
② 计算结构在 ω_c 的相位角 ［式（4.8）］。
③ 从式（4.13）计算临界切削深度。
④ 对于每个稳定的叶瓣（$k=0,1,2,\cdots$）由式（4.12）计算主轴速度。
⑤ 在结构的固有频率附近扫描颤振频率，重复上述步骤。

如果结构具有多个自由度，必须考虑切削深度方向的系统传递函数作为 Φ。有向传递函数的计算已经在 3.4.2 节中给出。在这种情况下，必须按对直角切削给出的大体步骤，扫描整个传递函数所有主模态附近使其实部为负值的频率。

【实例 4.1】具有两个自由度的加工系统的稳定性分析。图 4.3 所示为具有两个自由度的加工系统。系统在 x_1 和 x_2 方向的柔度如下：

$$x_1 \leftarrow \omega_{n1} = 250\text{Hz}, \quad \zeta_1 = 1.2\%, \quad k_1 = 2.26 \times 10^8 \text{N}/\text{m}$$
$$x_2 \leftarrow \omega_{n2} = 150\text{Hz}, \quad \zeta_2 = 1.0\%, \quad k_2 = 2.13 \times 10^8 \text{N}/\text{m}$$

切削力 $F_y = K_f a h(t)$，式中切削力系数 $K_f = 1000\text{MPa}$。柔度与 y 轴的定向角度为 $\theta_1 = 30°$，$\theta_2 = -45°$。绘制该系统的稳定性叶瓣图。

答案：y 方向的位移和切削力 F_y 之间的有向传递函数的实部为：

$$\Re\Phi(\text{j}\omega) = G(\text{j}\omega) = \frac{y(\text{j}\omega)}{F_y(\text{j}\omega)}$$

$$= \cos^2\theta_1 \frac{1-r_1^2}{k_1\left[(1-r_1^2)^2 + (2\zeta_1 r_1)^2\right]} + \cos^2\theta_2 \frac{1-r_2^2}{k_2\left[(1-r_2^2)^2 + (2\zeta_2 r_2)^2\right]}$$

式中，$r_{12} = \omega/\omega_{n12}$。有向传递函数和对应的稳定性叶瓣图在图 3.18 中给出。

4.2.2　直角切削中稳定性叶瓣图的无量纲分析

我们这里采用稳定性叶瓣图来判定高效切削的稳定条件，并理解叶瓣图的物理意义及其与机床动力学模型的数学关系，该理论对于各种切削加工过程和机床设计而言至关重要[7]。Insperger 和 Stepan[53] 推导了不同数学形式下的颤振稳定性理论，统一了单自由度系统的速度和固有频率。

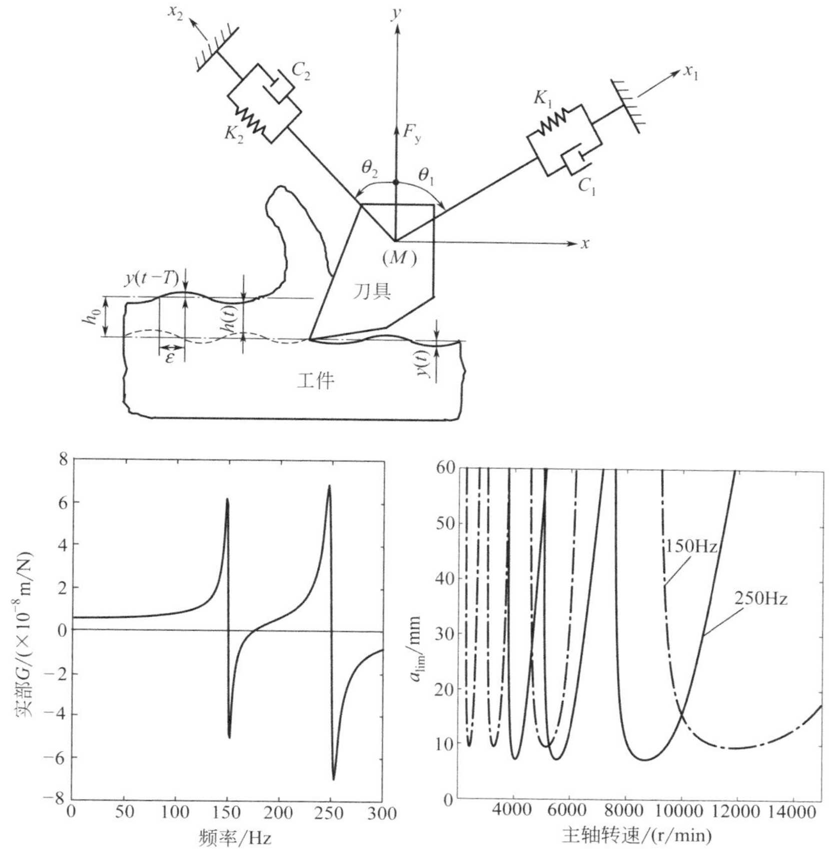

图 4.3　2-DOF 加工系统的稳定性分析图

由式（4.2）可得动态切削过程的运动方程表示如下：

$$\frac{d^2 y(t)}{dt^2}+2\zeta\omega_n\frac{dy(t)}{dt}+\omega_n^2 y(t)=\frac{\omega_n^2}{k_y}K_f a\left[h_0-y(t)+y(t-T)\right] \tag{4.14}$$

忽略静态载荷，只考虑动态载荷对稳定性的影响。将系统动力学转换为无量纲形式，将时间 t 替换为$t=\tau/\omega_n$，如下所示：

$$\begin{gathered}\tau\to\omega_n t,\quad \delta=\omega_n T,\quad d\tau=\omega_n dt\to\frac{d\tau}{dt}=\omega_n\\ \frac{dy}{dt}=\frac{dy}{d\tau}\frac{d\tau}{dt}=\frac{dy}{d\tau}\omega_n,\quad \frac{d^2 y}{dt^2}=\frac{d}{dt}\left(\frac{dy}{d\tau}\omega_n\right)=\frac{d^2 y}{d\tau^2}\omega_n^2\end{gathered} \tag{4.15}$$

将角距 $\delta=\omega_n T$， $\tau\to\omega_n t$ 代入动态切削方程，得

$$\begin{gathered}\omega_n^2\frac{d^2 y(\tau)}{d\tau^2}+2\zeta\omega_n^2\frac{dy(\tau)}{d\tau}+\omega_n^2 y(\tau)=\frac{\omega_n^2}{k_y}K_f a[-y(\tau)+y(\tau-\delta)]\\ \frac{d^2 y(\tau)}{d\tau^2}+2\zeta\frac{dy(\tau)}{d\tau}+\left[1+\frac{K_f a}{k_y}\right]y(\tau)=\frac{K_f a}{k_y}[y(\tau-\delta)]\\ \frac{d^2 y(\tau)}{d\tau^2}+2\zeta\frac{dy(\tau)}{d\tau}+[1+w]y(\tau)=w[y(\tau-\delta)]\end{gathered} \tag{4.16}$$

式中，$w = K_{\mathrm{f}}a / k_{\mathrm{y}}$ 为系统的无量纲增益。

对延迟系统进行拉普拉斯变换，表示为

$$s^2 y(s) + 2\zeta s y(s) + (1+w) y(s) = w\mathrm{e}^{-\delta s} y(s) \tag{4.17}$$

从而得出动态切削的特征方程如下:

$$s^2 + 2\zeta s + (1+w) - w\mathrm{e}^{-\delta s} = 0 \tag{4.18}$$

在特征方程［式（4.18）］根的实部为零时，系统处于稳定切削临界状态，而加工过程中的振动频率（ω_{c}）由虚部表示。将 $s = \mathrm{i}r$ 代入式中，其中 $r = \omega_{\mathrm{c}} / \omega_{\mathrm{n}}$ 是临界稳定条件下颤振频率与固有频率的无量纲比率，并且 $\mathrm{e}^{-\mathrm{i}\delta r} = \cos(\delta r) - \mathrm{i}\sin(\delta r)$，则特征方程转化为

$$-r^2 + \mathrm{i}2\zeta r + (1+w) - w\cos(\delta r) + \mathrm{i}w\sin(\delta r) = 0$$

$$\text{实部} \qquad 1 - r^2 + w = w\cos\delta r \tag{4.19}$$

$$\text{虚部} \qquad 2\zeta r = -w\sin\delta r$$

分别取上述方程实部和虚部的平方，并将其相加［$(1-r^2+w)^2 + (2\zeta r)^2 = w^2$］，得到无量纲增益:

$$w = -\frac{(1-r^2)^2 + 4\zeta^2 r^2}{2(1-r^2)}$$

在临界稳定条件下，即切削深度在稳定性叶瓣曲线上时，可得到切削深度为:

$$w = \frac{K_{\mathrm{f}} a}{k_{\mathrm{y}}} \rightarrow a = -\frac{k_{\mathrm{y}}}{K_{\mathrm{f}}} \times \frac{(1-r^2)^2 + 4\zeta^2 r^2}{2(1-r^2)} \tag{4.20}$$

将 $\sin(\delta r) = 2\tan\frac{\delta r}{2} \Big/ \left[1 + \tan^2\left(\frac{\delta r}{2}\right)\right]$ 代入特征方程式(4.19)的虚部［$2\zeta r = -w\sin(\delta r)$］，得

$$w = -\frac{2\zeta r}{\sin(\delta r)} = -\frac{1+\tan^2\left(\frac{\delta r}{2}\right)}{\tan\frac{\delta r}{2}} \zeta r$$

将其及 $\cos(\delta r) = \left(1 - \tan^2\frac{\delta r}{2}\right) \Big/ \left(1 + \tan^2\frac{\delta r}{2}\right)$ 代入特征方程式（4.19）的实部［$1 - r^2 + w = w\cos(\delta r)$］，得:

$$1 - r^2 - \frac{1+\tan^2\left(\frac{\delta r}{2}\right)}{\tan\frac{\delta r}{2}} \zeta r = -\frac{1+\tan^2\left(\frac{\delta r}{2}\right)}{\tan\frac{\delta r}{2}} \zeta r \frac{1-\tan^2\frac{\delta r}{2}}{1+\tan^2\left(\frac{\delta r}{2}\right)}$$

$$(1-r^2)\tan\frac{\delta r}{2} = \left[1 + \tan^2\left(\frac{\delta r}{2}\right) - 1 + \tan^2\frac{\delta r}{2}\right]\zeta r$$

$$(1-r^2)\tan\frac{\delta r}{2} = \left[2\tan^2\left(\frac{\delta r}{2}\right)\right]\zeta r \rightarrow \tan\left(\frac{\delta r}{2}\right) = \frac{1-r^2}{2\zeta r}$$

$$\delta = \frac{2}{r}\left[\arctan\left(\frac{1-r^2}{2\zeta r}\right) + k\pi\right]$$

$$\tan\psi=\frac{-2\zeta r}{1-r^2}\rightarrow\delta=\frac{2}{r}\left[\arctan(-\cot\psi)+k\pi\right]$$

$$\delta=\frac{2}{r}\left\{\arctan\left[-\tan\left(\frac{\pi}{2}-\psi\right)\right]+k\pi\right\}$$

$$\delta=\frac{2}{r}\left(\psi+\frac{2k-1}{2}\pi\right)\rightarrow\psi=\arctan\frac{-2\zeta r}{1-r^2}$$

将无量纲时间延迟 δ 转换为以秒为单位的实际时间延迟，并在叶瓣图中找到相对应的主轴转速，如下所示:

$$\text{时间延迟 } T=\frac{\delta}{\omega_n}=\frac{2}{\omega_n r}\left[\arctan\left(\frac{1-r^2}{2\zeta r}\right)+k\pi\right]=\frac{2}{\omega_n r}\left(\psi+\frac{2k-1}{2}\pi\right)$$

$$2\pi n/\omega_n=\frac{2\pi}{\delta}=\frac{2\pi r}{2\left[\arctan\left(\frac{1-r^2}{2\zeta r}\right)+k\pi\right]}=\frac{2\pi r}{2\left(\psi+\frac{2k-1}{2}\pi\right)}$$

$$\text{主轴转速 } n=\frac{r\omega_n}{2\left[\arctan\left(\frac{1-r^2}{2\zeta r}\right)+k\pi\right]}=\frac{r\omega_n}{2\left(\psi+\frac{2k-1}{2}\pi\right)}$$

$$\text{再生颤振阶段 } \varepsilon=\omega T=2\left(\psi+\frac{2k-1}{2}\pi\right)=2\psi+(2k-1)\pi$$

其中，n 的单位为 r/s。

稳定性叶瓣图可推导为:

$$\text{激励比率 } r=\frac{\omega_c}{\omega_n}$$

$$\text{临界切削深度 } a=-\frac{k_y}{K_t}\times\frac{(1-r^2)^2+4\zeta^2 r^2}{2(1-r^2)}$$

$$\text{主轴转速 } n=\frac{r\omega_n}{2\left[\arctan\left(\frac{1-r^2}{2\zeta r}\right)+k\pi\right]},\quad k=1,2,\cdots$$

其中，n 的单位为 r/s。

当 $r=\omega_c/\omega_n=\sqrt{1+2\zeta}$ 时，根据 Tlusty 公式，最小临界切削深度表示为 $a_{cr}=2k_y\zeta(1+\zeta)/K_t\approx 2k_y\zeta/K_t$，$\zeta^2\approx 0$。值得注意的是，在主轴转速 $n=\left(\frac{4}{3},\frac{4}{7},\frac{4}{11},\cdots\right)\omega_n$ 时，叶瓣曲线与最小临界切削深度相切，此时临界颤振频率为 $\omega_c=\omega_n\sqrt{1+2\zeta}$。由 $r=\sqrt{1+2\zeta}$ 得到轴向切深最小时的主轴转速。

$$\text{主轴转速 } n=\frac{r\omega_n}{2\left[\arctan\left(\frac{1-1-2\zeta}{2\zeta\sqrt{1+2\zeta}}\right)+k\pi\right]}$$

$$n \approx \frac{\omega_n}{2\left(-\frac{\pi}{4}+k\pi\right)} = \frac{\omega_n}{2\pi} \times \frac{4}{4k-1}, \quad k = 1,2,3,\cdots$$

$$n \approx \frac{\omega_n}{2\pi}\left[\frac{4}{3},\frac{4}{7},\frac{4}{11},\cdots\right] = \frac{\omega_n}{2\pi}[1.333, 0.5714, 0.3636, \cdots]$$

式中，n 的单位为 r/s。

【实例 4.2】 阻尼比 $\zeta = 0.01$，求解稳定性叶瓣图数据。

$r=\omega_c/\omega_n$	$W=-\frac{(1-r^2)^2+4\zeta^2 r^2}{2(1-r^2)}$	k	ε	n/ω_c
∞	∞	1	π	200
1.333	0.39	1	π	2.6
$\sqrt{1+2\zeta}$	0.02	1	$\frac{3\pi}{2}$	4/3
1	∞	1	2π	1
100	5000	2	π	66
1.33	0.39	2	π	6.66
$\sqrt{1+2\zeta}$	0.02	2	$\frac{3\pi}{2}$	4/7
1	∞	2	4π	1/2
$\sqrt{1+2\zeta}$	0.02	3	$\frac{3\pi}{2}$	4/11

4.2.3 考虑过程阻尼的直角切削颤振稳定性分析

直角切削模型如图 4.4 所示。考虑速度对系统的影响，Das 和 Tobias[42]给出了时间 t 上的传统再生切削力[$F_x(t)$]，表示如下：

$$m\ddot{x}(t) + c\dot{x}(t) + kx(t) = F_x(t)$$

$$F_x(t) = K_f a\left[h_0 + x(t-T) - x(t)\right] - K_t a h_0 \frac{\dot{x}}{v} \tag{4.21}$$

式中，$x(t)$ 和 $x(t-T)$ 分别为前后两次切削产生的振纹；K_f 和 K_t 分别为进给和切削速度方向的静态切削力系数；v 为切削速度；a 为切削宽度；h_0 是每转的进给量；T 为前后两次切削之间的时间差。

在低速切削下，Das 和 Tobias 引入速度项[$(\mathrm{d}x/\mathrm{d}t)/v$]增加系统的阻尼[$c+K_t a h_0 (\mathrm{d}x/\mathrm{d}t)/v$]。尽管 Das 和 Tobias 改进了切削加工动力学模型，提高了低速切削时系统的稳定性，但只考虑了速度项的变化方向，没有考虑后刀面接触。当考虑后刀面振波接触的影响[12]，通过振波的两个斜率来替代静态力系数（K_t），得

$$F_x(t) = a\left\{K_f\left[h_0 - x(t) + x(t-T)\right] - C_i \frac{\mathrm{d}x/\mathrm{d}t}{v}\right\} \tag{4.22}$$

进行拉普拉斯变换，得

$$F_x(t) = a\left\{K_f\left[h_0 - (1-\mathrm{e}^{-sT})x(s)\right] - \frac{C_i}{v} sx(s)\right\} \tag{4.23}$$

式中，斜率（dx/du）与速度项的关系如下：

$$\frac{\mathrm{d}x}{\mathrm{d}u}=\frac{\mathrm{d}x}{\mathrm{d}t}\frac{1}{\mathrm{d}u/\mathrm{d}t}=\frac{\mathrm{d}x/\mathrm{d}t}{v} \tag{4.24}$$

在无振动的直角切削实验中，我们可以较容易地识别出静态切削力系数（K_t），但由于振纹与刀具侧面的接触情况，与速度有关的切削力系数（C_i）只能通过一组动态切削实验来识别。另外，接触力也可以采用赫兹模型来预测，但预测结果相较于切削实验结果准确性较差。当切削刀具进行谐波运动[$x(t)=X\mathrm{e}^{\mathrm{j}\omega t}$]，即当其振幅为 X，频率为 ω 时，切削力动力学方程表示为

$$F_x(t)=K_f a h_0+aX\mathrm{e}^{\mathrm{j}\omega t}\left[-K_f\left(1-\mathrm{e}^{-\mathrm{j}\omega T}\right)-\mathrm{j}C_i\frac{\omega}{v}\right] \tag{4.25}$$

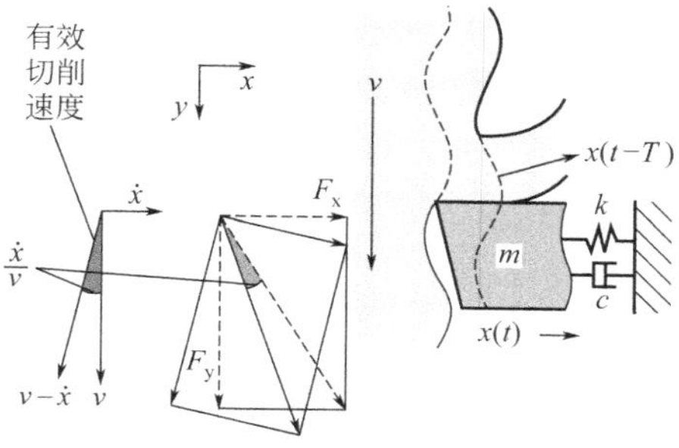

图 4.4　速度对动态切削力的影响

振动波纹的长度为 $\lambda=v(2\pi/\omega)$，从而得出 $\omega/v=2\pi/\lambda$，则动态切削力改为

$$F_x(t)=K_f a h_0+aX\mathrm{e}^{\mathrm{j}\omega t}\left[-K_f(1-\mathrm{e}^{-\mathrm{j}\omega T})-\mathrm{j}\frac{2\pi}{\lambda}C_i\right] \tag{4.26}$$

式（4.26）反映了切削速度对动态切削力的影响，动态切削力将过程阻尼力与振动波长（λ）或振动频率与切削速度之比（ω/v）联系起来。随着切削速度的增加，临界振动频率仍接近于结构的固有频率，振动波纹的波长变大，后刀面接触减少。也就是说，在高速切削下，速度和加速度项对动态切削力的影响较小。若式（4.26）中波长减小，则过程阻尼随着切削速度的降低逐渐增加。Altintas 等[12]说明了材料的动态切削力系数由一系列采用特定仪器、压电式动态实验台等设备进行的切削实验所确定。

忽略静态切削力（$K_f a h_0$）的影响，得出动态切削过程在拉普拉斯域中的方程如下：

$$(ms^2+cs+k)x(s)=F_x(s)\rightarrow\Phi_x(s)=\frac{x(s)}{F_x(s)}=\frac{1}{ms^2+cs+k} \tag{4.27}$$

$$F_x(s)=a\left[-K_f(1-\mathrm{e}^{-sT})-\frac{C_i}{v}s\right]x(s)\rightarrow x(s)=\Phi_x(s)F_x(s) \tag{4.28}$$

得特征方程为：

$$1+a\left[K_f(1-\mathrm{e}^{-sT})+\frac{C_i}{v}s\right]\Phi_x(s)=0 \tag{4.29}$$

在频域中分析系统的稳定性，代入 $s=\mathrm{j}\omega_c$，并将特征方程的实部和虚部分离，如下所示：

$$\left\{1+K_f a\left\{G[1-\cos(\omega_c T)]-H\left[\sin(\omega_c T)-\frac{C_i}{v}\omega_c\right]\right\}\right\}+\mathrm{j}\left\{K_f a\left\{G\left(\sin(\omega_c T)+\frac{C_i}{v}\omega_c\right)+H\left[1-\cos(\omega_c T)\right]\right\}\right\}=0 \tag{4.30}$$

Tlusty 或 Tobias 稳定性理论不适用于含有速度相关项$\left(\frac{C_i}{v}\omega_c\right)$的情况，因此，采用Nyquist 稳定性准则构建具有过程阻尼的稳定性叶瓣图。扫描从零到最大频率范围内的颤振频率，得到系统特征方程，即振动频率为 $\omega_c=0\rightarrow\omega_{max}$。若复平面的极坐标图围绕原点，

系统发生颤振，系统不稳定。而必须注意的是，特征方程为闭环系统，则 Nyquist 准则的包围条件在原点周围有效，但在 -1 周围无效（如果从实部中除去+1，那么-1 周围的包围圈可以用于判定系统稳定性）。假定式（4.30）中的主轴转速（即主轴周期 T）、切削深度（a）和颤振频率（ω_c），采用 Nyquist 图来判定稳定性，通过扫描切削区域的所有主轴速度和切削深度构建 Nyquist 图。再生型颤振和附加速度项的颤振的稳定性叶瓣图，如图 4.5 所示。在低速切削时，根据经典颤振稳定性规律，只由切削厚度引起的再生型颤振受速度变化影响不大，几乎处于一个恒定的临界切削深度——0.4mm。然而，如果包含速度项，即过程阻尼项$\left(C_i\dfrac{2\pi}{\lambda}\right)$，在主轴转速低于 2000r/min 时，系统稳定性开始增加。

众所周知，刀具磨损会改变切削刃的几何形状和后刀面接触振纹表面粗糙度。以不锈钢为实验材料，进行一系列动态切削实验。由于不锈钢材料在切削加工过程中会产生高热量，因此刀具磨损较快。在不考虑动态切削力系数中曲率影响的情况下，通过对比采用锋利刀具和磨损刀具切削的实验数据，确定动态切削力系数，得到稳定性叶瓣图如图 4.6 所示。后刀面磨损约为 0.080mm。考虑过程阻尼的情况下，主轴转速从 1000r/min 逐

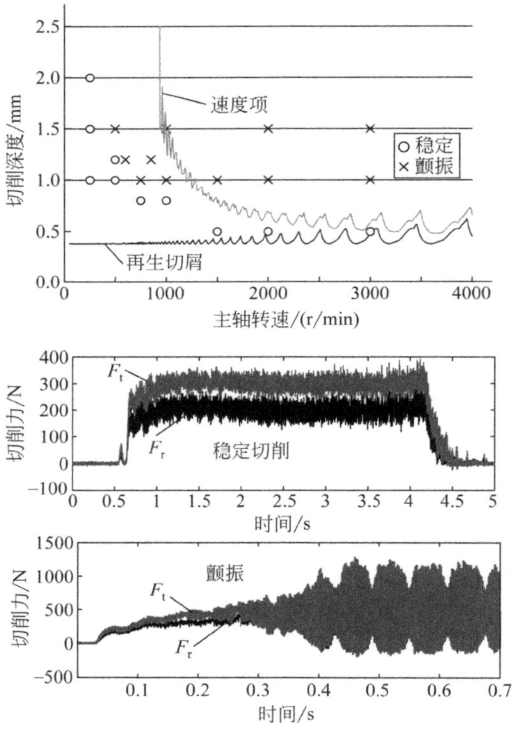

图 4.5 考虑过程阻尼系统及不考虑过程阻尼系统的稳定叶瓣图

在稳定切削（n=500r/min，a=1mm）和不稳定切削（n=1500r/min，a=1mm）两种情况下的切削实验中切削力信号。

工件材料 AISI1045，直径为 35mm。加工参数：m_x=0.561kg，k_x=6.48×10^{6}N/m，c_x=145N/m/s，K_f=1384N/mm^2，C_i=6.9×10^6/(2π)=1.1×10^{6}N/m

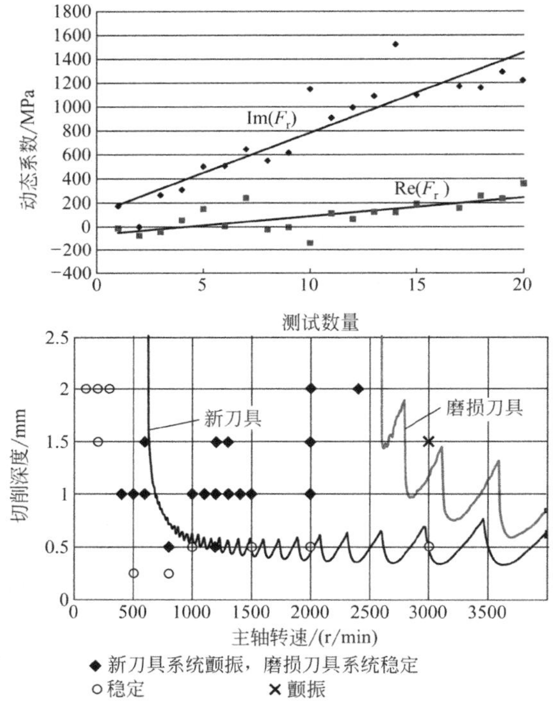

图 4.6 考虑刀具磨损的系统稳定性叶瓣图实验结果

工件材料为不锈钢 SS304 轴，直径为 35mm。进给率 0.050mm/r。加工参数：m_x=1.742kg，k_x=7.92×10^{6}N/m，c_x=176.8N/m/s，K_f=2585N/mm^2，C_i=1.181×10^{6}N/m。当刀具后刀面磨损 0.080mm 时，C_i=4.5856×10^{6}N/m

渐增加到 3000r/min，同一条件下，系统在采用锋利刀具进行切削实验时处于不稳定状态，而采用磨损刀具则处于稳定。只有在主轴转速为 3500r/min 且切削深度为 1.5mm 时，使用磨损刀具进行切削才出现颤振。图 4.6 也同样说明了随着刀具磨损，过程阻尼系数逐渐增加。

4.3 车削加工颤振稳定性分析

在镗削加工中，镗杆通常是扩孔加工中柔性最高的部件，而在车削加工中，轴、卡盘、尾座和刀架均可降低系统的刚性，使系统在加工过程中发生颤振。根据切削刀具刀刃的几何定义，这两种切削加工都有类似的机械特性和动力学特性。单点切削加工过程示意图如图 4.7 所示。图 4.7 所示的模型为斜角切削坐标中常见的切削力模型，即切向或切削速度方向的切削力（F_t），切削厚度方向或切削刃垂直方向的切削力（F_f），以及切削刃方向的切削力（F_r）。在不考虑刀刃力的情况下，斜角切削的切削力可表示为

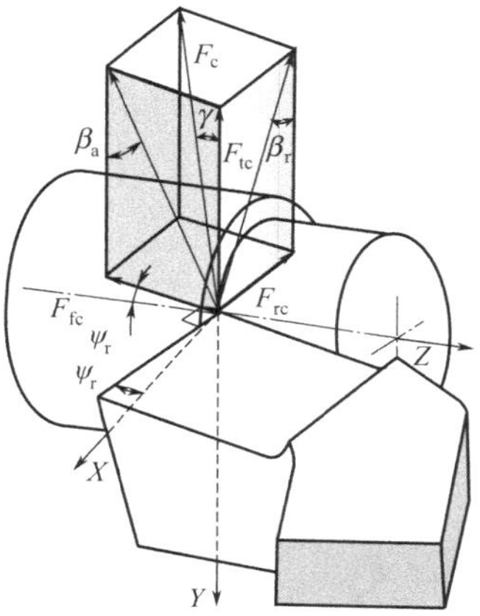

图 4.7　车削加工稳定性模型

$$\begin{cases} F_{tc} = K_{tc}bh \\ F_{fc} = K_{fc}bh \\ F_{rc} = K_{rc}bh \end{cases} \tag{4.31}$$

式中，b 和 h 分别是切削宽度和切削厚度；切削力系数（K_{tc}，K_{fc}，K_{rc}）可以通过剪切应力、剪切角、摩擦因数和刀具几何形状来计算，也可以通过之前所得的切削力实验拟合曲线来估计。

因此，斜角切削力合力构建如下：

$$\begin{gathered} F_c = \sqrt{F_{tc}^2 + F_{fc}^2 + F_{rc}^2} = bhK_{tc}\sqrt{1+\left(\frac{K_{fc}}{K_{tc}}\right)^2+\left(\frac{K_{rc}}{K_{tc}}\right)^2} \\ F_c = K_c bh \to K_c = K_{tc}\sqrt{1+\left(\frac{K_{fc}}{K_{tc}}\right)^2+\left(\frac{K_{rc}}{K_{tc}}\right)^2} \end{gathered} \tag{4.32}$$

采用切削力合力函数表达式表示切削刃上的斜向力，得:

$$\begin{gathered} F_{tc} = F_c\cos\gamma \quad \to \cos\gamma = 1/\sqrt{1+\left(\frac{K_{fc}}{K_{tc}}\right)^2+\left(\frac{K_{rc}}{K_{tc}}\right)^2} \\ F_{fc} = F_c\cos\gamma\tan\beta_a \to \tan\beta_a = \frac{K_{fc}}{K_{tc}} \\ F_{rc} = F_c\cos\gamma\tan\beta_r \to \tan\beta_r = \frac{K_{rc}}{K_{tc}} \end{gathered} \tag{4.33}$$

将切削力映射到机床坐标系，表达如下:

$$\begin{bmatrix} F_x \\ F_y \\ F_z \end{bmatrix} = \begin{bmatrix} 0 & -\sin\psi_r & -\cos\psi_r \\ -1 & 0 & 0 \\ 0 & -\cos\psi_r & \sin\psi_r \end{bmatrix} \begin{bmatrix} \cos\gamma \\ \cos\gamma\tan\beta_a \\ \cos\gamma\tan\beta_r \end{bmatrix} F_c \tag{4.34}$$

假设三个机床坐标上均为柔性系统，振动（x，y，z）可以从切削力（F_x，F_y，F_z）和在切削点处测得的频率响应函数（FRF）矩阵计算，如下所示：

$$\begin{bmatrix} x(j\omega_c) \\ y(j\omega_c) \\ z(j\omega_c) \end{bmatrix} = \begin{bmatrix} \Phi_{xx}(j\omega_c) & \Phi_{xy}(j\omega_c) & \Phi_{xz}(j\omega_c) \\ \Phi_{yx}(j\omega_c) & \Phi_{yy}(j\omega_c) & \Phi_{yz}(j\omega_c) \\ \Phi_{zx}(j\omega_c) & \Phi_{zy}(j\omega_c) & \Phi_{zz}(j\omega_c) \end{bmatrix} \begin{bmatrix} F_x(j\omega_c) \\ F_y(j\omega_c) \\ F_z(j\omega_c) \end{bmatrix} \tag{4.35}$$
$$\boldsymbol{X}(j\omega_c) = \boldsymbol{\Phi}(j\omega_c)\boldsymbol{F}(j\omega_c)$$

其中，在不考虑交叉频率响应函数（Φ_{xy}，Φ_{xz}，Φ_{yz}）的情况下，机床动态结构在三个正交方向不耦合。因此，根据在切削厚度方向（即垂直于切削刃的方向）上的振动，变形的动态切削厚度可估计为：

$$h_d(t) = [\sin\psi_r \;\; 0 \;\; \cos\psi_r] \begin{bmatrix} -[x(t)-x(t-T)] \\ -[y(t)-y(t-T)] \\ -[z(t)-z(t-T)] \end{bmatrix} \tag{4.36}$$

式中，T 为主轴旋转周期或时间差。

假设系统是稳定的，则振动频率为 ω_c 的动态切削厚度可表示为

$$h_d(j\omega_c) = -(1-e^{-j\omega_c T})[\sin\psi_r \;\; 0 \;\; \cos\psi_r] \begin{bmatrix} x(j\omega_c) \\ y(j\omega_c) \\ z(j\omega_c) \end{bmatrix} \tag{4.37}$$

结合式（4.33）～式（4.35）和式（4.37），由机床动态结构和刀具几何函数表示动态切削厚度，如下所示

$$h_d(j\omega_c) = -(1-e^{-j\omega_c T})\Phi_0(j\omega_c)F_c(j\omega_c) \rightarrow \Phi_0(j\omega_c) = \sum d_{pq}\Phi_{pq}(j\omega_c), \forall(p,q)\in(x,y,z) \tag{4.38}$$

其中 $\Phi_0(j\omega_c)$ 为定向频率传递函数，根据静态主偏角 ψ_r，下面给出了方向因子 d_{pq} 的表达式为：

$$\begin{aligned}
d_{xx} &= -\cos\gamma(\sin^2\psi_r \tan\beta_a + 0.5\sin 2\psi_r \tan\beta_r) \\
d_{xy} &= -\cos\gamma\sin\psi_r \\
d_{xz} &= \cos\gamma(-0.5\sin 2\psi_r \tan\beta_a + \sin^2\psi_r \tan\beta_r) \\
d_{yx} &= d_{yy} = d_{yz} = 0 \\
d_{zx} &= -\cos\gamma(0.5\sin 2\psi_r \tan\beta_a + \cos^2\psi_r \tan\beta_r) \\
d_{zy} &= -\cos\gamma\cos\psi_r \\
d_{zz} &= \cos\gamma(-\cos^2\psi_r \tan\beta_a + 0.5\sin 2\psi_r \tan\beta_r)
\end{aligned}$$

代入 $F_c=K_c b h_d$，由系统的特征方程得到系统稳定性模型为：

$$1+(1-e^{-j\omega_c T})K_c b_{lim}\Phi_0(j\omega_c) = 0 \tag{4.39}$$

加工过程中的切削厚度变化引起的动态切削力使机床产生振动，在考虑方向因子的情况下，根据 Koenigsberger 和 Tlusty[61]，Peters 和 Vanherck[85]，Opitz 和 Bernadi[82]等给出的定向传递函数实部（Φ_0），由式（4.12）和式（4.13）得到颤振稳定性模型，并得到单点切削加工的颤振稳定性叶瓣图如下：

$$b_{\lim} = -\frac{1}{2K_c \operatorname{Re}(\Phi_0)} \tag{4.40}$$

进而，由式（4.12）得到主轴转速。然而，在车削和镗削中，由于一些因素颤振预测准确性精度较低。在单点切削加工中，由于镗孔中的杆件长度或被车轴的尺寸，颤振频率通常高于 $f_c \geqslant 200\text{Hz}$，而主轴转速低于 1500r/min 或 $n \leqslant 25\text{Hz}$。由颤振频率与主轴频率的整数比，得到发生切削的叶瓣（k）的位置，如下所示：

$$k = \operatorname{int}\left(\frac{f_c}{n}\right), \varepsilon = 2\pi \operatorname{frac}\left(\frac{f_c}{n}\right)$$

式中，ε 为前后两次切削表面上的振纹之间的相位差。在单点切削加工过程中，当切削发生在主轴转速较低，即叶瓣数较高的区域时，该区域为过程阻尼区域，在这个区域中，后刀面与振纹表面的干扰会产生摩擦。此外，后刀面摩擦会随着振纹上不同位置而发生变化，使得阻尼作为刀具角度、振动频率和切削速度的函数发生谐波变化。在频域中，通常采用动态或复杂的切削系数对过程阻尼进行建模，进而对镗孔和车削颤振稳定性进行准确预测。除了过程阻尼外，镗孔和车削过程也具有非线性动力学特性。由径向切削深度、轴向的进给率、刀尖圆弧半径和主偏角，确定沿着切削刃方向的切削厚度分布。当刀具有一个刀尖圆弧半径时，其没有恒定主偏角。进给率、刀尖圆弧半径、主偏角和径向切削深度决定了切削力的平均方向，因此，不能直接采用式（4.40）建立稳定性模型。在频域上，只能通过将系统围绕切割深度和进给的窄带线性化来处理非线性系统，但结果并不理想。下一节将同时考虑刀尖圆弧半径和过程阻尼，提出一种替代方法。

4.4 考虑过程阻尼的车削加工颤振稳定性分析

当考虑车刀主偏角（κ_r）和刀尖圆弧半径（r_ε）的情况下，车削加工过程中的切削深度（a）和进给率（c）如图 4.8 所示。根据刀具的几何形状和切削条件，得到切屑的分布及沿切削刃方向的力。这里采用了一个基于切屑流角方向的动力学模型[45]。Colwell[41] 提出了切屑的流动方向为对弦法线的假设，其与切削刃的两端相连接，并与进给方向的夹角为 θ，如图 4.8 所示。法向力（F_n）和侧向力（F_r）分别作用于切屑流的平行方向和法向。切向力（F_t）沿切削速度方向，垂直于侧向力和法向力所处的平面。假设切削刃为等效弦长，并忽略刀具的刀尖圆弧半径的影响。当刀具的等效弦角为 θ 时，直角坐标系 xyz（进给和切削深度的坐标系）如图 4.8 所示。测量坐标系 $(\mathbf{i}, \mathbf{j}, \mathbf{k})$ 和刀具坐标系 $(\mathbf{n}, \mathbf{r}, \mathbf{t})$ 中的振动定义如下：

$$\boldsymbol{Q} = x\mathbf{i} + y\mathbf{j} + z\mathbf{k};\ \ \boldsymbol{S} = N\mathbf{n} + R\mathbf{r} + T\mathbf{t} \tag{4.41}$$

转换为：

$$[N\ \ R\ \ T]^{\mathrm{T}} = \boldsymbol{C}_{\mathrm{nm}}[x\,y\,z]^{\mathrm{T}} \Leftrightarrow [x\ \ y\ \ z]^{\mathrm{T}} = \boldsymbol{C}_{\mathrm{nm}}^{\mathrm{T}}[N\ \ R\ \ T]^{\mathrm{T}} \tag{4.42}$$

其中

$$\boldsymbol{C}_{\mathrm{nm}} = \begin{bmatrix} \cos\theta & \sin\theta & 0 \\ -\sin\theta & \cos\theta & 0 \\ 0 & 0 & 1 \end{bmatrix}$$

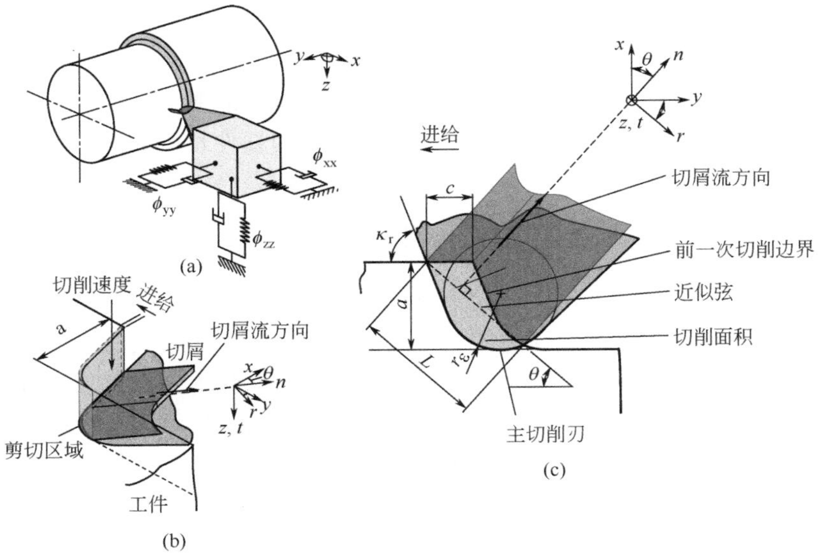

图 4.8　考虑刀具刀尖圆弧半径的车削的稳定性模型

根据机床及零部件结构，将刀尖处的动力学方程进行拉普拉斯变换，表示如下：

$$\boldsymbol{Q}(s)=\begin{bmatrix}x(s)\\y(s)\\z(s)\end{bmatrix}=\begin{bmatrix}\Phi_{xx}(s) & \Phi_{xy}(s) & \Phi_{xz}(s)\\ \Phi_{yx}(s) & \Phi_{yy}(s) & \Phi_{yz}(s)\\ \Phi_{zx}(s) & \Phi_{zy}(s) & \Phi_{zz}(s)\end{bmatrix}\begin{bmatrix}F_x(s)\\F_y(s)\\F_z(s)\end{bmatrix}=\boldsymbol{\Phi}(s)[\boldsymbol{F}_m(s)] \tag{4.43}$$

式中（F_x，F_y，F_z）代表在测量坐标系（x，y，z）中的金属切削和过程阻尼综合力。我们把这些力分成金属切削力（$\boldsymbol{F}_{mc}$）和过程阻尼力（$\boldsymbol{F}_{md}$），具体如下：

$$\boldsymbol{F}_m(s)=\boldsymbol{F}_{mc}(s)+\boldsymbol{F}_{md}(s) \tag{4.44}$$

由切削力和接触力建立动力学模型。

4.4.1　金属切削力

假设车刀沿着等效弦线进行切削，则切削力的线性关系如下：

$$[F_n\ \ F_r\ \ F_t]_c^T=[K_{nA}\ \ K_{rA}\ \ K_{tA}]^T Lh_c \tag{4.45}$$

式中，L 为等效切削宽度或弦长。

根据 Colwell[41]的建议，h_c 为的垂直于弦线的测量等效切削厚度。由切削深度（a）、进给量（c）、刀尖圆弧半径（r_ε）和主偏角（κ_r）得到弦角（θ）和弦长（L），如图 4.9 中所示，并定义为：

$$\begin{cases} h_{cusp}\approx c^2/8r_e \\ h=a-h_{cusp}=a-c^2/8r_e \\ w=\begin{cases} c/2+\dfrac{a-r_\varepsilon(1-\cos r_s)}{\tan\kappa_r}+r_\varepsilon\sin\kappa_r \rightarrow a>r_\varepsilon(1-\cos r_\varepsilon) \\ c/2+\sqrt{r_\varepsilon^2-(r_\varepsilon-a)^2} \rightarrow a\leqslant r_\varepsilon(1-\cos r_\varepsilon) \end{cases} \\ A=ca,\quad \theta=\arctan(w/h),\quad L=\sqrt{h^2+w^2} \end{cases} \tag{4.46}$$

式中，A 为切削面积；h 和 w 为近似弦分别在切削深度和进给方向上的投影。

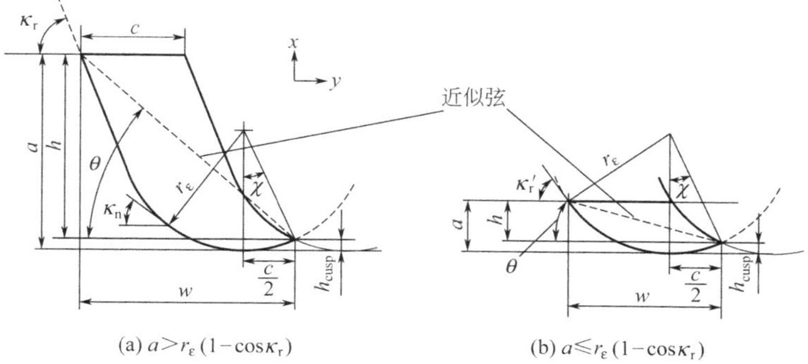

图 4.9　考虑刀具刀尖圆弧半径和主偏角的切削

将切削力映射到三个笛卡儿坐标方向上，机床结构动力学方程定义为：

$$[F_x\ F_y\ F_z]_c^T = \boldsymbol{C}_{nm}^T[F_n\ F_r\ F_t]_c^T = \boldsymbol{C}_{nm}^T[K_{nA}\quad K_{rA}\quad K_{tA}]^T L h_c \tag{4.47}$$

在垂直于弦的振动方向上，等效再生切削厚度可以近似为：

$$h_c(t) = c\sin\theta - \{[x(t)\cos\theta + y(t)\sin\theta] - [x(t-T)\cos\theta + y(t-T)\sin\theta]\} \tag{4.48}$$

式中，T 是主轴旋转周期。切削速度方向（z）的振动不影响切削厚度，则由切削厚度变化引起的动态切削力表示为

$$\begin{bmatrix} F_x \\ F_y \\ F_z \end{bmatrix}_c = \boldsymbol{C}_{nm}^T \begin{bmatrix} K_{nA} \\ K_{rA} \\ K_{tA} \end{bmatrix} L \left[c\sin\theta - (1-e^{-sT})[\cos\theta \quad \sin\theta \quad 0] \begin{bmatrix} x \\ y \\ z \end{bmatrix} \right] \tag{4.49}$$

不随时间变化的静态切屑载荷（$c\sin\theta$）对系统稳定性无影响，因此式（4.49）中此项为 0。将 $\boldsymbol{C}_{nm}^T$ 代入式（4.42），再生切削的动态切削力变为：

$$\begin{bmatrix} F_x \\ F_y \\ F_z \end{bmatrix}_c = -(1-e^{-sT}) L \begin{bmatrix} \cos\theta & \sin\theta & 0 \\ -\sin\theta & \cos\theta & 0 \\ 0 & 0 & 1 \end{bmatrix}^T \begin{bmatrix} K_{nA} \\ K_{rA} \\ K_{tA} \end{bmatrix} [\cos\theta \quad \sin\theta \quad 0] \begin{bmatrix} x \\ y \\ z \end{bmatrix} \tag{4.50}$$

并概括为

$$\boldsymbol{F}_c(t) = -(1-e^{-sT}) L \boldsymbol{D}\boldsymbol{Q}(\boldsymbol{t}) \tag{4.51}$$

式中，方向矩阵 $\boldsymbol{D}$ 系数为

$$\boldsymbol{D} = \begin{bmatrix} K_{nA}\cos^2\theta - 0.5K_{rA}\sin 2\theta & 0.5K_{nA}\sin 2\theta - K_{rA}\sin^2\theta & 0 \\ K_{rA}\cos^2\theta + 0.5K_{nA}\sin 2\theta & K_{nA}\sin^2\theta + 0.5K_{rA}\sin 2\theta & 0 \\ K_{tA}\cos\theta & K_{tA}\sin\theta & 0 \end{bmatrix} \tag{4.52}$$

4.4.2 考虑后刀面磨损的过程阻尼增益

在动态切削过程中，刀面和振纹之间的接触对系统颤振施加了阻尼。过程中的阻尼

力是通过缩减刀具后刀面下的工件材料体积来拟合的[38, 39]。由接触引起的法向力（F_d）和摩擦力（F_{dz}）模型（图 4.10）表达如下

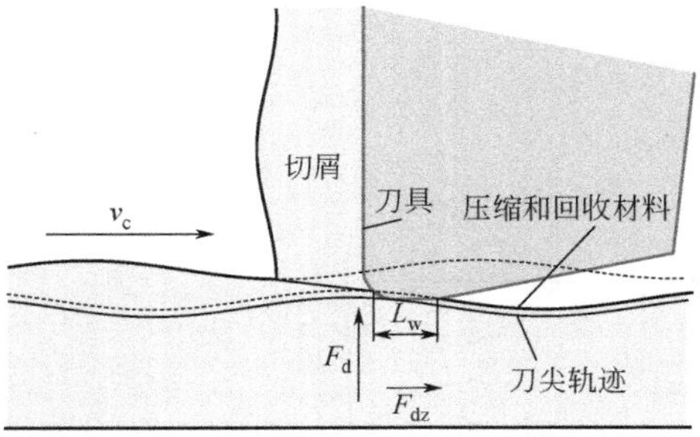

图 4.10　由刀具磨损引起的过程阻尼力模型

$$F_d = K_{sp} V_m, \quad F_{dz} = \mu_c F_d \tag{4.53}$$

式中，K_{sp} 为通过实验测得的接触力系数；μ_c 为摩擦因数，对于钢材料来说假设为 0.3。刀具后刀面下的材料压缩体积（V_m）近似为[38]：

$$V_m = -\frac{1}{2} L_c L_w^2 \frac{h}{v_c} \tag{4.54}$$

式中，h 为在切削刃和切削速度（v_c）所在平面的法线方向上的振动速度；L_w 为磨损面积；L_c 为切削过程中切削刃的总长度。

设弧形切削刃的微分段长度为 dL，振动速度为

$$h = \dot{x}\cos\chi_n + \dot{y}\sin\chi_n \tag{4.55}$$

式中，χ_n 为变化的主偏角［见式（4.9）］。将式（4.54）和式（4.55）代入接触力得：

$$\mathrm{d}F_d = -\frac{\mathrm{d}L \times L_w^2 K_{sp}}{2v_c}\dot{h} = -\frac{\mathrm{d}L \times L_w^2 K_{sp}}{2v_c}(\dot{x}\cos\chi_n + \dot{y}\sin\chi_n) \tag{4.56}$$

并将其映射到 x 和 y 方向上，得到三个方向上的微分接触力表示如下：

$$\mathrm{d}F_{dx} = \mathrm{d}F_d\cos\chi_n, \mathrm{d}F_{dy} = \mathrm{d}F_d\sin\chi_n, \mathrm{d}F_{dz} = \mu_c \mathrm{d}F_d \tag{4.57}$$

以矩阵形式表示过程阻尼力如下：

$$\begin{bmatrix} \mathrm{d}F_{dx} \\ \mathrm{d}F_{dy} \\ \mathrm{d}F_{dz} \end{bmatrix} = -\frac{L_w^2 K_{sp}}{2v_c}\begin{bmatrix} \cos^2\chi_n & \cos\chi_n\sin\chi_n & 0 \\ \cos\chi_n\sin\chi_n & \sin^2\chi_n & 0 \\ \mu_c\cos\chi_n(\sin\chi_n+\cos\chi_n) & \mu_c\sin\chi_n(\sin\chi_n+\cos\chi_n) & 0 \end{bmatrix}\mathrm{d}L\begin{bmatrix} \dot{x} \\ \dot{y} \\ \dot{z} \end{bmatrix} \tag{4.58}$$

假设后刀面磨损（K_w）恒定，通过积分沿切削刃的微分力，估计作用在结构上随速度变化的过程阻尼力，如下所示：

$$\boldsymbol{F}_d = \int_0^{L_c}\begin{bmatrix} \mathrm{d}F_{dx} \\ \mathrm{d}F_{dy} \\ \mathrm{d}F_{dz} \end{bmatrix} = \boldsymbol{J}_v\begin{bmatrix} \dot{x} \\ \dot{y} \\ \dot{z} \end{bmatrix} \tag{4.59}$$

其中过程阻尼矩阵 $\boldsymbol{J}_v$ 为

$$\boldsymbol{J}_v = -\frac{L_w^2 K_{sp}}{2v_c}\int_0^{L_c}\left(\begin{bmatrix} \cos^2\chi_n & \cos\chi_n\sin\chi_n & 0 \\ \cos\chi_n\sin\chi_n & \sin^2\chi_n & 0 \\ \mu_c\cos\chi_n(\sin\chi_n+\cos\chi_n) & \mu_c\sin\chi_n(\sin\chi_n+\cos\chi_n) & 0 \end{bmatrix}\mathrm{d}L\right) \tag{4.60}$$

将 $L_{\chi_r} = [a - r_\varepsilon(1-\cos\chi_r)]/\sin\chi_r$，$\mathrm{d}L = r_\varepsilon \mathrm{d}\chi_n$ 代入切削刃的直线和曲线部分，根据切削深度函数，过程阻尼矩阵($\boldsymbol{J}_v$)表示为：

$$\boldsymbol{J}_{\rm v}=\begin{cases}-\dfrac{L_{\rm w}^2K_{\rm sp}}{2v_{\rm c}}\left(\begin{array}{l}L_{\chi_r}\begin{bmatrix}\cos^2\chi_{\rm n} & \cos\chi_{\rm n}\sin\chi_{\rm n} & 0\\ \cos\chi_{\rm n}\sin\chi_{\rm n} & \sin^2\chi_{\rm n} & 0\\ \mu_{\rm c}\cos\chi_{\rm n}(\sin\chi_{\rm n}+\cos\chi_{\rm n}) & \mu_{\rm c}\sin\chi_{\rm n}(\sin\chi_{\rm n}+\cos\chi_{\rm n}) & 0\end{bmatrix}\\ +\displaystyle\int_{-\arctan c/2r_\varepsilon}^{\chi_r}\begin{bmatrix}\cos^2\chi_{\rm n} & \cos\chi_{\rm n}\sin\chi_{\rm n} & 0\\ \cos\chi_{\rm n}\sin\chi_{\rm n} & \sin^2\chi_{\rm n} & 0\\ \mu_{\rm c}\cos\chi_{\rm n}(\sin\chi_{\rm n}+\cos\chi_{\rm n}) & \mu_{\rm c}\sin\chi_{\rm n}(\sin\chi_{\rm n}+\cos\chi_{\rm n}) & 0\end{bmatrix}r_\varepsilon{\rm d}\chi_{\rm n}\end{array}\right) & a>r_\varepsilon(1-\cos\chi_{\rm r})\\ -\dfrac{L_{\rm w}^2K_{\rm sp}}{2v_{\rm c}}\left(\displaystyle\int_{-\chi}^{\chi_r'}\begin{bmatrix}\cos^2\chi_{\rm n} & \cos\chi_{\rm n}\sin\chi_{\rm n} & 0\\ \cos\chi_{\rm n}\sin\chi_{\rm n} & \sin^2\chi_{\rm n} & 0\\ \mu_{\rm c}\cos\chi_{\rm n}(\sin\chi_{\rm n}+\cos\chi_{\rm n}) & \mu_{\rm c}\sin\chi_{\rm n}(\sin\chi_{\rm n}+\cos\chi_{\rm n}) & 0\end{bmatrix}r_\varepsilon{\rm d}\chi_{\rm n}\right) & a\leqslant r_\varepsilon(1-\cos\chi_{\rm r})\end{cases}$$

（4.61）

式中，当 $a\leqslant r_\varepsilon(1-\cos\chi_{\rm r})$ 时，$\chi_{\rm r}'=\arccos(1-a/r_\varepsilon)$。$\boldsymbol{J}_{\rm v}$ 将(x,y)振动方向上的振动速度与动态切削力相关联。

4.4.3 稳定性分析

由切削再生叠加表示切削力，即切削力（$F_{\rm c}$）和过程阻尼力（$F_{\rm d}$），如下所示：

$$\boldsymbol{F}_{\rm m}(t)=\boldsymbol{F}_{\rm c}(t)+\boldsymbol{F}_{\rm d}(t)=-(1-{\rm e}^{-sT})L\boldsymbol{DQ}(\boldsymbol{t})+\boldsymbol{J}_{\rm v}\dot{\boldsymbol{Q}}(\boldsymbol{t}) \tag{4.62}$$

将式（4.43）中的 $\boldsymbol{Q}(s)=\boldsymbol{\Phi}(s)\boldsymbol{F}_{\rm m}(s)$ 代入式(4.62)，得到其在拉普拉斯域中的表达式：

$$\boldsymbol{F}_{\rm m}(s)=-(1-{\rm e}^{-sT})L\boldsymbol{DQ}(s)+\boldsymbol{J}_{\rm v}s\boldsymbol{Q}(s)=\left[-(1-{\rm e}^{-sT})L\boldsymbol{D}+s\boldsymbol{J}_{\rm v}\right]\boldsymbol{\Phi}(s)\boldsymbol{F}_{\rm m}(s) \tag{4.63}$$

动态切削系统的特征方程为

$$\boldsymbol{I}+\left[(1-{\rm e}^{-sT})L\boldsymbol{D}-s\boldsymbol{J}_{\rm v}\right]\boldsymbol{\Phi}(s)=\boldsymbol{0} \tag{4.64}$$

由切削深度（a）、进给量（c）和刀尖圆弧半径（r_ε），根据奈奎斯特稳定性准则，在频域中通过特征方程得到临界稳定条件下的切削宽度（L）和主轴转速（$1/T$）：

$$\left|\boldsymbol{I}_{3\times3}+\left[(1-{\rm e}^{-{\rm j}\omega T})L\boldsymbol{D}_{3\times3}-{\rm j}\omega\boldsymbol{J}_{{\rm v}3\times3}\right]\boldsymbol{\Phi}({\rm j}\omega)_{3\times3}\right|=0 \tag{4.65}$$

式中，$\boldsymbol{I}$ 为对角线单位矩阵；$\boldsymbol{\Phi}({\rm j}\omega)$ 为刀具和工件之间的 FRF 矩阵［式（4.43）］；$\boldsymbol{D}$ 为再生方向系数矩阵［式（4.52）］；$\boldsymbol{J}_{\rm v}$ 为过程阻尼增益矩阵［式（4.61）］。采用奈奎斯特准则，在不同切削宽度(L)和主轴转速($1/T$)下，判定车削加工系统是否稳定。根据奈奎斯特准则，通过求解特征式（4.65）的行列式，在复数平面上绘制其实部和虚部。

如 4.2.3 节所述，如果极点图环绕原点，加工系统是不稳定的，产生颤动。当极点图过原点时，会出现临界状态（即极限切割深度）。在机床刀具使用极限和刀具寿命允许的情况下，当 L 和 T 取在一定范围内的不同值时，判定系统的稳定性。根据式（4.46），由临界切削宽度（L）、刀具几何形状（r_ε，$\chi_{\rm r}$）和进给量（c），得到径向切削深度（a）。Eynian 和 Altintas[45]具体地给出了考虑过程阻尼的三维车削再生型颤振稳定性模型。

4.5 实验验证

在车床上刚性夹持 AISI-1045 钢条短工件，进行一系列不同进给量、切深和主轴转速的车削实验。携带刀具的转塔的主要结构模态固有频率在 242Hz 和 340Hz，其耦合项影响了进给方向（y）和径向切深方向（x）上的再生。表 4.1 中给出了刀架系统模态参数的实验数据。刀具后刀面磨损面积为 0.13mm。稳定切削实验确定了切削力系数，而接触系数由压痕实验确定，如图 4.11 所示。

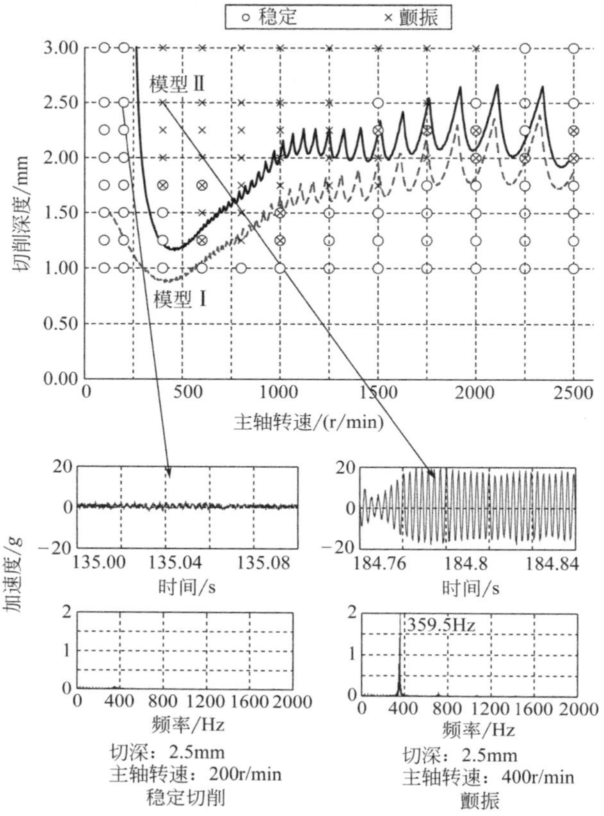

图 4.11　车削系统实验

不稳定切削条件 a=2.5mm，n=400r/min。进给率 c=0.1mm/r，刀尖圆弧半径 r_ε=0.8mm，主偏角 κ_r=95°。切削力系数 K_{nA}=1544，K_{rA}=−124，K_{tA}=2881N/mm 和接触系数 $K_{sp}=4.0\times10^{13}\mathrm{N/m^3}$。后刀面磨损宽度 L_w=0.13mm。模态参数如表 4.1 所示

表 4.1　颤振实验中所用车刀的模态参数

模态	方向刚度/(N/μm)					
	xx	yy	zz	xy	zx	yz
ω_n=242Hz ζ=0.03	125	91		−109		
ω_n=340Hz ζ=0.04		59	185	735		133

分别采用本书提出的模型 Ⅰ 和 Eynian 与 Altintas[45]提出的三维再生型切削（模型 Ⅱ）进行了车削加工的稳定性分析。在模型 Ⅱ 中，考虑了车削系统的切削条件（切削深度、进给和速度）、刀具几何形状、再生位移以及它们对动态切削面积和切削刃接触长度的影响。通过连接在刀架下面的加速度传感器测量声压，并结合监测用麦克风，监测系统颤

振情况。当频谱在模态频率附近明显增强，而在主轴的旋转频率上没有变化，同时伴有高切口噪声，且加工表面粗糙时，车削系统发生颤振现象。在高速切削时，两种模型对系统的稳定性极限预判结果类似。但在低速切削时，模型Ⅱ对考虑过程阻尼的车削系统有更好的预判。在主轴转速高于 1500r/min 的高速切削下，对应稳定性叶瓣图，得到系统稳定切削的条件。实验表明，在低速切削下，系统稳定性意料之外地下降了，即使没有发生颤振，系统在切削加工过程中也存在较差的剪切力且加工表面粗糙。由稳定切削实验得到的切削力系数可以看出，在切削速度低于 100m/min 时，幅度增加，这使系统在切削深度较小时发生了颤振。在这个区域，积屑瘤和过程阻尼可以有效地增加系统的稳定性。由于本书所提出的模型Ⅰ分析了不同切削条件下的系统稳定性，速度相关的切削力系数的作用类似于切削深度和进给相关的过程收益。

4.6 铣削加工中颤振的解析预测

铣削加工中旋转的切削力和切削厚度方向及周期性的断续切削使得将直角切削的颤振理论应用于铣削加工变得复杂起来。下面的解析颤振预测模型是 Altintas 和 Budak[8,34]提出的，他们为机床使用者在铣削加工中进行切削深度和主轴转速的工艺优化提供了实践性指导[7]。

4.6.1 动态铣削模型

如图 4.12 所示，铣刀具有两个互相垂直方向的自由度。假定铣刀有 N 个螺旋角为 0°的刀齿，切削力在进给方向（x）和法向（y）激励加工系统结构，分别引起动态位移 x 和 y。动态位移经过坐标变换 $v_j=-x\sin\varphi_j-y\cos\varphi_j$ 作用在旋转的刀齿 j 的径向或切削厚度方向，其中 φ_j 是刀齿 j 的瞬时接触角，它从法向（y）轴顺时针测量。如果主轴以角速度 Ω（rad/s）旋转，接触角随时间的变化为 $\varphi_j(t)=\Omega t$。最终的切削厚度由两部分组成，一部分是刀具作为刚体运动时的静态切削厚度部分（$s_t\sin\varphi_j$），另一部分是当前刀齿和前一个刀齿的振动引起的动态切削厚度变化部分。因为切削厚度在径向（v_j）进行度量，总的切削厚度可以表示为：

$$h(\varphi_j)=[s_t\sin\varphi_j+(v_{j0}-v_j)]g(\varphi_j) \tag{4.66}$$

式中，s_t 是每齿进给量；v_{j0}，v_j 分别是刀具在前一个刀齿周期和当前刀齿的动态位移；函数 $g(\varphi_j)$是单位阶跃函数，用于确定刀齿是否处于切削中，即：

$$\left.\begin{aligned} g(\varphi_j)=1 \leftarrow \varphi_{st}<\varphi_j<\varphi_{ex} \\ g(\varphi_j)=0 \leftarrow \varphi_j<\varphi_{st}\text{或}\varphi_j>\varphi_{ex} \end{aligned}\right\} \tag{4.67}$$

式中，φ_{st} 和 φ_{ex} 分别是刀具切入或切出时的接触角。

自此以后，切削厚度的静态部分（$s_t\sin\varphi_j$）将不再出现在切削厚度的表达式中，因为它不影响产生再生振动的动态切削厚度。将 v_j 代入式（4.66）得到：

$$h(\varphi_j)=(\Delta x\sin\varphi_j+\Delta y\cos\varphi_j)g(\varphi_j) \tag{4.68}$$

式中，$\Delta x=x-x_0$；$\Delta y=y-y_0$。这里（x, y）和（x_0, y_0）分别表示刀具结构当前刀齿和前一个刀齿周期的动态位移。作用在刀齿 j 上的切向（F_{tj}）和径向（F_{rj}）切削力与轴向切深（a）及切削厚度（h）成正比：

$$F_{tj}=K_t a h(\varphi_j), F_{rj}=K_r F_{tj} \tag{4.69}$$

式中，切削力系数 K_t 和 K_r 是常数。

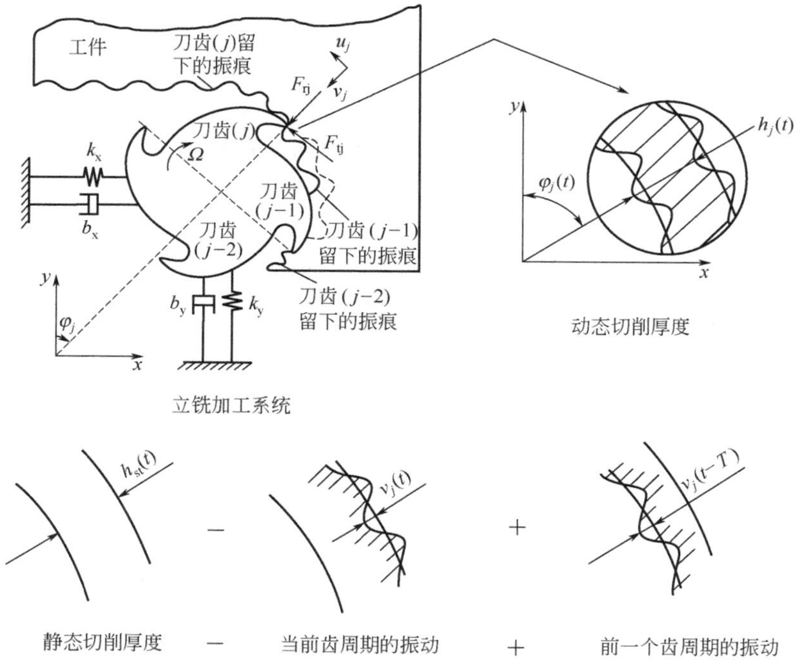

$h_j(t)=s_t\sin\varphi_j(t)-[-x(t)\sin\varphi_j(t)-y(t)\cos\varphi_j(t)]+[-x(t-T)\sin\varphi_j(t)-y(t-T)\cos\varphi_j(t)]$

图 4.12　2-DOF 铣削系统的自激振动

将切削力在 x 和 y 方向进行分解得：

$$\begin{aligned}F_{xj}&=-F_{tj}\cos\varphi_j-F_{rj}\sin\varphi_j\\F_{yj}&=+F_{tj}\sin\varphi_j-F_{rj}\cos\varphi_j\end{aligned} \tag{4.70}$$

将作用在所有刀齿上的切削力相加，得到作用在刀具上的总切削力为：

$$F_x=\sum_{j=0}^{N-1}F_{xj}(\varphi_j); F_y=\sum_{j=0}^{N-1}F_{yj}(\varphi_j) \tag{4.71}$$

式中，$\varphi_j=\varphi+\varphi_p$，刀具齿间角 $\varphi_p=2\pi/N$。

将切削厚度表达式（4.68）和刀齿切削力表达式（4.69）代入式（4.70），并将其表示为矩阵形式可得：

$$\begin{bmatrix}F_x\\F_y\end{bmatrix}=\frac{1}{2}aK_t\begin{bmatrix}a_{xx}&a_{xy}\\a_{yx}&a_{yy}\end{bmatrix}\begin{bmatrix}\Delta x\\\Delta y\end{bmatrix} \tag{4.72}$$

式中，随时间变化的定向动态铣削力系数 $a_{xx}=\sum\limits_{j=0}^{N-1}-g_j\left\{\sin(2\varphi_j)+K_r[1-\cos(2\varphi_j)]\right\}$；$a_{xy}=\sum\limits_{j=0}^{N-1}-g_j\left\{[1+\cos(2\varphi_j)]+K_r\sin(2\varphi_j)\right\}$；$a_{yx}=\sum\limits_{j=0}^{N-1}g_j\left\{[1-\cos(2\varphi_j)]-K_r\sin(2\varphi_j)\right\}$；$a_{yy}=\sum\limits_{j=0}^{N-1}g_j\left\{\sin(2\varphi_j)-K_r(1+\cos(2\varphi_j))\right\}$。

考虑到这些参数的角向位置随时间和角速度变化，可以将式（4.72）在时域用矩阵形式[51,79]表示为：

$$\boldsymbol{F}(t)=\frac{1}{2}aK_{\mathrm{t}}\boldsymbol{A}(t)\Delta(t) \tag{4.73}$$

通过对式（4.73）进行傅里叶变换，将动态切削力从时域［式（4.73）］转换到频域，如下所示：

$$\begin{aligned}&\mathcal{F}[\boldsymbol{F}(t)]=\frac{1}{2}aK_{\mathrm{t}}\mathcal{F}[\boldsymbol{A}(t)\Delta(t)]=\frac{1}{2}aK_{\mathrm{t}}\mathcal{F}[\boldsymbol{A}(t)]*\mathcal{F}[\Delta(t)]\\&\boldsymbol{F}(\omega)=\frac{1}{2}aK_{\mathrm{t}}\boldsymbol{A}(\omega)*\Delta(\omega)\end{aligned} \tag{4.74}$$

式中，*表示卷积。

当前切削时间（t）的振动向量和前一切削时间（$t-T$）的振动向量定义为

$$\boldsymbol{Q}=[x(t)\ \ y(t)]^{\mathrm{T}};\boldsymbol{Q}_0=[x(t-T)\ \ y(t-T)]^{\mathrm{T}} \tag{4.75}$$

或在频域中

$$\begin{aligned}&\boldsymbol{Q}(\omega)=\boldsymbol{\Phi}(\mathrm{i}\omega)\boldsymbol{F}(\omega)\\&\boldsymbol{Q}_0(\omega)=\mathrm{e}^{-\mathrm{i}\omega T}\boldsymbol{Q}(\mathrm{i}\omega)\end{aligned} \tag{4.76}$$

刀具与工件接触区域的结构频响函数矩阵 $\boldsymbol{\Phi}(\mathrm{i}\omega)$ 为

$$\boldsymbol{\Phi}(\mathrm{i}\omega)=\begin{bmatrix}\Phi_{\mathrm{xx}}(\mathrm{i}\omega) & \Phi_{\mathrm{xy}}(\mathrm{i}\omega)\\ \Phi_{\mathrm{yx}}(\mathrm{i}\omega) & \Phi_{\mathrm{yy}}(\mathrm{i}\omega)\end{bmatrix} \tag{4.77}$$

式中，$\Phi_{\mathrm{xx}}(\mathrm{i}\omega)$ 和 $\Phi_{\mathrm{yy}}(\mathrm{i}\omega)$ 分别为 x 和 y 方向上的直接传递函数；$\Phi_{\mathrm{xy}}(\mathrm{i}\omega)$ 和 $\Phi_{\mathrm{yx}}(\mathrm{i}\omega)$ 为交叉传递函数。采用振动频率 ω 表示振动在频域中的形式，代入 $\boldsymbol{\Delta}=[x-x_0\ \ \ y-y_0]^{\mathrm{T}}$，可以得到

$$\boldsymbol{\Delta}(\mathrm{i}\omega)=\boldsymbol{Q}(\mathrm{i}\omega)-\boldsymbol{Q}_0(\mathrm{i}\omega)=(1-\mathrm{e}^{-\mathrm{i}\omega T})\boldsymbol{\Phi}(\mathrm{i}\omega)\boldsymbol{F}(\omega) \tag{4.78}$$

将 $\boldsymbol{\Delta}(\mathrm{i}\omega)$ 代入频域的动态铣削力式（4.74），得到

$$\boldsymbol{F}(\omega)=\frac{1}{2}aK_{\mathrm{t}}[\boldsymbol{A}(\omega)*(1-\mathrm{e}^{-\mathrm{i}\omega T})\boldsymbol{\Phi}(\mathrm{i}\omega)\boldsymbol{F}(\omega)] \tag{4.79}$$

随着刀具的旋转，方向因子随时间变化，这是铣削和其他像车削加工之类切削力方向恒定的加工方式最根本的区别。然而，对于铣削力，$\boldsymbol{A}(t)$是以刀齿切削频率 $\omega=N\Omega$ 或刀齿周期 $T=2\pi/\omega$ 为周期的，因此它可以展开为傅里叶级数：

$$\left.\begin{aligned}\boldsymbol{A}(\omega)=\mathcal{F}[\boldsymbol{A}(t)]=\sum_{+\infty}^{r=-\infty}\boldsymbol{A}_{\mathrm{r}}\delta(\omega-r\omega_{\mathrm{T}})=\sum_{+\infty}^{r=-\infty}\boldsymbol{A}_{\mathrm{r}}\mathrm{e}^{\mathrm{i}r\omega_{\mathrm{T}}t}\\ \boldsymbol{A}_{\mathrm{r}}=\frac{1}{T}\int_0^T\boldsymbol{A}(t)\mathrm{e}^{-\mathrm{i}r\omega_{\mathrm{T}}t}\mathrm{d}t\end{aligned}\right\} \tag{4.80}$$

式中，δ 和 $\mathcal{F}$ 分别表示狄拉克函数和傅里叶变换。在刀齿切削频率 ω_{T} 或螺旋角 φ_{p} 处，方向矩阵 $\boldsymbol{A}(t)$ 呈周期性变化，当刀齿未参与切削时，其值为零，即 $\varphi_{\mathrm{st}}\leqslant\varphi\leqslant\varphi_{\mathrm{ex}}\rightarrow\boldsymbol{A}(t)\neq\boldsymbol{0}$。$N$ 个刀齿的傅里叶系数计算如下：

$$\boldsymbol{A}_{\mathrm{r}}=\frac{1}{T}\sum_{j=0}^{N-1}\int_0^T\begin{bmatrix}a_{\mathrm{xx},j} & a_{\mathrm{xy},j}\\ a_{\mathrm{yx},j} & a_{\mathrm{yy},j}\end{bmatrix}\mathrm{e}^{-\mathrm{i}r\omega_{\mathrm{T}}t}\mathrm{d}t \tag{4.81}$$

通过引入变量，$\varphi_j(t)=\Omega(t+jT)=\Omega\tau_j$，其中$\tau_j=t+jT$。时变角位置可以转化为纯角域，即$\omega_\mathrm{T}t=N\Omega t=N\varphi$，其中$\varphi=\Omega t$为主轴相对于参考齿的旋转角（$j$=0）。

$$\begin{aligned}&\tau_j=t+jT,\quad \mathrm{d}\tau_j=\mathrm{d}t=\frac{\mathrm{d}\varphi}{\Omega}\\&t=0\rightarrow\tau_{j_0}=jT,\quad \varphi_j(0)=j\Omega T=j\varphi_\mathrm{p}\\&t=T\rightarrow\tau_j=T+jT,\quad \varphi_j(T)=(j+1)\Omega T=(j+1)\varphi_\mathrm{p}\end{aligned}\tag{4.82}$$

式中，铣刀的螺旋角$\varphi_\mathrm{p}=\Omega T=2\pi/N$。代入$\omega_\mathrm{T}t=N\varphi$，方向矩阵变为

$$\begin{aligned}\boldsymbol{A}_\mathrm{r}&=\frac{1}{\Omega T}\sum_{j=0}^{N-1}\int_{j\varphi_\mathrm{p}}^{(j+1)\varphi_\mathrm{p}}\begin{bmatrix}a_{\mathrm{xx},j}a_{\mathrm{xy},j}\\a_{\mathrm{yx},j}a_{\mathrm{yy},j}\end{bmatrix}\mathrm{e}^{-\mathrm{i}rN\varphi}\mathrm{d}\varphi\\&=\frac{1}{\varphi_\mathrm{p}}\left(\int_0^{\varphi_p}\begin{bmatrix}a_{\mathrm{xx},0}&a_{\mathrm{xy},0}\\a_{\mathrm{yx},0}&a_{\mathrm{yy},0}\end{bmatrix}\mathrm{e}^{-\mathrm{i}rN\varphi}\mathrm{d}\varphi+\int_{\varphi_\mathrm{p}}^{2\varphi_\mathrm{p}}\begin{bmatrix}a_{\mathrm{xx},1}a_{\mathrm{xy},1}\\a_{\mathrm{yx},1}a_{\mathrm{yy},1}\end{bmatrix}\mathrm{e}^{-\mathrm{i}rN\varphi}\mathrm{d}\varphi+\cdots\right)\\&=\frac{N}{2\pi}\int_0^{2\pi}\begin{bmatrix}a_\mathrm{xx}&a_\mathrm{xy}\\a_\mathrm{yx}&a_\mathrm{yy}\end{bmatrix}\mathrm{e}^{-\mathrm{i}rN\varphi}\mathrm{d}\varphi n\end{aligned}\tag{4.83}$$

然而，周期性函数仅在切削接触区间$(\varphi_\mathrm{st},\varphi_\mathrm{ex})$内非零，因此，积分边界修正为：

$$\boldsymbol{A}_\mathrm{r}=\frac{N}{2\pi}\int_{\varphi_\mathrm{st}}^{\varphi_\mathrm{ex}}\begin{bmatrix}a_\mathrm{xx}&a_\mathrm{xy}\\a_\mathrm{yx}&a_\mathrm{yy}\end{bmatrix}\mathrm{e}^{-\mathrm{i}rN\varphi}\mathrm{d}\varphi=\frac{N}{2\pi}\begin{bmatrix}\alpha_\mathrm{xx}^{(r)}&\alpha_\mathrm{xy}^{(r)}\\\alpha_\mathrm{yx}^{(r)}&\alpha_\mathrm{yy}^{(r)}\end{bmatrix}\tag{4.84}$$

式中，每项都由谐波计数器（r）获得$\alpha_\mathrm{xx}^{(r)}=\frac{\mathrm{i}}{2}\left[-c_0K_\mathrm{r}\mathrm{e}^{-\mathrm{i}rN\varphi}+c_1\mathrm{e}^{-\mathrm{i}p_1\varphi}-c_2\mathrm{e}^{\mathrm{i}p_2\varphi}\right]\Big|_{\varphi_\mathrm{st}}^{\varphi_\mathrm{ex}}$；

$\alpha_\mathrm{xy}^{(r)}=\frac{\mathrm{i}}{2}\left[-c_0K_\mathrm{r}\mathrm{e}^{-\mathrm{i}rN\varphi}+c_1\mathrm{e}^{-\mathrm{i}p_1\varphi}+c_2\mathrm{e}^{\mathrm{i}p_2\varphi}\right]\Big|_{\varphi_\mathrm{st}}^{\varphi_\mathrm{ex}}$；$\alpha_\mathrm{yx}^{(r)}=\frac{\mathrm{i}}{2}\left[c_0K_\mathrm{r}\mathrm{e}^{-\mathrm{i}rN\varphi}+c_1\mathrm{e}^{-\mathrm{i}p_1\varphi}+c_2\mathrm{e}^{\mathrm{i}p_2\varphi}\right]\Big|_{\phi_\mathrm{st}}^{\phi_\mathrm{ex}}$；

$\alpha_\mathrm{yx}^{(r)}=\frac{\mathrm{i}}{2}\left[-c_0K_\mathrm{r}\mathrm{e}^{-\mathrm{i}rN\varphi}-c_1\mathrm{e}^{-\mathrm{i}p_1\varphi}+c_2\mathrm{e}^{\mathrm{i}p_2\varphi}\right]\Big|_{\varphi_\mathrm{st}}^{\varphi_\mathrm{ex}}$

式中，$p_1=2+Nr$；$p_2=2-Nr$；$c_0=2/(Nr)$；$c_1=(K_\mathrm{r}-\mathrm{i})/p_1$；$c_2=(K_\mathrm{r}+\mathrm{i})/p_2$。

值得注意的是，当$Nr=-2$时$\rightarrow p_1=0,c_1=\infty$；当$Nr=+2$时$\rightarrow p_2=0,c_2=\infty$。因此，对于$Nr=\pm2$的特殊情况，要通过积分单独计算，而不能使用一般参数解。根据切削接触条件和参与切削的刀齿数，所确定的刀齿切削频率（ω_T）的谐波次数（r）被认为是$\boldsymbol{A}(t)$的精确重构。Altintas 和 Budak 提出了零阶多频方法，其中谐波次数分别为r=0 和r=1。尽管零阶方法可以直接地分析解决问题，并适用于大多数铣削加工，但当径向切削接触较小时，多频可使精度有所提高。当我们考虑$r=0,\pm1$的特殊情况时，式（4.84）中的方向系数矩阵可变为：

$$\boldsymbol{A}(t)=\sum_{r=-1}^{+1}\boldsymbol{A}_\mathrm{r}\mathrm{e}^{\mathrm{i}r\omega_\mathrm{T}t}=\begin{bmatrix}\alpha_\mathrm{xx}^{(-1)}\alpha_\mathrm{xy}^{(-1)}\\\alpha_\mathrm{yx}^{(-1)}\alpha_\mathrm{yy}^{(-1)}\end{bmatrix}\mathrm{e}^{-\mathrm{i}\omega_\mathrm{T}t}+\begin{bmatrix}\alpha_\mathrm{xx}^{(0)}\alpha_\mathrm{xy}^{(0)}\\\alpha_\mathrm{yx}^{(0)}\alpha_\mathrm{yy}^{(0)}\end{bmatrix}+\begin{bmatrix}\alpha_\mathrm{xx}^{(+1)}\alpha_\mathrm{xy}^{(+1)}\\\alpha_\mathrm{yx}^{(+1)}\alpha_\mathrm{yy}^{(+1)}\end{bmatrix}\mathrm{e}^{\mathrm{i}\omega_\mathrm{T}t}\tag{4.85}$$

4.6.2 铣削颤动稳定性分析零阶方法

采用最简单的近似方法，就是傅里叶级数展开的平均量（即r=0），那么：

$$\boldsymbol{A}_0 = \frac{1}{T}\int_0^T \boldsymbol{A}(t)\mathrm{d}t = \frac{1}{\varphi_\mathrm{p}}\int_{\varphi_\mathrm{st}}^{\varphi_\mathrm{ex}} \boldsymbol{A}(\varphi)\mathrm{d}\varphi = \frac{N}{2\pi}\begin{bmatrix} \alpha_\mathrm{xx} & \alpha_\mathrm{xy} \\ \alpha_\mathrm{yx} & \alpha_\mathrm{yy} \end{bmatrix} \tag{4.86}$$

其中积分函数为：

$$\alpha_\mathrm{xx} = \frac{1}{2}\left[\cos 2\varphi - 2K_\mathrm{r}\varphi + K_\mathrm{r}\sin 2\varphi\right]_{\varphi_\mathrm{st}}^{\varphi_\mathrm{ex}}$$

$$\alpha_\mathrm{xy} = \frac{1}{2}\left[-\sin 2\varphi - 2\varphi + K_\mathrm{r}\cos 2\varphi\right]_{\varphi_\mathrm{st}}^{\varphi_\mathrm{ex}}$$

$$\alpha_\mathrm{yx} = \frac{1}{2}\left[-\sin 2\varphi + 2\varphi + K_\mathrm{r}\cos 2\varphi\right]_{\varphi_\mathrm{st}}^{\varphi_\mathrm{ex}}$$

$$\alpha_\mathrm{yy} = \frac{1}{2}\left[-\cos 2\varphi - 2K_\mathrm{r}\varphi - K_\mathrm{r}\sin 2\varphi\right]_{\varphi_\mathrm{st}}^{\varphi_\mathrm{ex}}$$

当忽略时变项时，系统将不会发生周期性变化，从而成为时不变的系统。如图 4.13 所示，平均方向因子取决于径向切削力系数（K_r）和以切入角（φ_st）和切出角（φ_ex）为边界的切削宽度。动态铣削力表达式（4.79）被简化为：

$$\boldsymbol{F}(\omega) = \frac{1}{2}aK_\mathrm{t}\left[\boldsymbol{A}_0(1-\mathrm{e}^{-\mathrm{i}\omega T})\boldsymbol{\Phi}(\mathrm{i}\omega)\boldsymbol{F}(\omega)\right] \tag{4.87}$$

式中，$\boldsymbol{A}_0$ 是不随时间变化但与切削接触相关的方向切削系数矩阵。因为每个刀齿切削周期的平均切削力与螺旋角无关，所以 $\boldsymbol{A}_0$ 对于螺旋立铣刀也是适用的。如果系统以颤振频率 ω_c 振动，并达到临界稳定状态，则由其行列式值为 0，可以得到它的特解：

$$\det\left[\boldsymbol{I} - \frac{1}{2}K_\mathrm{t}a(1-\mathrm{e}^{-\mathrm{i}\omega_\mathrm{c}T})\boldsymbol{A}_0\boldsymbol{\Phi}(\mathrm{i}\omega_\mathrm{c})\right] = 0$$

定义方向传递函数矩阵对其可以进行进一步的简化：

$$\boldsymbol{\Phi}_0(\mathrm{i}\omega_\mathrm{c}) = \begin{bmatrix} \alpha_\mathrm{xx}\Phi_\mathrm{xx}(\mathrm{i}\omega_\mathrm{c}) + \alpha_\mathrm{xy}\Phi_\mathrm{yx}(\mathrm{i}\omega_\mathrm{c}) & \alpha_\mathrm{xx}\Phi_\mathrm{xy}(\mathrm{i}\omega_\mathrm{c}) + \alpha_\mathrm{xy}\Phi_\mathrm{yy}(\mathrm{i}\omega_\mathrm{c}) \\ \alpha_\mathrm{yx}\Phi_\mathrm{xx}(\mathrm{i}\omega_\mathrm{c}) + \alpha_\mathrm{yy}\Phi_\mathrm{yx}(\mathrm{i}\omega_\mathrm{c}) & \alpha_\mathrm{yx}\Phi_\mathrm{xy}(\mathrm{i}\omega_\mathrm{c}) + \alpha_\mathrm{yy}\Phi_\mathrm{yy}(\mathrm{i}\omega_\mathrm{c}) \end{bmatrix} \tag{4.88}$$

该特征方程的特征值为：

$$\Lambda = -\frac{N}{4\pi}aK_\mathrm{t}(1-\mathrm{e}^{-\mathrm{i}\omega_\mathrm{c}T}) \tag{4.89}$$

最终的特征方程为：

$$\det\left[\boldsymbol{I} + \Lambda\boldsymbol{\Phi}_0(\mathrm{i}\omega_\mathrm{c})\right] = 0 \tag{4.90}$$

对于给定的颤振频率 ω_c，静态切削力系数（K_t，K_r）（其数值与工件材料有关，与铣刀形状无关），径向切削接触角（φ_st，φ_ex）和结构传递函数［式（4.88）］，式（4.90）的特征值是容易求得的。如果只考虑相互垂直的进给方向（x）和法向（y）的自由度（即 $\Phi_\mathrm{xy}=\Phi_\mathrm{yx}=0$），特征方程就简化为一个二次函数：

$$a_0\Lambda^2 + a_1\Lambda + 1 = 0 \tag{4.91}$$

式中，$a_0 = \Phi_\mathrm{xx}(\mathrm{i}\omega_\mathrm{c})\Phi_\mathrm{yy}(\mathrm{i}\omega_\mathrm{c})(\alpha_\mathrm{xx}\alpha_\mathrm{yy} - \alpha_\mathrm{xy}\alpha_\mathrm{yx}); a_1 = \alpha_\mathrm{xx}\Phi_\mathrm{xx}(\mathrm{i}\omega_\mathrm{c}) + \alpha_\mathrm{yy}\Phi_\mathrm{yy}(\mathrm{i}\omega_\mathrm{c})$。

那么，就可以得到特征值 Λ 为：

$$\Lambda = -\frac{1}{2a_0}(a_1 \pm \sqrt{a_1^2 - 4a_0}) \tag{4.92}$$

在考虑切削平面（x，y）时，不论所考虑的机床结构的模态数为多少，其特征方程仍是简单的二次函数。因为传递函数是复数，其特征值有实部和虚部，$\Lambda=\Lambda_R+i\Lambda_I$。将特征值和 $e^{-i\omega_c T} = \cos(\omega_c T) - i\sin(\omega_c T)$ 代入式（4.89），可以得出在颤振频率 ω_c 处的临界轴向切削深度：

$$a_{\lim} = -\frac{2\pi}{NK_t}\left[\frac{\Lambda_R[1-\cos(\omega_c T)] + \Lambda_I \sin(\omega_c T)}{1-\cos(\omega_c T)} + i\frac{\Lambda_I[1-\cos(\omega_c T)] - \Lambda_R \sin(\omega_c T)}{1-\cos(\omega_c T)}\right] \tag{4.93}$$

因为 $a_{\lim}$ 是实数，式（4.93）的虚数部分必须为 0，即

$$\Lambda_I[1-\cos(\omega_c T)] - \Lambda_R \sin(\omega_c T) = 0 \tag{4.94}$$

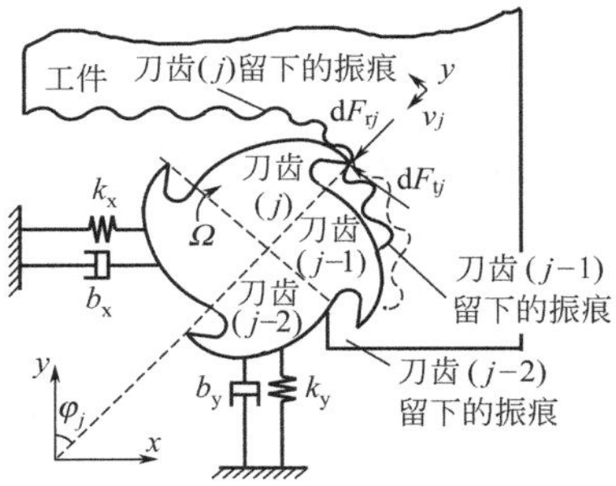

$$\alpha_{xx} = \frac{1}{2}\left[-\cos(2\varphi) - 2K_r\varphi + K_r\sin(2\varphi)\right]_{\varphi_{st}}^{\varphi_{ex}}$$

$$\alpha_{xy} = \frac{1}{2}\left[-\sin(2\varphi) - 2\varphi + K_r\cos(2\varphi)\right]_{\varphi_{st}}^{\varphi_{ex}}$$

$$\alpha_{yx} = \frac{1}{2}\left[-\sin(2\varphi) + 2\varphi + K_r\cos(2\varphi)\right]_{\varphi_{st}}^{\varphi_{ex}}$$

$$\alpha_{yy} = \frac{1}{2}\left[-\cos(2\varphi) - 2K_r\varphi - K_r\sin(2\varphi)\right]_{\varphi_{st}}^{\varphi_{ex}}$$

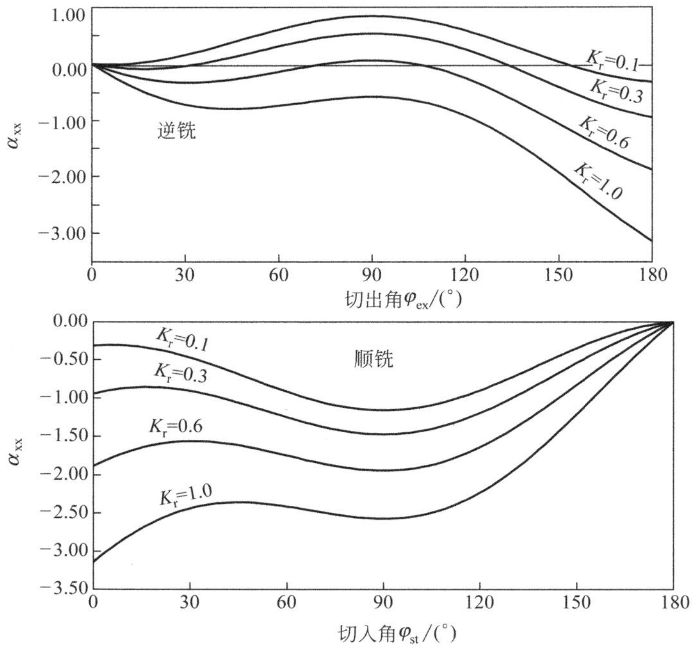

图 4.13　径向切削力系数（K_r）和接触角（φ_{st}，φ_{ex}）对平均方向因子的影响

将下式

$$\kappa = \frac{\Lambda_{\mathrm{I}}}{\Lambda_{\mathrm{R}}} = \frac{\sin(\omega_{\mathrm{c}}T)}{1-\cos(\omega_{\mathrm{c}}T)} \tag{4.95}$$

代入式（4.93）的实部（虚数部分为 0），可以得到无颤振条件下的轴向切深的最后表达式为：

$$a_{\mathrm{lim}} = -\frac{2\pi\Lambda_{\mathrm{R}}}{NK_{\mathrm{t}}}(1+\kappa^2) \tag{4.96}$$

因此，给定颤振频率（ω_{c}），可以直接从式（4.96）得到颤振极限切削深度。

相应的主轴转速可以用与上一节给出的直角切削颤振计算相同的方法得到。从式（4.95）得：

$$\kappa = \tan\psi = \frac{\cos(\omega_{\mathrm{c}}T/2)}{\sin(\omega_{\mathrm{c}}T/2)} = \tan\left[\pi/2-(\omega_{\mathrm{c}}T/2)\right] \tag{4.97}$$

特征值的相移为 $\psi = \arctan\kappa$，$\omega_{\mathrm{c}}T = \pi - 2\psi + 2k\pi$ 为一个刀齿周期（T）的相位距离。因此如果 k 是在切削圆弧留下的振动波纹（即叶瓣）的整数，是内调制和外调制（当前刀齿和前一个刀齿的振痕）之间的相移，那么：

$$\omega_{\mathrm{c}}T = \varepsilon + 2k\pi \tag{4.98}$$

再次强调在从特征值的实部（Λ_{R}）和虚部（Λ_{I}）计算相移（ψ）时必须小心仔细。主轴转速可以通过求得刀齿切削周期（T）得到：

$$T = \frac{1}{\omega_{\mathrm{c}}}(\varepsilon + 2k\pi) \rightarrow n = \frac{60}{NT} \tag{4.99}$$

小结：对机床结构进行辨识得到传递函数，对特定的刀具、工件材料和径向切削接触角，可以从式（4.86）得到动态切削系数。然后，按下面步骤计算稳定性叶瓣图[8]：

① 在主模态附近的传递函数中选择颤振频率。

② 求解特征值方程式（4.91）。

③ 从式（4.96）计算临界切削深度。

④ 对每个稳定性叶瓣（k=0,1,2,⋯）从式（4.99）计算主轴转速。

⑤ 扫描所有模态附近的颤振频率，重复上述步骤。

该算法适用于三个方向的动态铣削[6]，或应用于具有三个横向和扭转柔性的钻削加工[93]和切入式铣削/钻削加工[13]。

也许人们会认为采用平均傅里叶系数 $\boldsymbol{A}_0$ 进行稳定性分析是不够的。当切削宽度比较小时，铣削力的波形很窄并且是间断的，这样的波形在平均值之外有很强的谐波分量。作者所在研究组在用迭代解考虑高次谐波时，注意到稳定性结果即使在接触角很小的切削时也没有得到改善。如图 4.14 所示，加工过程的物理分析揭示了切削力函数（如铣削力）的高次谐波在动态切削过程中被低通滤波。

图 4.14 所示的过程解释如下：如果在铣削加工中存在颤振，再生振动谱的主颤振频率为 ω_{c}。再生振动（即动态切削厚度）被乘以与接触角有关的方向因子，它具有平均值

并在刀齿切削频率的谐波处（$\omega_T, 2\omega_T, \cdots$）被加强。最终的动态铣削力在颤振频率（$\omega_c$）和与颤振频率相差刀齿切削频率的谐波处（$\omega_c+i\omega_T$，$i=\pm1$，$\pm2$，$\cdots$）得到加强。动态切削力激励其模态接近于颤振频率 ω_c 的结构传递函数。远离引起颤振的固有模态的传递函数并没有得到任何加强。因此它起到低通滤波或衰减远离颤振频率的动态切削力谐波的作用。当机床铣削前一个刀齿形成的表面时，在当前位置留下新的颤振痕迹，其颤振循环是一个闭环。然而，如果机床结构具有封闭的空间模态，并且如果该模态正好分布在刀齿切削频率的范围内，这时使用平均傅里叶系数 $\boldsymbol{A}_0$ 对于精确预测颤振稳定性也许是不够的，在这种情况下，必须考虑方向因子的高次谐波，下节中给出的最终稳定性表达式必须用数值迭代的方法求解。

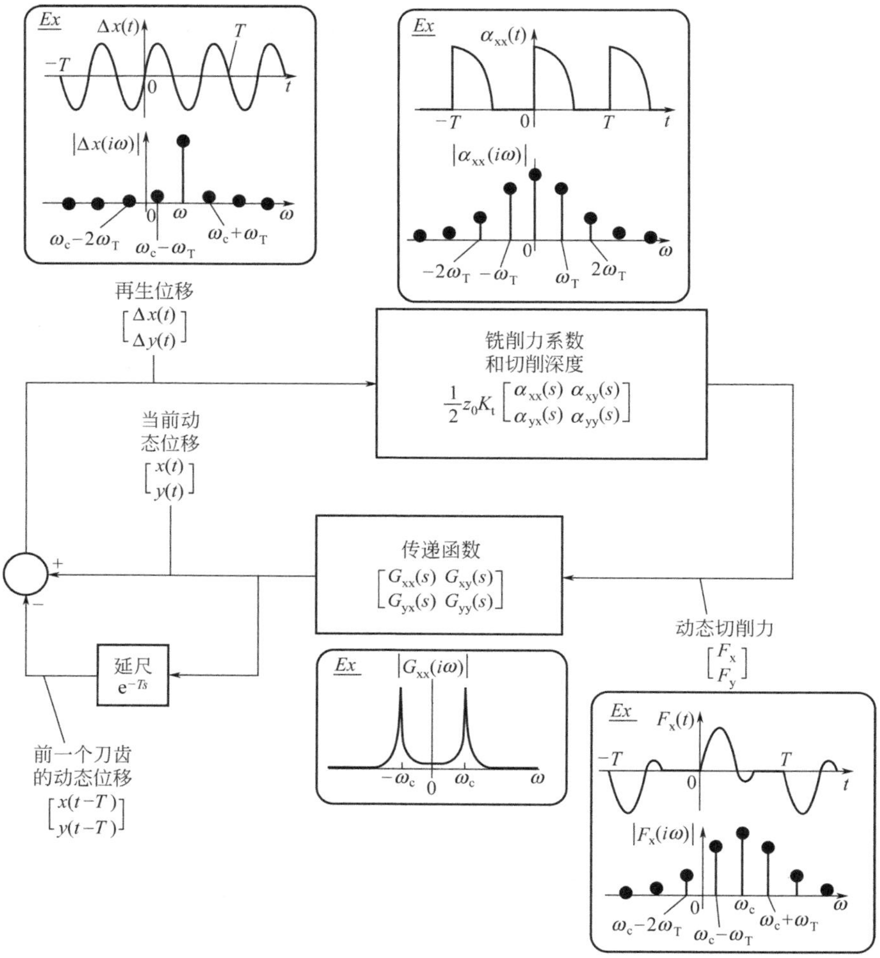

图 4.14　用球头立铣刀进行铣削时再生颤振的框图

【实例 4.3】端面铣削加工稳定性分析。采用带有两个圆柱镶嵌刀片的圆盘端铣刀铣削铝合金 Al-7075。刀体直径为 31.75mm，圆柱镶嵌刀片的半径为 4.7625mm。得到的切削力系数为 K_t=1319.41MPa 和 K_r=788.83MPa。将刀具安装在主轴上，进行传递函数的测量，在进给方向（x）和法向（y）得到的模态参数如表 4.2 所示。

表 4.2　安装在立式加工中心上的圆盘端铣刀的模态辨识参数

模态 x	ω_{nx}/Hz	ζ_x	σ_x+jv_x
1	452.77	0.123718	$9.202966\times10^{-5}-j1.862195\times10^{-4}$
2	1448.53	0.01651	$-4.181562\times10^{-5}-j3.043618\times10^{-4}$
模态 y	ω_{ny}/Hz	ζ_y	σ_y+jv_y
1	516.17	0.0243	$-2.3929\times10^{-6}-j1.721539\times10^{-4}$
2	1407.64	0.0324	$4.055052\times10^{-5}-j3.618808\times10^{-4}$

注：传递函数的单位为 m/N。

图 4.15 所示为进行半接触顺铣加工时稳定性叶瓣图。稳定性叶瓣图是在时域进行数字仿真得到的，考虑了动态铣削过程中诸如刀具跳出、进给刀痕、前一次切削留下的波纹等所有非线性因素。解析解和时域解有很好的一致性，尽管解析解是线性的并且在实际中易于实现。在切削深度为 a=4.7mm 的情况下进行了两次切削实验，一种情况是不稳定的主轴转速 n=9500r/min，可以观察到严重的颤振发生，这也可以从测量的切削力和相应的傅里叶谱得到验证，颤振发生在接近结构第二模态的 1448Hz 处。将主轴速度增加到 n=14000r/min 时，颤振消失，力频谱分析显示强迫振动的主频或刀齿的切削频率为 467Hz。时域仿真显示，若加工过程中发生颤振时，表面质量变差。

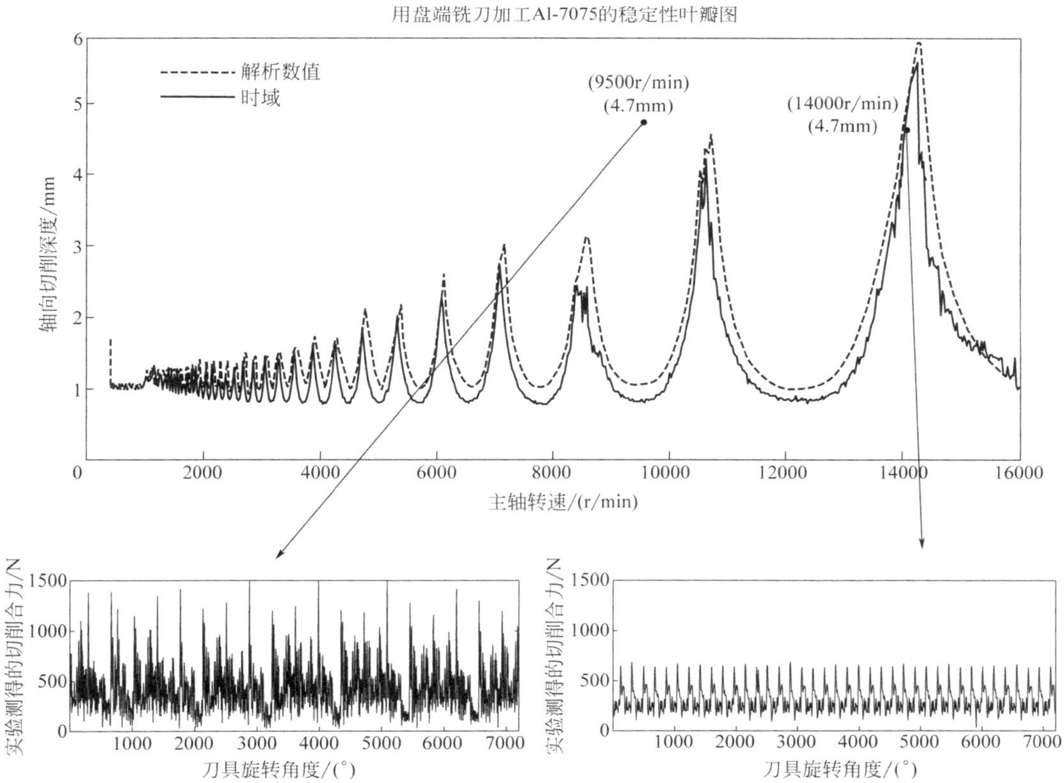

图 4.15

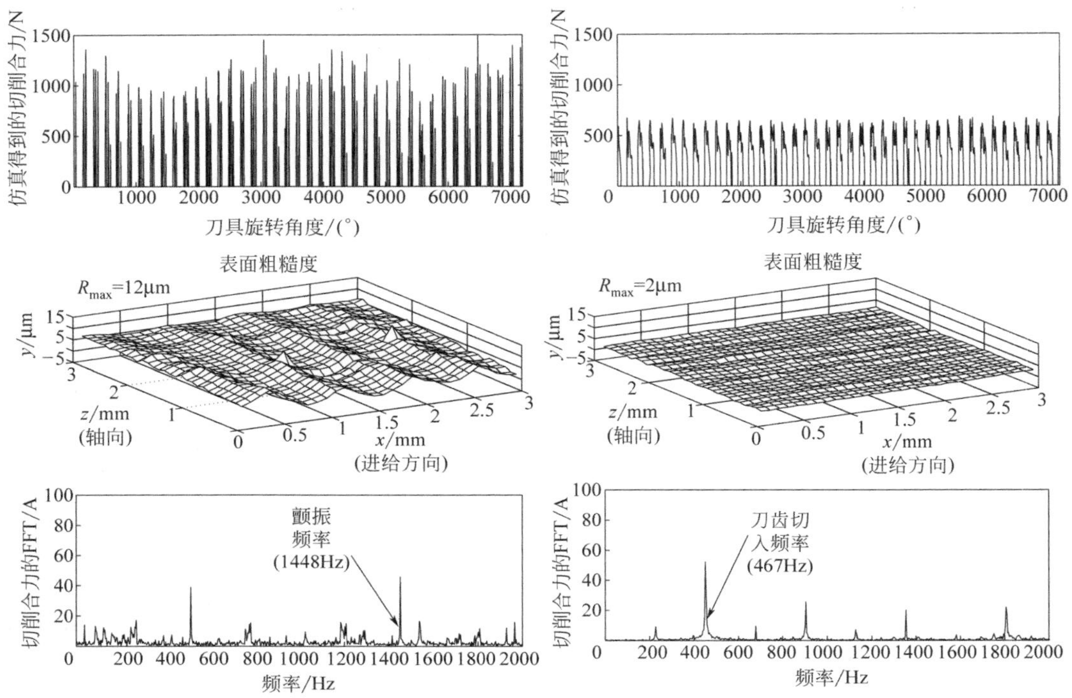

图 4.15 带有两个圆柱镶嵌刀片的圆盘端铣刀加工的稳定性分析图和在每齿进给量为 s_t=0.05mm/齿的情况下测量和仿真的结果

【**实例 4.4**】用弹性比较大的铣刀进行立铣加工。采用整体螺旋槽硬质合金立铣刀，刀齿数为 4，直径为 19.05mm，前角为 10°，周铣加工铝合金 Al-7075。对应这种材料和刀具的切削力系数 K_t=796MPa，K_r=0.212MPa。刀具安装在主轴上，采用冲击锤和加速度计进行测量刀具刀尖上进给方向（x）和法向（y）的传递函数。用模态分析软件得到的模态参数如表 4.3 所示。实验测量和重构的传递函数的比较如图 4.16 所示，它说明了所辨识模态参数的精度。最后这些模态参数被用来对加工铝合金 Al-7075 进行稳定性叶瓣仿真，一种情况是半接触顺铣，另一种情况是铣槽，仿真的结果如图 4.17 所示。对于半接触顺铣最大稳定切削深度为 a_{lim}=4mm，对于铣槽最大稳定切削深度为 a_{lim}=1.5mm。最理想的稳定性叶瓣对应的主轴转速为 n=11800r/min 附近的那个叶瓣，在这里可以获得无颤振最大材料切除率。注意在转速低于 n=5000r/min 时，很难有稳定的叶瓣，这是由于这种情况下在每个刀齿周期，有许多紧密相连的振动波。因为 Al-7075 不是硬材料，很显然要采用高切削速度提高生产率。这种情况下给出的稳定性叶瓣图已经在主轴功率为 15kW，最大转速为 15000r/min 的加工中心上得到了实验验证。

表 4.3 立式加工中心 x 和 y 方向的模态参数识别

模态 x	ω_{nx}/Hz	ζ_x	σ_x+jv_x
1	262.16	0.048	$1.994606\times10^{-6}-j3.779091\times10^{-6}$
2	503.60	0.096	$1.932445\times10^{-6}-j2.44616\times10^{-5}$
3	667.92	0.057	$1.364547\times10^{-5}-j4.128093\times10^{-5}$
4	886.78	0.074	$8.632813\times10^{-7}-j7.195716\times10^{-5}$

续表

模态 x	ω_{nx}/Hz	ζ_x	σ_x+jv_x
5	2201.5	0.015	$-5.011467\times10^{-6}-j4.623555\times10^{-5}$
6	2799.4	0.027	$-1.394105\times10^{-5}-j8.317728\times10^{-5}$
7	3837.7	0.007	$-6.874543\times10^{-6}-j6.560925\times10^{-5}$
8	4923.6	0.019	$-8.824935\times10^{-6}-j6.54481\times10^{-5}$
9	6038.7	0.025	$2.564520\times10^{-6}-j1.986276\times10^{-5}$
模态 y	ω_{ny}/Hz	ζ_y	σ_y+jv_y
1	285.53	0.021	$9.797268\times10^{-7}-j5.959362\times10^{-7}$
2	587.8	0.089	$1.349004\times10^{-5}-j4.544067\times10^{-6}$
3	749.6	0.027	$-3.106831\times10^{-5}-j3.816475\times10^{-5}$
4	804.9	0.075	$3.033849\times10^{-5}-j8.813244\times10^{-5}$
5	1573.7	0.027	$1.283945\times10^{-6}-j8.678961\times10^{-6}$
6	2038.1	0.016	$1.298625\times10^{-6}-j1.270846\times10^{-5}$
7	2303.3	0.220	$9.518897\times10^{-7}-j3.750897\times10^{-5}$
8	2681.0	0.019	$1.190834\times10^{-5}-j2.825781\times10^{-5}$
9	2870.5	0.014	$-1.912932\times10^{-5}-j4.051860\times10^{-5}$
10	3838.8	0.006	$-1.119589\times10^{-5}-j8.475725\times10^{-5}$
11	4928.9	0.017	$-1.859880\times10^{-5}-j8.993226\times10^{-5}$
12	6073.4	0.016	$-7.608392\times10^{-6}-j2.022991\times10^{-5}$

注：传递函数的单位为 m/N。

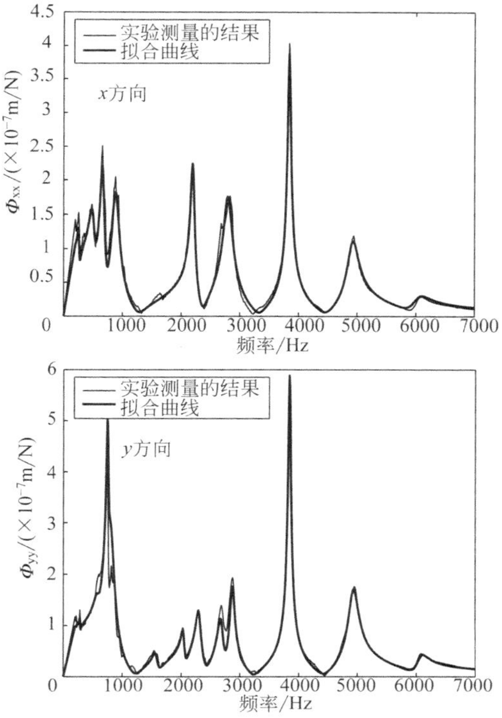

图 4.16　立式加工中心刀尖位置实验测量和曲线拟合的传递函数

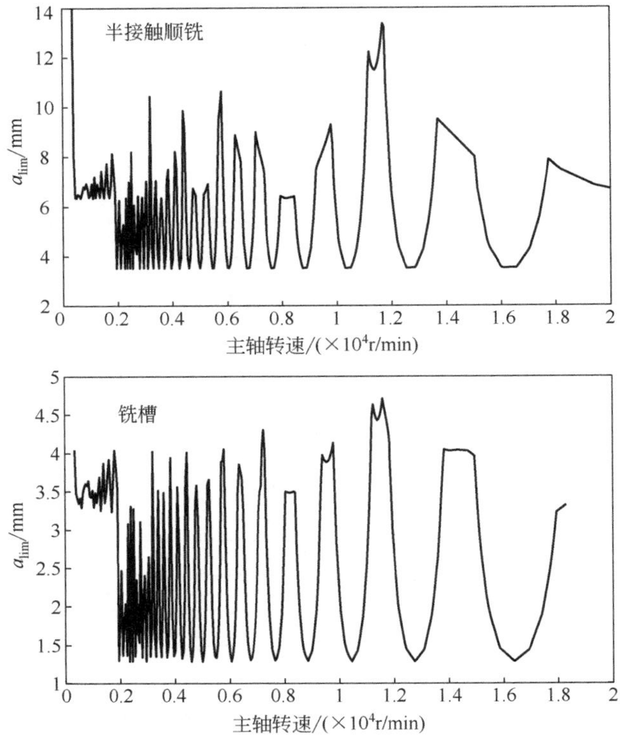

图 4.17 用螺旋槽立铣刀加工铝合金 Al-7075 时稳定性的解析预测

4.6.3 铣削颤动稳定性分析多频方法

当切削的径向接触较小时，铣削加工过程中将出现高间歇性方向因子，使力波具有高频率。在这种情况下，平均方向因子 $\boldsymbol{A}_0$ 可能无法准确预测径向切削接触的高速切削稳定性叶瓣图。频域方法可以用来解决包括高阶谐波的情况，但计算过程复杂[34, 76]。

在式（4.79）的基础上，动态铣削力方程重新表示如下：

$$\boldsymbol{F}(\omega)=\frac{1}{2}aK_{\mathrm{t}}[\boldsymbol{A}(\omega)*(1-\mathrm{e}^{-\mathrm{i}\omega T})\boldsymbol{\Phi}(\mathrm{i}\omega)\boldsymbol{F}(\omega)] \tag{4.100}$$

由于方向矩阵 $\boldsymbol{A}(\omega)$ 在刀齿切削频率（ω_{T}）上具有周期性，根据 Floquet 理论，由刀具振动的额外颤动频率 ω_{c}，周期力表示为：

$$\boldsymbol{F}(t)=\mathrm{e}^{\mathrm{i}\omega_{\mathrm{c}}t}\boldsymbol{P}(t),\quad \boldsymbol{P}(t)=\sum_{l=-\infty}^{l=+\infty}\boldsymbol{P}_l\mathrm{e}^{\mathrm{i}l\omega_{\mathrm{T}}t} \tag{4.101}$$

式中，$\boldsymbol{P}(t)$ 在刀齿切削频率 ω_{T} 时具有周期性。根据调制定理，力在频域中表示为：

$$\begin{aligned}\boldsymbol{F}(\omega)&=\mathcal{F}[\boldsymbol{F}(t)]=\mathcal{F}\left[\mathrm{e}^{\mathrm{i}\omega_{\mathrm{c}}t}\boldsymbol{P}(t)\right]=\mathcal{F}\left[\mathrm{e}^{\mathrm{i}\omega_{\mathrm{c}}t}\sum_{l=-\infty}^{l=+\infty}\boldsymbol{P}_{\mathrm{l}}\mathrm{e}^{\mathrm{i}l\omega_{\mathrm{T}}t}\right]\\&=\mathcal{F}\left[\sum_{l=-\infty}^{l=+\infty}\boldsymbol{P}_{\mathrm{l}}\mathrm{e}^{\mathrm{i}(\omega_{\mathrm{c}}+l\omega_{\mathrm{T}})t}\right]=\sum_{l=-\infty}^{l=+\infty}\boldsymbol{P}_{\mathrm{l}}\delta\left[\omega-(\omega_{\mathrm{c}}+l\omega_{\mathrm{T}})\right]\end{aligned} \tag{4.102}$$

式中，$\delta[\omega-(\omega_{\mathrm{c}}+l\omega_{\mathrm{T}})]$ 是狄拉克函数。将 $\boldsymbol{F}(\omega)$ 代入动态铣削公式（4.100）得：

$$F(\omega)=\frac{1}{2}aK_t A(\omega)*\left\{(1-e^{-i\omega T})\Phi(i\omega)\sum_{l=-\infty}^{l=+\infty}P_l\delta\left[\omega-(\omega_c+l\omega_T)\right]\right\} \tag{4.103}$$

当 $\omega=\omega_c+l\omega_T$ 时，δ 对函数中的各项进行采样，如下所示：

$$\begin{aligned}F(\omega)=&\frac{1}{2}aK_t A(\omega)\\&*\left(\sum_{l=-\infty}^{l=+\infty}\left\{(1-e^{-i(\omega_c+l\omega_T)T})\Phi(\omega_c+l\omega_T)P_l\delta\left[\omega-(\omega_c+l\omega_T)\right]\right\}\right)\end{aligned} \tag{4.104}$$

由于 $l\omega_T T=l\omega_T\dfrac{2\pi}{\omega_T}=l2\pi$ 和 $e^{-il\omega_T T}=1$，$F(\omega)$ 可简化为

$$\begin{aligned}F(\omega)&=\frac{1}{2}aK_t A(\omega)*\left(\sum_{l=-\infty}^{l=+\infty}\left\{(1-e^{-i\omega_c T})\Phi(\omega_c+l\omega_T)P_l\delta\left[\omega-(\omega_c+l\omega_T)\right]\right\}\right)\\&=\frac{1}{2}aK_t(1-e^{-i\omega_c T})A(\omega)*\left(\sum_{l=-\infty}^{l=+\infty}\left\{\Phi(\omega_c+l\omega_T)P_l\delta\left[\omega-(\omega_c+l\omega_T)\right]\right\}\right)\end{aligned} \tag{4.105}$$

代入式（4.80）中方向因子矩阵 $A(\omega)$ 的傅里叶展开，得

$$\begin{aligned}F(\omega)=&\frac{1}{2}aK_t(1-e^{-i\omega_c T})\left[\sum_{r=-\infty}^{+\infty}A_r\delta(\omega-r\omega_T)\right]\\&*\left(\sum_{l=-\infty}^{l=+\infty}\left\{\Phi(\omega_c+l\omega_T)P_l\delta[\omega-(\omega_c+l\omega_T)]\right\}\right)\end{aligned} \tag{4.106}$$

采用 Cauchy 理论求解无限收敛的数列乘积 $\left(\sum_{n=0}^{\infty}a_n\sum_{n=0}^{\infty}b_n=\sum_{n=0}^{\infty}c_n\rightarrow c_n=\sum_{k=1}^{n}a_{n-k}b_k\right)$，

$$\begin{aligned}F(\omega)=&\frac{1}{2}aK_t(1-e^{-i\omega_c T})\\&\times\left(\sum_{r=+\infty}^{r=-\infty}\sum_{l=+\infty}^{l=-\infty}A_{r-l}\Phi(\omega_c+l\omega_T)P_l\delta[\omega-(r-l)\omega_T]\right)*\delta\left[\omega-(\omega_c+l\omega_T)\right]\end{aligned} \tag{4.107}$$

并根据狄拉克函数的变换规律 $\delta(\omega-a)*\delta(\omega-b)=\delta[\omega-(a+b)]$ 得：

$$\begin{aligned}\delta\left[\omega-(r-l)\omega_T\right]*\delta\left[\omega-(\omega_c+l\omega_T)\right]&=\delta\{\omega-[(r-l)\omega_T+\omega_c+l\omega_T]\}\\&=\delta\{\omega-[\omega_c+r\omega_T]\}\end{aligned} \tag{4.108}$$

因此，式（4.106）中的动态力傅里叶展开式 $F(\omega)$ 可表示为：

$$F(\omega)=\sum_{r=-\infty}^{+\infty}\left\{\frac{1}{2}aK_t(1-e^{-i\omega_c T})\left[\sum_{l=-\infty}^{l=+\infty}A_{r-1}\Phi(\omega_c+l\omega_T)P_l\right]\times\delta\left[\omega-(\omega_c+r\omega_T)\right]\right\} \tag{4.109}$$

采用式（4.102）中的谐波表示力，$F(\omega)=\sum_{l=-\infty}^{l=+\infty}P_l\delta\left[\omega-(\omega_c+l\omega_T)\right]$，则力的傅里叶系数可表示为

$$\begin{aligned}&P_r=\Lambda\left(\sum_{l=-\infty}^{+\infty}A_{r-l}\Phi(\omega_c+l\omega_T)P_l\right),r=0,\pm1,\pm2,\cdots,\pm\infty\\&\Lambda=\frac{1}{2}aK_t(1-e^{-i\omega_c T})\end{aligned} \tag{4.110}$$

如果只考虑谐波的一个项，即 $(r,l)=\varepsilon(-1,0,+1)$，

$$
\begin{aligned}
\boldsymbol{P}_0 &= \Lambda[\boldsymbol{A}_0\boldsymbol{\Phi}(\omega_c)\boldsymbol{P}_0 + \boldsymbol{A}_1\boldsymbol{\Phi}(\omega_c - \omega_T)\boldsymbol{P}_{-1} \\
&\quad + \boldsymbol{A}_{-1}\boldsymbol{\Phi}(\omega_c + \omega_T)\boldsymbol{P}_1 + \cdots] \rightarrow r = 0; l = 0, -1, +1 \\
\boldsymbol{P}_{-1} &= \Lambda[\boldsymbol{A}_{-1}\boldsymbol{\Phi}(\omega_c)\boldsymbol{P}_0 + \boldsymbol{A}_0\boldsymbol{\Phi}(\omega_c - \omega_T)\boldsymbol{P}_{-1} \\
&\quad + \boldsymbol{A}_{-2}\boldsymbol{\Phi}(\omega_c + \omega_T)\boldsymbol{P}_1 + \cdots] \rightarrow r = -1; l = 0, -1, +1 \\
\boldsymbol{P}_1 &= \Lambda[\boldsymbol{A}_1\boldsymbol{\Phi}(\omega_c)\boldsymbol{P}_0 + \boldsymbol{A}_2\boldsymbol{\Phi}(\omega_c - \omega_T)\boldsymbol{P}_{-1} \\
&\quad + \boldsymbol{A}_0\boldsymbol{\Phi}(\omega_c + \omega_T)\boldsymbol{P}_1 + \cdots] \rightarrow r = +1; l = 0, -1, +1
\end{aligned}
$$

其矩阵形式表示为

$$
\begin{bmatrix} \boldsymbol{P}_0 \\ \boldsymbol{P}_{-1} \\ \boldsymbol{P}_1 \end{bmatrix} = \Lambda \left(\overbrace{\begin{bmatrix} \boldsymbol{A}_0 & \boldsymbol{A}_1 & \boldsymbol{A}_{-1} \\ \boldsymbol{A}_{-1} & \boldsymbol{A}_0 & \boldsymbol{A}_{-2} \\ \boldsymbol{A}_1 & \boldsymbol{A}_2 & \boldsymbol{A}_0 \end{bmatrix}}^{l=0,-1,+1;\,p=0,-1,+1} \begin{bmatrix} \boldsymbol{\Phi}(\omega_c) & & \\ & \boldsymbol{\Phi}(\omega_c - \omega_T) & \\ & & \boldsymbol{\Phi}(\omega_c + \omega_T) \end{bmatrix} \right) \begin{bmatrix} \boldsymbol{P}_0 \\ \boldsymbol{P}_{-1} \\ \boldsymbol{P}_1 \end{bmatrix}
$$

值得注意的是，如果 $\boldsymbol{\Phi}$ 为一个 2×2 的矩阵，则每个向量 $\boldsymbol{P}$ 维数为 2×1，且矩阵 $\boldsymbol{A}$ 维数为 2×2。整理向量 $\boldsymbol{P}$，通过求解以下特征值定义铣削系统的稳定性：

$$
[\boldsymbol{I} - \Lambda \boldsymbol{A}_{r-l}\boldsymbol{\Phi}(\omega_c + l\omega_T)]\boldsymbol{P} = \boldsymbol{0} \tag{4.111}
$$

其中，$\boldsymbol{P}$ 为特征向量；Λ 为特征值。值得注意的是，对于每个特征值（Λ），对应一个特征向量 $\boldsymbol{P}$。我们继续采用同样的例子，即周期函数的一个谐波，

$$
\det\left(\begin{bmatrix} \boldsymbol{I}_{2\times2} & \boldsymbol{0} & \boldsymbol{0} \\ \boldsymbol{0} & \boldsymbol{I} & \boldsymbol{0} \\ \boldsymbol{0} & \boldsymbol{0} & \boldsymbol{I} \end{bmatrix} - \Lambda \left(\overbrace{\begin{bmatrix} \boldsymbol{A}_{0\,2\times2} & \boldsymbol{A}_1 & \boldsymbol{A}_{-1} \\ \boldsymbol{A}_{-1} & \boldsymbol{A}_0 & \boldsymbol{A}_{-2} \\ \boldsymbol{A}_1 & \boldsymbol{A}_2 & \boldsymbol{A}_0 \end{bmatrix}}^{l=0,-1,+1;\,p=0,-1,+1} \begin{bmatrix} \boldsymbol{\Phi}(\omega_c)_{2\times2} & & \\ & \boldsymbol{\Phi}(\omega_c - \omega_T) & \\ & & \boldsymbol{\Phi}(\omega_c + \omega_T) \end{bmatrix} \right) \right) = 0 \tag{4.112}
$$

其中如果系统在两个正交方向（即 x，y）是柔性的，则 $\boldsymbol{I}$、$\boldsymbol{A}$、$\boldsymbol{\Phi}$为 2×2 的矩阵。由系统方程的行列式，得到特征值（Λ）为：

$$
\det(\boldsymbol{I} - \Lambda \boldsymbol{A}_{r-l}\boldsymbol{\Phi}(\omega_c + l\omega_T)) = 0, \quad (r, l) = 0, \pm1, \pm2, \cdots \tag{4.113}
$$

式中，r, l 分别代表方向矩阵的列数和行数。对于 2-DOF 系统，方向矩阵和频率响应函数矩阵均有(2×2)个维度，如下所示：

$$
\boldsymbol{A}_{r-l}\boldsymbol{\Phi}(\omega_c + r\omega_T) = \begin{bmatrix} \alpha_{xx}^{(r-l)} & \alpha_{xy}^{(r-l)} \\ \alpha_{yx}^{(r-l)} & \alpha_{yy}^{(r-l)} \end{bmatrix} \begin{bmatrix} \Phi_{xx}(\omega_c + l\omega_T) & \Phi_{xx}(\omega_c + l\omega_T) \\ \Phi_{xy}(\omega_c + l\omega_T) & \Phi_{yy}(\omega_c + l\omega_T) \end{bmatrix} \tag{4.114}
$$

如果我们考虑 r 个刀齿切削频率谐波，特征值矩阵的维度就变为 $D = n_{dof}(2r+1)$，其中 n_{dof} 是系统颤振中自由度的数量。例如，如果 r=1，并且考虑（x，y）方向的自由度（n_{dof}=2），则矩阵的维度 D=6。如果我们只考虑系统在 x 或 y 方向上有自由度（即 n_{dof}=1），则 D=3。从解决方案中获得的特征值的数量将等于矩阵的大小（D）。由 $e^{-i\omega_c T} = \cos(\omega_c T) - i\sin(\omega_c T)$，特征值数量 q 可表示为

$$
\Lambda_q = \Lambda_{R,q} + i\Lambda_{I,q} = \frac{1}{2}aK_t\left(1 - e^{-i\omega_c T}\right) = \frac{1}{2}aK_t\left[1 - \cos(\omega_c T) + i\sin(\omega_c T)\right]
$$

$$
a = \frac{2(\Lambda_{R,q} + i\Lambda_{I,q})}{K_t\left[1 - \cos(\omega_c T) + i\sin(\omega_c T)\right]}
$$

$$=\frac{2(\Lambda_{R,q}+i\Lambda_{I,q})\left[1-\cos(\omega_c T)-i\sin(\omega_c T)\right]}{K_t\left\{[1-\cos(\omega_c T)]^2+[\sin(\omega_c T)]^2\right\}}$$

$$=\frac{\left\{\Lambda_{R,q}[1-\cos(\omega_c T)]+\Lambda_{I,q}\sin(\omega_c T)\right\}}{K_t[1-\cos(\omega_c T)]}+i\frac{\left\{\Lambda_{I,q}[1-\cos(\omega_c T)]-\Lambda_{Rq}\sin(\omega_c T)\right\}}{K_t[1-\cos(\omega_c T)]}$$

由于切削深度为物理量，则 a 的虚部需为零，即

$$\Lambda_{I,q}[1-\cos(\omega_c T)]=\Lambda_{R,q}\sin(\omega_c T)\rightarrow\frac{\Lambda_{I,q}}{\Lambda_{R,q}}=\frac{\sin(\omega_c T)}{1-\cos(\omega_c T)}$$

$$\frac{\Lambda_{I,q}}{\Lambda_{R,q}}=\frac{2\sin\frac{\omega_c T}{2}\cos\frac{\omega_c T}{2}}{1-\left(\cos^2\frac{\omega_c T}{2}-\sin^2\frac{\omega_c T}{2}\right)}$$

$$=\frac{2\sin\frac{\omega_c T}{2}\cos\frac{\omega_c T}{2}}{\sin^2\frac{\omega_c T}{2}+\cos^2\frac{\omega_c T}{2}-\cos^2\frac{\omega_c T}{2}+\sin^2\frac{\omega_c T}{2}}$$

$$=\frac{2\sin\frac{\omega_c T}{2}\cos\frac{\omega_c T}{2}}{2\sin^2\frac{\omega_c T}{2}}$$

$$\tan\psi=\frac{\Lambda_{I,q}}{\Lambda_{R,q}}=\frac{\cos\frac{\omega_c T}{2}}{\sin\frac{\omega_c T}{2}}=\tan\left(\frac{\pi}{2}-\frac{\omega_c T}{2}+k\pi\right),\ \text{其中}k=0,1,2,\cdots$$

$$\psi=\frac{\pi-\omega_c T+2k\pi}{2},\rightarrow\omega_c T=\pi-2\psi+2k\pi$$

$$\omega_c T=\varepsilon+2k\pi,\quad\varepsilon=\pi-2\psi,\quad\psi=\arctan\frac{\Lambda_{I,q}}{\Lambda_{R,q}}$$

主轴转速 n（单位为r / min）$=\dfrac{60}{NT}=\dfrac{60\omega_c}{N(\varepsilon+2k\pi)}$

轴向切削深度表示为：

$$a_q=\frac{\Lambda_{R,q}[1-\cos(\omega_c T)]+\Lambda_{I,q}\sin(\omega_c T)}{K_t[1-\cos(\omega_c T)]}$$

$$=\frac{\Lambda_{R,q}}{K_t}\times\frac{1-\cos(\omega_c T)+\frac{\Lambda_{I,q}}{\Lambda_{R,q}}\sin(\omega_c T)}{1-\cos(\omega_c T)}$$

$$=\frac{\Lambda_{R,q}}{K_t}\left[1+\frac{\Lambda_{I,q}}{\Lambda_{R,q}}\times\frac{\sin(\omega_c T)}{1-\cos(\omega_c T)}\right]=\frac{\Lambda_{R,q}}{K_t}\left(1+\frac{\Lambda_{I,q}}{\Lambda_{R,q}}\times\frac{\Lambda_{I,q}}{\Lambda_{R,q}}\right)$$

$$a_q=\frac{\Lambda_{R,q}}{K_t}\left[1+\left(\frac{\Lambda_{I,q}}{\Lambda_{R,q}}\right)^2\right]$$

因此，临界稳定状态的轴向切削深度及其对应的主轴转速，可表示为

$$n=\frac{60}{NT}=\frac{60\omega_c}{N(\varepsilon+2k\pi)}$$

$$a_q=\frac{\Lambda_{R,q}}{K_t}\left[1+\left(\frac{\Lambda_{I,q}}{\Lambda_{R,q}}\right)^2\right] \tag{4.115}$$

然而，我们通过估计刀齿切削频率谐波$[\boldsymbol{\Phi}(\omega_c \pm l\omega_T)]$的频响函数来计算其特征值$\Lambda_q$，进而获得振纹之间的相移（$\varepsilon$）。因此，与零阶方法不同，多频方法没有直接获得切削深度。相反，需对一定范围内的每个颤振频率的主轴速度进行扫描，并得到其特征值。通过式（4.115），我们可以任意给定主轴转速所对应的切削深度。与零阶方法相比，多频方法的计算量明显增加。例如，如果我们以1Hz为间隔扫描1000Hz的频率范围，并以100r/min的间隔扫描主轴转速区间[0，15000]r/min，而对一个二维柔性系统来说，采取2个刀齿切削频率谐波［$D=n_{dof}(2h_r+1)=2(2\times2+1)=10$］，我们需要进行1000×15000/100=1500000次迭代。如果每次迭代的计算时间为0.1s，则总时间为150000s=150000/60min=2500min=41.63h。有D个特征值，在每次迭代中，则还需考虑采用最小或最大切削深度作为最终结果。然而，只考虑平均方向因子$\boldsymbol{A}_0$的零阶解，在一两秒内直接给出稳定性叶瓣图。在小于或等于固有频率的主轴转速范围内，零阶和多频方法的结果几乎相同。如果主轴转速在大于固有频率的范围，并且切削接触很低，那么铣削加工过程具有高间歇性，采用多频方法可以得到更精确的稳定性叶瓣图。

此外，通过式(4.115)迭代计算切削深度时，还存在其他弊端。因为特征值有$D=n_{dof}(2r+1)$个，同时也存在$D=n_{dof}(2r+1)$个可能的轴向切削深度。取所有最小切削深度值不一定能得到正确解。谐波($\omega_c \pm l\omega_T$)可能会在$\Phi_{xx}(\omega_c \pm l\omega_T)$出现无效柔性。我们需要通过检验特征值来确定唯一的有效解。通过下面的过程，确保正确识别可接受的特征值，从而准确预测给定主轴转速和颤振频率下的临界稳定切削深度。

复数特征值$\Lambda_q=\Lambda_{R,q}+\mathrm{i}\Lambda_{I,q}$大小和相位表示如下：

$$|\Lambda_q|=\sqrt{\Lambda_{R,q}^2+\Lambda_{I,q}^2},\ \tan\psi_q=\frac{\Lambda_{I,q}}{\Lambda_{R,q}}$$

$$\sin\psi_q=\frac{\Lambda_{I,q}}{|\Lambda_q|},\quad \cos\psi_q=\frac{\Lambda_{R,q}}{|\Lambda_q|} \tag{4.116}$$

由于轴向切割深度的虚数部分为零，则以下特征值根条件为

$$\tan\psi=\frac{\Lambda_{I,q}}{\Lambda_{R,q}}=\frac{\cos\frac{\omega_s T}{2}}{\sin\frac{\omega_s T}{2}}\rightarrow \Lambda_{R,q}\cos\frac{\omega_c T}{2}-\Lambda_{I,q}\sin\frac{\omega_c T}{2}=0 \tag{4.117}$$

将其与特征值的大小进行归一化处理

$$\frac{\Lambda_{R,q}\cos\frac{\omega_c T}{2}-\Lambda_{I,q}\sin\frac{\omega_c T}{2}}{\sqrt{\Lambda_{R,q}^2+\Lambda_{I,q}^2}}=0$$

$$\cos\psi_q\cos\frac{\omega_c T}{2}-\sin\psi_q\sin\frac{\omega_c T}{2}=0 \tag{4.118}$$

$$\cos\left(\frac{2\psi_q+\omega_c T}{2}\right)=0,\psi_q=\arctan\frac{\Lambda_{I,q}}{\Lambda_{R,q}}$$

对于每个特征值 q，需满足相位条件 $\cos\dfrac{2\psi_q+\omega_c T}{2}=0$。迭代求解特征值过程中，在数值上收敛和识别特征根是有难度的，需要准确高效的算法进行求解。进而，我们还需要进一步检验，来消除由 FRF 产生的无效特征值，即与颤振频率 ω_c 距离 $\pm l\omega_T$ 处的特征值。

一旦在频率 ω_c 处发生颤动，动态力就会在 $\omega_c\pm l\omega_T$ 处表现出波动，如下所示：

$$
\begin{aligned}
\boldsymbol{F}(t)=\begin{bmatrix}F_x(t)\\F_y(t)\end{bmatrix}&=\sum_{l=-\infty}^{+\infty}\boldsymbol{P}_l e^{i(\omega_c+l\omega_T)t}=\sum_{l=-\infty}^{+\infty}\begin{bmatrix}P_{lx}\\P_{ly}\end{bmatrix}e^{i(\omega_c+l\omega_T)t}\\
&=\cdots+\boldsymbol{P}_{-2}e^{i(\omega_c-2\omega_T)t}+\boldsymbol{P}_{-1}e^{i(\omega_c-\omega_T)t}+\boldsymbol{P}_0 e^{i\omega_c t}+\boldsymbol{P}_1 e^{i(\omega_c+\omega_T)t}\\
&\quad+\boldsymbol{P}_2 e^{i(\omega_c+2\omega_T)t}+\cdots
\end{aligned}
\tag{4.119}
$$

其中 $\left[\cdots P_{-2x}\ \ P_{-1x}\ \ P_{0x}\ \ P_{1x}\ \ P_{2x}\ \cdots\right]^T$ 和 $\left[\cdots P_{-2y}\ \ P_{-1y}\ \ P_{0y}\ \ P_{1y}\ \ P_{2y}\ \cdots\right]^T$ 分别是 x 和 y 柔性方向的特征向量。特征向量中的每项都代表了相应频率($\omega_c\pm l\omega_T$)下频谱的振幅。如果系统在频率 ω_c 下发生颤动，由不稳定的再生动态切削引起的力和振动为在相同频率 ω_c 下的最大力和振动。因此，式(4.119)中的 $\boldsymbol{P}_0 e^{i\omega_c t}$ 的最高频谱振幅为$|\boldsymbol{P}_0|$，即 $\boldsymbol{P}_0>\in(\cdots,\ \boldsymbol{P}_{-2},\ \boldsymbol{P}_{-1},\ \boldsymbol{P}_1,\ \boldsymbol{P}_2,\ \cdots)$，采用 P_0 归一化特征向量，检验其在每个柔性方向上的有效性：

$$
\bar{\boldsymbol{p}}=\left\{\cdots\ \left|\frac{\boldsymbol{P}_{-2}}{\boldsymbol{P}_0}\right|\ \left|\frac{\boldsymbol{P}_{-1}}{\boldsymbol{P}_0}\right|\ 1\ \left|\frac{\boldsymbol{P}_1}{\boldsymbol{P}_0}\right|\ \left|\frac{\boldsymbol{P}_2}{\boldsymbol{P}_0}\right|\ \cdots\right\}^T
\tag{4.120}
$$

如果任何一个归一化的特征向量项 $\left|\dfrac{\boldsymbol{P}_l}{\boldsymbol{P}_0}\right|>1$，该解会得到一个错误的切削深度，在迭代求解过程中必须被忽略。如果没有忽略错解，多频解可能总是收敛到不考虑谐波的零阶解。

【实例 4.5】低切削接触铣削。通过考虑平均方向系数 $\boldsymbol{A}_0$ 和最多三个谐波（r=3）的刀齿切削频率，分别采用零阶方法和多频方法，对低径向切削深度的铣削系统进行稳定性分析。铣削切削条件和结构参数如图 4.18 所示。采用两种方法分析了 A、B 和 C 三点的稳定性，而零阶方法和多频方法在 B 和 C 点的稳定性分析结果不同。

在 A 点（n=30000r/min，a=2mm），采用零阶方法和多频方法分析，系统都会产生颤动，而且两种方法得到的切削深度几乎是相等的。力谱显示了主导的刀齿切削频率谐波加上颤动频率在过齿整数倍处的传播频率。然而，在 y 方向的振动频谱中只有一个主导频率，即颤振频率。采用时域模拟（TDS）和多频方法（MFS）分别得到颤振频率为 $\omega_{c,TDS}=947.23\text{Hz}$，$\omega_{c,MFS}=946.9\text{Hz}$。这种有规律的颤振在文献中被称为霍普夫分岔。

在 B 点（n=34000r/min，a=3mm），采用多频方法落于稳定区，采用零阶方法则落于非稳定区。图 4.18（b）中的时域模拟显示，系统在该条件下进行切削确实是处于稳定状态。由于稳定铣削过程的周期性，刀具振动和切削力的主导频率只在刀齿切削频率（ ω_T ）及其整数次谐波上。

在 C 点（n=38000r/min，a=2mm），采用多频方法落于非稳定区，采用零阶方法则落于稳定区。由图 4.18（c）的频谱可以看出，振幅不断增大，模拟的切削力和刀具振动显示出明显的不稳定性。同时，只有刀齿切削频率及其谐波（ $k\omega_T$ ），以及半刀齿切削频率及其奇数谐波［ $(2k+1)(\omega_T/2)$ ］是主导的，其中 k 为正整数。这种类型的颤振在文献中被称为翻转分岔。由多频方法预测的最主要颤振频率为 $\omega_{c,MFS}=950.5\text{Hz}$，近似于刀齿切削频率的一半，即 $\omega_{c,TDS}=\omega_T/2=950Hz$。值得注意的是，切削力中半刀齿切削频率的整数倍，不能与发生刀齿切削频率整数倍的强迫振动相混淆。由时域模拟可以看出，*C* 点处铣削条件使系统发生明显颤振。而工业上大多数常见的铣削条件下，铣削系统都会发生有规律的颤振，此时可以通过零阶方法准确预测。

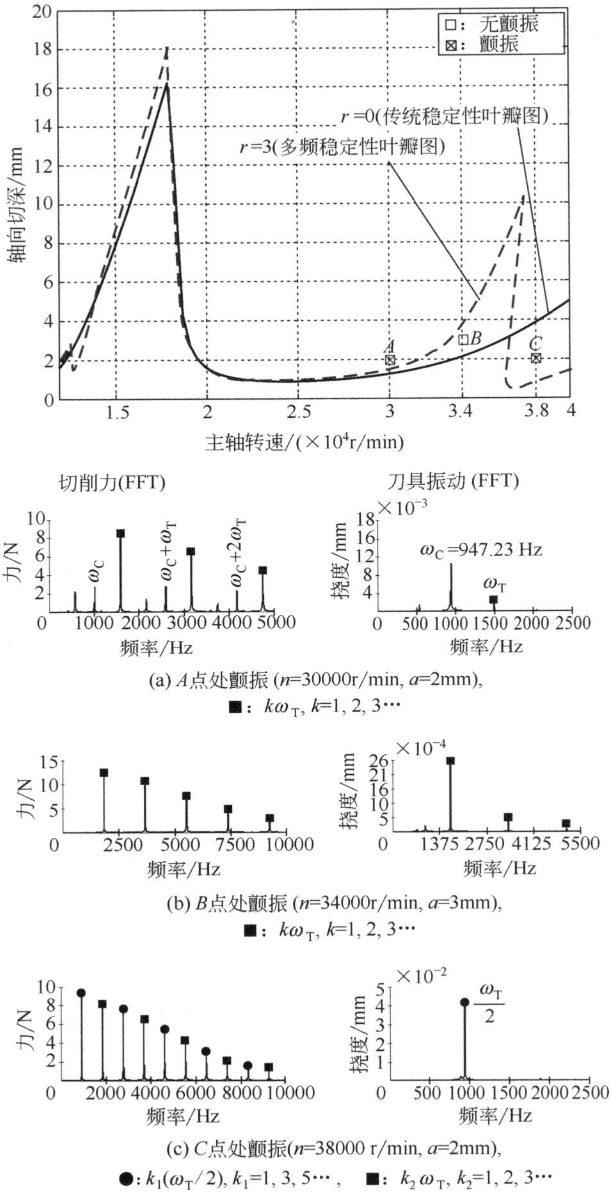

图 4.18 低切削接触顺铣稳定性叶瓣图

法向方向（*y*）的结构动力参数：ω_{ny}=907Hz，$k_y=1.4\times10^6$N/m，ζ_y=0.013，*x* 方向为刚性系统。径向切削深度为 1.256mm，三刃立铣刀直径为 23.6mm。进给率：0.12mm/r/齿。切削系数(AI-6061)：K_t=500MPa 和 K_r=0.2

4.7 钻削加工中颤振稳定性分析

动态钻削系统的一般运动方程可以在静止状态中形成：

$$\boldsymbol{M}\begin{bmatrix}\ddot{x}_c(t)\\ \ddot{y}_c(t)\\ \ddot{z}_c(t)\\ \ddot{\theta}_c(t)\end{bmatrix}+\boldsymbol{C}\begin{bmatrix}\dot{x}_c(t)\\ \dot{y}_c(t)\\ \dot{z}_c(t)\\ \dot{\theta}_c(t)\end{bmatrix}+\boldsymbol{K}\begin{bmatrix}x_c(t)\\ y_c(t)\\ z_c(t)\\ \theta_c(t)\end{bmatrix}=\begin{bmatrix}F_x(t)\\ F_y(t)\\ F_z(t)\\ T_c(t)\end{bmatrix}$$

其中，x_c，y_c 表示钻头在全局坐标系中的横向偏移，z_c 表示轴向偏移，如图 4.19 所示。θ_c 为钻头相对于刚体主轴运动的扭转挠度。Ω为主轴转速，单位为 rad/s。矩阵 $\boldsymbol{M}$、$\boldsymbol{C}$ 和 $\boldsymbol{K}$ 分别为钻尖的集中质量、阻尼和刚度矩阵。钻头上受到的切削外载荷包括两个侧向力（F_x，F_y）、轴向力（F_z）和扭矩（T_c）。钻头的动态特性可以通过有限元方法预测，也可以通过实验测量。在钻削加工过程中，钻头顶端与材料接触，这大大改变了钻头结构的动态刚度。轴向挤压钻头，而扭矩则通过解旋使钻头延伸。目前，已有文献[92, 93]建立了其在频域中的模型。

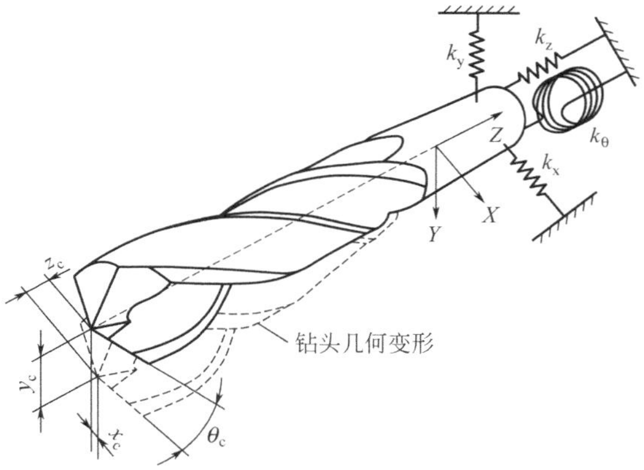

图 4.19 钻削振动的动力学模型

动态钻削力模型

钻头的每个切削刃都受到切向（t）、径向（r）和轴向（a）三个（正）分力的作用，如图 4.20 所示，定义如下：

$$\begin{aligned}F_{t1}=k_{tc}bh_1,\quad F_{r1}=k_{rc}F_{t1},\quad F_{a1}=k_{ac}F_{t1}\\ F_{t2}=k_{tc}bh_2,\quad F_{r2}=k_{rc}F_{t2},\quad F_{a2}=k_{ac}F_{t2}\end{aligned}\tag{4.121}$$

式中，h_1 是在主轴方向测量的切削刃 1 的未切削厚度；b 是由刀具半径和导孔半径之差定义的径向切削深度，即 $b=R-R_p$。径向力和轴向力与切向力成正比。作用在钻尖处的 X、Y 和 Z 方向的切削力合力可表示为：

$$\left.\begin{aligned}F_x(t)=(F_{t1}-F_{t2})\sin(\Omega t)-(F_{r1}-F_{r2})\cos(\Omega t)\\ F_y(t)=(F_{t1}-F_{t2})\cos(\Omega t)+(F_{r1}-F_{r2})\sin(\Omega t)\\ F_z(t)=F_{a1}+F_{a2}\\ T_c(t)\simeq R_t(F_{t1}+F_{t2})\end{aligned}\right\}\tag{4.122}$$

式中，R_t 为用于计算切向力和径向力的切削扭矩 T_c 的扭矩臂。

动态切削厚度受三个正交方向和一个扭转方向的振动的影响。静态切削厚度等于每转进给量（f_r）除以切削刃数（N），以麻花钻为例，有 2 个切削刃，则：

$$h_s = \frac{f_r}{N} \tag{4.123}$$

由每个切削刃上的再生位移 dx、dy 引起的切削厚度变化表示为：

$$\left.\begin{aligned} dh_1 &= \frac{1}{\tan x_t}[dx\cos(\Omega t) - dy\sin(\Omega t)] \\ dh_2 &= \frac{-1}{\tan x_t}[dx\cos(\Omega t) - dy\sin(\Omega t)] \end{aligned}\right\} \tag{4.124}$$

式中，$2x_t$ 是钻头顶角；Ωt 是刀具旋转角度。切削刃 1 上增加的切削厚度与切削刃 2 上减少的切削厚度等量。切削厚度的变化如图 4.21 所示，其中 $du = dx\cos(\Omega t) - dy\sin(\Omega t)$ 为刀具在切削刃方向的偏移。

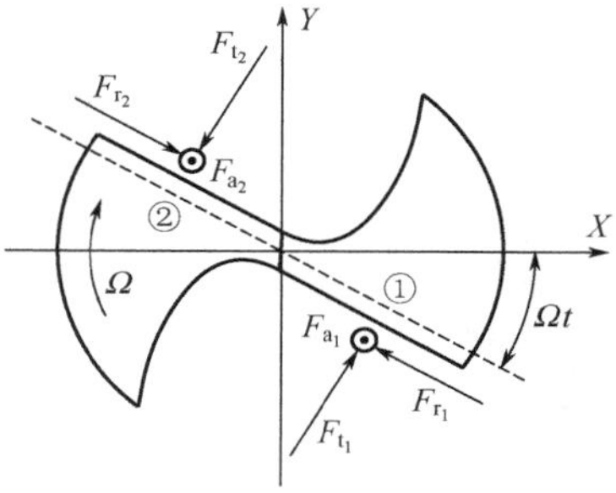

图 4.20　双槽钻头刀刃切削力

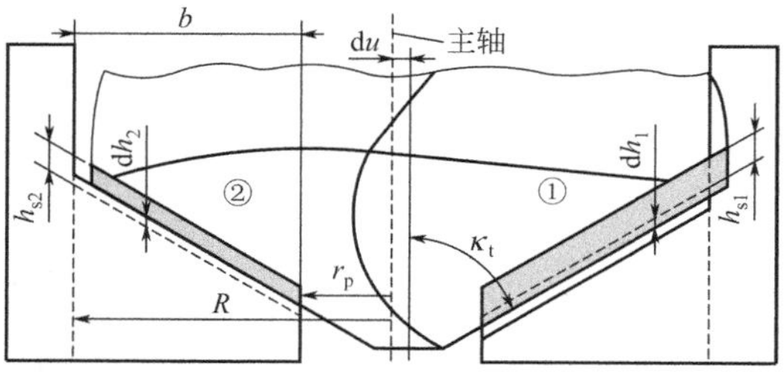

图 4.21　径向、轴向和扭转振动的钻头结构动态模型

再生的位移为

$$\Delta \boldsymbol{r} = \begin{bmatrix} dx \\ dy \\ dz \\ d\theta \end{bmatrix} = \begin{bmatrix} x_c(t) - x_c(t-T) \\ y_c(t) - y_c(t-T) \\ z_c(t) - z_c(t-T) \\ \theta_c(t) - \theta_c(t-T) \end{bmatrix} \tag{4.125}$$

式中，$T = 2\pi/(N\Omega)$ 为刃切削周期。

由扭矩振动（在刀具旋转方向上为正）引起的两个切削刃上的动态切削厚度表示如下：

$$dh_1 = dh_2 = -\frac{f_r}{2\pi}d\theta \tag{4.126}$$

其由每一转的进给量 f_r 确定。轴向振动直接影响切削厚度，具体如下：

$$dh_1 = dh_2 = -dz \tag{4.127}$$

切削厚度的总变化成为

$$\begin{bmatrix} dh_1 \\ dh_2 \end{bmatrix} = \begin{bmatrix} \dfrac{dx\cos(\Omega t) - dy\sin(\Omega t)}{\tan x_t} - dz - \dfrac{f_r}{2\pi}d\theta \\ \dfrac{-[dx\cos(\Omega t) - dy\sin(\Omega t)]}{\tan x_t} - dz - \dfrac{f_r}{2\pi}d\theta \end{bmatrix} \tag{4.128}$$

静态切削厚度（h_s）对稳定性几乎没有影响，动态力取决于动态切削厚度 dh_1 和 dh_2，如下所示：

$$\begin{bmatrix} F_x \\ F_y \\ F_z \\ T_c \end{bmatrix} = k_{tc} b \begin{bmatrix} (dh_1 - dh_2)\sin(\Omega t) - k_{rc}(dh_1 - dh_2)\cos(\Omega t) \\ (dh_1 - dh_2)\cos(\Omega t) + k_{rc}(dh_1 - dh_2)\sin(\Omega t) \\ k_{ac}(dh_1 + dh_2) \\ (dh_1 + dh_2)(1 - k_{rc})R_t \end{bmatrix} \tag{4.129}$$

其中动态切削厚度的和（$dh_1 + dh_2$）和差（$dh_1 - dh_2$）分别为

$$\begin{bmatrix} dh_1 + dh_2 \\ dh_1 - dh_2 \end{bmatrix} = \begin{bmatrix} -2dz - 2\dfrac{f_r}{2\pi}d\theta \\ \dfrac{2}{\tan x_t}[dx\cos(\Omega t) - dy\sin(\Omega t)] \end{bmatrix} \tag{4.130}$$

将 $\varphi = \Omega t$ 代入式（4.129），得到作用在刀具上的动态切削力，如下所示：

$$\begin{bmatrix} F_x \\ F_y \\ F_z \\ T_c \end{bmatrix} = k_{tc} b \begin{bmatrix} \dfrac{2}{\tan x_t}(dx\cos\varphi - dy\sin\varphi)(\sin\varphi - k_{rc}\cos\varphi) \\ \dfrac{2}{\tan x_t}(dx\cos\varphi - dy\sin\varphi)(\cos\varphi + k_{rc}\sin\varphi) \\ k_{ac}\left(-2dz - 2\dfrac{f_r}{2\pi}d\theta\right) \\ \left(-2dz - 2\dfrac{f_r}{2\pi}d\theta\right)(1 - k_{rc})R_t \end{bmatrix} = -2k_{tc}b\boldsymbol{B}(\varphi)\begin{bmatrix} dx \\ dy \\ dz \\ d\theta \end{bmatrix}$$

式中，$\boldsymbol{B}(\varphi)$ 为时变方向矩阵，通过考虑等式[$\cos^2\varphi = (1+\cos 2\varphi)/2$ ， $\sin^2\varphi = (1-\cos 2\varphi)/2$ ， $\sin\varphi\cos\varphi = (\sin 2\varphi)/2$]得到

$$\boldsymbol{B}(\varphi) = \begin{bmatrix} \dfrac{-1}{\tan x_t}\left(\dfrac{\sin 2\varphi}{2} - k_{rc}\cos^2\varphi\right) & \dfrac{1}{\tan x_t}\left(-\sin^2\varphi + k_{rc}\dfrac{\sin 2\varphi}{2}\right) & 0 & 0 \\ \dfrac{-1}{\tan x_t}\left(\cos^2\varphi - k_{rc}\dfrac{\sin 2\varphi}{2}\right) & \dfrac{1}{\tan x_t}\left(-\dfrac{\sin 2\varphi}{2} - k_{rc}\sin^2\varphi\right) & 0 & 0 \\ 0 & 0 & k_{ac} & \dfrac{f_r}{2\pi}k_{ac} \\ 0 & 0 & (1-k_{rc})R_t\dfrac{f_r}{2\pi} & (1-k_{rc})R_t \end{bmatrix} \tag{4.131}$$

$$= \begin{bmatrix} \dfrac{-1}{2\tan x_t}[\sin 2\varphi - k_{rc}(1+\cos 2\varphi)] & \dfrac{1}{2\tan x_t}[-(1-\cos 2\varphi) + k_{rc}\sin 2\varphi] & 0 & 0 \\ \dfrac{-1}{2\tan x_t}[(1+\cos 2\varphi) + k_{rc}\sin 2\varphi] & \dfrac{1}{2\tan x_t}[-\sin 2\varphi - k_{rc}(1-\cos 2\varphi)] & 0 & 0 \\ 0 & 0 & k_{ac} & \dfrac{f_r}{2\pi}k_{ac} \\ 0 & 0 & (1-k_{rc})R_t & \dfrac{f_r}{2\pi}(1-k_{rc})R_t \end{bmatrix} \tag{4.132}$$

动态钻削系数矩阵 $\boldsymbol{B}(\varphi)$ 由时间 t、主轴速度 Ω、切削系数 k_{rc} 和 k_{ac} 、顶角 x_t 、扭矩臂 R_t 和每一转的进给量 f_r 确定。由于轴向和扭转的偏差不影响 x 和 y 方向的侧向切削力(F_x, F_y)，

则侧向力仅由切削厚度差（dh_1-dh_2）确定。同样，刀具的横向偏移不影响动态轴向力 F_z 或扭矩 T_c，则扭矩和推力由切削厚度和（dh_1+dh_2）确定。动态切削力可以表示为：

$$\boldsymbol{F}(t)=-2k_{tc}b\boldsymbol{B}(\varphi)\Delta\boldsymbol{r} \tag{4.133}$$

其中 $\Delta\boldsymbol{r}$ 包含式（4.125）的再生位移。时变矩阵 $\boldsymbol{B}(\varphi)$ 在刃切削频率 $N\Omega$ 或刃切削周期 $T=2\pi/(N\Omega)$ 时具有周期性。与铣削稳定性相似，由于只考虑平均方向因子，横向方向不随时间变化。

$$\boldsymbol{B}_0=\frac{1}{T}\int_0^T\boldsymbol{B}(t)\mathrm{d}t=\frac{1}{\varphi_p}\int_{\varphi_{st}}^{\varphi_{ex}}\boldsymbol{B}(\varphi)\mathrm{d}\varphi \tag{4.134}$$

式中，刀具螺旋角为 $\varphi_p=2\pi/N$。

平均方向矩阵 $\boldsymbol{B}_0$ 仅在刀具的切入角（φ_{st}）和切出角（φ_{ex}）之间有效。尽管在切入式铣削操作中，切入和切出的角度可以变化，但其动力学模型与钻削相同，对于麻花钻和圆柱镗孔头 $\varphi_{st}=0$ 和 $\varphi_{ex}=\pi$。

$$\boldsymbol{B}_0=\frac{1}{\varphi_p}\int_{\varphi_{st}}^{\varphi_{ex}}\boldsymbol{B}(\varphi)\mathrm{d}\varphi=\begin{bmatrix}\beta_{xx}&\beta_{xy}&0&0\\\beta_{yx}&\beta_{yy}&0&0\\0&0&\beta_{zz}&\beta_{z\theta}\\0&0&\beta_{\theta z}&\beta_{\theta\theta}\end{bmatrix} \tag{4.135}$$

麻花钻的平均方向系数（$\varphi_p=\pi$，$\varphi_{st}=0$ 和 $\varphi_{ex}=\pi$）如下所示：

$$\boldsymbol{B}_0=\frac{1}{\pi}\int_0^{\pi}\boldsymbol{B}(\varphi)\mathrm{d}\varphi=\begin{bmatrix}\dfrac{+k_{rc}}{2\tan\chi_t}&\dfrac{+1}{2\tan\chi_t}&0&0\\\dfrac{-1}{2\tan\chi_t}&\dfrac{k_{rc}}{2\tan\chi_t}&0&0\\0&0&k_{ac}&\dfrac{f_r}{2\pi}k_{ac}\\0&0&(1-k_{rc})R_t&\dfrac{f_r}{2\pi}(1-k_{rc})R_t\end{bmatrix} \tag{4.136}$$

其由切削力系数和钻头的几何形状决定。通过将 $\boldsymbol{B}_0$ 代入式（4.133），动态切削力转换为时不变，即

$$\boldsymbol{F}(t)=-2k_{tc}b\boldsymbol{B}_0\Delta\boldsymbol{r} \tag{4.137}$$

因为 $\boldsymbol{B}_0$ 的对角线项为零，所以侧向动态切削力（F_x, F_y）和轴向力/切削力矩（F_z, T_c）与相应的侧向振动（dx, dy）和轴向/扭转振动（$dz, d\theta$）是解耦的。

4.8 钻削加工稳定性频域分析

钻头切削刃处的结构动力学可采用以下频响函数矩阵表示为：

$$\boldsymbol{\Phi}(\mathrm{i}\omega)=\begin{bmatrix}\Phi_{xx}&0&0&0\\0&\Phi_{yy}&0&0\\0&0&\Phi_{zz}&\Phi_{z\theta}\\0&0&\Phi_{\theta z}&\Phi_{\theta\theta}\end{bmatrix} \tag{4.138}$$

假设侧向方向之间没有耦合，也没有向轴向和扭转方向交叉串扰，钻头在扭转振动下可简化为螺旋弹簧，钻头在扭转时发生轴向收缩，而在松开时进行延伸。轴向力（F_z）

和扭矩（T_c）之间发生耦合，由交叉 FRF ($\Phi_{z\theta},\Phi_{\theta z}$) 表示。当谐波、再生位移 $\Delta \boldsymbol{r}$ 在颤动频率 ω_c 处以恒定的振幅发生振动，钻削系统处于临界稳定状态，如下所示：

$$\Delta \boldsymbol{r}(\mathrm{i}\omega_c)=(1-\mathrm{e}^{-\mathrm{i}\omega_c T})\boldsymbol{r}(\mathrm{i}\omega_c)=(1-\mathrm{e}^{-\mathrm{i}\omega_c T})\boldsymbol{\Phi}(\mathrm{i}\omega)\boldsymbol{F}\mathrm{e}^{\mathrm{i}\omega_c t} \tag{4.139}$$

式中，$\omega_c T$ 为连续刃切削周期 T 的振动之间的再生相位延迟。将 $\Delta \boldsymbol{r}(\mathrm{i}\omega_c)$ 代入式（4.137），动态钻削力被转换为以下特征值问题：

$$\boldsymbol{F}\mathrm{e}^{\mathrm{i}\omega_c t}=-2k_{tc}b_{lim}(1-\mathrm{e}^{-\mathrm{i}\omega_c T})\boldsymbol{B}_0\boldsymbol{\Phi}(\mathrm{i}\omega)\boldsymbol{F}\mathrm{e}^{\mathrm{i}\omega_c t} \tag{4.140}$$

式中，b_{lim} 是临界切削深度。

根据系统行列式，求解临界切削深度和速度特征值，如下所示：

$$\det[\boldsymbol{I}+\Lambda\boldsymbol{B}_0\boldsymbol{\Phi}(\mathrm{i}\omega)]=0 \tag{4.141}$$

其中特征值为

$$\Lambda=2k_{tc}b_{lim}(1-\mathrm{e}^{-\mathrm{i}\omega_c T})=2k_{tc}b_{lim}\left[1-\cos(\omega_c T)+\mathrm{i}\sin(\omega_c T)\right] \tag{4.142}$$

由于平均方向矩阵 $\boldsymbol{B}_0$ 的对角线元素为零，行列式［式（4.141）］可以被划分为侧向和环向/轴向分量。

$$\begin{cases}\left|\begin{bmatrix}1 & 0\\ 0 & 1\end{bmatrix}+\Lambda_{xy}\begin{bmatrix}\beta_{xx} & \beta_{xy}\\ \beta_{yx} & \beta_{yy}\end{bmatrix}\begin{bmatrix}\Phi_{xx} & 0\\ 0 & \Phi_{yy}\end{bmatrix}\right|=0\\ \left|\begin{bmatrix}1 & 0\\ 0 & 1\end{bmatrix}+\Lambda_{z\theta}\begin{bmatrix}\beta_{zz} & \beta_{z\theta}\\ \beta_{\theta z} & \beta_{\theta\theta}\end{bmatrix}\begin{bmatrix}\Phi_{zz} & \Phi_{z\theta}\\ \Phi_{\theta z} & \Phi_{\theta\theta}\end{bmatrix}\right|=0\end{cases} \tag{4.143}$$

与铣削稳定性模型类似，根据钻头的侧向和扭转/轴向结构动力学，由特征值 Λ_{xy} 和 $\Lambda_{z\theta}$ 得到钻削临界切削深度（b_{lim}）和主轴转速（n）。整理每个特征值的实部和虚部，如下所示：

$$\begin{aligned}&\Lambda=\Lambda_R+\mathrm{i}\Lambda_I=2k_{tc}b_{lim}\left[1-\cos(\omega_c T)+\mathrm{i}\sin(\omega_c T)\right]\\ &b_{lim}=\frac{1}{4k_{tc}}\left[\frac{\Lambda_R[1-\cos(\omega_c T)]+\Lambda_I\sin(\omega_c T)}{1-\cos(\omega_c T)}+\mathrm{i}\frac{\Lambda_I[1-\cos(\omega_c T)]-\Lambda_R\sin(\omega_c T)}{1-\cos(\omega_c T)}\right]\end{aligned} \tag{4.144}$$

设切削深度的虚数部分为零，得

$$\Lambda_I[1-\cos(\omega_c T)]-\Lambda_R\sin(\omega_c T)=0\rightarrow\chi=\frac{\Lambda_I}{\Lambda_R}=\frac{\sin(\omega_c T)}{1-\cos(\omega_c T)} \tag{4.145}$$

将 χ 代入临界切削深度［式（4.144）］的实部，得

$$b_{lim}=\frac{\Lambda_R(1+\chi^2)}{4k_{tc}} \tag{4.146}$$

与铣削相似，相应的主轴转速，即

$$T=\frac{\varepsilon+2k\pi}{\omega_c},\varepsilon=\pi-2\arctan\frac{\Lambda_I}{\Lambda_R}\rightarrow n(\mathrm{r/min})=\frac{60}{2T} \tag{4.147}$$

采用与铣削稳定性分析类似方法，绘制钻削稳定性叶瓣图。然而，分别采用考虑特征值 Λ_{xy} 的侧向振动和考虑特征值 $\Lambda_{z\theta}$ 的扭转/轴向振动，得到钻削稳定性叶瓣图。进而得出对生产率影响最大的结构动力学部分，为改进钻头几何设计和主轴转速选择提供参

考。必须指出的是，钻头在切削刃处的机械结构是复杂的，钻头在孔中的阶段，钻削加工过程中的刚度和阻尼会发生变化。因此，钻孔的稳定性在实际中很难准确预测。替代实验预测，钻削颤振的趋势和来源可以根据本书提出的稳定性模型进行分析预测。

4.9 颤振稳定性离散时域分析

Insperger 和 Stépán[53]提出了离散时域中颤动稳定性分析方法。以离散的时间间隔将延迟微分方程离散化，并对力和振动进行线性的时域模拟，同时预测给定切削条件下切削系统的稳定性。在下面章节中将主要介绍半离散时域方法在直角车削和铣削上的应用。

4.9.1 直角车削

根据延迟微分方程，直角车削系统的动力学方程式表示如下：

$$\frac{\mathrm{d}^2 x(t)}{\mathrm{d}t^2}+2\zeta\omega_\mathrm{n}\frac{\mathrm{d}x(t)}{\mathrm{d}t}+\omega_\mathrm{n}^2 x(t)=F(t)=\frac{\omega_\mathrm{n}^2}{k_\mathrm{x}}K_\mathrm{f}a[-x(t)+x(t-T)] \tag{4.148}$$

通过两个状态变量的微分方程：

$$\begin{gathered} x_1(t)=x(t),\quad x_2(t)=\frac{\mathrm{d}x(t)}{\mathrm{d}t} \\ \frac{\mathrm{d}^2 x(t)}{\mathrm{d}t^2}=\frac{\mathrm{d}x_2(t)}{\mathrm{d}t}=-\omega_\mathrm{n}^2\left(1+\frac{K_\mathrm{f}a}{k_\mathrm{x}}\right)x_1(t)-2\zeta\omega_\mathrm{n}x_2(t)+\frac{\omega_\mathrm{n}^2}{k_\mathrm{x}}K_\mathrm{f}ax_1(t-T) \end{gathered} \tag{4.149}$$

将其表示为一阶方程形式，为：

$$\underbrace{\begin{bmatrix}\dot{x}_1(t)\\ \dot{x}_2(t)\end{bmatrix}}_{\dot{y}(t)}=\underbrace{\begin{bmatrix}0 & 1\\ -\omega_\mathrm{n}^2\left(1+\dfrac{K_\mathrm{f}a}{k_\mathrm{x}}\right) & -2\zeta\omega_\mathrm{n}\end{bmatrix}}_{L}\underbrace{\begin{bmatrix}x_1(t)\\ x_2(t)\end{bmatrix}}_{y(t)}+\underbrace{\begin{bmatrix}0 & 0\\ \dfrac{\omega_\mathrm{n}^2}{k_\mathrm{x}}K_\mathrm{f}a & 0\end{bmatrix}}_{R}\underbrace{\begin{bmatrix}x_1(t-T)\\ 0\end{bmatrix}}_{y(t-T)} \tag{4.150}$$

$$\dot{\boldsymbol{y}}(t)=\boldsymbol{L}\boldsymbol{y}(t)+\boldsymbol{R}\boldsymbol{y}(t-T) \tag{4.151}$$

延迟期 T 被分为 m 个离散的时间间隔 Δt，即 $T=m\Delta t$。采用 y_i 表示 $y(t_i)$ 在当前时间 t_i 的值，并且在时间 $t_i-T\rightarrow y(t_i-T)=y[(i-m)\Delta t]=y_{i-m}$。当采样区间 Δt 非常小时，取两个连续的采样间隔的平均值，近似计算 $y(t-T)$，如下所示：

$$y(t-T)\approx\frac{y(t_i-T+\Delta t)+y(t_i-T)}{2}=\frac{y_{i-m+1}+y_{i-m}}{2}\rightarrow t\in[t_i,t_{i+1}] \tag{4.152}$$

微分方程 $\dot{y}$ 在微小时间间隔 Δt 内有齐次解 $y_{i\mathrm{h}}(t)$ 和特殊解 $y_{i\mathrm{p}}(t)$，为

$$y_i(t)=y_{i\mathrm{h}}(t)+y_{i\mathrm{p}}(t) \tag{4.153}$$

齐次解为：

$$\dot{y}_{i\mathrm{h}}(t)=Ly_{i\mathrm{h}}(t)\rightarrow y_{i\mathrm{h}}(t)=C_0\mathrm{e}^{L(t-t_i)} \tag{4.154}$$

其中 C_0 取决于初始条件。而特殊解为

$$y_{i\mathrm{p}}(t)=u(t)\mathrm{e}^{L(t-t_i)}\rightarrow\frac{\mathrm{d}}{\mathrm{d}t}y_{i\mathrm{p}}(t)=\mathrm{e}^{L(t-t_i)}\frac{\mathrm{d}u(t)}{\mathrm{d}t}+L\mathrm{e}^{L(t-t_i)}u(t) \tag{4.155}$$

代入 $y_{ip}(t)=u(t)\mathrm{e}^{L(t-t_i)}$，并使其导数相等($\dot{y}_{ip}(t)=\mathrm{d}y_{ip}(t)/\mathrm{d}t$)，得

$$\mathrm{e}^{L(t-t_i)}u(t)+L\mathrm{e}^{L(t-t_i)}u(t)=L\mathrm{e}^{L(t-t_i)}u(t)+R\left(\frac{y_{i-m+1}+y_{i-m}}{2}\right) \tag{4.156}$$

并得到

$$\begin{aligned}\dot{u}(t)&=\frac{1}{2}\mathrm{e}^{-L(t-t_i)}R(y_{i-m+1}+y_{i-m})\\ u(t)&=-\frac{1}{2}L^{-1}\mathrm{e}^{-L(t-t_i)}R(y_{i-m+1}+y_{i-m})\end{aligned} \tag{4.157}$$

将 $u(t)$代入 $y_{ip}(t)=\mathrm{e}^{L(t-t_i)}u(t)$，则

$$y_{ip}(t)=\mathrm{e}^{L(t-t_i)}u(t)=-\frac{1}{2}\mathrm{e}^{L(t-t_i)}L^{-1}\mathrm{e}^{-L(t-t_i)}R(y_{i-m+1}+y_{i-m})$$

根据指数矩阵特性 $\boldsymbol{Y}\mathrm{e}^{X}\boldsymbol{Y}^{-1}=\mathrm{e}^{\boldsymbol{YXY}^{-1}}$，得

$$\begin{aligned}Ly_{ip}(t)&=-\frac{1}{2}[L\mathrm{e}^{L(t-t_i)}L^{-1}]\mathrm{e}^{-L(t-t_i)}R(y_{i-m+1}+y_{i-m})\\ y_{ip}(t)&=-\frac{1}{2}L^{-1}[\mathrm{e}^{LLL^{-1}(t-t_i)}]\mathrm{e}^{-L(t-t_i)}R(y_{i-m+1}+y_{i-m})\\ &=-\frac{1}{2}L^{-1}\mathrm{e}^{L(t-t_i)}\mathrm{e}^{-L(t-t_i)}R(y_{i-m+1}+y_{i-m})\\ &=-\frac{1}{2}L^{-1}R(y_{i-m+1}+y_{i-m})\end{aligned} \tag{4.158}$$

系统的完整解 $y_i(t)$ 表示如下：

$$\begin{aligned}y_i(t)&=y_{ih}(t)+y_{ip}(t)=C_0\mathrm{e}^{L(t-t_i)}+\mathrm{e}^{L(t-t_i)}u(t)\\ y_i(t)&=C_0\mathrm{e}^{L(t-t_i)}-\frac{1}{2}L^{-1}R(y_{i-m+1}+y_{i-m})\end{aligned} \tag{4.159}$$

当系统处于 $t=t_i$ 时

$$\begin{aligned}y_i&=y_{ih}(t_i)+y_{ip}(t_i)=C_0-\frac{1}{2}L^{-1}R(y_{i-m+1}+y_{i-m})\\ C_0&=y_i+\frac{1}{2}L^{-1}R(y_{i-m+1}+y_{i-m})\end{aligned} \tag{4.160}$$

由于该方法在离散的时间间隔 Δt 下有效，在式（4.159）中，两个连续的时间间隔之间的时间差用 $t_{i+1}-t_i=\Delta t$ 代替，如下所示

$$y_{i+1}=\mathrm{e}^{L\Delta t}C_0-\frac{1}{2}L^{-1}R(y_{i-m+1}+y_{i-m}) \tag{4.161}$$

将 C_0 代入式（4.160）中，在离散的时间间隔 t 中，延迟微分方程的线性解表示如下

$$\begin{aligned}y_{i+1}&=\mathrm{e}^{L\Delta t}y_i+\mathrm{e}^{L\Delta t}\frac{1}{2}L^{-1}R(y_{i-m+1}+y_{i-m})-\frac{1}{2}L^{-1}R(y_{i-m+1}+y_{i-m})\\ &=\mathrm{e}^{L\Delta t}y_i+\frac{1}{2}(\mathrm{e}^{L\Delta t}-I)L^{-1}R[y_{i-(m-1)}+y_{i-m}]\end{aligned} \tag{4.162}$$

由前一个值 y_i 和（y_{i-m}，y_{i-m+1}）前的延迟值，采用矩阵形式表示状态的离散时间值为

$$\underbrace{\begin{bmatrix} y_i \\ y_{i-1} \\ \vdots \\ \vdots \\ y_{i-(m-1)} \\ y_{i-m} \end{bmatrix}}_{y_i} = \underbrace{\begin{bmatrix} e^{L\Delta t} & 0 & 0 & 0 & 0 \\ I & 0 & 0 & 0 & 0 \\ \vdots & I & 0 & 0 & 0 \\ \vdots & \vdots & \vdots & \vdots & \vdots \\ 0 & 0 & I & 0 & 0 \\ 0 & 0 & 0 & I & 0 \end{bmatrix}}_{B_1} \underbrace{\begin{bmatrix} y_{i-1} \\ y_{i-2} \\ \vdots \\ \vdots \\ y_{i-m} \\ y_{i-(m+1)} \end{bmatrix}}_{Y_{i-1}}$$

$$\underbrace{+\frac{1}{2}(e^{L\Delta t}-I)L^{-1}R \begin{bmatrix} 0 & 0 & \cdots & \cdots & I & I \\ 0 & 0 & \cdots & \cdots & 0 & 0 \\ \vdots & \vdots & \vdots & \vdots & \vdots & \vdots \\ \vdots & \vdots & \vdots & \vdots & \vdots & \vdots \\ 0 & 0 & 0 & 0 & 0 & 0 \\ 0 & 0 & 0 & 0 & 0 & 0 \end{bmatrix}}_{B_2} \underbrace{\begin{bmatrix} y_{i-1} \\ y_{i-2} \\ \vdots \\ \vdots \\ y_{i-m} \\ y_{i-(m+1)} \end{bmatrix}}_{Y_{i-1}} \tag{4.163}$$

$$\boldsymbol{Y}_i = \boldsymbol{B}\boldsymbol{Y}_{i-1} \rightarrow \boldsymbol{B} = \boldsymbol{B}_1 + \boldsymbol{B}_2$$

其中由式（4.162）得到第一行，其余值均等于自己，即 $y_{i-1}=y_{i-1}, y_{i-2}=y_{i-2}, \ldots, y_{i-m}=y_{i-m}$。直角车削条件下颤振动力学的延迟微分方程被离散为 m 个时间段，如式（4.163）所示。在时间段 $t=i\Delta t$ 内，由前一个振动值（y_{i-1}）预测每个振动（y_i），在主轴旋转之前产生的振动（$y_{i-m} \rightarrow t_{i-m}=t_i-m\Delta t=t_i-T$），以及在这之前产生的振动（$y_{i-(m+1)} \rightarrow t_{i-(m+1)}=t_i-(m+1)\Delta t=t_t-T-\Delta t$）。换句话说，需要知道系统主轴前几圈的振动情况，因此，该方法需要 m 个在前一个主轴旋转时产生的振动的初始值，这些初始值是不可用的。然而，由于瞬时振动最终会消失，我们可以假设一个非零，且恒定的稳态静态挠度（即 $\boldsymbol{y}=[x \quad \dot{x}] \rightarrow x_{-1}=x_{-2}=\cdots=x_{-m}=\frac{\omega_n^2}{k_x}K_f a,\ \dot{x}=0$）作为初始条件。在主轴旋转一到两次后，系统将收敛至稳态振动，主轴的旋转定义了切削深度和速度后，式（4.163）可以预测动态切削力及振动历史。当系统稳定时，将振动 $F_i=\frac{\omega_n^2}{k_x}K_f a(-x_i+x_{i-m})$ 代入到式（4.148）中。该方法的准确性取决于一个主轴周期内时间间隔的数量。值得注意的是，在采样间隔 Δt 内，必须能够捕捉到振动频率，即 $\Delta t \leqslant \pi/\omega_c$ 或 $m \geqslant 2$。

由于传递矩阵 $\boldsymbol{B}$ 为时不变矩阵，并且若给定主轴转速和切削深度，其为恒定的。采用离散方程［式（4.163）］对车削系统进行稳定性分析，并检验其特征值。

$$\boldsymbol{Y}_i = \boldsymbol{B}\boldsymbol{Y}_{i-1} \rightarrow |\lambda \boldsymbol{I} - \boldsymbol{B}| = 0 \tag{4.164}$$

如果传递矩阵 $\boldsymbol{B}$ 的任何特征值 λ 在单位圆之外，即 $\lambda>1$，则相当于在连续系统中拥有一个正实数极点（$\lambda=e^{+\sigma_i T}>1$），此时直角切削系统会发生颤动，处于不稳定状态。或对机床工作主轴转速 n（r/s）（$T=1/n$）范围进行扫描，在不同轴向切削深度下进行稳定性分析，构建稳定性叶瓣图。稳定性频域分析可直接预测叶瓣图，但半离散法则需对切削条件进行实验，该方法计算成本高、效率低。此外，半离散方法的计算精度取决于离散采样时间（Δt）、主轴转速间隔（Δn）和轴向切削深度增量（Δa）。但是，由于半离散法基于离散时间间隔的动态切削方程的时域解，因此，该方法可以直接预测任何稳定切削条件下的稳态振动、主轴转速和切削力。

4.9.2 铣削稳定性的离散时域分析

在式（4.73）中所示的动态铣削方程的基础上，Stepan 等人[49, 52]改进了预测铣削稳定性的半离散方法。

$$\boldsymbol{F}(t)=\frac{1}{2}aK_{\mathrm{t}}\boldsymbol{A}(t)\Delta(t) \tag{4.165}$$

当铣刀旋转时，方向因子为时变的，$\boldsymbol{A}(t)$在刀齿切削频率 $\omega_{\mathrm{T}}=N\Omega$ 或刀齿切削周期 $T=2\pi/\omega_{\mathrm{T}}$ 时具有周期性。为了简化运算，考虑铣床切削刃上的两个正交挠度：

$$\varPhi_{\mathrm{xx}}(s)=\frac{\omega_{\mathrm{nx}}^2/k_{\mathrm{x}}}{s^2+2\varsigma_{\mathrm{x}}\omega_{\mathrm{nx}}s+\omega_{\mathrm{nx}}^2}\rightarrow \ddot{x}(t)+2\varsigma_{\mathrm{x}}\omega_{\mathrm{nx}}\dot{x}(t)+\omega_{\mathrm{nx}}^2x(t)=\frac{\omega_{\mathrm{nx}}^2}{k_{\mathrm{x}}}F_{\mathrm{x}}(t) \tag{4.166}$$

$$\varPhi_{\mathrm{yy}}(s)=\frac{\omega_{\mathrm{ny}}^2/k_{\mathrm{y}}}{s^2+2\varsigma_{\mathrm{y}}\omega_{\mathrm{ny}}s+\omega_{\mathrm{ny}}^2}\rightarrow \ddot{y}(t)+2\varsigma_{\mathrm{y}}\omega_{\mathrm{ny}}\dot{y}(t)+\omega_{\mathrm{ny}}^2y(t)=\frac{\omega_{\mathrm{ny}}^2}{k_{\mathrm{y}}}F_{\mathrm{y}}(t) \tag{4.167}$$

动态切削力为

$$\begin{bmatrix}F_{\mathrm{x}}(t)\\F_{\mathrm{y}}(t)\end{bmatrix}=\frac{1}{2}aK_{\mathrm{t}}\begin{bmatrix}a_{\mathrm{xx}}&a_{\mathrm{xy}}\\a_{\mathrm{yx}}&a_{\mathrm{yy}}\end{bmatrix}\left(\begin{bmatrix}x(t)\\y(t)\end{bmatrix}-\begin{bmatrix}x(t-T)\\y(t-T)\end{bmatrix}\right)$$

由耦合、延迟的微分方程表示铣削过程动力学模型：

$$\begin{aligned}&\begin{bmatrix}\ddot{x}(t)+2\varsigma_{\mathrm{x}}\omega_{\mathrm{nx}}\dot{x}(t)+\omega_{\mathrm{nx}}^2x(t)\\\ddot{y}(t)+2\varsigma_{\mathrm{y}}\omega_{\mathrm{ny}}\dot{y}(t)+\omega_{\mathrm{ny}}^2y(t)\end{bmatrix}\\&=\frac{1}{2}aK_{\mathrm{t}}\begin{bmatrix}\omega_{\mathrm{nx}}^2/k_{\mathrm{x}}&0\\0&\omega_{\mathrm{ny}}^2/k_{\mathrm{y}}\end{bmatrix}\begin{bmatrix}a_{\mathrm{xx}}&a_{\mathrm{xy}}\\a_{\mathrm{yx}}&a_{\mathrm{yy}}\end{bmatrix}\left(\begin{bmatrix}x(t)\\y(t)\end{bmatrix}-\begin{bmatrix}x(t-T)\\y(t-T)\end{bmatrix}\right)\end{aligned} \tag{4.168}$$

重排运动方程的矩阵形式为

$$\begin{aligned}&\begin{bmatrix}1&0\\0&1\end{bmatrix}\begin{bmatrix}\ddot{x}\\\ddot{y}\end{bmatrix}+\begin{bmatrix}2\varsigma_{\mathrm{x}}\omega_{\mathrm{nx}}&0\\0&2\varsigma_{\mathrm{y}}\omega_{\mathrm{ny}}\end{bmatrix}\begin{bmatrix}\dot{x}\\\dot{y}\end{bmatrix}+\begin{bmatrix}\omega_{\mathrm{nx}}^2&0\\0&\omega_{\mathrm{ny}}^2\end{bmatrix}\begin{bmatrix}x\\y\end{bmatrix}\\&=\frac{1}{2}aK_{\mathrm{t}}\begin{bmatrix}\omega_{\mathrm{nx}}^2/k_{\mathrm{x}}&0\\0&\omega_{\mathrm{ny}}^2/k_{\mathrm{y}}\end{bmatrix}\begin{bmatrix}a_{\mathrm{xx}}&a_{\mathrm{xy}}\\a_{\mathrm{yx}}&a_{\mathrm{yy}}\end{bmatrix}\left(\begin{bmatrix}x(t)\\y(t)\end{bmatrix}-\begin{bmatrix}x(t-T)\\y(t-T)\end{bmatrix}\right)\end{aligned}$$

定义状态变量为

$$x_1=x(t),x_2=\frac{\mathrm{d}x(t)}{\mathrm{d}t},\dot{x}_1=x_2;\quad y_1=y(t),\quad y_2=\frac{\mathrm{d}y(t)}{\mathrm{d}t}=\dot{y}_1$$

由式（4.168）中考虑延迟的时变自激周期性铣削动力学模型，得到一阶方程

$$\dot{\boldsymbol{q}}=\boldsymbol{L}\boldsymbol{q}+\boldsymbol{R}\boldsymbol{q}(t-T) \tag{4.169}$$

其中

$$\boldsymbol{q}=\begin{bmatrix}x(t)\\y(t)\\\dot{x}(t)\\\dot{y}(t)\end{bmatrix},\boldsymbol{A}(t)=\begin{bmatrix}a_{\mathrm{xx}}(t)&a_{\mathrm{xy}}(t)\\a_{\mathrm{yx}}(t)&a_{\mathrm{yy}}(t)\end{bmatrix},\delta=\frac{1}{2}aK_{\mathrm{t}}$$

$$
M^{-1}=\begin{bmatrix}\omega_{nx}^2/k_x & 0\\ 0 & \omega_{ny}^2/k_y\end{bmatrix}, C=\begin{bmatrix}-2\zeta_x\omega_{nx} & 0\\ 0 & -2\zeta_y\omega_{ny}\end{bmatrix}, D=\begin{bmatrix}\omega_{nx}^2 & 0\\ 0 & \omega_{ny}^2\end{bmatrix}
$$
$$
L=\begin{bmatrix}\mathbf{0}_{2\times2} & I_{2\times2}\\ \delta M^{-1}A-D & C\end{bmatrix}, R=\begin{bmatrix}\mathbf{0} & \mathbf{0}\\ -\delta M^{-1}A & \mathbf{0}\end{bmatrix} \tag{4.170}
$$

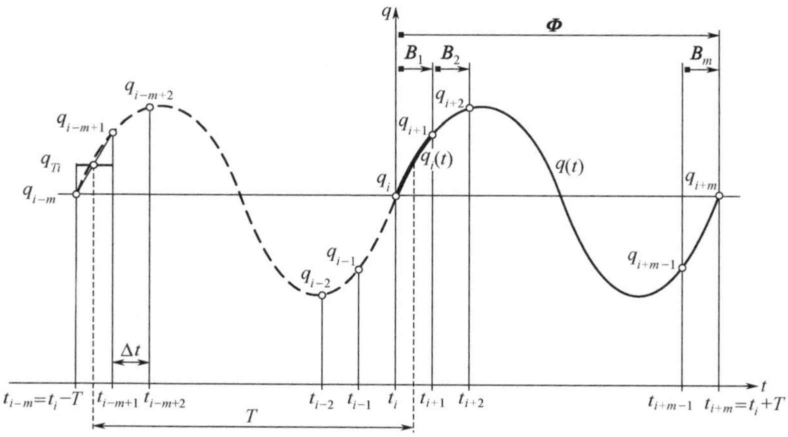

图 4.22　周期函数的半离散化

如图 4.22 所示，延迟期 T 被分为 m 个离散的时间间隔 Δt，即 $T=m\Delta t$。采用 q_i 简单表示在当前时间 t_i 处 $q(t_i)$ 的值，在时间 $t_i-T\rightarrow \boldsymbol{q}(t_i-T)=\boldsymbol{q}[(i-m)\Delta t]=\boldsymbol{q}_{i-m}$。当采样间隔 Δt 非常小时，$\boldsymbol{q}(t_i-T)$ 的值由两个连续采样间隔的平均值近似表示，如下所示

$$
\boldsymbol{q}(t-T)\approx\frac{\boldsymbol{q}(t_i-T+\Delta t)+\boldsymbol{q}(t_i-T)}{2}=\frac{\boldsymbol{q}_{i-m+1}+\boldsymbol{q}_{i-m}}{2}\rightarrow t\in[t_i,t_{i+1}] \tag{4.171}
$$

根据式（4.169），在离散时间间隔内，系统动力学方程[20]如下：

$$
\dot{\boldsymbol{q}}_i=\boldsymbol{L}_i\boldsymbol{q}_i+\frac{1}{2}\boldsymbol{R}_i(\boldsymbol{q}_{i-m+1}+\boldsymbol{q}_{i-m}) \tag{4.172}
$$

在时间区间 Δt 内，微分方程 $\dot{\boldsymbol{q}}$ 的齐次解 $\boldsymbol{q}_{i,\mathrm{h}}(t)$ 和特定解 $\boldsymbol{q}_{i,\mathrm{p}}(t)$，如下所示

$$
\boldsymbol{q}_i(t)=\boldsymbol{q}_{i,\mathrm{h}}(t)+\boldsymbol{q}_{i,\mathrm{p}}(t) \tag{4.173}
$$

得到的齐次解为

$$
\dot{\boldsymbol{q}}_{i,\mathrm{h}}(t)=\boldsymbol{L}_i\boldsymbol{q}_{i,\mathrm{h}}(t)\rightarrow \boldsymbol{q}_{i,\mathrm{h}}(t)=\mathrm{e}^{\boldsymbol{L}(t-t_i)}\boldsymbol{C}_0 \tag{4.174}
$$

其中 $\boldsymbol{C}_0$ 取决于初始条件。而特定解为：

$$
\begin{aligned}
&\dot{\boldsymbol{q}}_{i,\mathrm{p}}(t)=\boldsymbol{L}\boldsymbol{q}_{i,\mathrm{p}}(t)+\frac{1}{2}\boldsymbol{R}(\boldsymbol{q}_{i-m+1}+\boldsymbol{q}_{i-m})\\
&\boldsymbol{q}_{i,\mathrm{p}}(t)=\mathrm{e}^{\boldsymbol{L}(\tau-t_i)}\boldsymbol{u}(t)=-\frac{1}{2}\boldsymbol{L}^{-1}\boldsymbol{R}(\boldsymbol{q}_{i-m+1}+\boldsymbol{q}_{i-m})
\end{aligned} \tag{4.175}
$$

系统 $\boldsymbol{q}_i(t)$ 的完整解是

$$
\boldsymbol{q}_i(t)=\boldsymbol{q}_{i,\mathrm{tr}}(t)+\boldsymbol{q}_{i,\mathrm{p}}(t)=\mathrm{e}^{\boldsymbol{L}_i(t-t_i)}\boldsymbol{C}_0-\frac{1}{2}\boldsymbol{L}_i^{-1}\boldsymbol{R}_i(\boldsymbol{q}_{i-m+1}+\boldsymbol{q}_{i-m}) \tag{4.176}
$$

当系统处于 $t=t_i$ 时，

$$\begin{aligned} \boldsymbol{q}_i &= \boldsymbol{C}_0 - \frac{1}{2}\boldsymbol{L}_i^{-1}\boldsymbol{R}_i(\boldsymbol{q}_{i-m+1}+\boldsymbol{q}_{i-m}) \\ \boldsymbol{C}_0 &= \boldsymbol{q}_i + \frac{1}{2}\boldsymbol{L}_i^{-1}\boldsymbol{R}_i(\boldsymbol{q}_{i-m+1}+\boldsymbol{q}_{i-m}) \end{aligned} \tag{4.177}$$

因为解在离散的时间间隔 $\Delta t = t_{i+1} - t_i$ 上有效，所以时间 $t = t_{i+1}$ 的状态

$$\boldsymbol{q}_{i+1} = \mathrm{e}^{\boldsymbol{L}_i\Delta t}\boldsymbol{q}_i + \frac{1}{2}(\mathrm{e}^{\boldsymbol{L}_i\Delta t} - \boldsymbol{I})\boldsymbol{L}_i^{-1}\boldsymbol{R}_i(\boldsymbol{q}_{i-m+1}+\boldsymbol{q}_{i-m}) \tag{4.178}$$

根据前一个值 $\boldsymbol{q}_i$ 和一个延迟前的值（$\boldsymbol{q}_{i-m}, \boldsymbol{q}_{i-m+1}$），离散时间的方程表示如下

$$\boldsymbol{z}_{i+1} = \boldsymbol{B}_i\boldsymbol{z}_i \tag{4.179}$$

其中

$$\boldsymbol{z}_i = \begin{bmatrix} \boldsymbol{q}_i \\ \boldsymbol{q}_{i-1} \\ \vdots \\ \boldsymbol{q}_{i-m+1} \\ \boldsymbol{q}_{i-m} \end{bmatrix}_{(m+1)\times 1}$$

$$\boldsymbol{B}_i = \begin{bmatrix} \mathrm{e}^{\boldsymbol{L}_i\Delta t} & \boldsymbol{0} & \cdots & \frac{1}{2}(\mathrm{e}^{\boldsymbol{L}_i\Delta t} - \boldsymbol{I})\boldsymbol{L}_i^{-1}\boldsymbol{R}_i & \frac{1}{2}(\mathrm{e}^{\boldsymbol{L}_i\Delta t} - \boldsymbol{I})\boldsymbol{L}_i^{-1}\boldsymbol{R}_i \\ \boldsymbol{I} & & & \boldsymbol{0} & \boldsymbol{0} \\ & \boldsymbol{I} & & \boldsymbol{0} & \vdots \\ \cdots & \cdots & \cdots & \vdots & \vdots \\ \cdots & \cdots & \boldsymbol{I} & \vdots & \boldsymbol{0} \\ & & & \vdots & \boldsymbol{0} \\ & & & \boldsymbol{I} & \boldsymbol{0} \end{bmatrix}_{4(m+1)\times 4(m+1)}$$

根据式（4.170），由时变方向矩阵 $\boldsymbol{A}(t)$可以得到每个时间间隔（$t = i\Delta t$）的状态矩阵 $\boldsymbol{L}(t)$和 $\boldsymbol{R}(t)$。通过求解在时间间隔 Δt 内的离散递归方程组（4.179），得到时变铣削加工动力学特性。因为该过程以刀齿切削时间 T 具有周期性，所以只需在 m 个时间间隔内求解方程。

在刀齿切削周期 T 内的 m 个时间间隔内，由式（4.179）预测系统的稳定性，表示如下：

$$\boldsymbol{z}_{i+m} = \boldsymbol{\Phi}\boldsymbol{z}_i = \boldsymbol{B}_m\boldsymbol{B}_2\boldsymbol{B}_1\boldsymbol{z}_i \tag{4.180}$$

根据 Floquet 理论，如果传递矩阵 $\boldsymbol{\Phi}$ 的任何一个特征值的模数大于 1，则线性周期系统［式（4.180）］处于不稳定状态；如果模数为 1，则处于临界稳定；如果模数小于 1，则系统稳定。与可以直接给出临界稳定性边界的零阶频域方法不同，采用半离散时域方法时，需检验实验主轴转速和切削深度迭代搜索，分析不同条件下的系统稳定性。半离散时域方法中，考虑了离散时间间隔 Δt 的时变周期系数 $\boldsymbol{A}(t)$，因此，当进行小径向切割深度高间歇性铣削时，采样该方法预测系统稳定性的准确性会更高。

【实例 4.6】低切削接触高间歇性铣削。Altintas 等[20]分别采用频率和离散时域方法，

分析了低切削接触高间歇性铣削稳定性，并将结果进行了对比。当进行高速高间歇性切削时，即低径向切削接触且刀齿较少，与考虑时变方向因子的多频方法和半离散方法相比，零阶法无法准确地预测系统稳定性。这个问题主要突出在主轴速度上，从刀齿切削频率与结构的固有频率相近时所对应的主轴转速开始。我们采用一个具体的实例说明这个问题，如图 4.23 所示。该铣刀有三个带零螺旋线的槽，以半浸入式顺铣模式对

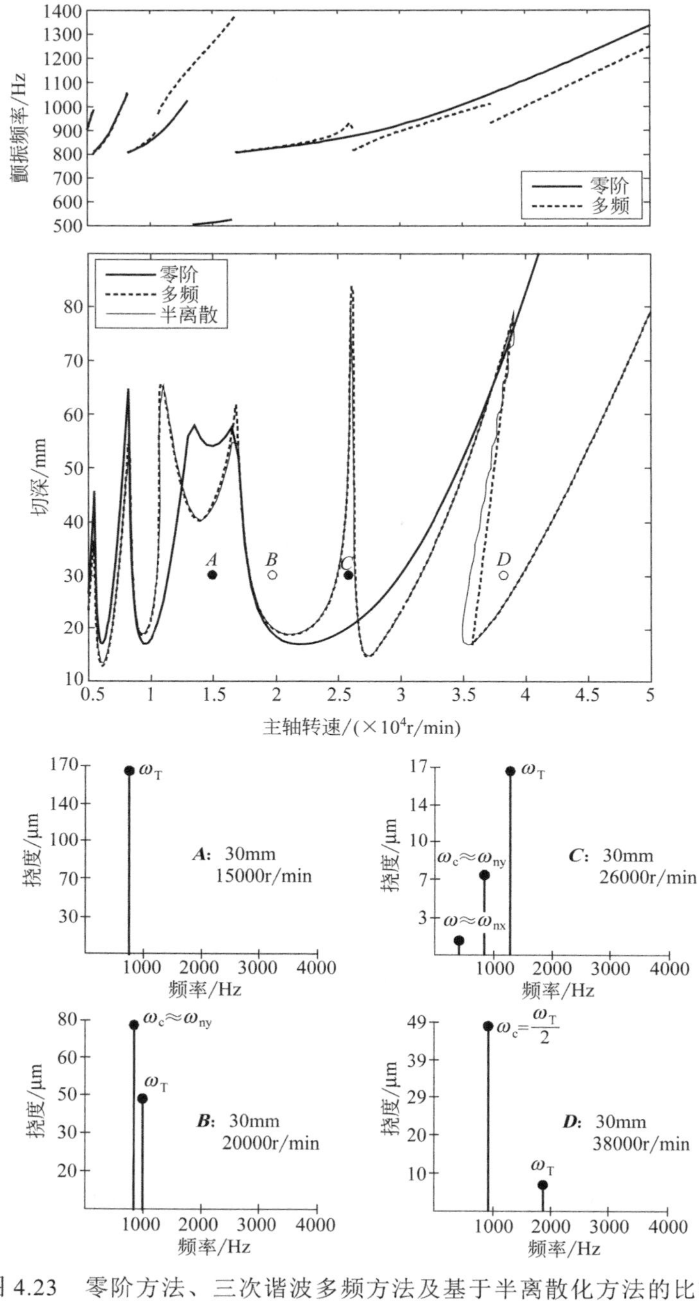

图 4.23　零阶方法、三次谐波多频方法及基于半离散化方法的比较

刀具：三刃零螺旋铣刀。切削条件：半浸式顺铣。切削系数：$K_t = 900\text{MPa}$，$K_r=270\text{MPa}$。结构动力参数：$\omega_{nx} = 510\text{Hz}$，$\omega_{ny} = 802\text{Hz}$；$\zeta_x = 0.04$，$\zeta_y = 0.05$，$k_x = 96.2\times10^6\text{N/m}$，$k_y = 47.5\times10^6\text{N/m}$

铝材料进行切削。结构的模态固有频率为 510Hz 和 802Hz，分别对应主轴转速为 10200r/min 和 16040r/min 的区域。由于低径向切削接触且刀齿较少，铣削加工过程具有高间歇性。可以看出，在主轴转速为 10200r/min 的区域之前，由零阶方法、多频方法和半离散方法得出的稳定性叶瓣图几乎相同，但之后出现偏差，其中零阶方法无法考虑时变方向因子对系统稳定性的影响。该铣削加工系统在 A 点处时是稳定的，此时强迫振动发生在刀齿切削频率 ω_T(Hz)。然而，在主轴转速高于 16040r/min 之后，零阶方法无法预测在 26000r/min 和 35000r/min 出现的附加叶瓣。然而，多频方法和半离散方法都能预测到附加叶瓣，而且结果完全一致。多频方法采用方向因子的三次谐波，而半离散方法则采用最高固有频率的 40 倍频率（即 40×802Hz）。在此简单讨论一下 Merdol 和 Altintas[76] 说明的附加叶瓣的物理原理。方向因子的高次谐波将频响函数由左向右翻转，使其进入右侧的模态频率区，这就产生了额外的稳定性叶瓣。例如，以切削深度为 30mm 且主轴转速 n=26000r/min 进行铣削，系统是处于稳定状态的。多频方法考虑了刀齿切削频率为 1300Hz。这两个结果都将频率响应函数进行了翻转，并将其带到 510Hz 和 802Hz 的区域，在主轴转速 26000r/min 区域形成一个稳定叶瓣。在主轴转速为 38000r/min 时（D 点），加工过程中的颤振频率恰好是刀齿切削频率的一半。然而，当切削深度由 30mm 增加到 60mm 时，基于同样的现象出现了附加叶瓣。然而，值得读者注意的是，由于机床通常不会在超过固有频率的刀齿切削频率下运行，所以这种现象在实际中很少发生。如果在更高模态下操作，系统会使附加叶瓣失真。如果系统没有更高模态，则机床在进行高速切削时不会发生不平衡问题。

4.10 思考问题

1．用一把有 3 个螺旋槽的立铣刀加工 Al-7075 合金。给出的切向和径向切削力系数分别为 K_t=600MPa，K_r=0.07，立铣刀用两个互相垂直的模态表示，相应的参数如下：

$$\omega_{nx} = 593.75\text{Hz}, \quad \zeta_x = 3.9\%, \quad K_x = 5.59\times10^6\,\text{N/m}$$
$$\omega_{ny} = 675\text{Hz}, \quad \zeta_y = 3.5\%, \quad K_y = 5.71\times10^6\,\text{N/m}$$

绘制在进行全接触和半接触切削时，铣削系统的稳定性叶瓣图。

2．立铣刀安装在主轴上，其长度为 127mm，直径为 100mm，在铣刀的三个点进行进给方向（x）和法向（y）传递函数的测量（参见图 4.24）。加速度计安装在点 2，装有冲击力传感器的冲击锤作用在三个点上，利用模态分析软件对测得的传递函数进行曲线拟合，模态参数在表 4.4 中给出。

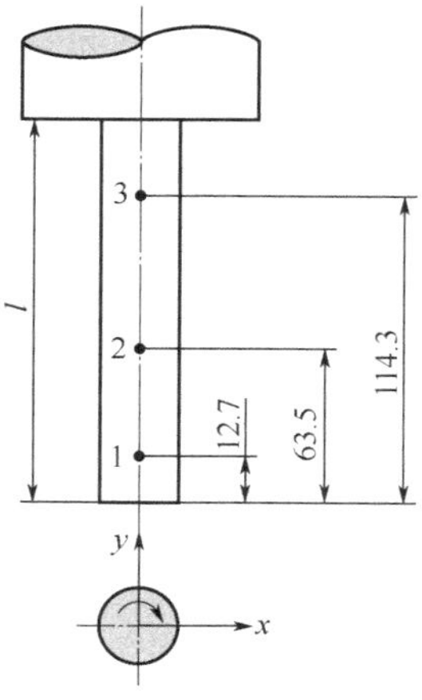

图 4.24　安装在主轴上的 4 螺旋槽立铣刀

刀具直径 d=100mm，长度 l=127mm

① 辨识（x，y）两个方向的实模态矩阵。

② 绘制 y 方向的模态振型。

③ 计算点 1 在 x，y 方向的直接传递函数（即 Φ_{xx}=?，Φ_{yy}=?）

④ 对 Al-7075 的飞机翼梁进行顺铣加工，切削宽度 b=10mm，切削力系数为

K_t=752MPa，K_r=0.3。假定动态力只作用在点 1，计算其稳定性叶瓣图。假定忽略交叉传递函数，绘制稳定性叶瓣图，并对选择最佳切削条件给出建议。

表 4.4　安装在主轴上的立铣刀的模态参数

模态	x		y	
参数	模态 1	模态 2	模态 1	模态 2
ω_n/Hz	479.4	588.7	493.3	637.9
ζ	0.51	0.029	0.068	0.027
σ_{12}/(1/kg)	1.304945×10^{-5}	-2.725243×10^{-6}	1.532536×10^{-5}	7.659394×10^{-6}
$\mathrm{j}v_{12}$/(1/kg)	-2.467218×10^{-5}	-6.02617×10^{-5}	-7.680401×10^{-5}	-1.260438×10^{-5}
σ_{22}/(1/kg)	6.117676×10^{-6}	-2.225907×10^{-6}	9.606246×10^{-6}	4.553267×10^{-6}
$\mathrm{j}v_{22}$/(1/kg)	-1.408889×10^{-5}	-4.572173×10^{-5}	-5.5804×10^{-5}	-7.4116×10^{-6}
σ_{32}/(1/kg)	1.415152×10^{-6}	-2.237442×10^{-6}	3.953402×10^{-6}	1.35349×10^{-6}
$\mathrm{j}v_{32}$/(1/kg)	-1.094268×10^{-5}	-3.452623×10^{-5}	-3.913159×10^{-5}	-6.116283×10^{-6}

3．一把细长立铣刀，在其尖端（Φ_{11}）和中间点（Φ_{12}）测量传递函数，如图 4.25 所示。

① 计算并绘制模态振型。

② 表示铣刀在两个测量点的直接传递函数。

③ 假设材料的切削系数为 K_t=750MPa，K_r=0.3。刀具齿数为 6，加工方式为半浸式逆铣。计算频域中的稳定极限。（提示：利用 x 方向刚度特性，$\Phi_{xx}=0$。避免计算非必要部分的稳定性）

4．在最大主轴转速为 20000r/min 的机器上，使用直径为 40mm 的刀具，对宽度为 1000mm、深度为 30mm 的 A1-7050-T6 铝块进行粗加工。在主轴转速高于 8000r/min 时，主轴功率为 20kW，主轴扭矩容量为 30N • m。刀具制造商建议 Al-7050 的切削负载为 0.2mm/齿/r。表 4.5 给出了机器结构动力学参数在刀尖处的测量数据。在不违反机器扭矩、功率和颤振限制的情况下，并在指定齿数、主轴转速、径向和轴向切削深度条件下，求解最大材料去除率，为数控程序员操作提供建议。

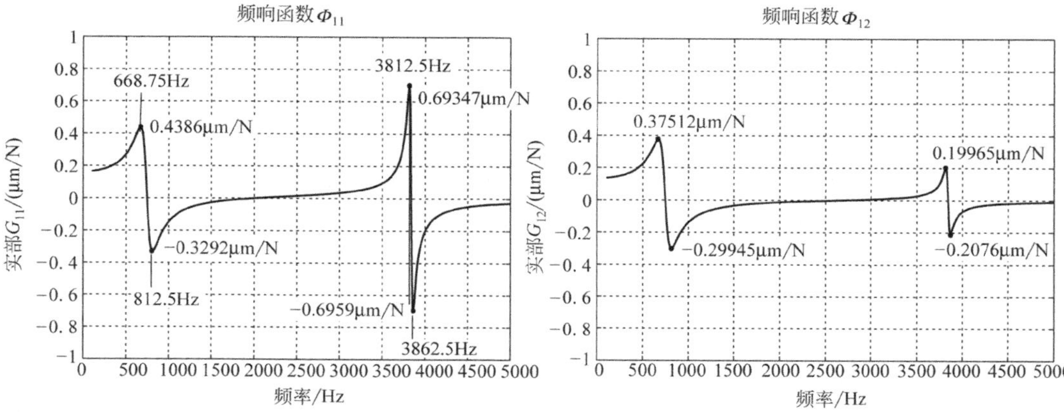

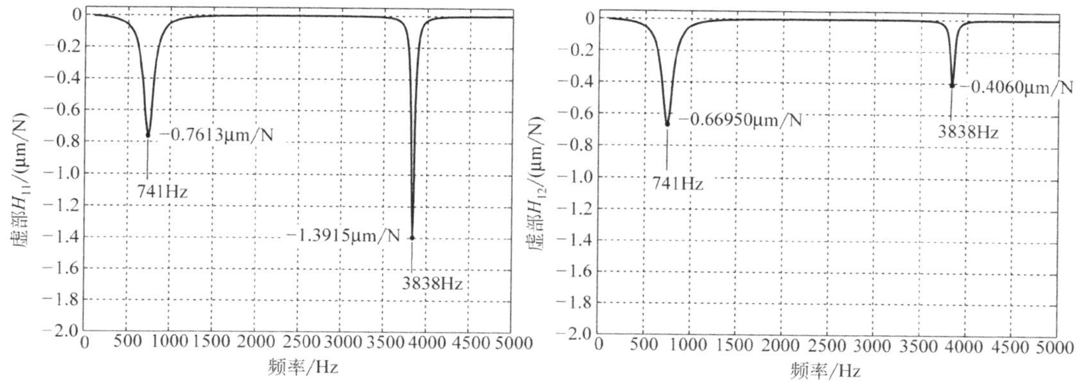

图 4.25 刀具在尖端(Φ_{11})和伸出的中间点(Φ_{12})处测量的 FRF

表 4.5 安装在主轴上的直径 40mm 刀具的模态参数

		ω_n/Hz	k/(N/μm)	ζ/%	$2k\zeta$/(N/μm)
进给方向（xx）	模态 1	808	11	3.4	0.748
	模态 2	1347	27	2.44	1.32
法线方向（yy）	模态 1	788	18	3.01	1.08
	模态 2	1273	37	2.73	2.02

5. 采用直径为 16mm 的双槽麻花钻在 Al-7050 铝合金上开孔，并带有直径为 4mm 的预钻孔。进给速率为 0.3mm/刃，半刃角 χ_t 为 45°。切削力系数为 k_{tc}=1200MPa、k_{rc}=0.3、k_{ac}=0.23，扭矩臂 R_t=6.62mm。钻头模态参数见表 4.6。预测钻头的稳定性。

表 4.6 双刃直径 16mm 麻花钻的模态参数

模态	频率 ω_n/Hz	刚度 k	阻尼/%
Φ_{xx}	363	16N/μm	2
Φ_{yy}	338	16N/μm	2
Φ_{zz}	3358	105N/μm	2
$\Phi_{\theta\theta}$	3358	778N·m/μrad	2
$\Phi_{z\theta}$	3358	0.43N·m/μm	2
$\Phi_{\theta z}$	3358	492400N/μrad	2

第5章 制造自动化技术

5.1 导言

数控（NC）机床是应复杂轮廓的航空零件加工和成型模具制造的需要而研制的，第一台数控机床是由 Parsons 公司和 MIT 合作于 1952 年研制成功的[63]。第一代数控单元采用数字电子电路，它不具备任何实际的中央处理单元，因此它们被称为 NC 或硬件 NC 机床。20 世纪 70 年代，以小型机作为控制单元的计算机数控（CNC）机床研制成功。随着电子技术和计算机技术的发展进步，当前的 CNC 系统采用多个高性能的微处理器和可编程控制器（PLC）以并行和协同控制的方式工作，能够同时对所有的轴进行伺服位置和速度的控制，进行在线图形辅助零件编程、在线切削过程监控、在线零件测量并实现无人化加工。机床制造商提供了绝大多数这类功能供用户选择。

5.2 计算机数控单元

典型的 CNC 机床由 3 个基本单元组成：机械单元、动力单元（电机和功率放大器）和 CNC 单元。这里将从机床使用者的角度简单介绍 CNC 系统。

5.2.1 CNC 单元的体系结构

机床的 CNC 单元由一个或多个中央处理单元（CPU）、输入/输出装置、操作界面和可编程控制器组成。

根据对机床不同的性能要求，CNC 单元可能拥有几个 CPU 或微处理器。一台基本的三轴 CNC 铣床要求对三根轴进给速度和位置及主轴速度具有实时控制的功能。根据计算任务的不同，当前的 CNC 系统趋向于采用多个 CPU。在这种基于多处理器的 CNC 系统中，附加的 CPU 模块可以扩展 CNC 的智能化程度并增加其功能。例如，在如图 5.1 所示的加工中心上，由于其 CNC 系统采用了几个 CPU，它可以同时实现轮廓控制、刀具控制、所有轴的坐标控制、切削过程监控和图形辅助的零件编程。

每个 CNC 单元都有供操作者使用的键盘和监视器，还具有软驱和用于加载 NC 程序的高速串行通信口。必须注意 CNC 的输入装置如软驱很容易损坏，特别是在存在灰尘、金属切屑和切削液的金工车间，使用时要特别注意。CNC 坐标测量机（Coordinate Measuring Machine，CMM）在空气干净和温控测量室中使用，因此对其没有像在车间使用的 CNC 单元那样严格的绝缘要求。在计算机应用化程度比较高的车间，经常采用主计算机和各个 CNC 单元之间直接通信的方式，NC 程序、生产计划和生产时间的记录在各个 CNC 单元和主机之间直接进行连续的电子化通信。这种系统被称作分布式数控（Distributed Numerically Contrlled，DNC）系统。虽然这样可以不必在每个 CNC 单元上都有输入装置，但最好还是在 CNC 单元上有自己的输入装置，以便保证在通信出现故障时机床能够单独使用。CNC 系统都装备有监视器和键盘，允许操作者直接编辑 NC 程序，然而在组织管理比较好的车间不推荐使用这种做法。CNC 机床的投资和操作成本相当高，将它们用于连续金属去除之外的其他工作是不合理的。在将加工程序发送到车间之前，工艺设计者可以在办公室利用辅助动画功能模拟刀具路径测试 NC 程序。本章下面有关小节中将讲述 NC 编程和刀具路径检验的方法。

CNC 系统中还具有辅助逻辑功能，例如，打开切削液开关、主轴顺时针转动（CW）或逆时针转动（CCW）、接触行程开关和换刀功能要求的坐标 ON/OFF 型逻辑信号，这些都由 CNC 系统的可编程控制器单元实现。

为了便于操作者操作机床，每个 CNC 单元都装备有急停按钮、关机开关、进给率和主轴速度倍率旋钮、点动及机床回零开关。操作界面的个数在很大程度上取决于机床的类型和功能以及 CNC 软件库的丰富程度。

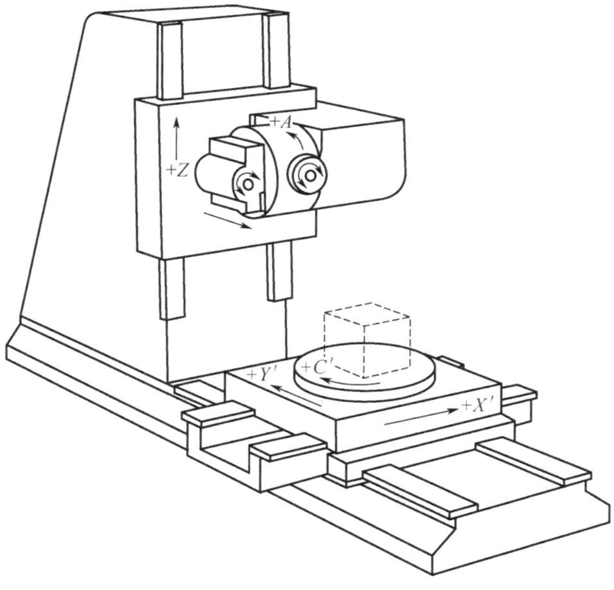

图 5.1　多轴 CNC 加工中心

5.2.2　CNC 的执行

NC 程序是用国际上能够识别的标准语言编写的。人们期望每种商业 CNC 单元接受标准的 NC 代码，NC 代码以 ASCII 格式经输入装置传送给 CNC 单元。CNC 的执行主要是主系统软件将 NC 代码一段一段地进行译码并将适当的命令分别发送给 CNC 系统的物理控制装置、计算装置和 PLC 单元。例如，以 200mm/s 的进给速度移动 10mm 距离的命令可以翻译为：实时时针被设置为以 200000 脉冲/s 的速率生成 10000 个脉冲（1 个脉冲=0.001mm 的距离）。位置脉冲（即离散的速度命令）被转化为它们的当量模拟电压（一般在±10V 的范围）直接指示机床的轴位置控制单元。模拟电压经过功率单元的放大驱动轴的驱动电机实现期望的运动。辅助功能如主轴的开/关和换刀命令被转化为 PLC 单元的布尔逻辑信号（+5V 或-5V）。

人们也期望 CNC 执行软件按一定的逻辑顺序执行 NC 功能，例如，在控制进给或开始加工时必须先启动主轴。虽然装刀和将刀具定位在加工位置可能编写在同一段程序中，但在执行时，必须先完成装刀动作，再进行刀具定位。

5.2.3 CNC 机床轴的命名规则

电子工业协会在标准 RS-367-A 中列出了 14 种不同名称的轴或运动类型。然而一般的机床可能最多有 5 根轴，齿轮成形机和刀具刃磨机最多有 14 根被控运动轴。

在笛卡儿坐标系下进行编程，*Z* 轴总是与机床主轴同轴；*X* 轴通常平行于机床主工作台的最长尺寸方向；*Y* 轴通常平行于机床主工作台的最短尺寸方向。字母 *A*、*B* 和 *C* 分别代表绕 *X*、*Y* 和 *Z* 轴的旋转运动。图 5.2 所示为两种机床轴的命名和轴的配置。

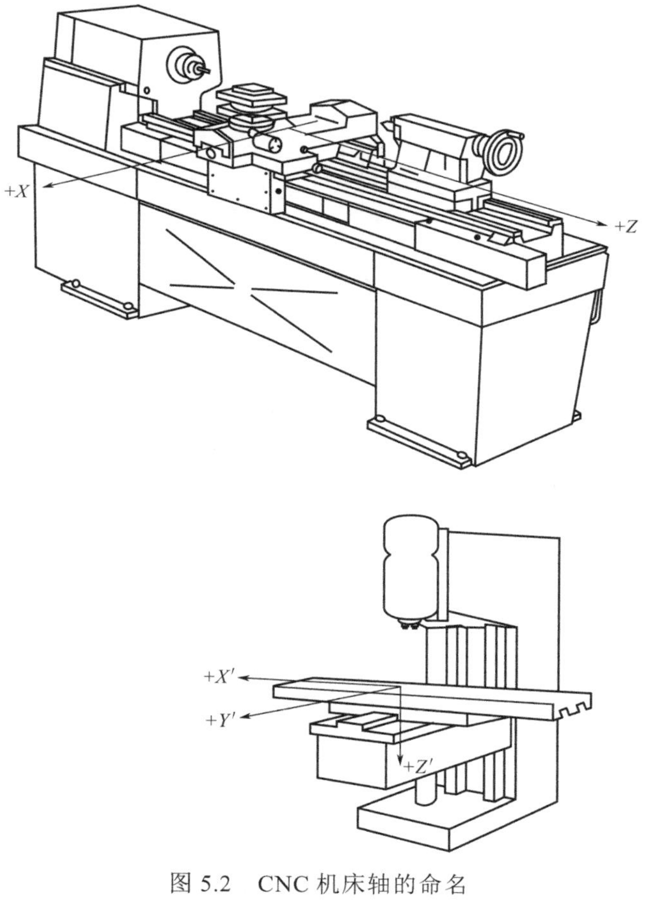

图 5.2　CNC 机床轴的命名

5.2.4 NC 零件程序的结构

NC 零件程序代表加工的顺序，或用于产生期望的零件形状的程序段。每段程序以字母 N 开始，后接程序段顺序号。一段典型的 NC 程序如下所示：

```
N0040 G91 X25.00 Y10.00 Z-12.55 F150 S1100 T06 M03 M07
```

NC 程序由程序段组成，每个程序段由几个程序字组成。每个程序字以字母开始，后接数字，表示特定的机床指令。在 NC 程序中以 G 开头的字表示准备功能，以 M 开头的字代表辅助功能，以 F 和 S 开头的字分别表示进给和主轴转速。T 表示刀具号。*x*、*y* 和 *z* 字母后的标量数字表示在指定轴的运动长度。上面给出的 NC 程序段被 CNC 执行软件解释为：将 6 号刀具安装在主轴上（T06），主轴以 1100r/min 的速度顺时针转动（S1100，M03），并在运动开始前打开切削液（M07）。以增量（G91）方式将机床在 *x*、*y* 和 *z* 方向移动 25mm、10mm 和 12.55mm，沿刀具运动路径的合成进给速度为 150mm/min。N040 表示该程序段在整个零件程序中是第 40 段程序。

常用的 NC 字如下所列：

N……：程序段序号。

G……：准备功能。

X……：主 *X* 轴运动。

Y……：主 *Y* 轴运动。

Z……：主 *Z* 轴运动。

U……：平行于 *X* 轴的第二个运动。

V……：平行于 *Y* 轴的第二个运动。

W……：平行于 *Z* 轴的第二个运动。

A……：绕 *X* 轴的转动。

B……：绕 *Y* 轴的转动。

C……：绕 *Z* 轴的转动。

I……：平行于 *X* 轴的插补参数或螺纹导程。

J……：平行于 *Y* 轴的插补参数或螺纹导程。

K……：平行于 *Z* 轴的插补参数或螺纹导程。

F……：进给字。

M……：辅助功能。

S……：主轴速度字。

T……：刀具号字。

R……：在 *Z* 轴方向的快速移动。

对于某些 CNC 单元，数字代码必须以给定的特殊格式编写。然而，一般大多数控系统允许自由格式。所有的 NC 字和它们的功能将在下面给出，它是依据 ISO 1056 国际标准给出的。

（1）准备功能

• G00：点-点之间的定位。该功能提供机床沿不受控制的随机路径快速实现点-点之间的定位。必须注意各个轴之间是独立的快速进给运动，因此，在编程时必须注意避免刀具与夹具和工件之间的干涉。

• G01：直线插补。刀具沿指定的直线运动，刀具路径速度保持给定的恒定进给速度，进给驱动之间的速度协调，保持刀具沿直线运动。

• G02、G03：顺时针圆弧插补（G02）、逆时针圆弧插补（G03）。通过两根轴的协调运动，刀具产生顺时针或逆时针的圆弧运动，顺时针或逆时针的圆弧方向是以垂直运动平面的第三根轴的负方向确定的。

• G04：所编写运动的时间延迟。

• G07：在编写的速率开始时可控的增速和减速。

• G17～G19：用于标识诸如圆弧插补、刀具补偿和其他类似功能所在的平面。

• G21～G23：选择直线或圆弧插补，对圆角方式进行精确控制。

• G33：恒螺距螺纹切削。

• G34、G35：增螺距（G34）和减螺距（G35）螺纹切削。

• G40：取消所有已激活的刀具补偿或偏置。

• G41、G42：刀具左补偿（G41）、刀具右补偿（G42）。沿刀具运动方向看，刀具位于工件表面的左（右）侧垂直于刀具运动方向，刀具与工件之间的偏置位移可以调整，用以补偿编写的刀具直径或半径与实际刀具半径或直径之间的差别。

• G70：以英制单位（英寸）编程。

• G71：以米制单位（毫米）编程。

• G80：注销激活的固定循环。

• G81～G89：一系列预先设置的操作，它们能使机床轴或/和主轴直接完成固定的加工循环，如镗削、钻削、攻螺纹或这些加工的组合。这就是机床制造商所称的固定循环。

• G90：绝对坐标编程。

• G91：相对坐标编程。

• G94：进给率以英寸（或毫米）/分钟给出。

• G95：进给率以英寸（或毫米）/转给出。

（2）辅助功能

• M00：程序停止。在完成该程序段中其他的指令后，终止程序的继续执行。

• M01：选择停止，当满足选择条件时程序停止。在操作者执行继续命令（continue）后程序继续执行。

• M02：程序结束，表示整个加工循环完成。在执行完最后一段 NC 程序的所有命令后使主轴停止转动，关闭冷却液并停止进给。

• M03、M04：主轴顺时针（M03）或逆时针（M04）启动。

• M05：主轴停止。

• M06：换刀。

• M07、M08：切削液开（M07）、关（M08）。

• M19：主轴停止在预先确定的角向位置。

• M30：程序结束。停止进给，主轴停止转动并关闭切削液，返回 NC 程序的开始。

• M49：阻止操作者使用主轴速度和进给速度倍率。

应当指出的是，NC 程序中的所有 G 代码和 M 代码均是可执行的，如果遇到同组模态指令，前面的指令将被后面的指令代替。

5.2.5 主要准备功能

（1）G00——点-点之间的定位

工作台（或刀具）从一个点定位到另一个点，不需要任何坐标轴之间的协调运动。这种功能通常被用来进行钻孔、攻螺纹操作或刀具不切削时的快速定位移动。

（2）连续轮廓路径

在加工期间连续控制工作台的位置，保持刀具在期望的轮廓轨迹上（如斜线、圆弧或样条曲线段）运动。这涉及对轮廓加工中所用到的每根轴的速度的连续处理和控制。第 6 章要讲述的实时数字插补方法将被用来进行连续路径的加工。下面介绍两个最基本的插补命令，它们是所有的商品化 CNC 单元都具备的。

① G01——直线插补代码。控制两根轴的速度，保持刀具在运动平面做直线运动。图 5.3 所示为铣刀加工出的一直线段。在 XY 平面给出立铣刀中心点的起点坐标 P_1（10mm，12mm）和终点坐标 P_2（60mm，37mm）。为了使刀具以给定的矢量进给速度沿直线（P_1P_2）运动，必须使用直线插补指令 G01。绝对坐标方式（G90）和增量坐标方式（G91）的 NC 程序分别如下：

```
N0010 G90 G01 X60.0 Y37.0 F300
```

或

```
N0010 G91 G01 X50.0 Y25.0 F300
```

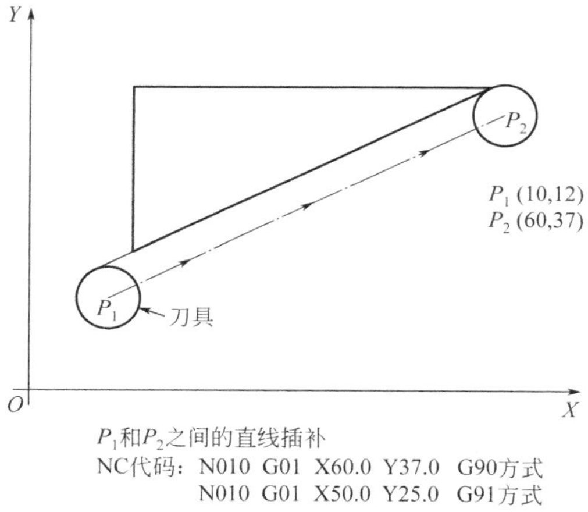

图 5.3 直线插补

② G02、G03——圆弧插补代码。运动所在平面的两根轴的速度是变化的，保持刀具以给定的进给速度在给定的圆弧上运动。在 CNC 系统中有两种类型的圆弧插补指令，有些 CNC 系统要求圆弧中心点的坐标和圆弧终点的坐标，有些系统则要求圆弧半径和它的终点坐标。图 5.4 所示为立铣刀加工出的一段圆弧。CNC 系统假定刀具位于圆弧的起点，向下看运动平面或相对于前面的刀具运动，圆弧轮廓可以是顺时针的（G02）或逆时针的（G03）。在图 5.4（a）中，刀具需要以恒定的轮廓进给速度 f 沿 CCW 方向（G03）运动。如果 CNC 系统要求圆弧半径（r_c）和圆弧终点的坐标（P_2），在绝对坐标方式下编写的轮廓铣削 NC 程序如下：

N010 G90 G03 Xx_2 Yy_2 Rr_c Ff

如果 CNC 系统要求圆弧中心点的坐标和圆弧终点的坐标，则 NC 程序如下：

N010 G90 G03 Xx_2 Yy_2 Ii_c Jj_c Ff

其中，i_c 和 j_c 用来定义圆心相对于圆弧起点的位置。可以用下面的算法计算圆心点的偏置：

$$i_c = x_c - x_1,\quad j_c = y_c - y_1$$

当涉及 Z 轴时用插补参数 K。有些 CNC 系统要求每次只能编写一个象限的圆弧，不同象限的圆弧必须在不同的程序段中编写。例如，图 5.4（b）所示圆弧必须编写在两个程序段中：

N010 G90 G03 Xx_D Yy_D I(x_c-x_A) J(y_C-y_A) F200
N020 G03 Xx_B Yy_B I(x_C-x_D) J(y_C-y_D)

注意新一代的 CNC 系统允许在一段程序段中编写多个象限的圆弧。

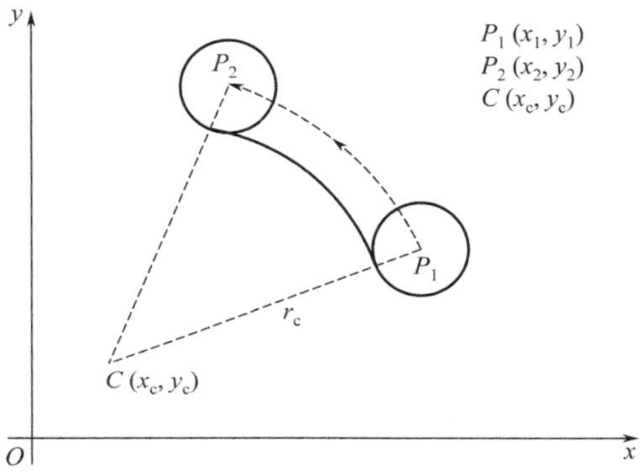

(a) 圆弧插补

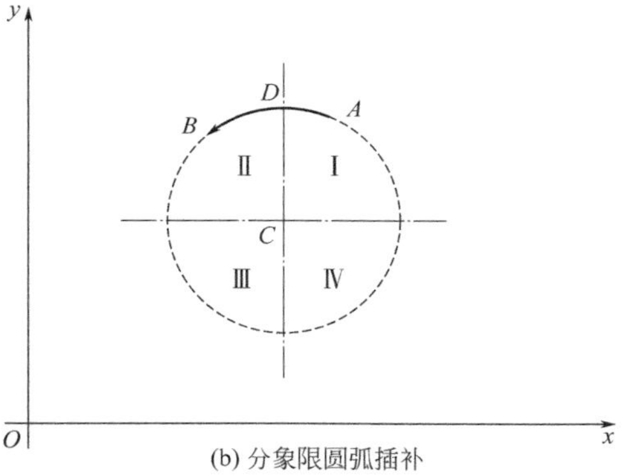

(b) 分象限圆弧插补

图 5.4 圆弧插补

③ G81～G89——固定循环。固定循环是 CNC 单元中用于完成不同类型自动操作的指令。使用固定循环时允许在控制中读取 X-Y 的位置、快速进刀的 Z 平面（用 R 字编程）、最终的 Z 向进给点和进给率，控制字的数值将一直存储到被新的数值代替或用 G80 注销。通过单独读取新的 X 和 Y 位置，存储的顺序动作将在新的位置完成。下面的 NC 程序是使用钻削固定循环的例子：

```
N050  G81  X125.0  Y237.5  Z-112.5
      R2.5  F300
N060       X325.0
N070                Y137.5
N080  G80
```

在程序段 N050 中，刀具快速定位在 X 向 125.0mm，Y 向 237.5mm 的位置。然后主轴快速运动到 Z 向 2.5mm 的位置，再以 300mm/min 的进给率进给到 Z 向深度 –112.5mm 处。该程序段的最后运动是主轴快速退回到 Z 向 2.5mm 的 R 平面处。接下来的 N060 和 N070 段将在指定的新位置再钻 2 个孔。N080 段中的 G80 注销 G81 的钻削固定循环。

必须注意：在实际中，某些机床的控制单元可能使用与所列的标准代码有所不同的格式和代码。

图 5.5 所示工件轮廓的 NC 零件程序如下：

```
N01 G90                       ;绝对坐标编程
N02 G71                       ;米制编程(mm)
```

```
N03 G92 X-12.5 Y-12.5 Z50.0              ;刀具从此处开始,相对于工件的零点
N04 G00 Z2.5 M03 S800                    ;主轴顺时针启动,快速移动到零件上 2.5mm 处
N05 G01 Z-7.5 F25.0 M08                  ;打开冷却液,以进给速度沿 Z 向进刀(P1)
N06 X162.5 F125                          ;以 125mm/min 的进给率沿 X 向进给到 P2
N07 Y0.0                                 ;以相同的进给率(125mm/min)移动到 P3
N08 G02 X220 Y57.5 157.5 J0              ;顺时针圆弧插补(P4)
N09 G01 X232.5                           ;在 X 向移动一个刀具半径
N10   Y70.0                              ;沿 Y 向移动到 P6
N11 G03 X180 Y122.5 1-52.5 J0            ;相对于程序段 N10 中的刀具运动逆时针运动(P7)
N12 G01 X107.5                           ;向左移动(P8)
N13   Y110                               ;移动到 P9
N14 G02 X80.0 Y82.5 1-27.5 J0            ;顺时针圆弧插补(P10)
N15 G01 X40.0                            ;向左移动(P11)
N16 G03 X-12.5 Y30.0 10 J-52.5           ;逆时针圆弧插补(P12)
N17 G01 Y-12.5                           ;返回到起点(P1)
N18   Z3.8                               ;运动到 Z=3.8mm 的位置
N19 G00 Z50 M09 M05                      ;快速运动到Z=50mm的位置,关闭冷却液,停止主轴
N20 M30                                  ;程序结束,刀具移动到起点。
```

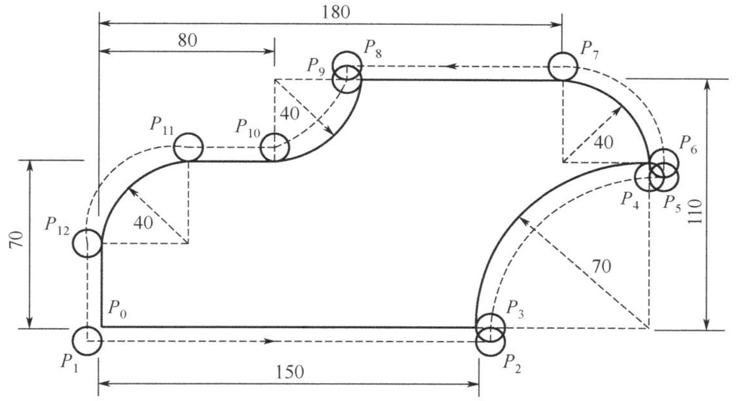

点	X	Y	圆心
P_0	0	0	
P_1	-12.5	-12.5	
P_2	-162.5	-12.5	
P_3	-162.5	0.0	
P_4	220	57.5	c(220,0)
P_5	232.5	57.5	
P_6	232.5	70	
P_7	180	122.5	c(180,70)
P_8	107.5	122.5	
P_9	107.5	110	
P_{10}	80	82.5	c(80,110)
P_{11}	40	82.5	
P_{12}	-12.5	30	c(40,30)
P_1	-12.5	-12.5	

图 5.5　NC 编程工件图和点坐标

5.3 计算机辅助 NC 编程

如 5.2 节所看到的，手工编写 NC 程序既烦琐效率又低，而在计算机辅助 NC 编程系统中，计算机自动生成代码，计算机辅助编程的思想相当简单明了。如果能够用计算机代码通过参数定义工件的几何形状，那么根据期望的加工顺序和给定的刀具尺寸生成刀具路径。当然，程序编制者必须根据加工工艺设计选择刀具、进给率和主轴速度，并生成刀具轨迹。

计算机辅助编程既可以带计算机图形辅助，又可以不带图形辅助，这两种方式都要求有几何实体在计算机程序中的数学表示。在介绍计算机辅助编程技术在工业中的应用之前，5.3.1 节简单介绍 CAD/CAM 系统中所用到的解析几何的基本知识。

5.3.1 解析几何基础

计算机辅助设计和计算机辅助制造（CAD/CAM）所涉及的科学原理，甚至只是它所涉及的技术领域相当宽广，很难在这本书中全部覆盖。然而，为了使读者能够尽快掌握有关 CAD 和 CNC 机床所必需的基础知识，以便能够进入与 CAD/CAM 相关的领域，在这里将简单介绍有关几何实体和它们的变换操作的基础知识。在 APT 语言的 NC 编程和其他先进的计算机图形工具中，工件是用点、线、圆弧、样条曲线、曲面和实体表示的，也可以对几何实体进行平移、旋转、相交和剪裁操作。利用阴影和隐藏线-面消除技术，用户可以在图形终端上显现所设计的零件。因为有关 CAD 技术和计算机图形学的知识在有关教科书[43,118]中已经给予了详细的介绍，在这里我们只简单介绍在 CAD 和实时 CNC 插补算法中用到的有关基本几何实体的数学公式。

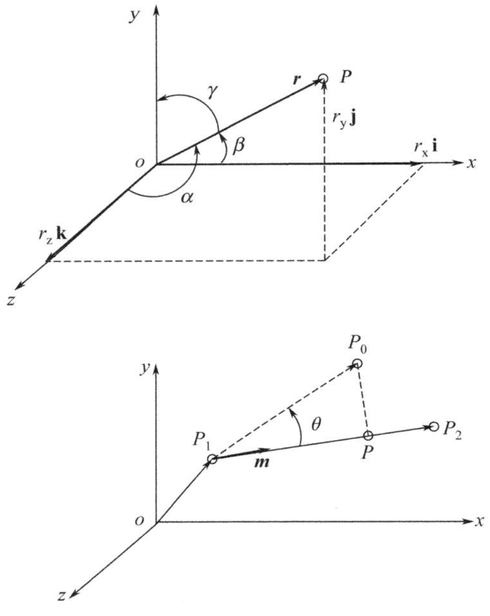

图 5.6 矢量和直线

(1) 矢量和直线

如图 5.6 所示，矢量在笛卡儿坐标系表示为：

$$\boldsymbol{r} = r_x\mathbf{i} + r_y\mathbf{j} + r_z\mathbf{k} \tag{5.1}$$

式中，$r_x = r\cos\alpha$，$r_y = r\cos\beta$ 和 $r_z = r\cos\gamma$ 是方向因子。矢量的大小为：$|\boldsymbol{r}| = (r_x^2 + r_y^2 + r_y^2)^{1/2}$。单位矢量，其大小为一个单位，即 $\boldsymbol{r}/|\boldsymbol{r}| = \cos\alpha\mathbf{i} + \cos\beta\mathbf{j} + \cos\gamma\mathbf{k}$。

两点$[P_1(x_1,y_1,z_1), P_2(x_2,y_2,z_2)]$构成的矢量为：

$$\boldsymbol{P_1P_2} = (x_2 - x_1)\mathbf{i} + (y_2 - y_1)\mathbf{j} + (z_2 - z_1)\mathbf{k} \tag{5.2}$$

沿 P_1P_2 的单位矢量为：

$$\boldsymbol{m}=\frac{\boldsymbol{P}_1\boldsymbol{P}_2}{|\boldsymbol{P}_1\boldsymbol{P}_2|}=\frac{x_2-x_1}{L}\mathbf{i}+\frac{y_2-y_1}{L}\mathbf{j}+\frac{z_2-z_1}{L}\mathbf{k} \tag{5.3}$$

式中，$L=|\boldsymbol{P}_1\boldsymbol{P}_2|=[(x_2-x_1)^2+(y_2-y_1)^2+(z_2-z_1)^2]^{1/2}$ 是两点连线的长度。

利用矢量积可以计算各种几何实体之间的角度、投影和距离。考虑两个矢量：$\boldsymbol{A}=\boldsymbol{P}_1\boldsymbol{P}_0=A_x\mathbf{i}+A_y\mathbf{j}+A_z\mathbf{k}$ 和 $\boldsymbol{B}=\boldsymbol{P}_1\boldsymbol{P}_2=B_x\mathbf{i}+B_y\mathbf{j}+B_z\mathbf{k}$，两个矢量的点积是标量：

$$\boldsymbol{A}\bullet\boldsymbol{B}=A_xB_x+A_yB_y+A_zB_z=|\boldsymbol{A}||\boldsymbol{B}|\cos\theta,\quad 0\leqslant\theta\leqslant\pi \tag{5.4}$$

注意 $\mathbf{i}\bullet\mathbf{i}=\mathbf{j}\bullet\mathbf{j}=\mathbf{k}\bullet\mathbf{k}=1$ 和 $\mathbf{i}\bullet\mathbf{j}=\mathbf{j}\bullet\mathbf{k}=\mathbf{k}\bullet\mathbf{i}=0$。因此利用 $\theta=\arccos(\boldsymbol{A}\bullet\boldsymbol{B})/(|\boldsymbol{A}||\boldsymbol{B}|)$ 可以计算两个矢量之间的夹角。

两个矢量（$\boldsymbol{A},\boldsymbol{B}$）的乘积（矢量积）是矢量：

$$\begin{aligned}\boldsymbol{A}\times\boldsymbol{B}&=(A_yB_z-A_zB_y)\mathbf{i}+(A_zB_x-A_xB_z)\mathbf{j}+(A_xB_y-A_yB_x)\mathbf{k}\\&=(|\boldsymbol{A}||\boldsymbol{B}|\sin\theta)\boldsymbol{n},\quad 0\leqslant\theta\leqslant\pi\end{aligned} \tag{5.5}$$

式中，$\boldsymbol{n}$ 是垂直于矢量 $\boldsymbol{A}$ 和 $\boldsymbol{B}$ 形成的平面的单位矢量；θ 是这两个矢量之间的夹角。利用矢量代数也可以求解点和直线之间的距离，直线 P_1P_2 的单位矢量为 $\boldsymbol{m}=\boldsymbol{P}_1\boldsymbol{P}_2/|\boldsymbol{P}_1\boldsymbol{P}_2|$。点 P_0 和 P_1P_2 之间的距离为（参见图 5.6）：

$$|\boldsymbol{P}_0\boldsymbol{P}|=|\boldsymbol{P}_1\boldsymbol{P}_0\times\boldsymbol{m}|=|\boldsymbol{P}_1\boldsymbol{P}_0|\bullet|\boldsymbol{m}|\sin\theta$$

（2）物体的平移和旋转变换

物体从一个位置平移到另一个位置，要求物体上的所有点经历相同的位移量，如果位移矢量为 $\boldsymbol{d}$，要平移的物体位置矢量为 $\boldsymbol{P}$，平移后物体位置矢量成为：

$$\boldsymbol{P}^*=\boldsymbol{P}+\boldsymbol{d} \tag{5.6}$$

通过对物体的坐标简单地进行乘法运算就可以对其进行缩放：

$$\boldsymbol{P}^*=\boldsymbol{S}\boldsymbol{P} \tag{5.7}$$

式中，缩放矩阵 $\boldsymbol{S}$ 为：$\boldsymbol{S}=\begin{bmatrix}s_x&0&0\\0&s_y&0\\0&0&s_z\end{bmatrix}$

物体可以绕 z 轴旋转，其关系方程为：

$$\boldsymbol{P}^*=\boldsymbol{R}_z\boldsymbol{P} \tag{5.8}$$

式中，旋转矩阵 $\boldsymbol{R}_z$ 为：

$$\boldsymbol{R}_z=\begin{bmatrix}\cos\theta&-\sin\theta&0\\\sin\theta&\cos\theta&0\\0&0&1\end{bmatrix}$$

式中，θ 是逆时针方向的旋转角度。同样，绕 x 和 y 轴的旋转矩阵为：$\boldsymbol{R}_x=\begin{bmatrix}1&0&0\\0&\cos\theta&-\sin\theta\\0&\sin\theta&\cos\theta\end{bmatrix}$，$\boldsymbol{R}_z=\begin{bmatrix}\cos\theta&0&\sin\theta\\0&1&0\\-\sin\theta&0&\cos\theta\end{bmatrix}$。

绕任意轴的旋转可以通过矢量代数求得[43]。

(3) 圆

如图 5.7 所示，位于圆上的点的位置矢量 $\boldsymbol{P}(x，y，z)$可以用半径和角位移定义为：

$$\boldsymbol{P}(x,y,z)=\begin{bmatrix}x\\y\\z\end{bmatrix}=\begin{bmatrix}x_c+R\cos\theta\\y_c+R\sin\theta\\z_c\end{bmatrix},\ 0\leqslant\theta\leqslant 2\pi \tag{5.9}$$

利用下面的方程可以求得通过三点的圆的圆心（x_c，y_c）和半径 r：

$$r^2=(x-x_c)^2+(y-y_c)^2 \tag{5.10}$$

也可以用三点在（x, y）平面定义的圆的非参数方程的系数（c_1, c_2, c_3）：

$$y=c_1+c_2x+c_3x^2$$

(4) 三次样条

模具和燃气涡轮叶片等零件有许多雕刻曲面是通过对一系列设计点的拟合生成的。虽然在 CAD 系统中采用了各种样条拟合技术，但它们都可以理解为源自三次样条。图 5.8 所示为一系列顺序设计点 $P_0,P_1,\cdots,P_{i-1},P_i,P_{i+1},\cdots,P_n$，这些点必须采用三次样条段连接起来，考虑三次样条段 S_i 上的任意点 $P_i(u)$：

$$P_i(u)=A_iu^3+B_iu^2+C_iu+D_i\quad 0\leqslant u\leqslant 1 \tag{5.11}$$

注意，样条的端点 $P_i(u=0)\equiv P_{i-1}$，$P_i(u=1)\equiv P_i$。将参数 u 从 0 到 1 逐步增加，可以从一系列提供的已知点产生样条段。对式（5.11）求导得出切矢量：

$$P_i'(u)=3A_iu^2+2B_iu+C_i \tag{5.12}$$

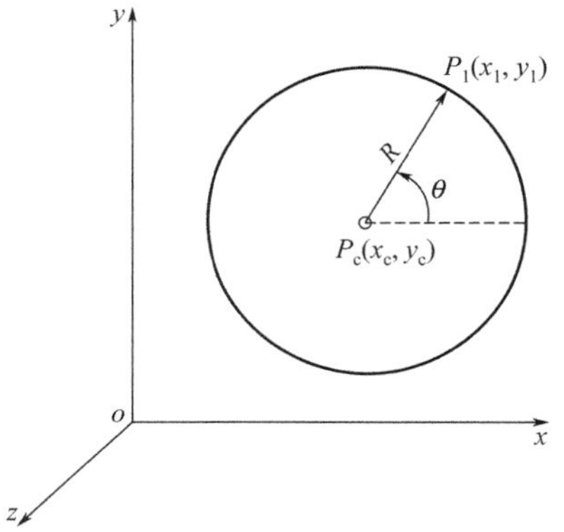

图 5.7 圆的数学表示

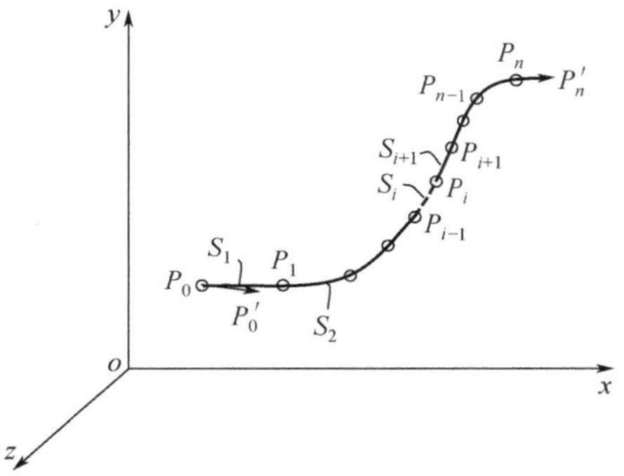

图 5.8 三次样条曲线拟合

利用样条段两个端点的边界条件，可以求得样条参数 A_i、B_i、C_i 和 D_i。最终得到三次样条和它的切矢量及曲率，表示为：

$$\begin{aligned}P_i(u)&=[2(P_{i-1}-P_i)+P_{i-1}'+P_i']u^3+[3(P_i-P_{i-1})-2P_{i-1}'-P_i']u^2+P_{i-1}'u+P_{i-1}\\P_i'(u)&=[6(P_{i-1}-P_i)+3(P_{i-1}'+P_i')]u^2+[6(P_i-P_{i-1})-4P_{i-1}'-2P_i']u+P_{i-1}'\\P_i''(u)&=\left[12(P_{i-1}-P_i)+6(P_{i-1}'+P_i')\right]u+\left[6(P_i-P_{i-1})-4P_{i-1}'-2P_i'\right]\end{aligned} \tag{5.13}$$

利用边界点 P_i 和 P_{i+1} 同样可以写出样条曲线段 S_{i+1}。像弹性梁一样，在样条段 S_i 和 S_{i+1} 的连接处曲率必须连续，即满足：$P_i''(u=1)=P_{i+1}''(u=0)$。其最终表达式提供了未知的切矢量和已知点之间的关系：

$$P'_{i-1}+4P'_i+P'_{i+1}=3P_{i+1}-3P_{i-1} \tag{5.14}$$

为了求解每个连接点处的切矢量，必须提供两个端点（P_0, P_n）处的切矢量。设计者可以根据设计规则的要求或相邻的几何实体的情况获得切矢量，也可以近似计算。例如，一种方法是将第一点和最后一点与它们最近的点用直线相连，利用直线的斜率作为切矢量：

$$\boldsymbol{P}'_0=\frac{\boldsymbol{P}_0\boldsymbol{P}_1}{|\boldsymbol{P}_0\boldsymbol{P}_1|},\quad \boldsymbol{P}'_n=\frac{\boldsymbol{P}_{n-1}\boldsymbol{P}_n}{|\boldsymbol{P}_n\boldsymbol{P}_{n-1}|} \tag{5.15}$$

另外，两个端点也可以像端点没有转矩作用的梁一样处于自由状态（即：$P''_0=P''_n=0$），这样可以得到两个条件表达式：

$$\begin{cases}2P'_0+P'_1=3P_1-3P_0\\ 2P'_n+P'_{n-1}=3P_n-3P_{n-1}\end{cases} \tag{5.16}$$

方程式（5.14）和式（5.16）组合得到下面的矩阵：

$$\begin{bmatrix}2 & 1 & 0 & 0 & . & . & . & 0 & 0 & 0\\ 1 & 4 & 1 & 0 & . & . & . & 0 & 0 & 0\\ . & . & . & . & . & & & . & . & .\\ . & . & . & . & & . & & . & . & .\\ . & . & . & . & & . & . & . & . & .\\ 0 & 0 & 0 & . & . & . & 1 & 4 & 1 & 0\\ 0 & 0 & 0 & . & . & . & 0 & 1 & 4 & 1\\ 0 & 0 & 0 & . & . & . & 0 & 0 & 1 & 2\end{bmatrix}\begin{bmatrix}P'_0\\ P'_1\\ P'_2\\ .\\ .\\ .\\ P'_{n-2}\\ P'_{n-1}\\ P'_n\end{bmatrix}=3\begin{bmatrix}P_1-P_0\\ P_2-P_0\\ P_3-P_1\\ .\\ .\\ .\\ P_{n-2}-P_{n-4}\\ P_{n-1}-P_{n-3}\\ P_n-P_{n-1}\end{bmatrix} \tag{5.17}$$

因此，通过求解矩阵方程组（5.17）可以得到所有连接点的切矢量。将每个样条段的切矢量代入三次方程式(5.13)得到样条拟合方程：

$$\begin{aligned}P_i(u)&=[A_i\quad B_i\quad C_i\quad D_i][u^3\quad u^2\quad u\quad 1]^{\mathrm{T}}\\ &=[-2u^3+3u^2]P_{i+1}+[2u^3-3u^2+1]P_i\\ &\quad+(u^3-u^2)P'_{i+1}+(u^3-2u^2+u)P'_i,\quad 0\leqslant u\leqslant 1\end{aligned} \tag{5.18}$$

对于平滑设计和 NC 刀具路径的生成，还有更好的曲线拟合技术。最有名的方法包括 Bezier 曲线[118]和双三次样条。样条用于带有雕刻曲面的零件的几何建模和 NC 刀具路径的生成，在实时 CNC 应用软件中，高阶样条也用于产生样条刀具路径。

5.3.2 APT 零件编程语言

由于手工编写 NC 程序相当困难，MIT 于 1956 年开发了自动编程工具（Automatically Programmed Tools，APT），利用计算机语言自动进行零件程序的编制。像其他的高级语言一样，APT 允许算术操作、子程序、宏、循环逻辑等，然而最主要的区别在于 APT 允许用参数表示从简单的空间点到很复杂的三维雕刻曲面的任何几何实体。对于给定的刀具几何形状，用指令生成的刀具路径使刀具在定义的零件上按选择的刀具路径运动。

计算出的刀具路径坐标和切削条件以通用的标准格式存储在计算机文件中，它将自动地转化为所选定CNC机床的特定操作代码。

APT是工业中应用最普遍的标准代码，虽然目前APT已被基于图形交互、用户界面友好的CAD/CAM软件系统代替，但是，由于CAD/CAM系统在处理NC刀具路径数据时使用APT标准，所以了解APT编程系统最基本的结构是很有益处的。

（1）几何定义语句

自从工业上采用集成CAD/CAM系统以来，APT不再用于定义零件的几何形状。这里只简要说明几何语句的逻辑。零件的几何形状是由点、线、圆弧、空间曲线和曲面定义的。每个几何实体在数学上用APT表示、存储为变量，用户必须按照APT语言的要求定义每个几何实体。定义的格式和几何定义语句的使用方法在计算机辅助制造国际版（CAM-I）的APT手册[36]中有详细的介绍。每个几何实体按下列格式定义：

几何实体的符号=**GEOMETRY/**（尺寸和几何参数）。

下面将介绍一些基本的几何定义语句，注意小写字母表示要求编程者输入的标号或尺寸，大写字母和操作符（，/ = $）必须按下面所示范的例子使用：

① 点（Point）、直线（Line）和圆（Circle）。

- **Pname=POINT/*x*，*y*，*z***

这里 x，y 和 z 是点的坐标，当 z 坐标省略时，将采用数值0。

例如：P1=POINT/2.0, 3.2, 2.0

- **Lx=LINE/*P*1，*P*2**

点 $P1$ 和 $P2$ 之间的直线。

- **Circlex = CIRCLE/CENTER, *P*1, RADIUS, 40**

圆心在点 $P1$，半径为40mm的圆。

② 平面通常用来定义刀具的运动面，用平面的法向矢量及其大小定义平面。

Planex=PLANE/*a*,*b*,*c*,*d*

其中 a、b 和 c 是法向矢量和平面之间夹角的余弦，d 是矢量长度。

例如：*PL*1=PLANE/0,0,1,7.5

平面 *PL*1 平行于 xy 平面，并且沿 z 轴的高度为7.5。

（2）刀具运动语句

在APT语言中有两种类型的刀具运动语句：点到点（PTP）刀具运动指令和连续刀具运动指令。

① 点到点的刀具运动指令（PTP）：

如果要求刀具从当前位置移动到指定点，应采用PTP指令。有两种类型PTP运动指令。

GOTO/点，进给率

和

GODLTA/点，进给率

这两条指令均可以使刀具以给定的进给率运动到指定点，用GOTO指令时以绝对坐标（G90）给出点的位置，用GODLTA指令时以增量坐标（G91）给出点的位置。如果在GODLTA指令中只给出一个坐标，系统将假定它是 z 方向的增量运动。

例如：GOTO/10,2,1

刀具将移动到绝对坐标为 x=10mm，y=2mm，z=1mm 的点。

例如：GODLTA/10,2,1

刀具将在 x、y、z 轴方向分别以增量方式移动 10mm、2mm 和 1mm。

例如：GODLTA/−10

刀具将沿 z 轴负方向移动 10mm。

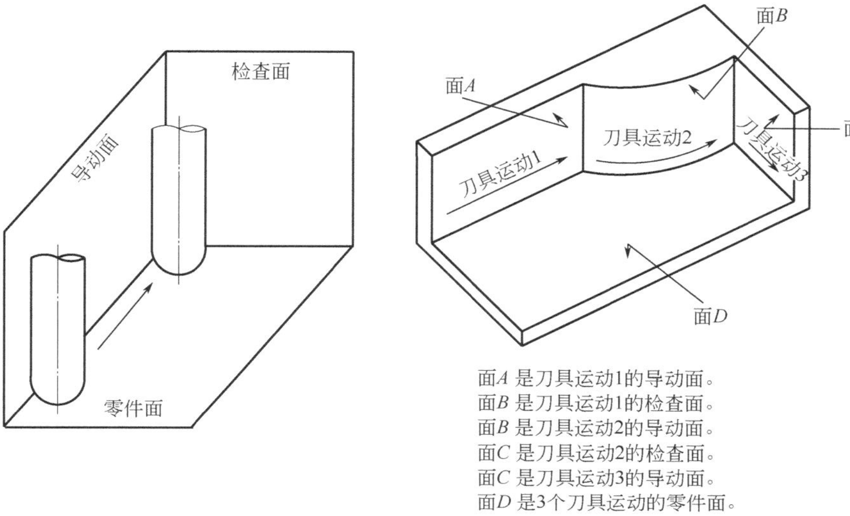
检查面
导动面
零件面
面B
面A
刀具运动2
面C
刀具运动1
刀具运动3
面D
面A 是刀具运动1的导动面。
面B 是刀具运动1的检查面。
面B 是刀具运动2的导动面。
面C 是刀具运动2的检查面。
面C 是刀具运动3的导动面。
面D 是3个刀具运动的零件面。

图 5.9　APT 中的进给运动方向

② 刀具连续运动指令。刀具沿零件面、导动面和检查面定义的控制路径运动。如果我们以立式 CNC 铣床进行三轴加工的情况为例，铣刀保持在零件面，铣刀轴线保持平行于导动面，刀具的运动以检查面为边界（参考图 5.9）。如果零件面是三维雕刻曲面（如飞机翅膀或燃气涡轮的叶片），就需要用三轴机床进行加工。如果零件面、导动面和检查面中两个面是雕刻曲面，那么就需要能够同时控制 5 根或更多根轴的 CNC 加工中心。

在命令刀具沿给定轮廓运动前，必须使它从特定的点开始运动，一般这个点是换刀位置，通常用

FROM/point

命令来实现，后接

GO/{TO,ON,PAST},导动面，{TO,ON,PAST}，零件面，{TO,ON,PAST}，检查面

其中选择三个修饰字（TO,ON,PAST）之一用来定义刀具相对于该表面的位置。在 GO/……语句前可以使用方向矢量（INDIRV/矢量）或方向点（INDIRP/点）指令使刀具按期望的方向运动。这三个语句在 APT 字汇中常被称为启动指令。启动指令后面一般跟着连续运动语句：

$$\left\{\begin{array}{c}\text{GOFWD}\\ \text{GOBACK}\\ \text{GOLFT}\\ \text{GORGT}\end{array}\right\}/\ \text{导动面}\ \left\{\begin{array}{c}\text{TO}\\ \text{ON}\\ \text{PAST}\\ \text{TANTO}\end{array}\right\},\text{检查面}$$

其中，运动语句 GOFWD、GOBACK、GOLFT 和 GORGT 分别指刀具连续运动在前面运动的前、后、左和右方向（参见图 5.10 和图 5.11）。

例如：典型的运动指令顺序可能是：

```
GO     / TO, L1, ON, PL1, TO, C1
GOFWD  /C1, TO, L1
GOLFT  /L1, ON, L1

GOTO   /P1
```

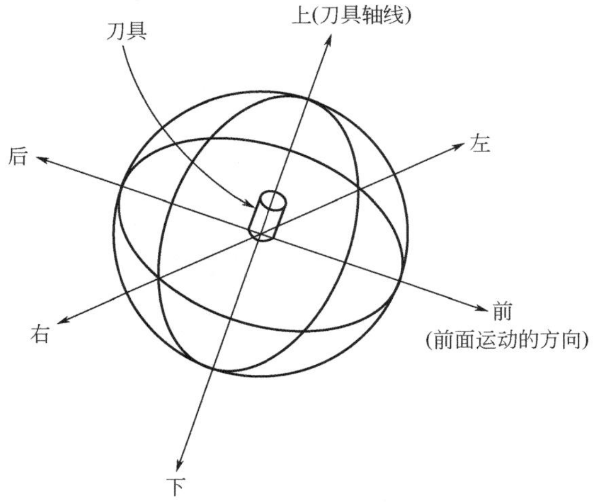

图 5.10　APT 中的进给运动方向

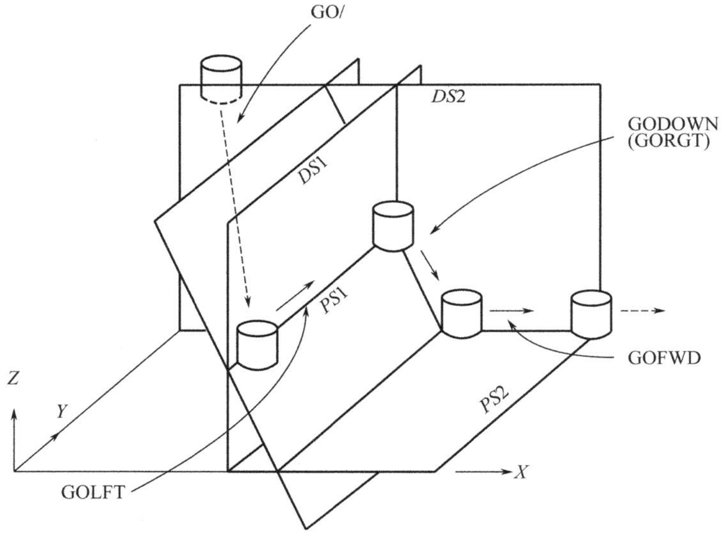

图 5.11　APT 中不同的 GO 运动指令

（3）刀位文件和后置处理

APT 处理器或 CAD/CAM 系统产生两种刀位（CL）文件，第一种是可读的 ASCII 码，第二种是二进制格式的文件。在运动语句前插入 CLPRNT/ON 指令可以打印出 ASCII

文件。打印出的刀心坐标可以帮助程序编制者调试 APT 程序。二进制文件有标准的格式。根据指令的类型，文件中每个记录可以有两个或多个域，每个域有几个字节长度是根据指令的功能确定的。例如：

程序	类	代码	域
PARTNO/A0010	2000	1045	A0010
TOOL/14	2000	1025	10
COOLNT/ON	2000	1030	71
FEDRAT/30.0	2000	1009	30
FROM/0,0,3	5000	3	0.000 0.000 0.000
GODLTA/0.3	5000	4	0.300
GOTO/5.0,3.7	5000	5	5.000 3.700
FINI	2000	1	

类（Class）词定义语句是否产生辅助功能（M 功能）、点到点的运动或刀具的连续运动。第二个词给出语句的特定代码。第三个域可能是几个字长，给出运动的坐标或辅助功能的逻辑值。例如：PARTNO/、TOOL/、COOLNT/FINI 被称为后置处理指令，它们在类词这一项全为 2000。COOLNT 的代码值 1030 和 71 表示“ON（开）”。GOTO/和 GODLTA/指令属于点到点的运动类，属于 5000 的组。GOTO 的代码为 5，后面是 3 个双精度的浮点数，用以表示目标点的 x、y 和 z 坐标。

CL 文件有国际化的标准格式。每个机床制造商为自己特定的 CNC 机床提供一个后置处理器。在生成 CL 文件后，程序编制者通过对 CL 文件进行后置处理自动获得最终的 NC 代码。注意：如果工件的任何尺寸发生了变化，对应几何定义语句必须更新，重新进行处理和后置处理，不必对这个零件进行重新编程。

（4）用 CAD 系统进行 NC 编程

目前 CAD 系统已经替代了 APT 系统，从本质上讲，绝大多数 CAD 系统起源于 APT 的处理器子程序，但在 CAD 系统中添加了交互式图形显示功能。每个几何定义语句可以通过鼠标交互完成，几何图形生成的逻辑与 APT 命令相似。CAD 具有允许设计者在计算机工作站对所设计的零件进行可视化检查的优点。目前绝大多数的 CAD 系统允许采用三维方式构建零件的几何模型，同时又提供俯视、侧视、前视和轴测视图，CAD 系统采用实体建模技术帮助设计者很方便地实现对实际设计零件图形的可视化工作。

一旦在 CAD 系统上完成了零件的几何设计，工艺设计人员可以在计算机工作站上生成零件加工的刀具路径，在图形工作站上，刀具路径也是交互生成的。工艺设计人员选择刀具、进给率、主轴转速、冷却液和程序零点的方式几乎与 APT 相同。在计算机屏幕上可以看到刀具路径并进行可视化检查，一旦刀具路径被接收，CAD 系统将生成 CL 文件。CL 文件具有标准的 APT 格式，因此可以为 APT 开发的后置处理器，也可以用来在 CAD/CAM 系统中生成等价的 NC 代码。图 5.12 所示为利用 IDEAS™CAD/CAM 系统生成的刀具路径和所加工的雕刻曲面零件。

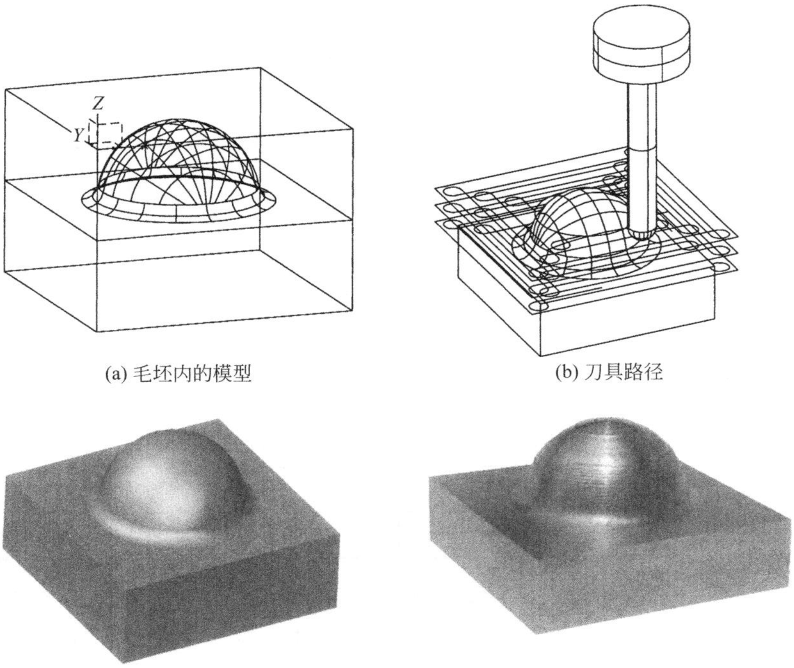

(a) 毛坯内的模型　(b) 刀具路径

(c) 加工后的实体模型　(d) 被加工零件的表面形貌

图 5.12　用球头立铣刀在三轴铣床上加工雕刻曲面的刀具路径

5.4　CNC 系统中速度指令的生成

CNC 运动控制计算机接受的 NC 程序段应包含：插补方式（例如，直线插补 G01，圆弧插补 G02 或 G03，样条插补 G05），终点坐标［$P_e(x_e, y_e)$］，圆弧半径（$R=\sqrt{I_c^2+J_c^2}$）和矢量进给（f）。给定的坐标和沿样条轨迹生成的一系列点用来做五次样条插补。

加速度（A），减速度（D）和加加速度（J）［加加速度是指加速度的导数，也就是加速度的加速度，本书中采用加加速度表示，下同（译者注）］的值，或采用 CNC 的缺省值或由 NC 编程人员在 NC 程序中给出。在 CNC 系统中，单位将被转换为计数数，刀具路径段（即：在一段 NC 程序段中的直线、圆弧和样条）按插补时间间隔 T_i 在机床坐标轴方向被分为 N 小段。

最小插补时间可以等于或是轴的位置控制环时间周期（T）的整数倍。进给 f 由 NC 程序提供，最小插补周期 $T_{\min}$ 在 CNC 控制软件中设置，对设定的 f 和 $T_{\min}$，插补步长为：

$$\Delta u = fT_{\min} \tag{5.19}$$

在速度命令生成过程中，步长 Δu 或插补周期 T_i 保持恒定。步长 Δu 可以等于或大于位置反馈分辨率，而插补周期需等于或大于离散伺服控制间隔（即 $T_i \geqslant T$）。

5.4.1　等步长插值

插补步长保持为常数，直到 f 或 $T_{\min}$ 的数值发生变化。如果在加工过程中，用进给倍率旋钮，或在基于传感器加工的机床上通过过程控制模块改变进给（f），Δu 保持不变，

但插补时间 T_i 被更新为：

$$T_i = \frac{\Delta u}{f} \tag{5.20}$$

最小插补时间 $T_{\min}$ 的选择受计算量和执行插补算法的 CNC 运动控制计算机计算速度的限制。通过采用变插补周期的办法，可以用多轴同步计算代替单轴计算，增加的其他轴并不影响速度图，从而解决了位置和速度插补的计算问题。假定沿任意路径的位移为 L，插补器的任务是以插补时间间隔 T_i 执行 N 次插补：

$$N = \frac{L}{\Delta u} \tag{5.21}$$

为了进行有效的计算，N 总是被圆整为下一个比它大的偶数。根据修正量，进给要减小。根据轨迹生成所采用的速度图的类型，总的插补次数（N）被分为几个阶段。这里将给出一种简单易于实现的梯形速度图。

梯形速度图

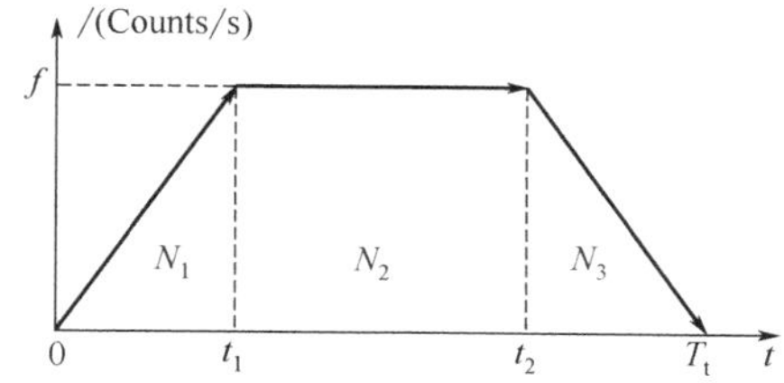

(a) 初始进给率为0的速度图

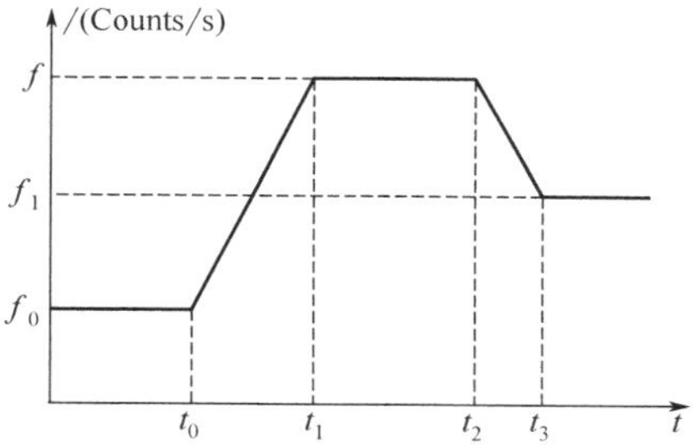

(b) 加工中的速度改变

图 5.13　进给运动的梯形速度图

轴加速和减速控制是在位置指令生成算法上施加图 5.13 所示的梯形速度实现的。梯形速度图实现起来简单，有利于计算，适用于低速、低成本机床。根据图 5.13 所示的梯形速度，总的插补步数（N）被分为加速（N_1）区、恒速（N_2）区和减速（N_3）区，即 $N = N_1 + N_2 + N_3$。加速和减速位移的计数（N_1，N_3）由目标进给 f (counts/s)、加速度 A(counts/s^2)、减速度 D(counts/s^2)和位移步长 Δu 利用梯形速度图求得。如果初始进给为 0，可以从图 5.13 求得在加速期内（$0 < t < t_1$）经过的总刀具路径长度（l_1）：

$$l_1 = \int_0^{t_1} At\mathrm{d}t = \frac{At_1^2}{2} \tag{5.22}$$

对于恒加速度，因为 $t_1 = f/A$，在加速期间的插补间隔数为：

$$N_1 = \frac{l_1}{\Delta u} = \frac{f^2}{2A\Delta u} \tag{5.23}$$

同样，可以求得减速计数为：

$$N_3 = \frac{l_3}{\Delta u} = \frac{f^2}{2D\Delta u} \tag{5.24}$$

恒速区计数器(N_2)为剩余周期：

$$N_2 = N - (N_1 + N_2) \tag{5.25}$$

在有些 NC 加工应用软件中，不希望在机床进入下一段刀具路径前完全停止进给，操作者或基于传感器的自适应过程控制算法将在 NC 程序段内改变进给。假定 CNC 系统从进给 f_0 加速到新的进给指令 f，可以求得加速周期数［参见图 5.13（b）］为：

$$l_1=\int_{t_0}^{t_1}[f_0+A(t-t_0)]\mathrm{d}t=\int_0^{\tau_a}(f_0+A\tau)\mathrm{d}\tau=f_0\tau_a+\frac{A\tau_a^2}{2} \tag{5.26}$$

式中，$\tau_a=t_1-t_0=(f-f_0)/A$ 并有：

$$l_1=\frac{f^2-f_0^2}{2A} \tag{5.27}$$

于是可以得到：

$$N_1=\frac{l_1}{\Delta u}=\frac{f^2-f_0^2}{2A\Delta u} \tag{5.28}$$

同样，如果系统从 f 减到 f_1，那么：

$$l_3=\int_{t_2}^{t_3}[f-D(t-t_2)]\mathrm{d}t=f\tau_d-\frac{D\tau_d^2}{2}=\frac{f^2-f_1^2}{2D} \tag{5.29}$$

利用它将得到减速期间的插补周期数为：

$$N_3=\frac{l_3}{\Delta u}=\frac{f^2-f_1^2}{2D\Delta u} \tag{5.30}$$

计数 N、N_1、N_2 和 N_3 是圆整后的整数。注意：如果由于刀具路径短，没有达到期望的进给，那么加速和减速周期相等（$A=D$），即：如果 $N_2<0\rightarrow N_2=0$，$N_1=N_3=N/2$。

在加速和减速期间，插补周期必须在每个间隔均发生改变。因为在一个插补周期经过的刀具路径段 Δu 保持常数，下面的表达式可以用在两个插补周期之间：

$$\Delta u=\int_{t_{k-1}}^{t_k}At\mathrm{d}t=\frac{A}{2}(t_k^2-t_{k-1}^2)=\frac{A}{2}(t_k-t_{k-1})(t_k+t_{k-1})$$

代入 $T_i(k)=t_k-t_{k-1}$ 和 $t_k=f(k)/A$，$t_{k-1}=f(k-1)/A$，就可以得到加速和减速期间的插补周期为：

$$T_i(k)=\frac{2\Delta u}{f(k)+f(k-1)} \tag{5.31}$$

对于小的加减速值，上面的方程可以近似为 $T_i(k)=\Delta u/f(k)$。这种近似减轻了实时计算的负担，但它在有大的速度增加时产生加加速度。下面的伪代码算法用来计算加速、恒速和减速段的插补时间间隔：

```
for    k = 1, N_1                          ; 加速期间的迭代。
       f(k) = sqrt(f_0^2 + 2kAΔu)          ; 从初始 f_0 计算下一个 f。
       T_i(k) = 2Δu / (f(k) + f(k-1))      ; 下一插补周期时间。
next   k                                   ;
for    k = 1, N_2                          ; 恒速期间的迭代。
       T_i = Δu / f                        ; 插补周期相同。
next   k                                   ;
for    k = 1, N_3                          ; 减速期间的迭代。
       f(k) = sqrt(f^2 - 2kDΔu)            ; 从前面的 f_0 计算下一个 f。
```

$$T_i(k)=\frac{2\Delta u}{f(k)+f(k-1)}$$ ；下一插补周期时间。

next　　k　　；

根据进给的急剧增大或减小，需要重新计算和更新 N_1、N_2、N_3 及 T_i 的数值。需要注意的是，加速、恒速和减速阶段采用不同的函数编写，在需要时分别执行，大多数情况下，恒速段最长，插补速度受到开平方计算的限制。

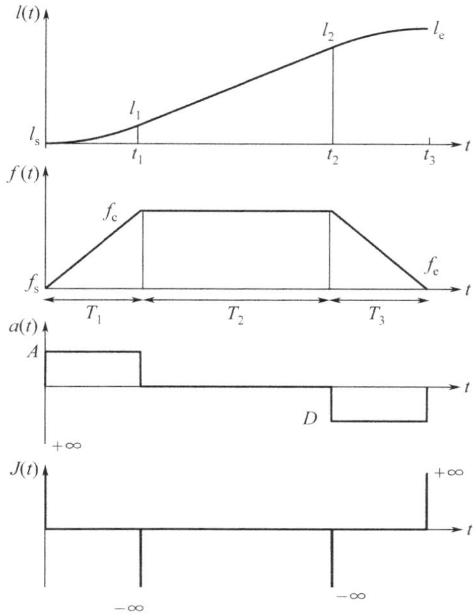

图 5.14　恒定加速度和固定插补周期的轨迹生成图

注意控制进给、加速和减速，保证其矢量位移同步和所有运动轴正确的速度值，以保证形成所要求的空间有向运动。如果我们以 x 和 y 方向的两轴运动为例，其微分矢量位移Δu 可以写为：

$$\Delta \boldsymbol{u}=\Delta x\mathbf{i}+\Delta y\mathbf{j} \tag{5.32}$$

式中，$\mathbf{i}$ 和 $\mathbf{j}$ 分别为 x 和 y 方向的单位矢量。如果两边同除插补时间间隔 T_i，我们得到：

$$\frac{\Delta \boldsymbol{u}}{T_i}=\frac{\Delta x}{T_i}\mathbf{i}+\frac{\Delta y}{T_i}\mathbf{j}$$

$$\boldsymbol{f}=f_x\mathbf{i}+f_y\mathbf{j}$$

式中，进给的大小为 $f=\sqrt{f_x^2+f_y^2}$，f_x 和 f_y 是 x 和 y 驱动的合成速度。因此，一旦计算出了$\Delta \boldsymbol{u}$，插补时间 T_i 和计数 N_1、N_2、N_3，该算法将自动定义 x 和 y 驱动的速度和增量位置。5.4.2 节讲述的插补算法将明确地给出这个方法的工程实现。

5.4.2　恒定插补周期有限加速度的速度图生成

考虑一种插补时间 T_i 为常数的设计方法，如果运动控制计算机具有足够的实时计算能力，通常插补时间 T_i 会与控制间隔相等或是其整数倍。

加速度、速度和位移的轮廓可以用时间（t）的函数来表示：

$$a(t)=\begin{cases}A & 0\leqslant t<t_1 \quad A>0\\ 0 & t_1\leqslant t<t_2\\ D & t_2\leqslant t<t_3 \quad D<0\end{cases} \tag{5.33}$$

式中，A 和 D 分别表示加速度和减速度，在大多数情况中，$D=-A$。速度轮廓可表示为：

$$f(t)=\begin{cases}f_s+\int A\mathrm{d}t=f_s+At & 0\leqslant t<t_1 \quad f_1=f_s+AT_1=f_c\\ f_c & t_1\leqslant t<t_2 \quad f_2=f_c\\ f_c+\int D\mathrm{d}t=f_c+Dt & t_2\leqslant t<t_3 \quad f_3=f_c+DT_3=f_e\end{cases} \tag{5.34}$$

式中，f_s、f_c、f_e 分别为运动段的起始、稳定和结束进给量。时间段为 $T_1=t_1$，

$T_2 = t_2 - t_1$，$T_3 = t_3 - t_2 = T - (T_1 + T_2)$，其中 T 为沿路径段的总行程时间。对进给量积分，每个运动段上位移表示为

$$l(t) = \begin{cases} l_s + \int (f_s + At)\mathrm{d}t = l_s + f_s t + \frac{1}{2}At^2 & 0 \leqslant t < t_1 \quad l_1 = l_s + f_s T_1 + \frac{1}{2}AT_1^2 \\ l_1 + \int f_c \mathrm{d}t = l_1 + f_c t & t_1 \leqslant t < t_2 \quad l_2 = l_1 + f_c T_2 \\ l_2 + \int (f_c + Dt)\mathrm{d}t = l_2 + f_c t + \frac{1}{2}Dt^2 & t_2 \leqslant t < t_3 \quad l_3 = l_2 + f_c T_3 + \frac{1}{2}DT_3^2 = l_s + L \end{cases} \tag{5.35}$$

式中，L 为总路径段长度。通过将 l_1 和 l_2 代入 l_3，总路径长度 L 可以表示为运动时间区间、进给、加速度和减速度的函数。

$$\begin{aligned} L &= l_3 - l_s = l_2 + f_c T_3 + \frac{1}{2}DT_3^2 - l_s \\ &= l_1 + f_c T_2 + f_c T_3 + \frac{1}{2}DT_3^2 - l_s \\ &= l_s + f_s T_1 + \frac{1}{2}AT_1^2 + f_c T_2 + f_c T_3 + \frac{1}{2}DT_3^2 - l_s \\ L &= f_s T_1 + \frac{1}{2}AT_1^2 + f_c T_2 + f_c T_3 + \frac{1}{2}DT_3^2 \end{aligned} \tag{5.36}$$

识别 T_1、T_2 和 T_3 时间段，生成每个插值周期的轨迹命令。加速周期（T_1）和减速周期（T_3）可表示为

$$\begin{aligned} f_s + AT_1 = f_c &\rightarrow T_1 = \frac{f_c - f_s}{A} \\ f_c + DT_3 = f_e &\rightarrow T_3 = \frac{f_e - f_c}{D} \end{aligned} \tag{5.37}$$

将 T_1、T_3 代入总位移长度（L），可得 T_2 为

$$\begin{aligned} L &= f_s T_1 + \frac{1}{2}AT_1^2 + f_c T_2 + f_c T_3 + \frac{1}{2}DT_3^2 \\ L &= f_s\left(\frac{f_c - f_s}{A}\right) + \frac{1}{2}A\left(\frac{f_c - f_s}{A}\right)^2 + f_c T_2 + f_c\left(\frac{f_e - f_c}{D}\right) + \frac{1}{2}D\left(\frac{f_e - f_c}{D}\right)^2 \\ T_2 &= \frac{L}{f_c} - \left[\left(\frac{1}{2A} - \frac{1}{2D}\right)f_c + \left(\frac{-f_s^2}{2A} + \frac{f_e^2}{2D}\right)\frac{1}{f_c}\right] \end{aligned} \tag{5.38}$$

T_2 的推导如下：

$$\begin{aligned} T_2 &= \left\{L - \left[f_s\left(\frac{f_c - f_s}{A}\right) + \frac{1}{2}A\left(\frac{f_c - f_s}{A}\right)^2 + f_c\left(\frac{f_e - f_c}{D}\right) + \frac{1}{2}D\left(\frac{f_e - f_c}{D}\right)^2\right]\right\}\frac{1}{f_c} \\ &= \left[L - \left(\frac{f_s f_c - f_s^2}{A} + \frac{f_c^2 - 2f_s f_c + f_s^2}{2A} + \frac{f_c f_e - f_c^2}{D} + \frac{f_e^2 - 2f_e f_c + f_c^2}{2D}\right)\right]\frac{1}{f_c} \\ &= \left[L - \left(\frac{2f_s f_c - 2f_s^2 + f_c^2 - 2f_s f_c + f_s^2}{2A} + \frac{2f_e f_c - 2f_c^2 + f_e^2 - 2f_e f_c + f_c^2}{2D}\right)\right]\frac{1}{f_c} \\ &= \left[L - \left(\frac{-f_s^2 + f_c^2}{2A} + \frac{-f_c^2 + f_e^2}{2D}\right)\right]\frac{1}{f_c} \\ &= \left\{L - \left[\left(\frac{1}{2A} - \frac{1}{2D}\right)f_c^2 + \left(\frac{-f_s^2}{2A} + \frac{f_e^2}{2D}\right)\right]\right\}\frac{1}{f_c} \end{aligned}$$

当加速度值和减速度值相等（即 $D=-A$）时，稳态时间 T_2 为

$$T_2=\frac{L}{f_c}+\left[-\frac{f_c}{A}+\left(\frac{f_e^2+f_s^2}{2A}\right)\frac{1}{f_c}\right] \quad (5.39)$$

总运动时间为 $T_t=T_1+T_2+T_3$。

当路径段太小时，机器可能无法到达指令进给（f_c），稳态时间可能为零或负，即 $T_2\leqslant 0$。如果限制加速度导致与轨迹不兼容，则在驱动器不饱和的情况下，必须将指令馈入减少到一个兼容的值。

将式(5.38)中的 $T_2\leqslant 0$ 强制变为零，以识别给定加速度、减速度、起始和结束进给量的可能进给量，如下所示：

$$\begin{aligned}
&T_2=\frac{L}{f_{cm}}-\left[\left(\frac{1}{2A}-\frac{1}{2D}\right)f_{cm}+\left(\frac{-f_s^2}{2A}+\frac{f_e^2}{2D}\right)\frac{1}{f_{cm}}\right]=0\\
&f_{cm}=\sqrt{\frac{2ADL-(f_e^2A-f_s^2D)}{D-A}}
\end{aligned} \quad (5.40)$$

注意，如果 $D=-A$，则允许进给量为

$$f_{cm}=\sqrt{AL+\frac{f_e^2+f_s^2}{2}} \quad (5.41)$$

由于 $T_2=0$，新的加速减速周期表示为

$$\begin{aligned}
&f_s+AT_1=f_{cm}\ \rightarrow\ T_1=\frac{f_{cm}-f_s}{A}\\
&f_{cm}+DT_3=f_e\rightarrow T_3=\frac{f_e-f_{cm}}{D}
\end{aligned} \quad (5.42)$$

除了考虑零稳态行进区（$T_2=0$）外，在轨迹生成中考虑数值舍入误差也很重要。如果在数控系统中插补周期 T_i 是固定的，则插补步数的总数必须为整数，如下所示：

$$N=ceil\left(\frac{T_t}{T_i}\right)$$

然而，如果 T_t/T_i 不是一个整数，则采用分数来纠正轨迹生成运动持续时间。由于插值周期(T_i)为常数，如果 T_t/T_i 不是整数，则得到实际总行程时间 $T_t'=NT_i$ 与 T_t 不同。调整加速、稳态和减速时间长度 (T_1,T_2,T_3)，以保证总时间等于 T_t，如下所示：

$$T_j'=\left(\frac{T_t'}{T_t}\right),T_j,\quad 其中\ j=1,2,3$$

由于 T_1'、T_2' 和 T_3' 与先前估计的行程周期(T_1、T_2 和 T_3)不同，需要重新修改进给量、加速度和减速度。根据式（5.38），新的进给量 f_{cn} 计算如下：

$$f_{cns}=\frac{2L-f_sT_1'-f_eT_3'}{T_1'+2T_2'+T_3'}$$

$$A_n=\frac{f_{cn}-f_s}{T_1'},\quad D_n=\frac{f_e-f_{cns}}{T_3'}$$

将新的进给量（f_{cn}）、加速度（A_n）和减速度（B_n）值代入方程式（5.33）～式（5.35）中，重新生成新的运动轮廓。轨迹可重新安排如下：

$$l(t)=\begin{cases} l_s+f_s\tau+\frac{1}{2}A_n\tau^2 & 0\leqslant\tau<T_1' \quad l_{1n}=l_s+f_sT_1'+\frac{1}{2}A_nT_1'^2 \\ l_{1n}+f_{cn}\tau & 0\leqslant\tau<T_2' \quad l_{2n}=l_{1n}+f_{cn}T_2' \\ l_{2n}+f_{cn}\tau+\frac{1}{2}D_n\tau^2 & 0\leqslant\tau<T_3' \quad =l_s+L \end{cases} \tag{5.43}$$

实时计算可通过将式（5.43）代入 $\tau=kT_i$ 转化为差分方程进行优化，其中插值周期 T_i 为常数。

$$l(k)=\begin{cases} l_s+f_s(kT_i)+\frac{1}{2}A_n(kT_i)^2 & k=1,2,\cdots,(N_1=T_1'/T_i) & l(k-1)+f_sT_i+\Delta_1\left(k-\frac{1}{2}\right), \\ & & \Delta_1=A_nT_i^2, l_{1n}=l(N_1) \\ l_{1n}+f_{cn}(kT_i) & k=1,2,\cdots(N_2=T_2'/T_i) & l(k-1)+\Delta_2, \\ & & \Delta_2=f_{cn}T_i, l_{2n}=l(N_2) \\ l_{2n}+f_{cn}(kT_i)+\frac{1}{2}D_n(kT_i)^2 & k=1,2,\cdots,(N_3=T_3'/T_i) & l(k-1)+f_{cn}T_i+\Delta_3\left(k-\frac{1}{2}\right), \\ & & \Delta_3=D_nT_i^2, l_{3n}=l(N_3) \end{cases} \tag{5.44}$$

恒定位移 $(\Delta_1,\Delta_2,\Delta_3)$ 可以在初始化期间计算，并在实时轨迹生成期间递归添加。需要注意的是，$l(k)$是空间中的离散位移命令，根据机床运动学将其解耦到单个轴上。

加速周期轨迹生成的推导如下：

$$\begin{aligned} l_s+f_s(kT_i)+\frac{1}{2}A_n(kT_i)^2 &= l_s+f_s(k-1)T_i+f_sT_i+\frac{1}{2}A_n\left[(k-1)T_i+T_i\right]^2 \\ &= l_s+f_s(k-1)T_i+f_sT_i+\frac{1}{2}A_n\left[(k-1)T_i\right]^2+A_n(k-1)T_i^2+\frac{1}{2}A_nT_i^2 \\ &= l_s+f_s(k-1)T_i+\frac{1}{2}A_n\left[(k-1)T_i\right]^2+f_sT_i+A_nT_i^2\left(k-\frac{1}{2}\right) \\ &= l(k-1)+f_sT_i+A_nT_i^2\left(k-\frac{1}{2}\right) \end{aligned}$$

5.4.3 有限加加速度的速度图生成

前一节简要讲述的梯形速度图在控制中易于实现，并适合于大多数机床，然而，因为它采用恒加速度，加加速度或加速度的导数为 0，这将导致在沿复杂刀具路径进行插补时，在进给驱动系统中出现各种振动和噪声。加速时，惯性或质量像动态力矩或力一样作用在进给驱动结构上，如果轨迹生成器产生的进给驱动加速指令不平滑，最终施加在滚珠丝杠上的力矩和施加在线性电机驱动上的力就会包含高频分量，这些高频分量将激励进给驱动的结构动态响应，引起不希望的振动。为了获得平滑的速度和加速度图，要采用有限加加速度的轨迹生成算法，本节中将讲述这些内容。

（1）运动轮廓

加加速度（J）、加速度（a）、进给率（f）和轨迹指令位置（l）随运动时间变化如图 5.15 所示。在 NC 程序段的运动开始前，要定义初始和最终位置值（l_s，l_e）和进给率（f_s，f_e）、最大加速度（A）、最大减速度（D）和加加速度（J）的极限。最大加/减速度由驱动电机的最大力矩和力极限得到。加速时间的设置取决于放大器提供峰值力矩/力的持续时间，有限加加速度设置为最大加速度除以加速时间。根据图 5.15，我们可以表示加速度（a）、进给率（f）和沿刀具路径的位移（l），当加速度线性增加时，加加速度是恒定的，如下所示：

$$J(\tau)=\begin{cases}J_1 & 0\leqslant t<t_1\\0 & t_1\leqslant t<t_2\\-J & t_2\leqslant t<t_3\\0 & t_3\leqslant t<t_4\\-J_5 & t_4\leqslant t<t_5\\-0 & t_5\leqslant t<t_6\\J_7 & t_6\leqslant t<t_7\end{cases}\tag{5.45}$$

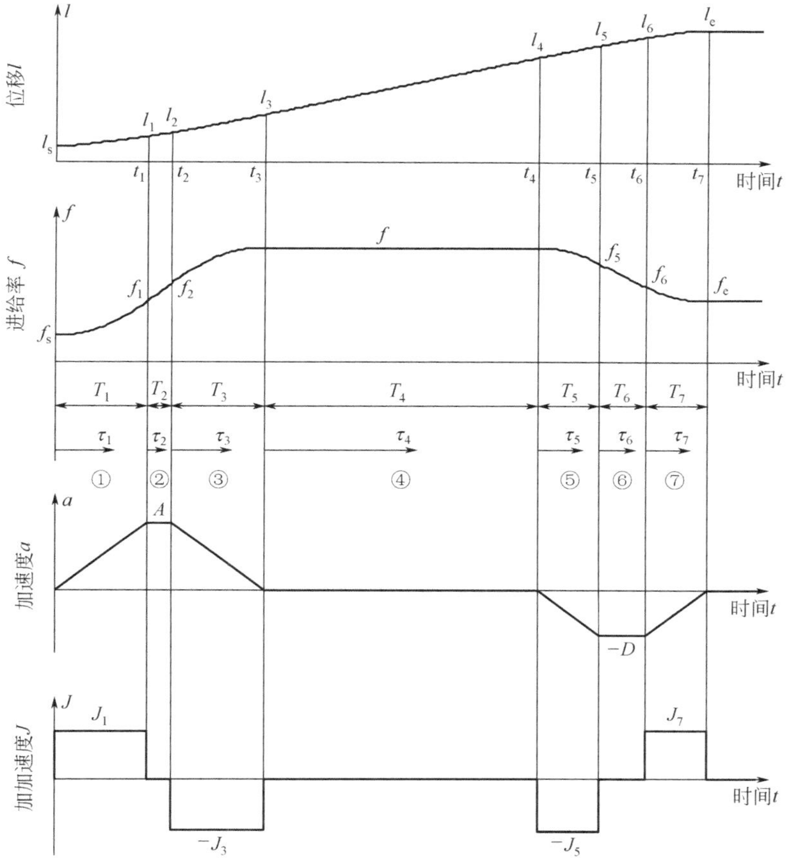

图 5.15　有限加加速度的进给率生成运动学图形表示

加速度是在考虑其初始条件的情况下对加加速度进行积分求得的，如下所示：

$$\begin{cases}a(t)=a(t_i)+\int_{t_i}^{t}J(\tau)\mathrm{d}\tau\\f(t)=f(t_i)+\int_{t_i}^{t}a(\tau)\mathrm{d}\tau\\l(t)=l(t_i)+\int_{t_i}^{t}f(\tau)\mathrm{d}\tau\end{cases}\tag{5.46}$$

在加速（T_1，T_3）和减速（T_5，T_7）期间加加速度为常数，在恒加速期间（T_2，T_4，T_6）加加速度为 0。对图 5.15 所示的每段加加速度进行积分，可以得到加速度图：

$$a(\tau)=\begin{cases} J_1\tau_1, & 0\leqslant t<t_1 \\ A, & t_1\leqslant t<t_2 \\ A-J_3\tau_3, & t_2\leqslant t<t_3 \\ 0, & t_3\leqslant t<t_4 \\ -J_5\tau_5, & t_4\leqslant t<t_5 \\ -D, & t_5\leqslant t<t_6 \\ -D+J_7\tau_7, & t_6\leqslant t<t_7 \end{cases} \tag{5.47}$$

式中 τ_k（k=1,2,…,7）表示相对时间（即 $\tau_k=t-t_{k-1}$）。对每段的加速度［式（5.47)］进行积分，可以得到图 5.15 中每个阶段的进给速度：

$$f(\tau)=\begin{cases} f_s+\dfrac{1}{2}J_1\tau_1^2, & f_s\text{：初始进给率}, & 0\leqslant t<t_1 \\ f_1+A\tau_2, & f_1=f_s+\dfrac{1}{2}J_1T_1^2, & t_1\leqslant t<t_2 \\ f_2+A\tau_3-\dfrac{1}{2}J_3\tau_3^2, & f_2=f_1+AT_2, & t_2\leqslant t<t_3 \\ f_3, & f=f_3=f_2+AT_3-\dfrac{1}{2}J_3T_3^2, & t_3\leqslant t<t_4 \\ f_4-\dfrac{1}{2}J_5\tau_5^2, & f=f_4=f_3, & t_4\leqslant t<t_5 \\ f_5-D\tau_6, & f_5=f_4-\dfrac{1}{2}J_5T_5^2, & t_5\leqslant t<t_6 \\ f_6-D\tau_7+\dfrac{1}{2}J_7\tau_7^2, & f_6=f_5-DT_6, & t_6\leqslant t<t_7 \end{cases} \tag{5.48}$$

式中，T_k 是第 k 段的时间区间。

对式（5.48）再进行一次积分得到位移：

$$l(\tau)=\begin{cases} l_s+f_s\tau_1+\dfrac{1}{6}J_1\tau_1^3, & l_s\text{：初始位置}, & 0\leqslant t<t_1 \\ l_1+f_1\tau_2+\dfrac{1}{2}A\tau_2^2, & l_1=l_s+f_sT_1+\dfrac{1}{6}J_1T_1^3, & t_1\leqslant t<t_2 \\ l_2+f_2\tau_3+\dfrac{1}{2}A\tau_3^2-\dfrac{1}{6}J_3\tau_3^3, & l_2=l_1+f_1T_2+\dfrac{1}{2}AT_2^2, & t_2\leqslant t<t_3 \\ l_3+f_3\tau_4, & l_3=l_2+f_2T_3+\dfrac{1}{2}AT_3^2-\dfrac{1}{6}J_3T_3^3, & t_3\leqslant t<t_4 \\ l_4+f_4\tau_5-\dfrac{1}{6}J_5\tau_5^3, & l_4=l_3+f_3T_4, & t_4\leqslant t<t_5 \\ l_5+f_5\tau_6-\dfrac{1}{2}D\tau_6^2, & l_5=l_4+f_4T_5-\dfrac{1}{6}J_5T_5^3, & t_5\leqslant t<t_6 \\ l_6+f_6\tau_7-\dfrac{1}{2}D\tau_7^2+\dfrac{1}{6}J_7\tau_7^3, & l_6=l_5+f_5T_6-\dfrac{1}{2}DT_6^2, & t_6\leqslant t<t_7 \end{cases} \tag{5.49}$$

式中，l_k 是阶段 k 到达的总位移，每个阶段（k）经过的增量位移（L_k）为：

$$L_k = l_k - l_{k-1} \tag{5.50}$$

其中初始位移为 $l_0=l_s$。每个阶段经过的距离之和应等于经过的总距离［式（5.49）和式（5.50）］，如下所示：

$$L = l_e - l_s = \sum_{k=1}^{7} L_k \tag{5.51}$$

式中，L 是 NC 刀具路径经过的总距离。

从梯形加速度图、减速度图看出：

$$A = J_1T_1 = J_3T_3,\quad D = J_5T_5 = J_7T_7 \tag{5.52}$$

尽管在初始阶段后需要重新调整，但仍应保持。考虑在第三阶段结束时达到期望的进给（f），我们可以得到：

$$f_3 = f \rightarrow T_2 = \frac{1}{A}\left(f - f_s - \frac{1}{2}J_1T_1^2 - AT_3 + \frac{1}{2}J_3T_3^2\right) \tag{5.53}$$

同样，考虑在第 7 阶段结束时达到最后的进给（f_e），我们可以得到：

$$\begin{cases} f_7 = f_e = f_6 - DT_7 + \dfrac{1}{2}J_7T_7^2 \\ T_6 = \dfrac{1}{D}\left(f - f_e - \dfrac{1}{2}J_5T_5^2 - DT_7 + \dfrac{1}{2}J_7T_7^2\right) \end{cases} \tag{5.54}$$

（2）初始化

为了实现图 5.15 给出的有限加加速度的运动图，在生成插补阶段的增量位置指令前，必须先确定每个阶段的插补步数和插补时间周期。为了设计一个通用的算法，考虑下面的初始化步骤。

首先检查总插补步数（N）。如果 $2<N\leqslant4$，那么选择 $N=4$ 以保证图 5.15 中至少存在加速和减速阶段（1,3,5,7）。如果 $N\leqslant2$，那么选择 $N=2$ 允许加速和减速。注意这些只发生在运动量特别小的情况下，如应用高速样条插补或精密定位的情况下。如果存在加速阶段，必须在前三个阶段内达到期望的进给（f），这就意味着 $T_2\geqslant0$。如果加加速度值相等（$J_1=J_3$）［式（5.52）］，加速条件要求：

$$T_1 = T_3 = A/J_1,\quad T_2 = \frac{f-f_s}{A} - \frac{A}{J_1} \geqslant 0 \tag{5.55}$$

如果式（5.55）不成立，那么加速度的数值必须减小到它的最大可能值：

$$A = \mathrm{sgn}(A)\sqrt{J_1(f-f_s)} \tag{5.56}$$

并将 T_2 设置为 0。同样，如果减速阶段存在，则

$$T_5 = T_7 = D/J_5,\quad T_6 = \frac{f-f_e}{D} - \frac{D}{J_5} \geqslant 0 \tag{5.57}$$

如果减速阶段不存在，减速度极限减小为：

$$D = \mathrm{sgn}(D)\sqrt{J_5(f-f_e)} \tag{5.58}$$

并将 T_6 设置为 0。如果位移长度足够大，包含恒进给阶段，即有 $T_4\geqslant0$。可以将从式（5.49）和式（5.51）求得的 T_2 和 T_6 代入式（5.54）和式（5.57），得到总的移动长度为：

$$L=\left(\frac{1}{2A}+\frac{1}{2D}\right)f^2+\left(\frac{A}{2J_1}+\frac{D}{2J_5}+T_4\right)f+\left(\frac{Af_s}{2J_1}+\frac{Df_e}{2J_5}-\frac{f_s^2}{2A}-\frac{f_e^2}{2D}\right) \quad (5.59)$$

如果刀具路径太短不能达到目标进给率（f），式（5.59）中相应的项就不必考虑。为了获得恒进给（f）阶段，必须保证 $T_4 \geqslant 0$，即：

$$T_4=\frac{1}{f}\left\{L-\left[\left(\frac{1}{2A}+\frac{1}{2D}\right)f^2+\left(\frac{A}{2J_1}+\frac{D}{2J_5}\right)f+\frac{Af_s}{2J_1}+\frac{Df_e}{2J_5}-\frac{f_s^2}{2A}-\frac{f_e^2}{2D}\right]\right\}\geqslant 0 \quad (5.60)$$

如果不满足式（5.60），那么 $T_4=0$，进给率值减小到由式（5.60）解出的最大可能的数值。如果这个二次方程出现复数根，初始和最终的进给率被设置为 0（$f_s=f_e=0$），需要调整初始参数（A，D，J）进行重新初始化。

（3）每个阶段的插补步数

增量位移Δu由直线、圆弧或样条插补算法决定。因为每个阶段的位移在方程式（5.50）中定义，（1, 3, 5, 7）段的插补步数可以表示为：

$$N_1=\text{round}(L_1/\Delta u),\quad N_3=\text{round}(L_3/\Delta u),\quad N_5=\text{round}(L_5/\Delta u),\quad N_7=\text{round}(L_7/\Delta u) \quad (5.61)$$

如果由于圆整造成非零的 L_1，L_2，L_3，L_4 对应的 N_1，N_2，N_3，N_4 之一出现 0，就把它设定为 1。加速段（N_{ac}）和减速段（N_{dec}）的总步数分别为：

$$N_{ac}=\text{round}\frac{L_1+L_2+L_3}{\Delta u},\quad N_{dec}=\text{round}\frac{L_5+L_6+L_7}{\Delta u} \quad (5.62)$$

从这里可以得到恒加速段（第二阶段）和恒减速段（第六阶段）的步数为：

$$N_2=N_{ac}-(N_1+N_3),\quad N_6=N_{dec}-(N_5+N_7) \quad (5.63)$$

恒进给段（第四阶段）的插补步数为：

$$N_4=N-(N_{ac}+N_{dec}) \quad (5.64)$$

现在已定义了有限加加速度的速度图（图 5.15）在每个阶段的插补步数（N_1，…，N_7）。虽然总的插补步数仍然为 N，由于受下面的约束，每一阶段的位移可能有变化，即：

$$L_k'=N_k\Delta u,\quad k=1,2,\cdots,7 \quad (5.65)$$

式中，L_k' 是新的位移值，它的值可能与式（5.50）中给出的值有所不同。这需要重新调整所有的加速度、减速度、加加速度和时间周期。

对于加速阶段（第 1、2、3 阶段），当 $T_2>0$ 时，将计算 T_2 的式（5.53）和新的位移 L_1'、L_2'、L_3' 代入式（5.49）和式（5.50），得到下列方程：

$$\left.\begin{aligned}&f_sT_1+\frac{1}{6}AT_1^2-L_1'=0\\&-\frac{1}{8}AT_1^2+\frac{1}{8}AT_3^2-\frac{1}{2}f_sT_1-\frac{1}{2}fT_3+\frac{f^2-f_s^2}{2A}-L_2'=0\\&fT_3-\frac{1}{6}AT_3^2-L_3'=0\end{aligned}\right\}\to T_2>0 \quad (5.66)$$

如果 $T_2=0$，就不能使用式（5.50），而要使用加速阶段结束时的进给率［式（5.48）中的 f_3］条件，可以推导出：

$$\left.\begin{aligned}&f_s T_1+\frac{1}{6}AT_1^2-L_1'=0\\&\frac{1}{2}AT_1+\frac{1}{2}AT_3+f_s-f=0\\&\frac{1}{3}AT_3^2+\frac{1}{2}AT_1T_3+f_sT_3-L_3'=0\end{aligned}\right\}\to T_2=0 \tag{5.67}$$

同样的方法可以用在减速阶段（第 5、6、7 段）。将 T_6 和新位移 L_5'、L_6'、L_7' 代入式（5.49）和式（5.50），得到下列方程：

$$\left.\begin{aligned}&fT_5-\frac{1}{6}DT_5^2-L_5'=0\\&\frac{1}{8}DT_5^2-\frac{1}{8}DT_7^2-\frac{1}{2}fT_5-\frac{1}{2}f_eT_7+\frac{f^2-f_e^2}{2D}-L_6'=0\\&f_eT_7+\frac{1}{6}DT_7^2-L_7'=0\end{aligned}\right\}\to T_6>0 \tag{5.68}$$

对于 $T_6=0$ 的情况，将使用减速结束时进给率条件：

$$\left.\begin{aligned}&fT_5-\frac{1}{6}DT_5^2-L_5'=0\\&\frac{1}{2}DT_5+\frac{1}{2}DT_7+f_e-f=0\\&-\frac{1}{3}DT_7^2-\frac{1}{2}DT_5T_7+fT_7-L_7'=0\end{aligned}\right\}\to T_6=0 \tag{5.69}$$

在加速阶段，对于 $T_2>0$ 用式（5.66），对于 $T_2=0$ 用式（5.67）来计算 T_1、T_2、A 和 T_2 的新数值；在减速阶段，对于 $T_6>0$ 用式（5.68），对于 $T_6=0$ 用式（5.69）来计算 T_5、T_7、D 和 T_6 的新数值。这些方程是非线性方程，可以用 Newton-Raphson（牛顿-辛普森）数值迭代法进行求解，从式（5.60）可以求得 T_4。一旦求得了 T_1，T_2，…，T_7 和 A、D 的数值，可以利用式（5.52）和式（5.57）更新加加速度的数值，在每个阶段结束时达到的最终进给率数值可以从式（5.48）求得。

简而言之，在进行实时插补前，要计算出每个阶段的插补步数（N_1，…，N_7），插补周期（T_1，…，T_7），进给数值（f_1，…，f_7），位移（L_1'，…，L_7'）和可能的加速度和减速度（A，D，J）。

（4）实时插补部分的递归执行

在这里必须区分每种步长的插补周期，在前面解释的初始化部分完成以后，将在每种不同的插补步长情况下，调用有限加加速度的进给率生成算法，连续执行其实时插补部分。对图 5.15 中 7 个阶段的任何一个均可使用下面的通用位移公式：

$$l(\tau_k)=\frac{1}{6}J_{0,k}\tau_k^3+\frac{1}{2}a_{0,k}\tau_k^2+f_{0,k}\tau_k+l_{0,k} \tag{5.70}$$

式中，$J_{0,k}$、$a_{0,k}$、$f_{0,k}$ 和 $l_{0,k}$ 分别是加加速度、加速度、进给率和位移值，它们是在初始化阶段计算出来的。τ_k 是在阶段 k 开始时的相对时间参数，因为增量位移步长 Δu 在插补前已经确定，在插补步数 m 处的位移可以按下式求得：

$$l(\tau_{k,m}) = m\Delta u = \frac{1}{6}J_{0,k}\tau_{k,m}^3 + \frac{1}{2}a_{0,k}\tau_{k,m}^2 + f_{0,k}\tau_{k,m} + l_{0,k} \tag{5.71}$$

这样可以求得在阶段 k 内的累计时间（$\tau_{k,m}$）。虽然式(5.71)可以用解析法求解，但在实时计算中采用 Newton-Raphson（牛顿-辛普森）数值迭代法更为有效。在阶段 k 内插补步数 m 处的插补周期可按下式求得：

$$T_{i(k,m)} = \tau_{k,m} - \tau_{k,m-1} \tag{5.72}$$

也可以采用在每步替代初始条件的办法，从式（5.71）求得插补周期，但要出现数值圆整误差。

（5）以伺服环控制频率重构参考轨迹

用变插补周期生成的参考轨迹可能在每根轴的离散位置指令出现突变，从而在驱动系统引起不期望的加加速度。为了平滑所生成的轨迹，每个驱动变插补周期的离散位置指令必须以伺服环频率进行重新采样。注意重新采样是在轨迹生成后完成的，轨迹是在后面将要讲述的插补阶段生成的，之所以在这里讲述，是因为它和有限加加速度的轨迹生成有关。

图 5.16 所示为采样轨迹，其中显示了插补输出和以伺服控制间隔 T 重新采样的轨迹。如果我们考虑某一个驱动，例如 x 轴，该驱动的两个连续位移用 x_i，x_{i+1} 表示，其中 i 是插补计数。用 5 阶多项式在这两点间进行拟合：

$$\tilde{x}(\tau) = A_r\tau^5 + B_r\tau^4 + C_r\tau^3 + D_r\tau^2 + E_r\tau + F_r \tag{5.73}$$

式中，时间在 $0 \leqslant \tau \leqslant (t_{i+1}-t_i)$ 之间变化，系数（A_r，B_r，C_r，D_r，E_r，F_r）从边界条件得到，即：

$$\begin{aligned} &\tilde{x}(0) = x_i, \quad \tilde{x}(t_{i+1}-t_i) = x_{i+1}, \\ &\frac{d\tilde{x}(0)}{d\tau} = \dot{x}_i, \quad \frac{d\tilde{x}(t_{i+1}-t_i)}{d\tau} = \dot{x}_{i+1}, \\ &\frac{d^2\tilde{x}(0)}{d\tau^2} = \ddot{x}_i, \quad \frac{d^2\tilde{x}(t_{i+1}-t_i)}{d\tau^2} = \ddot{x}_{i+1} \end{aligned} \tag{5.74}$$

式中，$(\dot{x}_i, \ddot{x}_i; \dot{x}_{i+1}, \ddot{x}_{i+1})$ 分别是插补位置指令段开始和结束时估算的进给率和加速度。可以用与 5.7.3 节讲解的 5 次或 5 阶样条插补相似的方法，用 3 阶立方样条估计这些参数。对于从插补算法中得出的每个新参考点，要重新计算多项式系数，从式（5.73）得

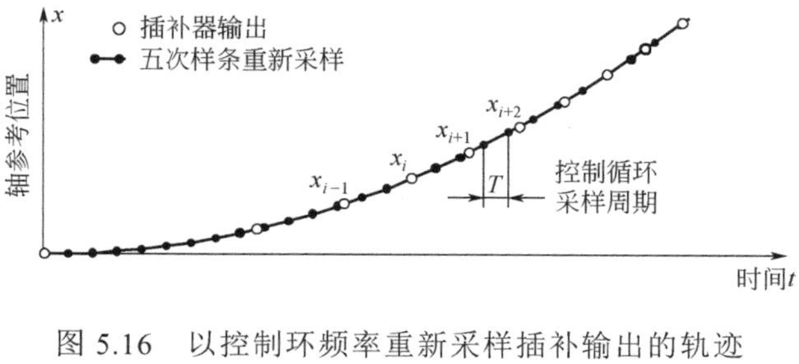

图 5.16 以控制环频率重新采样插补输出的轨迹

到以伺服环控制周期 T [即：$\tau=0,T,2T,\cdots,(t_{i+1}-t_i)$] 产生的参考轴位置指令。

【实例 5.1】如图 5.17 所示为在单轴（x）运动期间，采用简单的梯形速度图和有限加加速度的梯形加速度图所产生轨迹的比较。当采用梯形速度图时，出现加速度和加加速度的过渡振荡；而当采用梯形加速度图时，加速度和加加速度的变化都很平稳。采用梯形速度图时出现的很多谐波说明它可能激励进给驱动的结构模态，因此在高速机床驱动中不推荐使用梯形速度图。如果采用 5 阶多项式对插补轴的位移进行重新采样，就可以达到更为平滑的加速度和加加速度（参见图 5.18）。

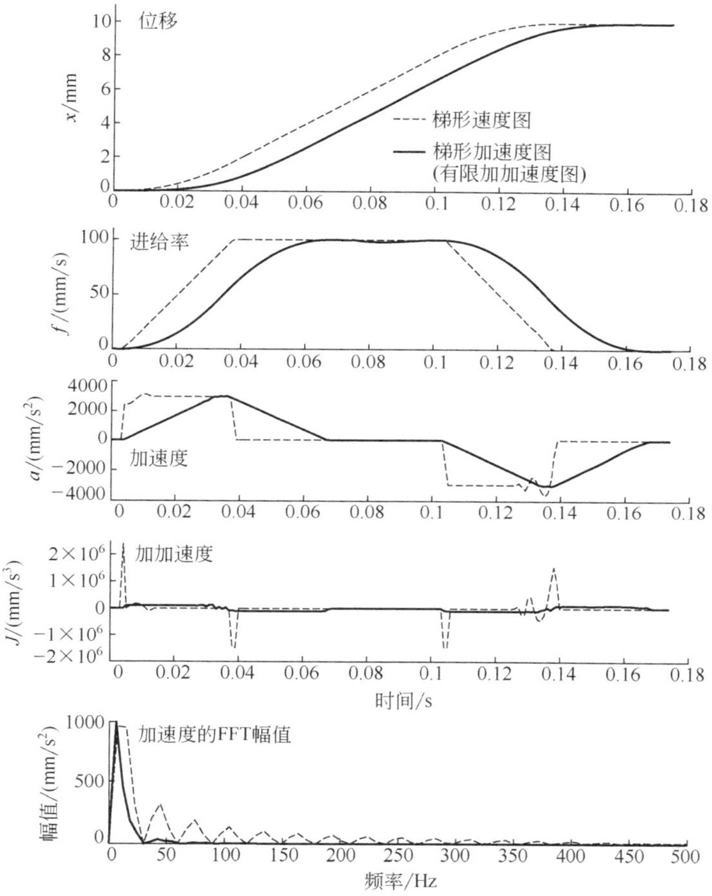

图 5.17　用有限加加速度图和梯形速度图生成的轨迹比较

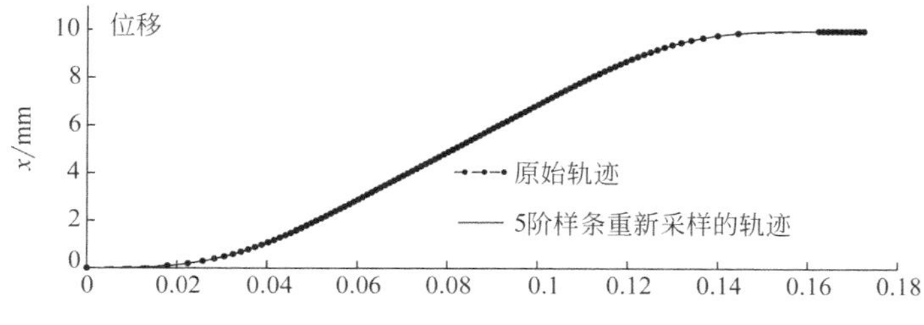

图 5.18

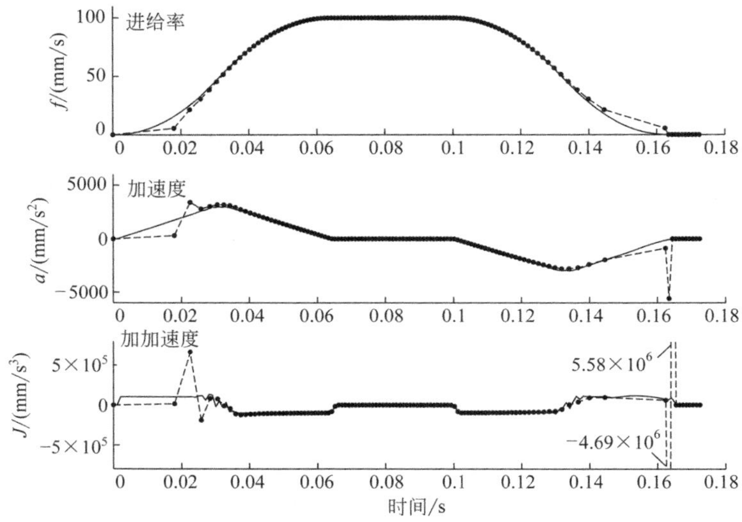

图 5.18　用插补器生成的原始轨迹和用 5 次样条重新采样产生的平滑轨迹

5.5　实时插补方法

CNC 系统必须具备加工复杂轮廓零件的能力。绝大多数普通几何形状可以用直线和圆弧段构造，然而，采用高速切削加工的模具、航空航天零件上的雕刻曲面需要实时样条插补。

在本节中，将讲述两轴实时直线、圆弧和 5 次样条插补方式的一般设计方法，这些算法是通用的，很容易扩展到多轴插补运动。

5.5.1　直线插补算法

（1）方法一：恒变位移插值周期

这种插补方法基于两根轴上速度分量的数字积分方法。

让我们假定切削刀具的刀心按图 5.19 所示的直线路径移动，刀具的起点为 $P_s(x_s,y_s)$，刀具的终点为 $P_e(x_e,y_e)$，在时间 t 轴的位置将为：

$$\begin{cases} x(t) = x(k\Delta t) = x_s + \int_0^t f_x(t)\mathrm{d}t \\ y(t) = y(k\Delta t) = y_s + \int_0^t f_y(t)\mathrm{d}t \end{cases} \tag{5.75}$$

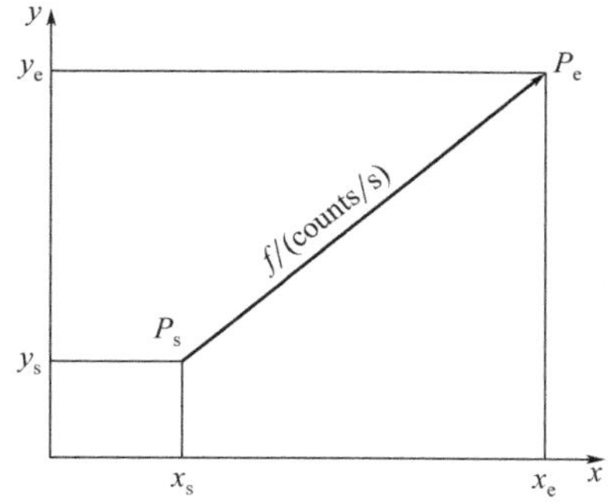

图 5.19　直线插补

式中，f_x 和 f_y 是轴速度。

如上节所述，插补时间间隔 T_i 在加速和减速期间随时间变化，而在恒进给区保持不变。因为插补算法以时间间隔 T_i 执行 N 次，上面的式（5.75）可以表示为下面的离散形式：

$$\begin{cases} x(k) = x_s + \sum_{j=1}^{k} f_x(j)T_i(j) = x_s + \sum_{j=1}^{k-1} f_x(j)T_i(j) + f_x(k)T_i(k) \\ y(k) = y_s + \sum_{j=1}^{k} f_y(j)T_i(j) = y_s + \sum_{j=1}^{k-1} f_y(j)T_i(j) + f_y(k)T_i(k) \end{cases}$$

或

$$\begin{cases} x(k) = x(k-1) + f_x(k)\ T_i(k) \\ y(k) = y(k-1) + f_y(k)\ T_i(k) \end{cases} \tag{5.76}$$

注意，在时间间隔 k 的轴速度为：

$$\begin{cases} f_x(k) = \dfrac{\Delta x}{T_i(k)} \\ f_y(k) = \dfrac{\Delta y}{T_i(k)} \end{cases} \tag{5.77}$$

根据矢量进给和加/减速度图，插补周期 T_i 的变化将导致轴进给率的变化，然而，两根轴的增量位移均为常数，并由下列公式给出：

$$\begin{cases} \Delta x = \dfrac{x_e - x_s}{N} \\ \Delta y = \dfrac{y_e - y_s}{N} \end{cases} \tag{5.78}$$

将式（5.77）和式（5.78）代入式（5.76）给出递归数字直线插补算法：

$$\begin{cases} x(k\Delta t) = x_s + k\Delta x = x(k-1) + \Delta x \\ y(k\Delta t) = y_s + k\Delta y = y(k-1) + \Delta y \end{cases} \tag{5.79}$$

积分增量 Δx 和 Δy 是常数，并在插补程序的开始算出。下面给出实时直线插补的计算机实现算法：

T_i	插补周期
f	要求的进给率
x_s, y_s	起始位置
x_e, y_e	终止位置
δ_x	x 轴方向的总位移
δ_y	y 轴方向的总位移
sign(x)	x 轴移动方向
sign(y)	y 轴移动方向
N	插补迭代次数
dx, dy	各轴的步长
x_{rem}	x 轴步长的余数
y_{rem}	y 轴步长的余数

（除 T_i 和 f 外，上述值均为整数）

在 CNC 中的初始化计算：

$\delta x = \text{abs}(x_e - x_s)$

$\delta y = \text{abs}(y_e - y_s)$

$\text{sign}(x) = \text{sign}(x_e - x_s)$

$$\mathrm{sign}(y)=\mathrm{sign}(y_e-y_s)$$
$$\Delta u=fT_i$$
$$N=\sqrt{\delta x^2+\delta y^2}/\Delta u$$
$$\mathrm{d}x=\mathrm{fix}(\delta x/N)$$
$$\mathrm{d}y=\mathrm{fix}(\delta y/N)$$
$$x_{\mathrm{rem}}=\delta x-(\mathrm{d}xN)$$
$$y_{\mathrm{rem}}=\delta y-(\mathrm{d}yN)$$
$\mathrm{line}(x_s,\mathrm{d}x,x_{\mathrm{rem}},\mathrm{sign}(x),N)$ ；发送到 x 轴位置控制器

$\mathrm{line}(y_s,\mathrm{d}y,y_{\mathrm{rem}},\mathrm{sign}(y),N)$ ；发送到 y 轴位置控制器

在对所有参与运动的轴进行初始化后，可以利用下面的程序以各自的 T_i 计算每根轴的位置：

```
function line (xs,dx,xrem,sign(x),N)
x(1)=xs
xerror=0
for i=2,N+1
    x(i)=x(i-1)+sign(x)dx
    xerror=xerror+xrem
    if(xerror>=N)
      x(i)=x(i)+sign(x)
      xerror=xerror-N
    end
end
```

以插补周期 T_i 生成的位置指令，将发送并应用到 CNC 各轴数字伺服控制算法中。

【实例 5.2】 在 CNC 中以计数单位输入下列 NC 程序段：

```
N010 G01 G90 X24 Y32 F1000
```

该段 NC 程序提供了 P_e（24,32）和 f=1000counts/s。给出初始坐标为 P_s（5,6），CNC 中设置的加速度和减速度数值为 A=D=50000counts/s^2，并采用梯形速度图。CNC 中的最小插补时间 $T_{\min}$=0.002s，插补算法的设置如下：

$$\delta x=x_e-x_s=19,\quad \delta y=y_e-y_s=26,\quad L=\sqrt{\delta x^2+\delta y^2}=32,$$
$$\Delta u=fT_{\min}=2,\quad N=L/\Delta u=16,\quad N_1=N_3=f^2/(2A\Delta u)=5,$$
$$\Delta x=\delta x/N=1.1875,\quad \Delta y=\delta y/N=1.625$$

数值插补的结果如表 5.1 和图 5.20 所示。

表 5.1 点 P_s（5,6）和 P_e（24,32）之间的直线插补

时钟脉冲 k	进给率 $f(k)$/(counts/s)	插补间隔 T_i/ms	时间 t/ms	$x(k)$/counts	$y(k)$/counts
0	0.00	0.00000	0.0	5.00	6.00
1	447.21	0.00894	8.9	6.19	7.63
2	632.46	0.00370	12.6	7.38	9.25
3	774.60	0.00284	15.5	8.56	10.88

续表

时钟脉冲 k	进给率 $f(k)$/(counts/s)	插补间隔 T_i/ms	时间 t/ms	$x(k)$/counts	$y(k)$/counts
4	894.43	0.00240	17.9	9.75	12.50
5	1000.00	0.00211	20.0	10.94	14.13
6	1000.00	0.00200	22.0	12.13	15.75
7	1000.00	0.00200	24.0	13.31	17.38
8	1000.00	0.00200	26.0	14.50	19.00
9	1000.00	0.00200	28.0	15.69	20.63
10	1000.00	0.00200	30.0	16.88	22.25
11	1000.00	0.00200	32.0	18.06	23.88
12	894.43	0.00211	34.1	19.25	25.50
13	774.60	0.00240	36.5	20.44	27.13
14	632.46	0.00284	39.4	21.63	28.75
15	447.21	0.00370	43.1	22.81	30.38
16	0.00	0.00894	52.0	24.00	32.00

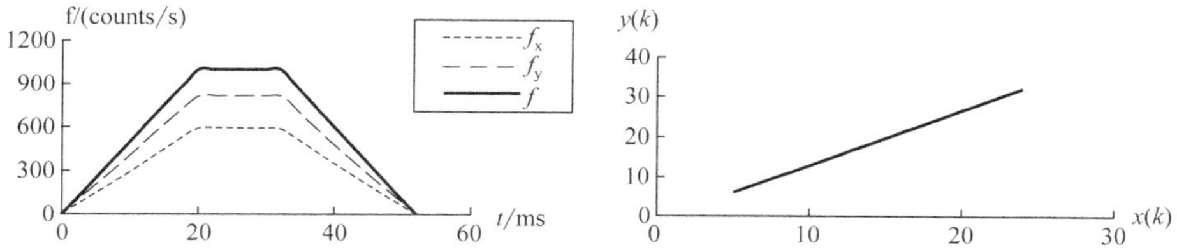

图 5.20 直线插补实例

（2）方法二：变位移-恒插值周期

前面推导出的限制加速度轨迹生成如下：

$$l(k)=\begin{cases} l_s+f_s(kT_i)+\dfrac{1}{2}A(kT_i)^2 & k=1,2,\cdots,(N_1=T_1/T_i) & l(k-1)+f_sT_i+\Delta_1\left(k-\dfrac{1}{2}\right),\ \Delta_1=AT_i^2, l_1=l(N_1) \\ l_1+f_c\tau & k=1,2,\cdots,(N_2=T_2/T_i) & l(k-1)+\Delta_2,\ \Delta_2=f_cT_i, l_2=l(N_2) \\ l_2+f_c(kT_i)+\dfrac{1}{2}D(kT_i)^2 & k=1,2,\cdots,(N_3=T_3/T_i) & l(k-1)+f_cT_i+\Delta_3\left(k-\dfrac{1}{2}\right),\ \Delta_3=DT_i^2, l_1=l(N_3) \end{cases} \tag{5.80}$$

式中，位移 $l(k)$在每个时间间隔 k 上计算，插值周期为常数 T_i。如果刀具沿直线路径从一个点 $P_s(x_s,y_s)$ 移动到另一个点 $P_e(x_e,y_e)$，其方向用以下单位矢量表示：

$$\frac{\boldsymbol{P}_1\boldsymbol{P}_2}{|\boldsymbol{P}_1\boldsymbol{P}_2|}=\frac{x_e-x_s}{L}\mathbf{i}+\frac{y_e-y_s}{L}\mathbf{j} \tag{5.81}$$

插补周期 k 处的刀具位置可计算为:

$$\begin{aligned}
\boldsymbol{l}(k) &= \left(\frac{x_e - x_s}{L}\mathbf{i} + \frac{y_e - y_s}{L}\mathbf{j}\right)l(k) = \frac{x_e - x_s}{L}l(k)\mathbf{i} + \frac{y_e - y_s}{L}l(k)\mathbf{j} \\
\boldsymbol{l}(k) &= \Delta x l(k)\mathbf{i} + \Delta y l(k)\mathbf{j} \\
\boldsymbol{l}(k) &= \delta x(k)\mathbf{i} + \delta y(k)\mathbf{j}
\end{aligned} \tag{5.82}$$

在恒定时间间隔 T_i 下，将 $l(k)$代入线性插值得到以下递归差分方程。

$$l(k)=\begin{cases}
\Delta x\left[l(k-1)+f_sT_i+\Delta_1\left(k-\frac{1}{2}\right)\right]=x(k-1)+\Delta x\left[f_sT_i+\Delta_1\left(k-\frac{1}{2}\right)\right], & \Delta_l = AT_i^2 \\
\Delta y\left[l(k-1)+f_sT_i+\Delta_1\left(k-\frac{1}{2}\right)\right]=y(k-1)+\Delta y\left[f_sT_i+\Delta_1\left(k-\frac{1}{2}\right)\right], & k=1,2,\cdots,(N_1=T_1'/T_i) \\
\Delta x\left[l(k-1)+\Delta_2\right]=x(k-1)+\Delta x\Delta_2, & \Delta_2=f_cT_i \\
\Delta y\left[l(k-1)+\Delta_2\right]=y(k-1)+\Delta y\Delta_2, & k=1,2,\cdots,(N_2=T_2'/T_i) \\
\Delta x\left[l(k-1)+f_cT_i+\Delta_3\left(k-\frac{1}{2}\right)\right]=x(k-1)+\Delta x\left[f_cT_i+\Delta_3\left(k-\frac{1}{2}\right)\right], & \Delta_3 = DT_i^2 \\
\Delta y\left[l(k-1)+f_cT_i+\Delta_3\left(k-\frac{1}{2}\right)\right]=y(k-1)+\Delta y\left[f_cT_i+\Delta_3\left(k-\frac{1}{2}\right)\right], & k=1,2,\cdots(N_3=T_3'/T_i)
\end{cases} \tag{5.83}$$

该算法首先识别$(\Delta x, \Delta y)$，$(\Delta_1 = AT_i^2, N_1 = T_1/T_i)$，$(\Delta_2 = f_cT_i, N_2 = T_2/T_i)$，$(\Delta_3 = DT_i^2, N_3 = T_3/T_i)$，然后在每个时间间隔 T_i 进行上面列出的递归计算。因为位移 $l(k)$是通过对进给积分得到的，而进给又是通过对加速度积分得到的，所以在时间间隔 k 上的每个位移命令都包含速度在 x 和 y 方向上的投影。

5.5.2 圆弧插补的算法

（1）方法一：恒变位移插值周期

考虑圆心位于 CNC 坐标系原点的圆弧段（参见图 5.21）。圆弧刀具路径的长度为:

$$L = R(\theta_e - \theta_s) = R\theta_t \tag{5.84}$$

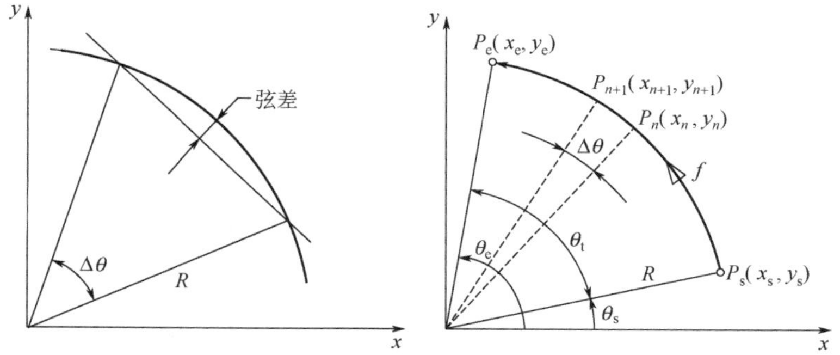

图 5.21　圆弧插补

为了进行数字插补，必须将该圆弧段分为 N 个小段。每个小段的长度为Δu，对应的圆心角为$\Delta\theta$，如图 5.21 所示。弦差（chord_error）必须小于位置测量系统的分辨率（即一个计数单位）：

$$\text{chord\_error}=R\left(1-\cos\frac{\Delta\theta}{2}\right)\leqslant 1 \tag{5.85}$$

当按下面条件选择$\Delta\theta$时，满足这个条件：

$$\Delta\theta\leqslant 2\arccos\left(\frac{R-1}{R}\right) \tag{5.86}$$

选择

$$\Delta\theta=\arccos\left(\frac{R-1}{R}\right),\quad \cos\Delta\theta=\frac{R-1}{R} \tag{5.87}$$

保证半个计数单位的弦差并且有利于计算。对应的小圆弧段为：

$$\Delta u=R\Delta\theta \tag{5.88}$$

根据前面讲过的梯形速度图将圆弧刀具路径分成N_1、N_2、N_3段。刀具沿圆弧的进给速度为f(counts/s)，经过圆弧段Δu的时间为一个插补周期T_i。在加速和减速区（N_1，N_3）插补周期变化，在稳定进给区（N_2）插补周期保持常数，如图 5.13 所示。在时间t的角进给速度$\omega(t)$和瞬时角位置$\theta(t)$分别为：

$$\omega(t)=\frac{f}{R},\quad \theta(t)=\omega t=\frac{f}{R}t \tag{5.89}$$

圆弧上点的坐标可以表示为：

$$\begin{cases} x(t)=R\cos\theta(t)=R\cos\left(\dfrac{f}{R}t\right) \\ y(t)=R\sin\theta(t)=R\sin\left(\dfrac{f}{R}t\right) \end{cases} \tag{5.90}$$

x和y轴的进给驱动速度为：

$$\begin{cases} f_{\mathrm{x}}=\dfrac{\mathrm{d}x}{\mathrm{d}t}=-\dfrac{f}{R}R\sin\left(\dfrac{f}{R}t\right)=-\dfrac{f}{R}y(t) \\ f_{\mathrm{y}}=\dfrac{\mathrm{d}y}{\mathrm{d}t}=\dfrac{f}{R}R\cos\left(\dfrac{f}{R}t\right)=\dfrac{f}{R}x(t) \end{cases} \tag{5.91}$$

由于进给速度总是和轴的位置相关，上面方程式的积分总会产生一些误差。下面介绍的解耦递归圆弧插补方法，易于在具有处理浮点算术操作功能的 CNC 系统实现。

考虑圆弧上的两点P_n和P_{n+1}，这两点间的圆心角为$\Delta\theta$（参见图 5.21）：

$$\begin{cases} x_n=R\cos(\theta_{\mathrm{s}}+n\Delta\theta),\quad y_n=R\sin(\theta_{\mathrm{s}}+n\Delta\theta) \\ x_{n+1}=R\cos[\theta_{\mathrm{s}}+(n+1)\Delta\theta],\quad y_{n+1}=R\sin[\theta_{\mathrm{s}}+(n+1)\Delta\theta] \end{cases} \tag{5.92}$$

点P_{n+1}的坐标可以展开为：

$$\begin{cases} x_{n+1}=R\cos(\theta_{\mathrm{s}}+n\Delta\theta+\Delta\theta) \\ y_{n+1}=R\sin(\theta_{\mathrm{s}}+n\Delta\theta+\Delta\theta) \end{cases}$$

或

$$\begin{cases} x_{n+1} = R\cos(\theta_s + n\Delta\theta)\cos\Delta\theta - R\sin(\theta_s + n\Delta\theta)\sin\Delta\theta \\ y_{n+1} = R\sin(\theta_s + n\Delta\theta)\cos\Delta\theta + R\cos(\theta_s + n\Delta\theta)\sin\Delta\theta \end{cases}$$

三角函数的乘积可以展开为：

$$\begin{cases} \sin(\theta_s + n\Delta\theta)\sin\Delta\theta = \dfrac{1}{2}\{\cos[\theta_s + (n-1)\Delta\theta] - \cos[\theta_s + (n+1)\Delta\theta]\} \\ \cos(\theta_s + n\Delta\theta)\sin\Delta\theta = \dfrac{1}{2}\{-\sin[\theta_s + (n-1)\Delta\theta] + \sin[\theta_s + (n+1)\Delta\theta]\} \end{cases}$$

将三角函数的展开式代入点 P_{n+1} 的坐标，我们可以得到：

$$\begin{cases} x_{n+1} = R\cos(\theta_s + n\Delta\theta)\cos\Delta\theta - \dfrac{R}{2}\cos[\theta_s + (n-1)\Delta\theta] + \dfrac{R}{2}\cos[\theta_s + (n+1)\Delta\theta] \\ y_{n+1} = R\sin(\theta_s + n\Delta\theta)\cos\Delta\theta - \dfrac{R}{2}\sin[\theta_s + (n-1)\Delta\theta] + \dfrac{R}{2}\sin[\theta_s + (n+1)\Delta\theta] \end{cases}$$

将 x_n 和 y_n 的坐标代入式（5.92），可以得到下列差分方程：

$$\begin{cases} x_{n+1} = x_n\cos\Delta\theta - \dfrac{1}{2}x_{n-1} + \dfrac{1}{2}x_{n+1} \\ y_{n+1} = y_n\cos\Delta\theta - \dfrac{1}{2}y_{n-1} + \dfrac{1}{2}y_{n+1} \end{cases}$$

离散位置方程可以简化为轴的解耦递归方程组：

$$\begin{cases} x_{n+1} = 2x_n\cos\Delta\theta - x_{n-1} \\ y_{n+1} = 2y_n\cos\Delta\theta - y_{n-1} \end{cases} \tag{5.93}$$

注意，积分区间$\Delta\theta$ 是根据最大弦差标准确定的，cos$\Delta\theta$ 由式（5.87）给出。插补周期根据 5.4 节讲述的速度图计算，在实时递归插补算法开始前，事先计算$\Delta\theta$ 的数值并存储在内存中。

我们将实验室内部开发的 CNC 系统用在研究用铣床的控制上对该算法进行了实验验证。在该机床上以期望进给率 4000counts/s 进行了两轴插补的直线运动，其长度为 117 计数单位（0.148mm），接下来是沿 x 轴 80 计数单位（0.102mm）的运动，最后是一个半径为 80 计数单位（0.102mm）的整圆；指令和实测的刀具路径，沿刀具路径的实际进给率，相应的轴向速度如图 5.22 所示。加速度为 A=50000counts/s^2，由于移动距离太短，没有达到目标进给率，然而，刀具路径仍然满足精度要求。

【实例 5.3】在 CNC 中以计数单位输入下列 NC 程序段：

```
N010 G01 G90 X90 Y-90 I-90 J0 F1000
```

该段 NC 程序提供了 P_e（90，−90）和 f=1000counts/s，半径 $R=\sqrt{I^2+J^2}$=90counts/s。给出初始坐标为 P_s（180，0），CNC 中设置的加速度（A）和减速度（D）数值为 A=D=4000counts/s^2，并采用梯形速度图。CNC 中的最小插补时间 T_{min}=0.002s，插补算法的设置如下：

$$\theta_s = 0,\quad \theta_e = \theta_t = 3\pi/2 = 4.71239,\quad \Delta\theta = 0.298419,$$
$$\Delta u = R\Delta\theta = 26.857723,\quad N_1 = N_3 = f^2/(2A\Delta u) = 5,\quad N = \theta_t/\Delta\theta = 16$$

数值插补的结果如表 5.2 和图 5.23 所示。

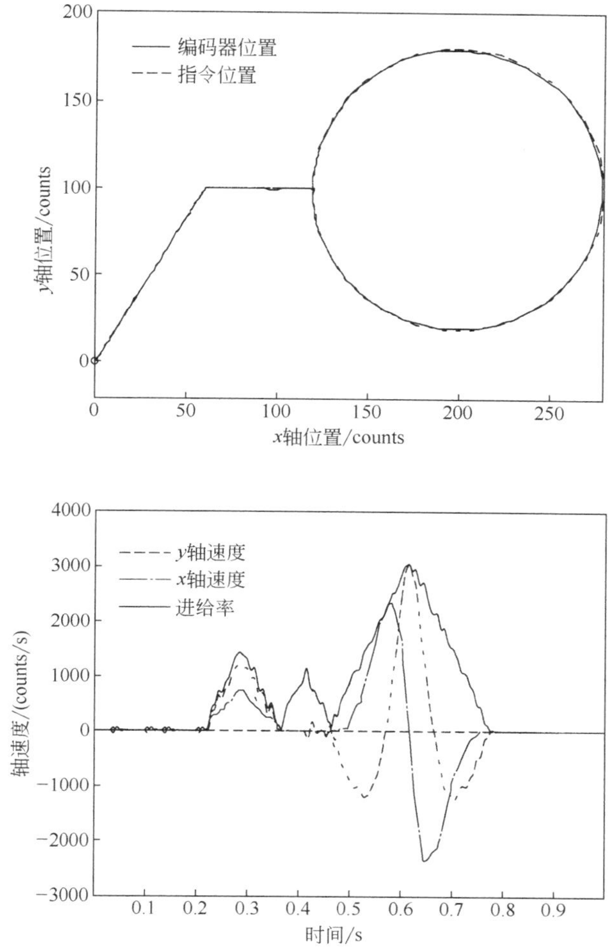

图 5.22　直线和圆弧插补组合的刀具轨迹实例

实际位置和速度通过编码器测量得到，1 计数单位=0.00127mm。

表 5.2　点 P_s（180，0）和 P_e（90，−90）之间的圆弧插补

时钟脉冲 k	进给率 $f(k)$/(counts/s)	插补间隔 T_i/ms	时间 t/ms	$x(k)$/counts	$y(k)$/counts
0	0.00	0.0000	0	180.00	0.00
1	463.53	0.1158	116	176.02	26.46
2	655.53	0.0480	164	164.44	50.58
3	802.86	0.0368	201	146.28	70.23
4	927.06	0.0310	232	123.14	83.68
5	1000.00	0.0278	260	97.08	89.72
6	1000.00	0.0268	286	70.38	87.84
7	1000.00	0.0268	313	45.43	78.19
8	1000.00	0.0268	340	24.41	61.63
9	1000.00	0.0268	367	9.19	39.62

时钟脉冲 k	进给率 $f(k)$/(counts/s)	插补间隔 T_i/ms	时间 t/ms	$x(k)$/counts	$y(k)$/counts
10	1000.00	0.0268	394	1.11	14.11
11	1000.00	0.0268	421	0.89	-12.65
12	886.08	0.0284	449	8.55	-38.29
13	755.17	0.0327	482	23.41	-60.54
14	596.17	0.0397	522	44.15	-77.45
15	374.90	0.0553	577	68.95	-87.50
16	0.00	0.1432	720	90.00	-90.00

（2）方法二：变位移-恒插值周期

刀具沿圆形刀具路径的瞬时角位置为

$$\theta(k)=\frac{l(k)}{R} \tag{5.94}$$

这里不仅可以采用恒位移法推导的圆形插值方程，而且可以表示为:

$$\begin{cases} x_{k+1}=2x_k\cos\Delta\theta(k)-x_{k-1} \\ y_{k+1}=2y_k\cos\Delta\theta(k)-y_{k-1} \end{cases} \tag{5.95}$$

其中

$$\Delta\theta(k)=\frac{l(k)-l(k-1)}{R}=\frac{f_sT_i+\Delta_1\left(k-\dfrac{1}{2}\right)}{R}\rightarrow \quad n=1,2,\cdots \tag{5.96}$$

由于 k 是递增的，则 $\Delta\theta(k)$ 在每个插值区间都是时变的，而为提高计算效率，方程能否进一步简化是值得思考的。

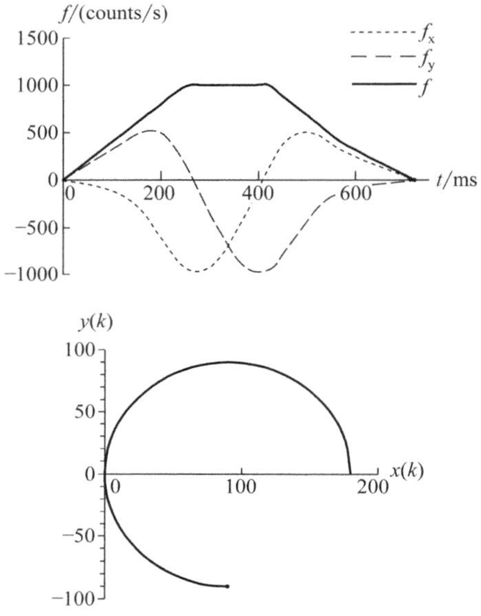

图 5.23 圆弧插补实例

5.5.3 CNC 系统内的五次样条插补

除直线和圆弧插补之外，现代 CNC 系统还提供抛物线、螺旋线和样条插补。这些系统不是将路径打断成小的直线或圆弧段，而是让刀具直接沿几何体本身的复杂路径移动[101]。这就缩短了 NC 程序的长度，改善了所产生速度和加速度的平滑程度。实时五次样条插补在高速加工模具中最为有用[116]，这里将给出在 CNC 中实时五次样条插补的实现。

以平滑过渡的方式，用五次样条将一系列 n 个结点（P_1，P_2，…，P_n）沿刀具路径连接起来。（参见图 5.24）。连接两个结点（P_i，P_{i+1}）的样条段 S_i 可以用五次多项式表示如下：

$$\boldsymbol{S}_{qi}=\boldsymbol{A}_{qi}u^5+\boldsymbol{B}_{qi}u^4+\boldsymbol{C}_{qi}u^3+\boldsymbol{D}_{qi}u^2+\boldsymbol{E}_{qi}u+\boldsymbol{F}_{qi} \tag{5.97}$$

式中，q坐标(x,y,z)；$\boldsymbol{A}_{qi}$、$\boldsymbol{B}_{qi}$、$\boldsymbol{C}_{qi}$、$\boldsymbol{D}_{qi}$、$\boldsymbol{E}_{qi}$、$\boldsymbol{F}_{qi}$是每个坐标的系数矢量（即 q：x,y,z 用于 3 轴机床）；$u\in[0,l_i]$是样条参数，在 0 和样条段长度 l_i 之间变化，因此每个矢量中的元素数等于运动轴的数目。实时插补算法要求所有样条系数（$\boldsymbol{A}$、$\boldsymbol{B}$、$\boldsymbol{C}$、$\boldsymbol{D}$、$\boldsymbol{E}$、$\boldsymbol{F}$）的值，样条长度（l_i），机床驱动的进给率、加速度和有限加加速度作为输入参数。五次样条插补分为离线和在线两个步骤：首先，如 5.3.1 节所述，用五次样条沿刀具路径拟合一系列结点，并确定系数；这种拟合可以在 CAD/CAM 系统上生成刀具路径时完成，样条的系数可以通过 NC 代码传递给 CNC，也可以在 NC 程序中提供原始结点坐标，在 CNC 处理阶段确定这些系数，样条的长度采用其弦长进行近似估计。这些系数、结点坐标和近似弦长及其机床驱动系统的进给率、加速度和有限加加速度用来生成各轴的实时坐标。每个阶段的实现如图 5.25 所示，并将在下面进行比较详细的讲述。

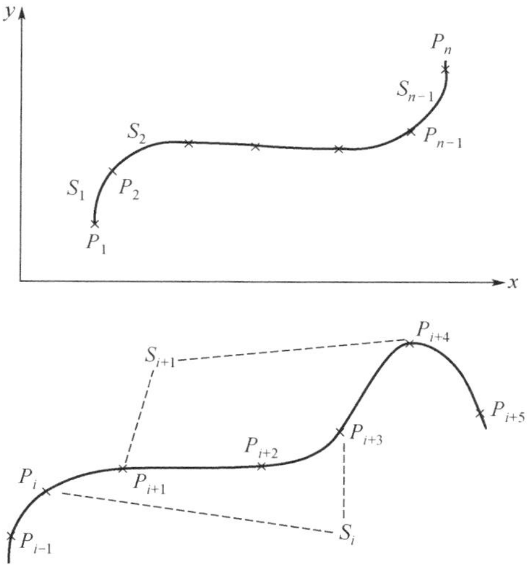

图 5.24　过结点的样条和采用三次多项式估计一阶和二阶导数

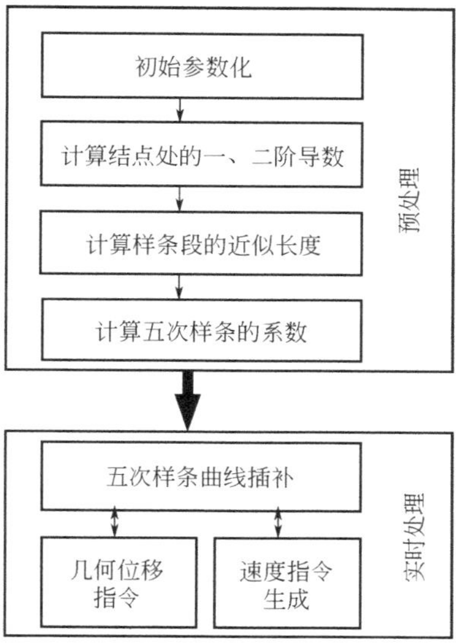

图 5.25　五次样条插补的预处理和实时处理阶段

（1）五次样条参数的计算

因为在五次样条中有 6 个参数，因此我们需要 6 个边界条件去计算它们。这些条件是两个结点（P_i，P_{i+1}）的坐标和它们的一阶导数$\left(\dfrac{\mathrm{d}P_i}{\mathrm{d}u},\dfrac{\mathrm{d}P_{i+1}}{\mathrm{d}u}\right)$、二阶导数$\left(\dfrac{\mathrm{d}^2P_i}{\mathrm{d}u^2},\dfrac{\mathrm{d}^2P_{i+1}}{\mathrm{d}u^2}\right)$。五次样条［式（5.97）］对 u 的一阶和二阶导数为：

$$\begin{aligned}\frac{\mathrm{d}S_i}{\mathrm{d}u}&=5A_iu^4+4B_iu^3+3C_iu^2+2D_iu+E_i\\\frac{\mathrm{d}^2S_i}{\mathrm{d}u^2}&=20A_iu^3+12B_iu^2+6C_iu+2D_i\end{aligned}\tag{5.98}$$

其系数可从下面的矩阵求得：

$$\begin{bmatrix} u_0^5 & u_0^4 & u_0^3 & u_0^2 & u_0 & 1 \\ u_1^5 & u_1^4 & u_1^3 & u_1^2 & u_1 & 1 \\ 5u_0^4 & 4u_0^3 & 3u_0^2 & 2u_0 & 1 & 0 \\ 5u_1^4 & 4u_1^3 & 3u_1^2 & 2u_1 & 1 & 0 \\ 20u_0^3 & 12u_0^2 & 6u_0 & 2 & 0 & 0 \\ 20u_1^3 & 12u_1^2 & 6u_1 & 2 & 0 & 0 \end{bmatrix} \begin{bmatrix} A_i \\ B_i \\ C_i \\ D_i \\ E_i \\ F_i \end{bmatrix} = \begin{bmatrix} P_i \\ P_{i+1} \\ \dfrac{\mathrm{d}P_i}{\mathrm{d}u} \\ \dfrac{\mathrm{d}P_{i+1}}{\mathrm{d}u} \\ \dfrac{\mathrm{d}^2 P_i}{\mathrm{d}u^2} \\ \dfrac{\mathrm{d}^2 P_{i+1}}{\mathrm{d}u^2} \end{bmatrix} \tag{5.99}$$

利用 $u_0=0$，$u_1=l_i$ 可以求得五次样条的 6 个系数的解：

$$A_i = \frac{1}{u_1^5}\left[6(P_{i+1}-P_i) - 3\left(\frac{\mathrm{d}P_{i+1}}{\mathrm{d}u} + \frac{\mathrm{d}P_i}{\mathrm{d}u}\right)u_1 + \frac{1}{2}\left(\frac{\mathrm{d}^2 P_{i+1}}{\mathrm{d}u^2} - \frac{\mathrm{d}^2 P_i}{\mathrm{d}u^2}\right)u_1^2\right]$$

$$B_i = \frac{1}{u_1^4}\left[-15(P_{i+1}-P_i) + \left(7\frac{\mathrm{d}P_{i+1}}{\mathrm{d}u} + 8\frac{\mathrm{d}P_i}{\mathrm{d}u}\right)u_1 - \left(\frac{\mathrm{d}^2 P_{i+1}}{\mathrm{d}u^2} - \frac{3}{2}\frac{\mathrm{d}^2 P_i}{\mathrm{d}u^2}\right)u_1^2\right]$$

$$C_i = \frac{1}{2u_1^3}\left[20(P_{i+1}-P_i) - 4\left(2\frac{\mathrm{d}P_{i+1}}{\mathrm{d}u} + 3\frac{\mathrm{d}P_i}{\mathrm{d}u}\right)u_1 + \left(\frac{\mathrm{d}^2 P_{i+1}}{\mathrm{d}u^2} - 3\frac{\mathrm{d}^2 P_i}{\mathrm{d}u^2}\right)u_1^2\right]$$

$$D_i = \frac{1}{2}\frac{\mathrm{d}^2 P_i}{\mathrm{d}u^2}$$

$$E_i = \frac{\mathrm{d}P_i}{\mathrm{d}u}$$

$$F_i = P_i$$

为了求解参数，必须已知样条段两个端点（P_i，P_{i+1}）的一阶导数和二阶导数。

（2）用抛物线近似法求解导数

结点处的导数利用连续 3 点之间的抛物线进行近似估计。考虑下面的抛物线：

$$S_i(u) = a_i u^2 + b_i u + c_i, \quad u \in [0, L_i, L_{i+1}] \tag{5.100}$$

经过连续的 3 个结点 P_i、P_{i+1}、P_{i+2}，即：

$$\begin{bmatrix} u_0^2 & u_0 & 1 \\ u_1^2 & u_1 & 1 \\ u_2^2 & u_2 & 1 \end{bmatrix} \begin{bmatrix} a_i \\ b_i \\ c_i \end{bmatrix} = \begin{bmatrix} P_i \\ P_{i+1} \\ P_{i+2} \end{bmatrix} \tag{5.101}$$

式中，$u_0=0$；$u_1=L_i$；$u_2=L_i+L_{i+1}$。结点之间的距离用直线距离近似为：

$$L_i = |P_{i+1} - P_i| = \sqrt{(x_{i+1}-x_i)^2 + (y_{i+1}-y_i)^2 + (z_{i+1}-z_i)^2} \tag{5.102}$$

对于 3 轴的路径，抛物线参数可以从矩阵表达的方程式（5.101）求得，如下：

$$\begin{cases} a_i = \dfrac{(P_{i+2}-P_i)(u_1-u_0) - (P_{i+1}-P_i)(u_2-u_0)}{(u_2^2-u_0^2)(u_1-u_0) - (u_1^2-u_0^2)(u_2-u_0)} \\ b_i = \dfrac{(P_{i+1}-P_i) - (u_1^2-u_0^2)a_i}{u_1-u_0} \\ c_i = P_i - u_0^2 a_i - u_0 b_i \end{cases} \tag{5.103}$$

抛物线在结点 P_i 的一阶和二阶导数为：

$$
\begin{cases}
\dfrac{\mathrm{d}S_i(u)}{\mathrm{d}u}=2a_iu+b_i \\
\dfrac{\mathrm{d}^2S_i(u)}{\mathrm{d}u^2}=2a_i
\end{cases}
\tag{5.104}
$$

注意二阶导数有唯一的解，一阶导数在连续结点处分别采用 $u_0=0$，$u_1=L_i$，$u_2=L_i+L_{i+1}$，可以有 3 个解，一阶导数的平均值用作中间结点的导数是比较精确的，这种解对第一个结点和最后一个结点是唯一的。

（3）用三次样条近似法求解导数

经验证明采用抛物线近似法——用直线弦长近似样条长度的假说，刀具沿五次样条路径运动时所产生的进给率变化并不平滑。虽然对计算要求更为苛刻，但三次样条近似法用于求解结点导数和在结点间采用近圆弧（near-arc）弦长估计长度，在五次样条插补中产生的进给率和加速度更为平滑。

如图 5.24 所示，经过结点 P_i，P_{i+1}，P_{i+2} 的三次样条：

$$
S_i(u)=a_iu^3+b_iu^2+c_iu+d_i, \quad u\in[0,L_i+L_{i+1}+L_{i+2}]
\tag{5.105}
$$

式中，L_i 是结点（P_i，P_{i+1}）之间的弦长，也可以采用近圆弧长度参数化估算法估算。每个矢量中的元素数等于机床参与插补轴的数目。每个结点处的边界条件是：

$$
S_i(u)=\begin{cases}
P_i, & u_0=0 \\
P_{i+1}, & u_1=L_i \\
P_{i+2}, & u_2=L_i+L_{i+1} \\
P_{i+3}, & u_3=L_i+L_{i+1}+L_{i+2}
\end{cases}
\tag{5.106}
$$

将 4 个结点处的边界条件［式（5.106）］代入三次样条方程［式（5.105）］，可以求得样条参数：

$$
\begin{bmatrix}
u_0^3 & u_0^2 & u_0 & 1 \\
u_1^3 & u_1^2 & u_1 & 1 \\
u_2^3 & u_2^3 & u_2^3 & 1 \\
u_3^3 & u_3^3 & u_3^3 & 1
\end{bmatrix}
\begin{bmatrix} a_i \\ b_i \\ c_i \\ d_i \end{bmatrix}
=
\begin{bmatrix} P_i \\ P_{i+1} \\ P_{i+2} \\ P_{i+3} \end{bmatrix}
\tag{5.107}
$$

经推导得出下面的解：

$$
\begin{cases}
a_i=\dfrac{(P_{i+1}-P_i)u_2u_3(u_2-u_3)+(P_{i+2}-P_i)u_3u_1(u_3-u_1)+(P_{i+3}-P_i)u_1u_2(u_1-u_2)}{\Delta_c} \\
b_i=\dfrac{(P_{i+1}-P_i)u_2u_3(u_3^2-u_2^2)+(P_{i+2}-P_i)u_3u_1(u_1^2-u_3^2)+(P_{i+3}-P_i)u_1u_2(u_2^2-u_1^2)}{\Delta_c} \\
c_i=\dfrac{(P_{i+1}-P_i)u_2^2u_3^2(u_2-u_3)+(P_{i+2}-P_i)u_3^2u_1^2(u_3-u_1)+(P_{i+3}-P_i)u_1^2u_2^2(u_1-u_2)}{\Delta_c} \\
d_i=P_i
\end{cases}
\tag{5.108}
$$

式中，

$$
\Delta_c=u_1u_2u_3[u_1^2(u_2-u_3)+u_2^2(u_3-u_1)+u_3^2(u_1-u_2)]
\tag{5.109}
$$

样条在各点的导数为：

$$\begin{cases} \dfrac{dS_i}{du} = 3a_i u^2 + 2b_i u + c_i \\ \dfrac{d^2 S_i}{du^2} = 6a_i u + 2b_i \end{cases} \quad u \in [0, u_3] \tag{5.110}$$

如果样条上有 n 个结点，前两个结点（P_1，P_2）和最后两个结点的导数利用前 4 点（P_1，P_2，P_3，P_4）和最后 4 点（P_{n-3}，P_{n-2}，P_{n-1}，P_n）的坐标求得。其余结点的导数采用 4 个结点求中间两个点导数的办法。例如，在图 5.24 中，样条段 S_i 被用来求解结点 P_{i+1}，P_{i+2} 的导数。这样每个导数将从连续的两个样条段获得两个导数值，在五次样条方程式（5.100）中采用其平均值。

（4）用圆弧长度近似参数化法

两个连续结点（P_{i+1}，P_{i+2}）之间样条段的长度最好是用圆弧长度的近似代替直线长度的近似。当用圆弧长度参数化样条段（dS_i）时，必定有一沿样条段的单位切矢，当导数（dS/du）最小时，可以得到最短的圆弧长度，其最小二乘法解的公式如下：

$$\frac{d}{du}\int_0^l \left(\frac{dS}{du} - 1\right)^2 du = 0 \tag{5.111}$$

从该方程中求得长度（l）的解析解是很困难的，考虑弦的中点可以获得比较合理的解：

$$\left|\frac{dS}{du}\left(u = \frac{l}{2}\right)\right| = 1 \tag{5.112}$$

将 $u=l/2$ 和五次样条的系数［式（5.100）］代入五次样条的一阶导数［式（5.98）］，我们得到：

$$\left|\frac{15}{8l_i}(P_{i+1} - P_i) - \frac{7}{16}\left(\frac{dP_{i+1}}{du} + \frac{dP_i}{du}\right) + \frac{1}{32}\left(\frac{d^2 P_{i+1}}{du^2} - \frac{d^2 P_i}{du^2}\right) l_i\right| = 1 \tag{5.113}$$

对方程两边平方得到：

$$\left(\frac{15}{8l_i}\Delta P\right)^2 + \left[\frac{-7}{16}\left(\frac{dP_{i+1}}{du} + \frac{dP_i}{du}\right)\right]^2 + \left(\frac{l_i}{32}\Delta^2 P\right)^2 - \frac{105}{64l_i}\Delta P\left(\frac{dP_{i+1}}{du} + \frac{dP_i}{du}\right)^2 - \frac{7}{256}\Delta^2 P\left(\frac{dP_{i+1}}{du} + \frac{dP_i}{du}\right) l_i + \frac{15}{128}\Delta P \Delta^2 P = 1$$

式中，$\Delta P = P_{i+1} - P_i$；$\Delta^2 P = \dfrac{d^2 P_{i+1}}{d^2 u} - \dfrac{d^2 P_i}{d^2 u}$。式（5.114）是整理好的四次多项式：

$$a l_i^4 + b l_i^3 + c l_i^2 + d l_i + e = 0 \tag{5.114}$$

式中，各系数为：

$$\begin{cases} a = \left(\dfrac{d^2 P_{i+1}}{d^2 u} - \dfrac{d^2 P_i}{d^2 u}\right)^2 \\ b = -28\left(\dfrac{d^2 P_{i+1}}{d^2 u} - \dfrac{d^2 P_i}{d^2 u}\right)\left(\dfrac{dP_{i+1}}{du} + \dfrac{dP_i}{du}\right) \\ c = -1024 + 196\left(\dfrac{dP_{i+1}}{du} + \dfrac{dP_i}{du}\right)^2 + 120(P_{i+1} - P_i)\left(\dfrac{d^2 P_{i+1}}{d^2 u} - \dfrac{d^2 P_i}{d^2 u}\right) \\ d = -1680(P_{i+1} - P_i)\left(\dfrac{dP_{i+1}}{du} + \dfrac{dP_i}{du}\right) \\ e = 3600(P_{i+1} - P_i)^2 \end{cases}$$

可以采用 Newton-Raphson（牛顿-辛普森）数值迭代法求解方程式（5.114）[86]。在估算样条段的长度（l_i）时，采用使单位切矢的导数最小的近圆弧长度近似法[式（5.114）]比直线弦长法要好很多；它可以使五次样条插补期间的进给率和加速度更为平滑。

对样条插补法归纳总结如下（参见图 5.25）：

① 利用式（5.110）计算结点处的导数。

② 利用式（5.114）计算弦长（l_i）。

③ 将弦长（l_i）和导数代入式（5.100）计算五次样条的系数。

④ 利用 $u=0$，δu，$2\delta u$，…，$k\delta u$，…，$N\delta u$ 从五次样条表达式（5.97）生成增量运动指令，其中 $\delta u = l_i / N$ 。如直线和圆弧插补中所述，根据进给率、加速度和位置反馈测量系统的分辨率，调整插补步数和插补周期。

【实例 5.4】在我们实验室内部开发的开放式 CNC 系统上实现五次样条插补和有限加加速度轨迹生成[11]。在两轴高速 XY 工作台上实时生成了螺旋线刀具路径，实际的螺旋线由固定在主轴上的笔绘制成，沿各驱动轴的进给率、加速度、加加速度和生成的刀具路径如图 5.26 所示，刀具路径的起点是螺旋线的中心点，在该点附近可以观察到

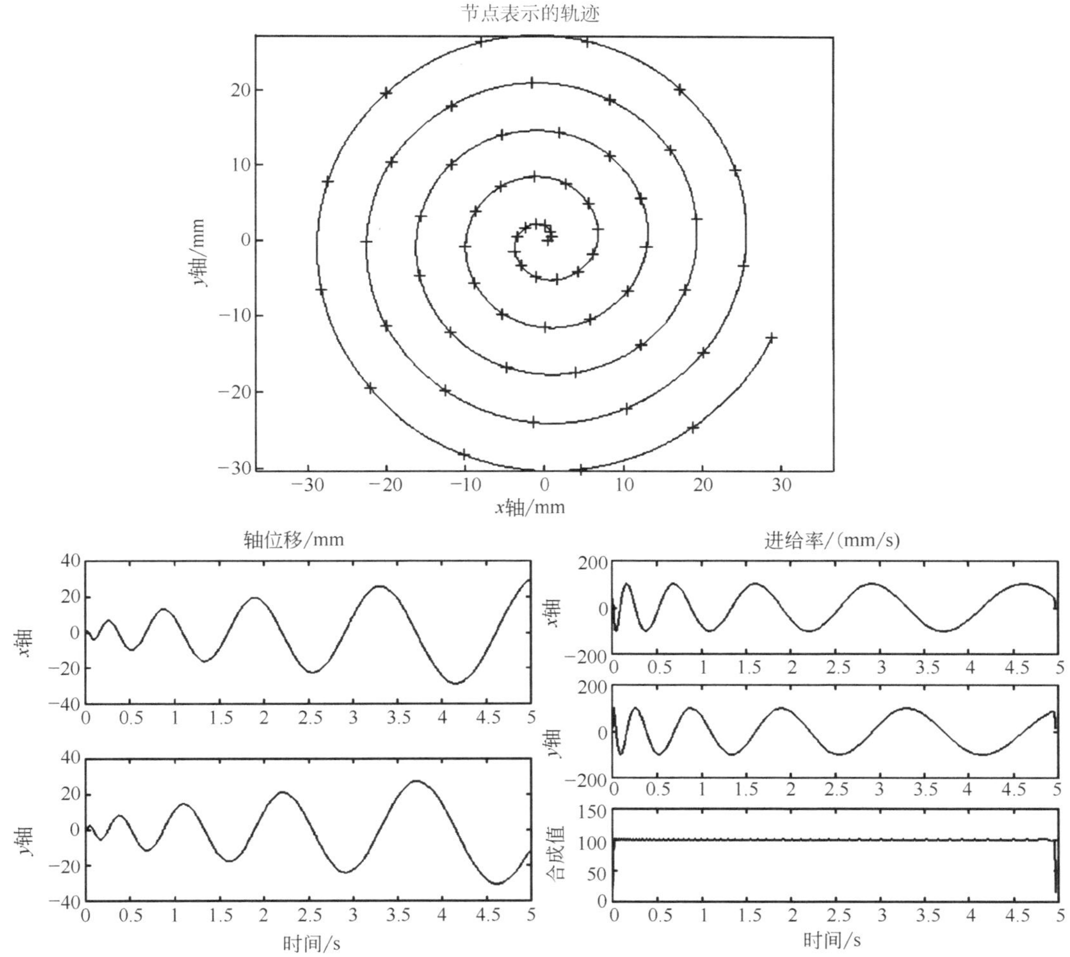

图 5.26

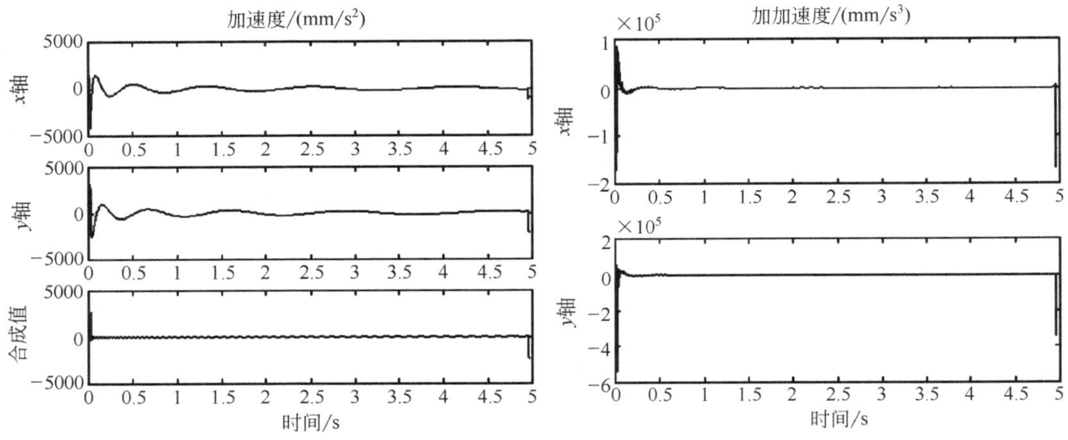

图 5.26 用实时五次样条插补生成的螺旋刀具路径及采用有限加加速度产生的进给率、加速度和加加速度的数值

加速度和加加速度的过渡过程。第二个实例如图 5.27 所示，在预处理阶段生成了用一系列五次样条表示的复杂曲面，该零件在开放式 CNC 系统控制的三轴铣床上加工而成，图 5.27 中也显示了所加工出的零件。在这两个实例中均采用了有限加加速度的轨迹生成方法。

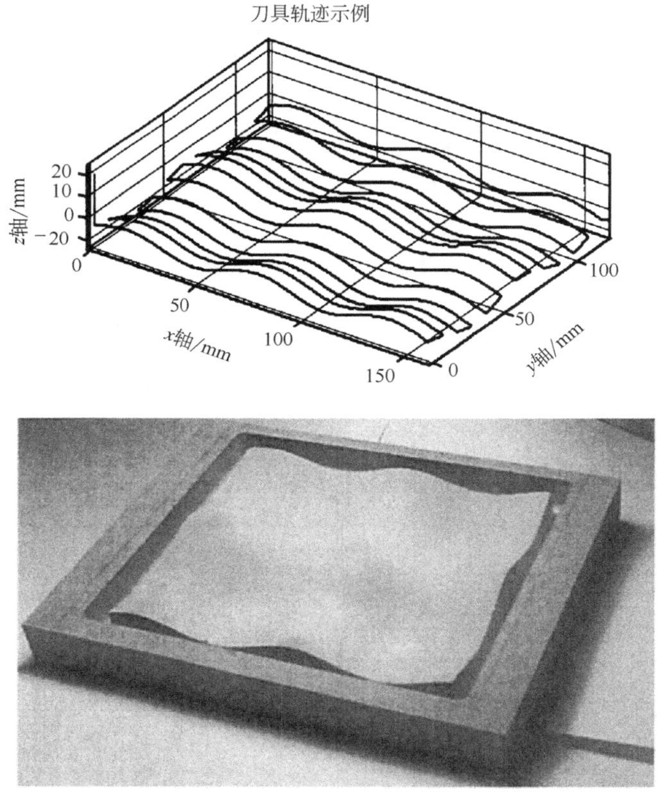

图 5.27 雕刻曲面刀具路径和利用有限加加速度轨迹生成法及五次样条插补加工的零件

5.6 思考问题

1．逐段解释下面的 NC 程序。简要地说明每段中 G 功能和 M 功能的作用，并用相应的坐标绘制完整的刀心路径，在刀具路径段上标出相应的 NC 程序段。

```
N010 G90 G70 M03 S1200 T05
N020 G00 X0.375 Y0.875
N030 Z0.1
N040 G01 Z-0.1 F10.0 M08
N050 X2.0 F20.0
N060 G02 X2.375 Y0.5 I0.0 J-0.375
N070 G01 Y0.375
N080 X3.625
N090 Y1.25
N100 X3.5
N110 G02 Y1.875 I0.0 J0.375
N120 G01 X3.625
N130 Y2.625
N140 X2.375
N150 Y2.5
N160 G02 X2.0 Y2.125 1-0.375 J0.0
N170 G01 X0.375
N180 Y0.875
N190 Z0.15
N200 G00 Z2.0 M09 M05
N210 M30
```

2．逐段解释下面的 NC 程序。简要地说明每段中 G 功能和 M 功能的作用，并用相应的坐标绘制完整的刀心路径，在刀具路径段上标出相应的 NC 程序段。

```
N010 G90 G71 M03 S1200 T01
N020 G00 X40.0
N030 G01 X155.0 F360 M08
N040 Y26.0
N050 G03 X125.0 Y56.0 I-30 J0
N060 G03 X110.0 Y52.0 I 0 J-30.0
N070 G01 X40.0 Y12.0
N080 Y0
N090 X0
N100 M30
```

3．逐段解释下面的 NC 程序。简要地说明每段中 G 功能和 M 功能的作用，并用相应的坐标绘制完整的刀心路径，在刀具路径段上标出相应的 NC 程序段。

```
N010 G90 G71 M03 S1200 T01
N020 G00 Z7
N030 G01 Z0 F100 M08
N040 X30
N050 X90 Y10
N060 Y40
N070 G02 G91 X-30 Y30 I0 J30
N080 G01 X-40
N090 G03 G90 X0 Y50 I+10 J-30
N100 G01 Y0
N110 Z7
N120 G00 X30 Y40.0
N140 G01 Z-2.5
N150 Z7
N160 G00 X0 Y0 Z20 M05 M02
```

4．采样插补问题：假定某机床系统，加速度和减速度值相等 A=D=20000count/s^2，最小插补时间 T_{min}=0.002s。位置和进给率的单位分别是 count 和 counts/s。

① 介绍下面线性插补程序段的工作原理：

```
N010 G91 G01 X5 Y-3 F6000
```

计算插补参数，并用图形和表格表示最终的刀具路径（注意位置单位用 count，进给率单位用 counts/s）。

② 介绍下面圆弧插补程序段的工作原理：

```
N010 G91 G02 X60 Y-30 I-60 J-30  F10000
```

计算插补参数，并用图形和表格表示最终的刀具路径（注意位置单位用 count，进给率单位用 counts/s）。

5．设计 CNC 插补器，以 $T_s = 0.01$s 的恒定采样周期生成梯形进给速率曲线。加速度和减速度值为 $A = D = 250\text{mm}/\text{s}^2$，进给速率为 $f = 10\text{mm}/\text{s}$，起始和结束进给速率分别为 $f_{st} = 0$，$f_{end} = 0$。

① 以 $(x_c = 0.5\text{mm}, y_c = 0)$ 为圆心，插入半径为 $R = 0.5\text{mm}$，起点为 $x_s = y_s = 0$ 的圆形轨迹，进给方向为 CW。计算加速周期（T_1）、稳定周期（T_2）和减速周期（T_3）轨迹的时间长度；计算每个部分的插补步骤数，并参考命令在每个部分插补 x_r 和 y_r 轴。计算每个加速、稳定和减速阶段的一个样本，并把结果填写在表格里。

② 根据进给速率（f）和圆的半径（R），圆形刀具路径在 x 和 y 轴的不同频率上生成正弦参考命令。计算这个圆形刀具路径的近似激励频率（Hz）（提示：不要考虑任何加速度/减速部分，并以阶跃变化速度来计算进给速率）。

采样间隔（k）	时间 t/s	圆弧位移 s/mm	进给率 $\frac{ds}{dt}$	x 轴 x_r/mm	y 轴 y_r/mm

第6章 CNC 系统的设计和分析

6.1 导言

图 6.1 所示为典型三轴 CNC 加工中心的功能示意图，CNC 加工中心由机械单元、电气动力单元和 CNC 单元组成。机械单元由床身、立柱、主轴组件和进给驱动机构组成。主轴和进给驱动电机及其伺服放大器、高压电源单元、行程限位开关均属于电气动力单元。CNC 单元由计算机单元和每个驱动机构的位置和速度传感器组成。操作者将 NC 程序输入 CNC 单元，CNC 计算机对这些数据进行处理，为每个进给驱动机构生成离散的数字位置指令，为主轴驱动装置生成速度指令。数字指令由 CNC 单元转化为电压信号（±5V 或±10V）并发送给伺服放大器，伺服放大器根据驱动电机的需要将这些电压信号放大为高压电压。在驱动工作台运动的过程中，传感器测量它们的速度和位置，CNC 利用传感器反馈的测量信号周期性地执行数字控制算法以保持程序指定的进给速率和刀具路径。

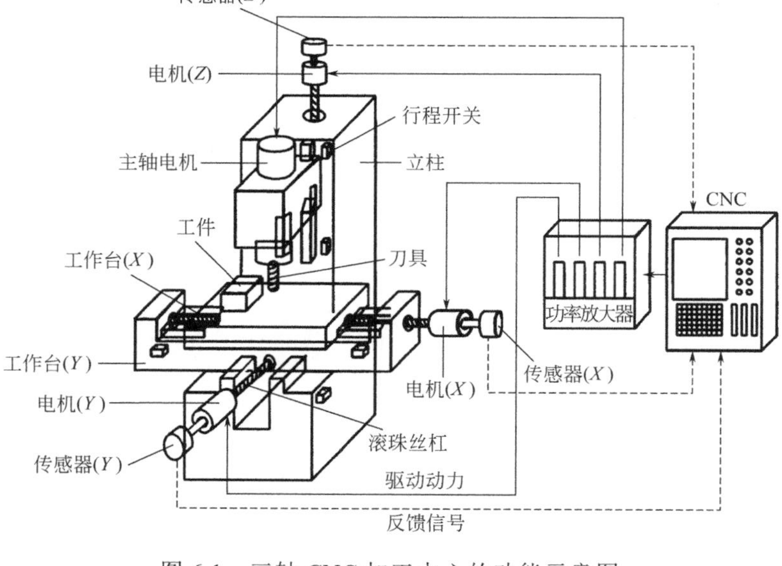

图 6.1　三轴 CNC 加工中心的功能示意图

本章将讲述 CNC 系统设计的基本原理。首先讲述驱动电机的规则和选择，接下来讲述伺服驱动控制系统的物理结构和建模；驱动系统的数学建模和分析将在时域和频域进行。本章还将讲述多轴轮廓加工的插补技术，另外，还包括来自工程实际的 CNC 系统设计实例。

6.2 机床驱动

机床中的驱动分为主轴驱动和进给驱动。主轴驱动转速范围很宽（如最大转速可能达到35000r/min），而进给驱动通常是把电机的旋转运动转化为直线进给运动，最大速度范围可达 30000mm/min。本章中只涉及进给驱动的伺服控制，主轴驱动的设计和分析方法与进给驱动基本相同，本章中讲述的内容可以很容易地扩展为主轴驱动设计和分析方法。

现在以机床的某个进给驱动为例进行分析，进给驱动包含下列机械零部件：安装工件的工作台、螺母和滚珠丝杠、减速齿轮及伺服电机（参见图 6.2）。考虑到在各种速度下扭矩传递的能力，在进给驱动中最常使用的伺服电机是直流电机，然而，由于交流伺服电机性能不断改善，现在也开始被大量用作进给驱动的伺服电机。伺服电机系统的电气元部件主要有伺服电机放大器、速度和位置反馈传感器、数字计算机、数字和模拟转换电路。

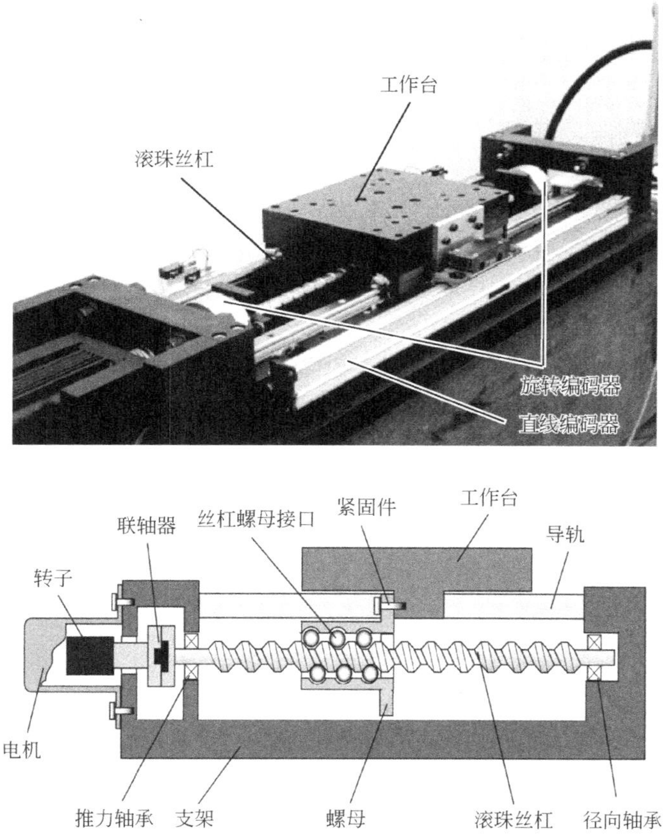

图 6.2　滚珠丝杠进给驱动机构

6.2.1 机械零部件及驱动力矩

进给驱动电机要克服机床的静态和动态载荷，静态载荷来源于导轨和轴承的摩擦损失及作用在工作台进给方向的切削力。电机必须具有足够的动态力矩使工作台、工件和丝杠螺母副加速运动，在很短的时间内达到期望的稳态速度。伺服电机制造商能使其制造的电机在 2～3s 的周期内输出峰值力矩或峰值电流。电机必须具有足够高的持续力矩和足够的峰值力矩输出周期，以分别克服静态和动态载荷。下面将简单介绍电机静态和动态载荷的估计方法。

① 静态载荷：静态载荷来源于三个方面——导轨的摩擦损失、进给驱动轴承的摩擦损失和切削力。

导轨间的摩擦取决于滑台和固定导轨之间的接触类型，在普通润滑导轨之间摩擦因数很高，这是因为金属滑台和金属导轨表面之间的接触面大。对于压力润滑，由于在滑台和导轨之间采用注入式压力润滑，静压和动压导轨之间接触面积大大减小。在滑台和导轨之间采用滚柱轴承设计的导轨摩擦因数相当小（参见图 6.2）。由于导轨摩擦换算到电机上要求的力矩（T_{gf}）为：

$$T_{gf}=\frac{h_p}{2\pi}\mu_{gf}[(m_t+m_w)g+F_z] \tag{6.1}$$

式中 μ_{gf}——导轨副的摩擦因数；

m_t——工作台质量；

m_w——工件质量；

F_z——作用在工作台上的法向切削力；

h_p——丝杠节距长度；

g——重力加速度，9.81m/s^2。

对于普通导轨其摩擦因数通常在 0.05～0.1 的范围内；在立式铣床上，垂直方向切削力（F_z）一般占总切削力的 10%左右[105]。

为了消除进给力，同时对丝杠起到引导作用，在丝杠的两端均采用轴向推力轴承[109]。为了消除由于丝杠的热膨胀和进给驱动部件产生的摩擦引起的间隙，对轴向推力轴承施加预拉载荷，在预载荷之外，轴向推力轴承还经受进给力载荷。进给力可以利用在有关金属切削理论的章节中建立的关系式进行估算。轴承和预载荷损失的力矩为：

$$T_{lf}=\mu_b\frac{d_b}{2}(F_f+F_p) \tag{6.2}$$

式中 μ_b——轴承的摩擦因数，一般在 0.005 左右；

d_b——轴承的平均直径；

F_f——作用在工作台上最大进给力；

F_p——预载荷力。

进给方向的切削力换算成丝杠轴上的力矩为：

$$T_f=\frac{h_p}{2\pi}F_f \tag{6.3}$$

作用在丝杠上的总静态力矩为式（6.1）～式（6.3）求得的力矩之和：

$$T_s = T_{gf} + T_{lf} + T_f \tag{6.4}$$

在静态力矩（T_s）太大的情况下，电机轴和丝杠之间可以采用齿轮减速装置。齿轮减速装置的减速比定义为：

$$r_g = \frac{z_l}{z_m} = \frac{n_m}{n_l} \tag{6.5}$$

式中 z_m——电机轴上齿轮的齿数；

z_l——进给丝杠上齿轮的齿数；

n_m——电机的角速度，r/min；

n_l——进给丝杠的角速度，r/min。

为了减速，必须使 $z_l > z_m$，这将使齿轮减速比大于 1（即 $r_g > 1$），换算到电机轴上的力矩（T_{sr}）减小为：

$$T_{sr} = \frac{T_s}{r_g} \tag{6.6}$$

CNC 设计者在选择直流电机时，所选择的电机连续输出力矩的能力必须比电机轴上要求的静态力矩大。

② 动态载荷：机床在变速期间要求高的加速力矩。换算到电机轴上的总惯量是由工作台的惯量、工件的惯量、丝杠的惯量、齿轮的惯量和电机轴的惯量组成的。工作台和工件换算到丝杠轴上的惯量为：

$$J_{tw} = (m_t + m_w)\left(\frac{h_p}{2\pi}\right)^2 \tag{6.7}$$

直径为 d_p 的丝杠的转动惯量为：

$$J_l = \frac{1}{2} m_l \left(\frac{d_p}{2}\right)^2 \tag{6.8}$$

式中，m_l 为丝杠轴的质量。

换算到电机轴上的总惯量为：

$$J_e = \frac{J_{tw} + J_l}{r_g^2} + J_m \tag{6.9}$$

式中，J_m 为丝杠轴的惯量；进给丝杠和电机之间的减速比 $r_g \geqslant 1$。

在驱动系统中还存在一种与速度成正比的摩擦力矩——黏性摩擦力矩。使惯量 J_e 加速并克服黏性摩擦和静态载荷需要的总动态力矩为：

$$T_d = J_e \frac{d\omega}{dt} + B\omega + T_{sr} \tag{6.10}$$

式中 ω——电机的角速度；

B——黏性摩擦因数。

考虑到切削是在低进给速度下完成的，在式（6.10）中没有考虑切削力对静态力矩（T_s）的贡献。电机提供的峰值力矩必须比由式（6.10）计算出的动态力矩大。如果在电机轴和丝杠之间采用齿轮减速装置，电机轴上的动态力矩就会减小，参见式（6.9）

和式（6.10）。

【实例 6.1】 利用三台相同的直流伺服电机改装一台立式铣床。因为最大的载荷施加在纵向轴上，所以将根据纵向轴的力矩需求选择电机。纵向进给轴的参数如下：

工作台质量 m_t=20kg；

工件的最大质量 m_w=30kg；

丝杠质量 m_l=2kg；

丝杠节距 h_p=0.020m/r；

丝杠直径 d_p=0.020m；

轴承平均直径 d_b=0.02m；

电机轴、联轴器、编码器和转速器的惯量 $J_m=2.875\times10^{-4}\text{kg}\cdot\text{m}^2$；

齿轮减速比 r_g=1.0；

导轨副摩擦因数 μ_{gf}=0.1；

轴承摩擦因数 μ_b=0.005；

法向切削力 F_z=1000N；

黏性摩擦因数 $B\approx0.005\text{N}\cdot\text{m/(rad/s)}$；

最大进给力 F_f=5000N；

推力轴承的预载荷力 F_p=2000N；

工作台的期望加速度 $a_l=5\text{m/s}^2$。

① 静态力矩：导轨摩擦引起的静态力矩［式（6.1）］为：

$$T_{gf}=0.1\times\frac{0.020}{2\pi}\times[(20+30)\times9.81+1000]=0.4744\text{N}\cdot\text{m}$$

由于轴承摩擦损失的力矩［式（6.2）］为：

$$T_{lf}=0.005\times\frac{0.02}{2}\times(5000+2000)=0.3500\text{N}\cdot\text{m}$$

克服进给力需要的力矩［式（6.3）］为：

$$T_f=\frac{0.020}{2\pi}\times5000=15.90\text{N}\cdot\text{m}$$

需要直流电机持续输出的总力矩［式（6.4）］为：

$$T_{sr}=\frac{0.4744+0.35+15.90}{1.0}=16.72\text{N}\cdot\text{m}$$

② 动态载荷：工作台和工件的惯量换算到丝杠轴上［式（6.7）］为：

$$J_{tw}=(20+30)\times\left(\frac{0.020}{2\pi}\right)^2=5.066\times10^{-4}\text{kg}\cdot\text{m}^2$$

丝杠的转动惯量［式（6.8）］为：

$$J_l=\frac{1}{2}\times2\times\left(\frac{0.02}{2}\right)^2=1\times10^{-4}\text{kg}\cdot\text{m}^2$$

因为电机直接连接在机床的丝杠上（即 r_g=1.0），可以用式（6.9）求得换算到电机轴上的总惯量为：

$$J_e=5.066\times10^{-4}+1\times10^{-4}+2.875\times10^{-4}=8.9411\times10^{-4}\text{kg}\cdot\text{m}^2$$

电机轴的角加速度为：

$$\frac{\mathrm{d}\omega}{\mathrm{d}t}=\frac{a_1}{h_\mathrm{p}/2\pi}=\frac{5}{0.020}\times 2\pi=1570\mathrm{rad/s^2}$$

可以从［式（6.10）］求得需要的动态力矩为：

$$T_\mathrm{d}=8.9411\times10^{-4}\mathrm{kg\cdot m^2}\times1570\mathrm{rad/s^2}+0.005\mathrm{N\cdot m/(rad/s)}\times\frac{0.5}{0.020}\times2\pi\mathrm{(rad/s)}+16.72\mathrm{N\cdot m}$$
$$=18.90\mathrm{N\cdot m}$$

因此，所选择的伺服电机必须能在 0.1s 的时间周期内达到 18.90N • m 的动态力矩。

6.2.2 反馈装置

在进给驱动控制系统中有两种基本的反馈装置：位置和速度反馈传感器。通常测速计用作速度反馈传感器，编码器用作位置反馈传感器[63]。

① 测速计：测速计是直接安装在伺服电机轴背面的小永磁直流发电机。测速计产生的电压与电机轴的实际速度成正比，它上面有制造商设定的常数和可调增益，从而能形成速度反馈环。实际电机转速和测速电路输出之间的传递函数为：

$$\frac{V_\mathrm{t}(s)}{\omega(s)}=T_\mathrm{g}H_\mathrm{g} \tag{6.11}$$

式中 $V_\mathrm{t}(s)$——测速电路输出电压；
$\omega(s)$——电机轴的实际角速度；
H_g——测速计常数；
T_g——可调测速计增益；
s——拉氏算子。

② 编码器：伺服驱动中编码器用作数字位置测量传感器，编码器是基于光电二极管的发光原理设计的。编码器可以是圆盘型也可以是线性尺型，由不透明段和透明段相间组成测量带。光线从一边的透明段传送到有光电二极管接收器的另一边，光电二极管根据检测到编码器增量位置的不透明段和透明段的数目给出逻辑信号（即二进制代码）。线性编码器用来测量工作台的实际位置，而旋转编码器用来测量电机轴的角位置。在精密机床中，线性编码器可用于更精确地测量实际工作台的位置。然而，如果在进给驱动系统中存在不能模型化表示的反向间隙，安装在工作台上的编码器在位置控制伺服系统中可能产生极限环。因为圆盘型编码器直接安装在电机轴上，因此它们感受不到反向间隙，所以也不会产生非线性的极限环。伺服电机制造商一般在产品出厂前就提供测速计和安装在电机轴背面的编码器。与编码器一起提供的还有它的线密度和所用的解码类型。例如，线密度为 1000 的轴编码器，其积分解码电路给出 4000 个计数或轴每转的脉冲数。在位置控制环分析中，编码器简单地表示为一个增益 K_e（计数/rad 或计数/mm）。

【实例 6.2】一台 1000 线积分解码的编码器被用作进给驱动控制系统的位置反馈传感器。电机直接连接在丝杠上，丝杠节距为 5.08mm。计算出编码器的增益为：

$$K_\mathrm{e}=\frac{4\times1000}{2\pi}\mathrm{(counts/rad)}$$

或

$$K_e = \frac{5.08}{4000} = 0.00127\text{mm}(0.00005\text{ in})/\text{count}$$

因此，编码器发送的一个计数信号对应于工作台 0.00127mm 的线性位移。据此，计数被用作表示位置控制伺服系统的基本长度单位。

6.2.3 电气驱动

进给驱动可以采用电机（步进、直流或交流电机），也可以采用液压马达。所用电机的类型在很大程度上取决于机床或机器人驱动所要求的力矩和时间响应。

当驱动系统要求的力矩范围宽、响应快时通常采用液压马达，在重型工业机器人、车床和铣床中常采用旋转液压马达，活塞位移型线性液压马达被用在需要往复运动的磨床、刨床和成形机床上。液压驱动的缺点主要是液体渗漏、效率低、对液压油中的灰尘敏感、维护成本高等。

在切削载荷比较大的场合，进给驱动系统不常采用步进电机。步进电机没有反馈装置。它的控制是通过从计算机发送的脉冲控制角步进运动实现的。在启动和制动时，如果需要的动态力矩比较大，步进电机可能会丢步。因为步进电机没有反馈装置，就要牺牲加工精度。通常，轻型演示 CNC 机床和物料输送单元采用步进电机。

在 CNC 机床中交流电机的使用也是比较普遍的，交流电机的速度是由变频电源电压控制的。在实际中，最基本的问题是设计低成本的逆变器用于改变电源的频率。然而，最近采用的微处理器技术能用在逆变器中计算发射频率。

由于直流电机能够满足机床或机器人驱动所需的宽的速度范围和足够大的力矩的要求，所以它是进给驱动中最常用的电机。下一小节将分析永磁直流电机的控制，了解直流电机控制的详细内容。这种分析和建模的方式对直流和交流伺服电机是相似的。

6.2.4 永磁电枢控制的直流电机

永磁直流电机的电气示意图如图 6.3 所示。直流电机的转速受输送给电机电枢（转子）上直流电压 V_a 的控制，该直流电压在电枢上产生可变的直流电流 I_a，从而在电机的转子和定子之间产生磁场。注意电枢的电流不能超过功率放大器最大能够提供的电流。在直流电机的控制系统中，电流极限被作为非线性量处理。显然，在电机加速和制动期间，峰值电流将持续很短的周期，峰值电流和它的持续周期将由放大器制造商给出。在电枢控制的直流电机中，电枢电压变化时，磁通保持不变，磁场产生的力矩用来转动连接在电机轴上的转子。在直流电机中，转子电路中将产生与转子速度成正比的反电动势 V_b(e.m.f)。

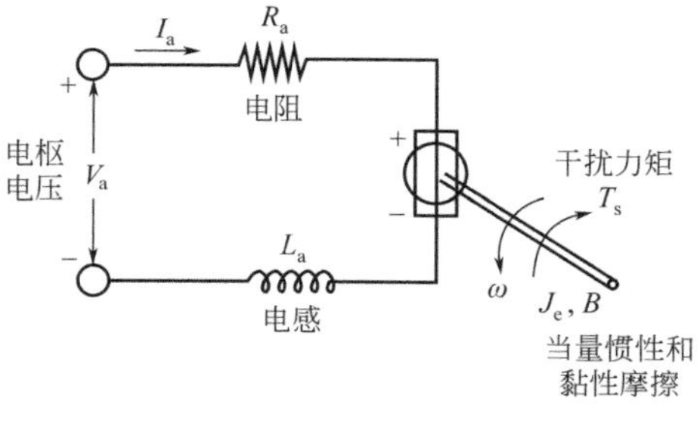

图 6.3 直流电机的电气示意图

下面的动态方程式是控制直流电机运动的基本方程。

对电机回路应用基尔霍夫（Kirchhoff）定律，导出施加在电枢上的电压 V_a：

$$V_a(t) = R_a I_a(t) + L_a \frac{dI_a(t)}{dt} + K_b \omega(t) \tag{6.12}$$

式中　ω——角速度，rad/s；

I_a——电枢电流，A；

R_a——电枢电阻，Ω；

L_a——电枢电感，H；

K_b——电机电压（e.m.f）常数，V/(rad/s)；

t——时间，s。

磁场产生的有用电机力矩 T_m 与电枢电流 I_a 成正比：

$$T_m(t) = K_t I_a(t) \tag{6.13}$$

电机产生的有用力矩用于电机轴惯量的加速、克服电机轴承的摩擦和导轨摩擦、克服切削力和摩擦载荷换算到电机轴上的阻力矩。因此：

$$T_m(t) = J_e \frac{d\omega(t)}{dt} + B\omega(t) + T_s(t) \tag{6.14}$$

式中　J_e——换算到电机轴上的惯量；

B——当量摩擦（黏性阻尼）系数；

T_s——换算到电机轴上的静态阻力矩。

注意：阻力矩与切削力和摩擦力两种力有关。静摩擦力矩与速度（ω）反向。在方框图（参见图 6.4）中，考虑速度的方向时采用符号函数 sgn[4]。在式（6.14）中，假定黏性阻尼与速度成正比，摩擦力矩很大程度上取决于机床所用的导轨类型，黏性摩擦力矩与速度成线性比例关系，比例常数为 B。

在进给驱动中，静黏性摩擦起主要作用，静摩擦要求恒摩擦力矩（或电流），并且与进给速度的变化无关。通过在各种稳定进给速度（即 $d\omega/dt=0$）下测量电枢的电流，从式（6.14）中可以识别出静摩擦力矩和黏性摩擦因数。合成曲线的直流部分给出克服静摩擦的恒电流，线性部分的斜率为黏性阻尼系数（B）。为了避免系统中的非线性，忽略静摩擦采用平均黏性阻尼的数值。

对式（6.12）～式（6.14）进行拉氏变换得到：

$$\begin{cases} I_a(s) = \dfrac{V_a(s) - K_b\omega(s)}{L_a s + R_a} \\ T_m(s) = K_t I_a(s) \\ \omega(s) = \dfrac{T_m(s) - T_s(s)}{J_e s + B} \end{cases} \tag{6.15}$$

这些方程是有物理解释的。电枢电流的传递函数采用误差电压作为输入求得，误差电压是电源提供的参考电枢电压 V_a 和反电动势（e.m.f）之间的差值，反电动势（e.m.f）就像一个反馈信号。最终的电流产生有用力矩 $T_m(s)$，该力矩中的一部分用于克服阻力矩 $T_s(s)$，其余的力矩用于加速惯量和克服正比于速度的黏性摩擦力矩上。两个重要的设计参数是：

$$\begin{cases} \tau_e = \dfrac{L_a}{R_a} \\ \tau_m = \dfrac{J_e}{B} \end{cases} \tag{6.16}$$

式中，τ_m 和 τ_e 分别是直流电机的机械时间常数和电气时间常数。这两个时间常数均由电机制造商提供，设计时一般只考虑电机轴的惯量和电机轴轴承的摩擦。当考虑工作台和丝杠螺母装置的惯性时，直流电机的机械时间常数会明显增加。

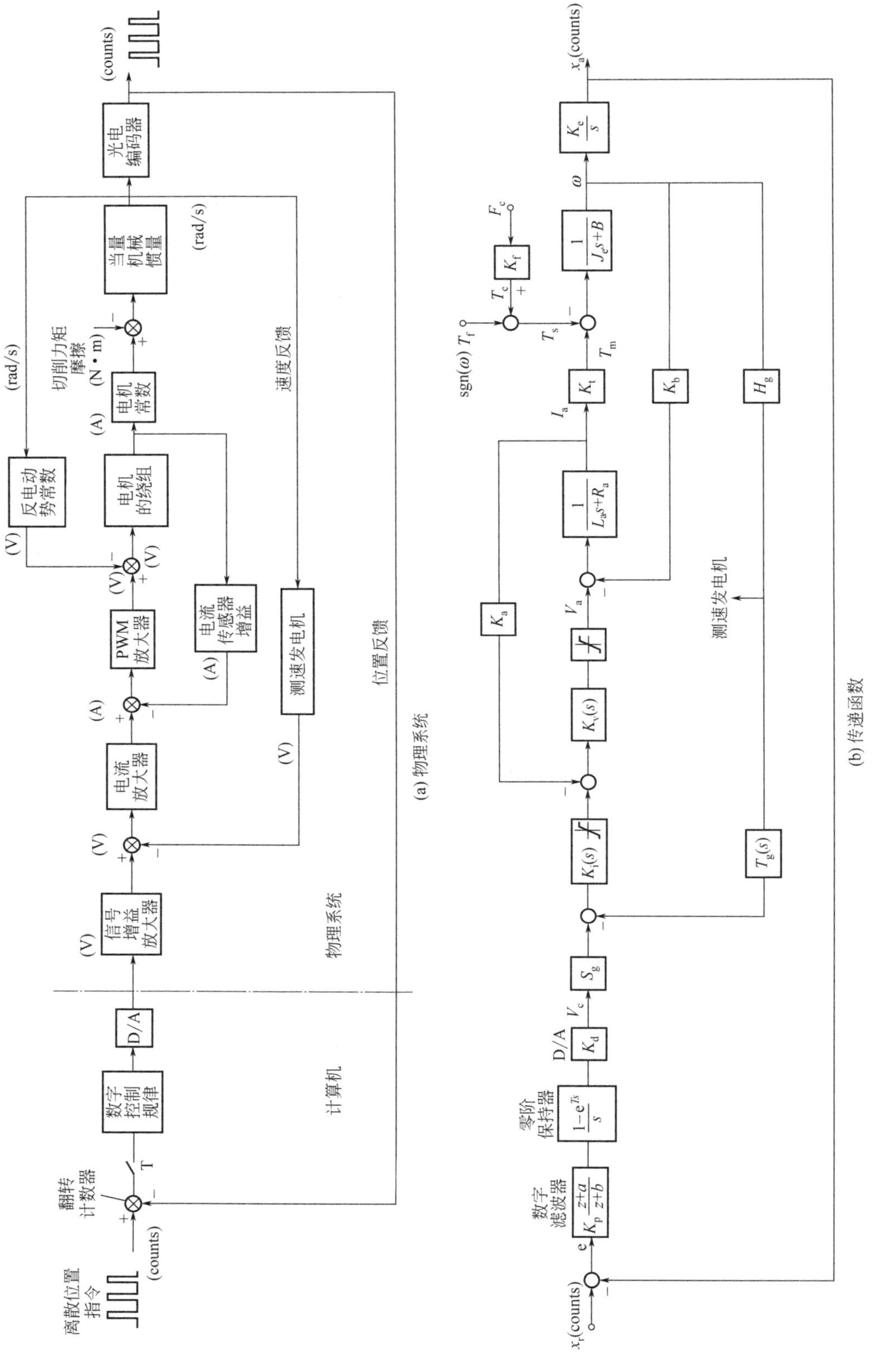

(a) 物理系统

(b) 传递函数

图 6.4 进给驱动伺服控制系统的方框图

电枢电压由功率放大器提供，变压器为功率放大器提供高的恒值电压，变压器将电网线电压转换成期望的直流电压。这里讲述的功率放大器是脉宽调制（PWM）式电流控制放大器。其他类型的功率放大器与此相似。

图 6.4 所示为完整的速度控制环方框图。功率放大器从数字控制器的数/模转换器接收速度指令信号 V_c。速度指令信号首先缓存在可调微分预放大器中，该放大器用增益 S_g 表示，S_g 的输出与测速计反馈单元测得的实际速度信号进行比较，合成的速度误差信号（V）通过电流放大器转换为要求的电流，该电流放大器的增益为K_i。绝大多数电流放大器采用电枢电流反馈信号改善电机的动态响应。可从电流传感器得到反馈电流信号，并与要求的电流进行比较。PWM 电路按一定频率产生各种锯齿形直流电压，PWM 的频率通常在 10kHz 以上，低频 PWM 转换信号（最高 6kHz）将产生刺耳的噪声。电流误差信号要经过 PWM 电路的调制，PWM电路的增益为 K_v，最终的直流电压变成了 ON-OFF 型矩形方波。在实际计算中，用方波的平均电压作为电枢电压 V_a。放大器、电机和测速反馈单元的完整框图如图 6.4（a）所示。

方框图中采用暂态变量解释速度环传递函数的推导过程，利用方框图中的暂态变量 V_1、V_2 和 V_3 可以得到下列关系式：

$$
\begin{aligned}
V_1(s) &= S_g V_c(s) - T_g H_g \omega(s) \\
V_2(s) &= K_i V_1(s) - K_a I_a(s) \\
&= K_i S_g V_c(s) - K_i T_g H_g \omega(s) - K_a I_a(s) \\
V_3(s) &= K_v V_2(s) - K_b \omega(s) \\
&= K_v K_i S_g V_c(s) - (K_v K_i T_g H_g + K_b)\omega(s) - K_v K_a I_a(s)
\end{aligned}
$$

电流和 V_3 之间的传递函数为：

$$I_a(s) = \frac{V_3(s)}{L_a s + R_a}$$

将 V_3 的值代入电流表达式得到：

$$I_a(s) = \frac{K_v K_i S_g}{L_a s + R_a + K_v K_a} V_c(s) - \frac{K_v K_i T_g H_g + K_b}{L_a s + R_a + K_v K_a}\omega(s) \tag{6.17}$$

电机的机械传递函数［参见式（6.15）］为：

$$\omega(s) = \frac{T_m(s) - T_s(s)}{J_e s + B}$$

或

$$\omega(s) = \frac{K_t}{J_e s + B} I_a(s) - \frac{1}{J_e s + B} T_s(s) \tag{6.18}$$

将电流表达式（6.17）代入式（6.18）得到输出速度 ω 和速度指令输入电压 V_c 及阻力矩 T_s 之间的传递函数：

$$\omega(s) = \frac{K_1}{s^2 + K_2 s + K_3} V_c(s) - \frac{(1/J_e)[s + (R_a + K_v K_a)/L_a]}{s^2 + K_2 s + K_3} T_s(s) \tag{6.19}$$

式中，$K_1 = \dfrac{K_t S_g K_i K_v}{L_a J_e}$；$K_2 = \dfrac{B}{J_e} + \dfrac{R_a + K_v K_a}{L_a}$；$K_3 = \dfrac{B(R_a + K_v K_a) + K_t(K_b + H_g T_g K_v K_i)}{J_e L_a}$。

设计进给驱动伺服速度控制器时要考虑：使其在速度发生阶跃变化时能快速上升而又没有超调。让我们将速度环作为速度指令输入电压 V_c 的函数进行分析，式（6.19）的传递函数可以表示为：

$$\frac{\omega(s)}{V_c(s)}=\frac{K_1}{s^2+2\xi\omega_n s+\omega_n^2} \tag{6.20}$$

这里速度环的固有频率（ω_n）和阻尼比（ξ）的定义如下：

$$\omega_n=\sqrt{K_3}\,\text{rad/s}$$
$$\xi=\frac{K_2}{2\sqrt{K_3}}<1 \tag{6.21}$$

式中，$K_1>0$，$K_2>0$。

欠阻尼速度伺服系统的时域阶跃响应表示为：

$$\omega(t)=V_c\times\frac{K_1}{K_3}\left[1-\frac{e^{-\xi\omega_n t}}{\sqrt{1-\xi^2}}\times\sin(\omega_d t+\varphi)\right] \tag{6.22}$$

式中阻尼固有频率 ω_d 和相移 φ 定义为：

$$\omega_d=\omega_n\sqrt{1-\xi^2}$$
$$\varphi=\arctan\left(\frac{\sqrt{1-\xi^2}}{\xi}\right)$$

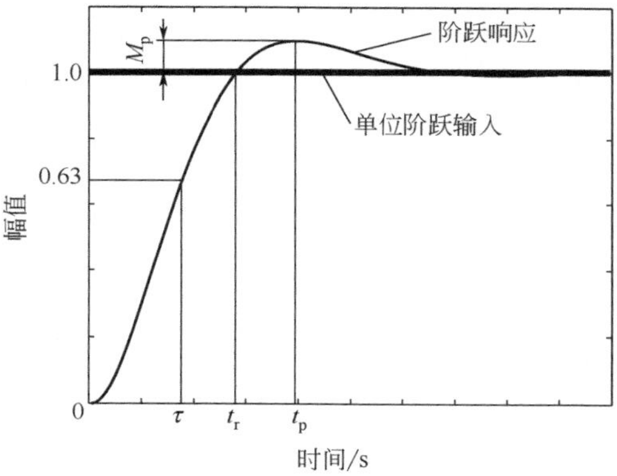

图 6.5　二阶欠阻尼系统的阶跃响应

τ—时间常数；t_p—峰值时间；

t_r—上升时间；M_p—超调量

放大器的可变增益（如 S_g、T_g、K_i、K_v）被调谐为期望的速度环增益，其阶跃响应特性如图 6.5 所示。当单位阶跃输入（即 V_c=1V）施加在放大器的输入端时，速度环的最大响应发生在时刻 t_p，此处的速度导数为 0（即 $d\omega_n(t)/dt=0$）。从式（6.22）的导数可以获得第一次超调的时间：

$$t_p=\frac{\pi}{\omega_d} \tag{6.23}$$

对于进给驱动伺服，典型的设计值为：阻尼比 ξ=0.707，峰值时间 t_p=10ms。可以从式（6.23）估算固有频率 ω_n：

$$\omega_n=\frac{\pi}{t_p\sqrt{1-\xi^2}}=444\,\text{rad/s}=70\,\text{Hz}$$

将 ξ 和 ω_n 的值代入式（6.21）可以得到相应的伺服参数。很明显，要求其具有超过电机和放大器最大能力范围的固有频率是不现实的。

6.2.5　位置控制环

位置环由翻转计数器、编码器、数字补偿滤波器和数/模转换器组成。

（1）翻转计数器

翻转计数器接收指令和测量的位置计数。在翻转计数器中，编码器反馈计数减小时位置指令增加。计数器中当前的内容表示在数字伺服控制间隔 T 内位置误差的累加或积分。翻转计数器的方框图表示为：

$$\frac{X_a(s)}{\omega(s)}=\frac{K_e}{s} \tag{6.24}$$

（2）数字补偿滤波器

翻转计数器中的内容即位置误差每 T 秒采样一次。离散位置误差 $E(k)$是工作台参考和实际位置之间的差别：

$$E(k)=X_r(k)-X_a(k) \tag{6.25}$$

式中 $X_r(k)$——离散参考位置；

$X_a(k)$——离散实际位置；

z——离散时间前移算子。

误差通过数字滤波器，一般这种数字滤波器的传递函数为：

$$D(z)=K_p\frac{z+a}{z+b} \tag{6.26}$$

式中 K_p——位置控制滤波器增益；

a——滤波器零点；

b——滤波器极点。

数字滤波器是可编程的，它驻留在伺服运动控制计算机中。滤波器的参数被调谐为能够为位置控制系统提供期望的过渡响应的数值。

（3）数/模（D/A）转换器

运动控制计算机将数字滤波器的输出发送给运动控制计算机的 D/A 转换电路。D/A 转换器被模型化为零阶保持器（ZOH）和增益 K_d。D/A 转换器的增益为

$$K_d=\frac{\text{D/A芯片的电压范围}}{2^{n_b}} \tag{6.27}$$

式中，n_b 是 D/A 芯片将二进制数转化为模拟电压所用的位数。例如，一个 12 位的 D/A 转换芯片，其电压范围为±10V，它具有的增益为：

$$K_d=\frac{20\text{V}}{2^{12}}=0.00488(\text{V/count})$$

6.3 位置环的传递函数

完整的位置控制系统的方框图如图 6.4 所示。系统由连续部分和离散部分组成。系统连续部分的传递函数在拉氏域表示为：

$$G_c(s)=\frac{K_1}{s^2+K_2s+K_3}\times\frac{K_e}{s} \tag{6.28}$$

数字运动控制单元的速度控制信号 V_c 通过增益为 K_d 的 D/A 转换器以 T 秒的时间间

隔施加在功率放大器上。对于 1ms 采样间隔的零阶保持器，$G_c(s)$[81]：

$$G_c(z)=K_d(1-z^{-1})\mathcal{Z}\left[\frac{G_c(s)}{s}\right]$$

对其进行 z 变换，成为：

$$G_c(z)=\frac{K_d K_1 K_e}{K_3}\times\frac{b_2 z^2+b_1 z+b_0}{(z-1)(z^2+a_1 z+a_0)} \tag{6.29}$$

式中，前移算子 $z=e^{sT}$。

推导出 $G_c(s)$中的参数表达式为：

$$b_2=T-\frac{1}{\omega_d}e^{-\xi\omega_n T}\sin(\omega_d T)-\frac{K_2}{K_3}\left\{1-e^{-\xi\omega_n T}\left[\frac{\xi\omega_n}{\omega_d}\sin(\omega_d T)+\cos(\omega_d T)\right]\right\}$$

$$b_1=2e^{-\xi\omega_n T}\left[\frac{\sin(\omega_d T)}{\omega_d}-T\cos(\omega_d T)\right]+\frac{K_2}{K_3}(1-e^{-2\xi\omega_n T})-2e^{-\xi\omega_n T}\sin(\omega_d T)\frac{K_2}{K_3}\times\frac{\xi\omega_n}{\omega_d}$$

$$b_0=Te^{-2\xi\omega_n T}-\frac{1}{\omega_d}e^{-\xi\omega_n T}\sin(\omega_d T)+\frac{K_2}{K_3}\left\{e^{-2\xi\omega_n T}+e^{-\xi\omega_n T}\left[\frac{\xi\omega_n}{\omega_d}\sin(\omega_d T)-\cos(\omega_d T)\right]\right\}$$

$$a_1=-2e^{-\xi\omega_n T}\cos(\omega_d T)$$

$$a_0=e^{-2\xi\omega_n T}$$

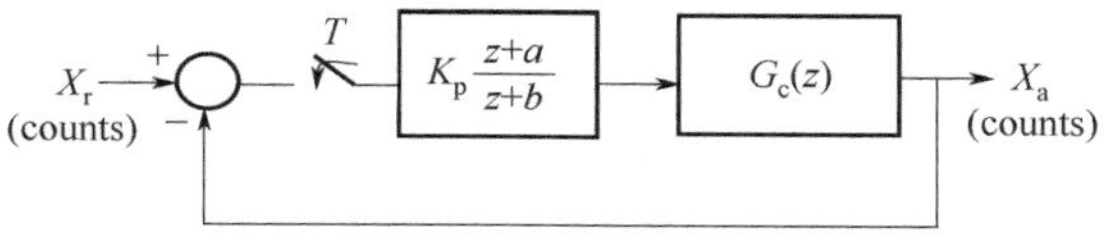

图 6.6　离散位置控制环

简化的等价离散位置控制系统方框图如图 6.6 所示。整个进给驱动控制系统的闭环传递函数如下：

$$G_{cl}(z)=\frac{X_a(k)}{X_k(z)}=\frac{D(z)G_c(z)}{1+D(z)G_c(z)}$$

或

$$G_{cl}(z)=K_{cl}\frac{z^3+\beta_2 z^2+\beta_1 z+\beta_0}{z^4+\alpha_3 z^3+\alpha_2 z^2+\alpha_1 z+\alpha_0} \tag{6.30}$$

闭环传递函数 $G_{cl}(z)$中的参数如下：

$$\beta_2=\frac{b_1+ab_2}{b_2}$$

$$\beta_1=\frac{b_0+ab_1}{b_2}$$

$$\beta_0=\frac{ab_0}{b_2}$$

$$\alpha_3=\frac{K_1 K_e K_d K_p}{K_3}b_2+b+a_1-1$$

$$\alpha_2=\frac{K_1 K_e K_d K_p}{K_3}(b_1+ab_2)+b(a_1-1)+a_0-a_1$$

$$\alpha_1=\frac{K_1 K_e K_d K_p}{K_3}(b_0+ab_1)+b(a_0-a_1)-a_0$$

$$\alpha_0 = \frac{K_1 K_e K_d K_p}{K_3} \times a \times b_0 - b a_0$$

$$K_{cl} = \frac{K_1 K_e K_d K_p b_2}{K_3}$$

给分子和分母同乘 z^{-4}，可以利用时间后移算子 z^{-1} 来表示传递函数［式（6.30）］，将给出：

$$G_{cl}(z^{-1}) = K_{cl} \frac{z^{-1} + \beta_2 z^{-2} + \beta_1 z^{-3} + \beta_0 z^{-4}}{1 + \alpha_3 z^{-1} + \alpha_2 z^{-2} + \alpha_1 z^{-3} + \alpha_0 z^{-4}} \tag{6.31}$$

注意，时间后移算子 z^{-1} 作用在离散信号上如：

$$z^{-1} x(kT) = x[(k-1)T]$$

式中 T——离散采样时间间隔；

$x(kT)$——在采样时间间隔数 k 的离散数值 x。

对于任意给定的离散时间输入 $X_r(kT)$，可以通过传递函数 $G_{cl}(z^{-1})$得到位置响应 $X_a(kT)$为：

$$X_a(k) = -(\alpha_3 z^{-1} + \alpha_2 z^{-2} + \alpha_1 z^{-3} + \alpha_0 z^{-4}) X_a(z^{-1}) + K_{cl}(z^{-1} + \beta_2 z^{-2} + \beta_1 z^{-3} + \beta_0 z^{-4}) X_r(z^{-1}) \tag{6.32}$$

对式（6.32）进行逆 z^{-1} 变换，可以仿真位置伺服的离散时间响应。最终的差分方程中含有输入的时间历程和输出位置值的过去历程。

注意，对位置控制环的分析，可以用离散时间域（z）的分析方法，也可以用连续时间域（s）的分析方法。然而这种连续时间域的分析要求对数字滤波器［$D(z)$］在 s 域进行近似表示，使用最为广泛的近似方法之一是 $z=(1+sT/2)/(1-sT/2)$，这被称作 Tustin 双线性变换。相应的数字滤波器变为：

$$D(s) = K_p' \frac{s + a'}{s + b'} \tag{6.33}$$

式中，

$$K_p' = K_p \frac{1-a}{1-b}, \quad a' = \frac{2}{T} \times \frac{1+a}{1-a}, \quad b' = \frac{2}{T} \times \frac{1+b}{1-b}$$

或

$$K_p = K_p' \frac{1-b}{1-a}, \quad a = \frac{Ta'-2}{Ta'+2}, \quad b = \frac{Tb'-2}{Tb'+2}$$

在这种情况下，拉氏域位置环的闭环传递函数成为：

$$G_{cl}(s) = \frac{D(s) K_d G_c(s)}{1 + D(s) K_d G_c(s)} \tag{6.34}$$

对进给驱动伺服系统有两个关键的性能要求：第一是获得平稳的过渡响应以避免在速度改变时刀具路径的摆动；第二是使稳态位置误差即跟随误差最小，以达到多轴轮廓加工的精度。在用进给速度 f_c(counts/s)进行稳态轮廓加工时，参考位置表示为斜坡输入：

$$X_r(kT) = f_c kT \tag{6.35}$$

式中，k 是采样计数。

在 z 域，斜坡指令表示为：

$$X_r(k) = f_c \frac{Tz}{(z-1)^2} \tag{6.36}$$

相应的跟随误差为：

$$e_{ss} = \lim_{z \to 1} \frac{f_c T}{(z-1)D(z)G_c(z)} \tag{6.37}$$

将式（6.26）、式（6.29）和式（6.35）代入式（6.37），给出进给驱动系统跟随误差的参数表达式：

$$e_{ss} = \frac{f_c K_3 (1+b)}{K_1 K_e K_p K_d (1+a)} \tag{6.38}$$

现已证明开环传递函数的增益［即 $D(z)G_c(z)$］越高，跟随误差将越小，也就越适合作为高精度的多轴轮廓加工。然而，高的开环增益受驱动系统机械惯量和电机力矩及放大器的限制。控制工程师必须调谐数字控制（如滤波器）的参数，以达到没有振动和超调的最优进给伺服系统响应。

利用连续时域传递函数也可以估算稳态误差：

$$e_{ss} = \lim_{s \to 0} s \frac{f_c}{s^2 \left[D(s) K_d G_c(s) \right]} \tag{6.39}$$

式中，$G_c(s)$和 $D(s)$在式（6.28）和式（6.33）中给出。

6.4 进给驱动控制系统的状态空间模型

进给驱动伺服系统的状态空间模型用于检验采用实验测量的时域响应数据推导的模型，在状态空间建模时，伺服系统再一次被分为连续部分和离散部分[80]。

系统的连续部分由速度控制环［式（6.28）］和翻转计数器［式（6.24）］组成。3 个状态变量——电枢电流 I_a、角速度 ω 和实际位置 X_a 之间的关系表示如式（6.40）～式（6.43），根据图 6.4，电枢电压可以表示为：

$$V_a = K_v [K_i (S_g V_c - T_g H_g \omega) - K_a I_a] \tag{6.40}$$

将式（6.12）代入式（6.40）得到：

$$\frac{dI_a}{dt} = -\frac{K_v K_a + R_a}{L_a} I_a - \frac{K_b + K_v K_i T_g H_g}{L_a} \omega + \frac{K_v K_i S_g}{L_a} V_c \tag{6.41}$$

将式（6.13）代入式（6.14）消去电机力矩 T_m 得到：

$$\frac{d\omega}{dt} = \frac{K_t}{J_e} I_a - \frac{B}{J_e} \omega - \frac{1}{J_e} T_s \tag{6.42}$$

对翻转计数器和编码器［式（6.24）］的传递函数进行逆拉氏变换得到：

$$\frac{dX_a(t)}{dt} = K_e \omega(t) \tag{6.43}$$

将状态方程式（6.41）～式（6.43）按标准的状态空间形式组织得到：

$$\boldsymbol{x}_c(t)=\boldsymbol{A}_c\boldsymbol{x}_c(t)+\boldsymbol{B}_c\boldsymbol{u}_c(t) \tag{6.44}$$

式中，状态矢量 $\boldsymbol{x}_c(t)$和输入矢量 $\boldsymbol{u}_c(t)$定义为：

$$\boldsymbol{x}_c(t)=\begin{bmatrix} I_a(t) \\ \omega(t) \\ X_a(t) \end{bmatrix},\quad \boldsymbol{u}_c(t)=\begin{bmatrix} V_c(t) \\ T_s(t) \end{bmatrix}$$

$\boldsymbol{A}_c$ 和 $\boldsymbol{B}_c$ 是常数矩阵：

$$\boldsymbol{A}_c=\begin{bmatrix} -\dfrac{K_vK_a+R_a}{L_a} & -\dfrac{K_b+K_vK_iT_gH_g}{L_a} & 0 \\ \dfrac{K_t}{J_e} & -\dfrac{B}{J_e} & 0 \\ 0 & K_e & 0 \end{bmatrix}$$

$$\boldsymbol{B}_c=\begin{bmatrix} \dfrac{K_vK_iS_g}{L_a} & 0 \\ 0 & -\dfrac{1}{J_e} \\ 0 & 0 \end{bmatrix}$$

状态方程式（6.44）表示进给驱动伺服系统的连续部分，对于观察间隔 T，它的等价离散解如下[80]：

$$\boldsymbol{x}_c(k+1)=\boldsymbol{\Phi}(T)\boldsymbol{x}_c(k)+\boldsymbol{H}(T)\boldsymbol{u}_c(k) \tag{6.45}$$

式中，在采样间隔 k 的状态和输入矢量定义为：

$$\boldsymbol{x}_c(k)=\begin{bmatrix} I_a(k) \\ \omega(k) \\ X_a(k) \end{bmatrix},\quad \boldsymbol{u}_c(k)=\begin{bmatrix} V_c(k) \\ T_s(k) \end{bmatrix}$$

$$\boldsymbol{\Phi}(T)=\mathrm{e}^{\boldsymbol{A}_cT}=\begin{bmatrix} \phi_{11} & \phi_{12} & \phi_{13} \\ \phi_{21} & \phi_{22} & \phi_{23} \\ \phi_{31} & \phi_{32} & \phi_{33} \end{bmatrix}$$

$$\boldsymbol{H}(T)=\int_0^T \mathrm{e}^{\boldsymbol{A}_ct}\mathrm{d}t\boldsymbol{B}_c=\begin{bmatrix} h_{11} & h_{12} \\ h_{21} & h_{22} \\ h_{31} & h_{32} \end{bmatrix}$$

矩阵 $\boldsymbol{\Phi}(T)$ 是从 $\boldsymbol{A}_c$ 矩阵的特征值求得的，或者是连续系统时间离散的泰勒级数展开。因为采样间隔（T）很小，对于大多数实际应用，泰勒级数的前三项已经足以作为近似表示：

$$\boldsymbol{\Phi}(T)=\mathrm{e}^{\boldsymbol{A}_cT}=\boldsymbol{I}+\boldsymbol{A}T+\boldsymbol{A}^2\frac{T^2}{2!}+\cdots \tag{6.46}$$

位置控制环的离散部分由数字滤波器 $D(z)$和 D/A 转换器增益 K_d组成。速度指令信号在 z 域可以表示为：

$$V_c(k)=K_p\frac{z+a}{z+b}\times K_d\times\left[X_r(k)-X_a(k)\right] \tag{6.47}$$

经重新化简整理为：

$$V_c(k)=K_pK_d\left[X_r(k)-X_a(k)\right]+V_d(k) \tag{6.48}$$

式中：

$$V_d(k)=K_pK_d\frac{a-b}{z+b}\left[X_r(k)-X_a(k)\right] \tag{6.49}$$

新变量 V_c和 V_d可以作为第四个状态变量对待。重新化简整理式（6.49）和式（6.47）并对它们进行逆 z 变换后，得到下列离散状态方程：

$$\begin{cases}V_d(k+1)=-bV_d(k)+K_pK_d(a-b)\left[X_r(k)-X_a(k)\right]\\V_c(k)=K_pK_d\left[X_r(k)-X_a(k)\right]+V_d(k)\end{cases} \tag{6.50}$$

离散状态方程式（6.50）可以和表示进给驱动伺服系统连续部分的等价离散状态方程式（6.45）组合。通过代数运算和简化得到下列完整的进给驱动伺服系统状态方程：

$$\begin{cases}x(k+1)=G(T)x(k)+\Gamma(T)u(k)\\y(k)=C_sx(k)+D_su(k)\end{cases} \tag{6.51}$$

式中，状态、输入和输出矢量分别定义为：

$$\boldsymbol{x}(k)=\begin{bmatrix}V_d(k)\\I_a(k)\\\omega(k)\\X_a(k)\end{bmatrix},\quad \boldsymbol{u}(k)=\begin{bmatrix}X_r(k)\\T_s(k)\end{bmatrix},\quad \boldsymbol{y}(k)=\begin{bmatrix}V_c(k)\\I_a(k)\\\omega(k)\\X_a(k)\end{bmatrix}$$

状态矩阵 $\boldsymbol{G}(T)$，输入矩阵 $\boldsymbol{\Gamma}(T)$、输出矩阵 $\boldsymbol{C}_s(T)$和传递矩阵 $\boldsymbol{D}_s(T)$按顺序定义如下：

$$\boldsymbol{G}(T)=\begin{bmatrix}-b & 0 & 0 & -K_pK_d(a-b)\\h_{11} & \phi_{11} & \phi_{12} & \phi_{13}-h_{11}K_pK_d\\h_{21} & \phi_{21} & \phi_{22} & \phi_{23}-h_{21}K_pK_d\\h_{31} & \phi_{31} & \phi_{32} & \phi_{33}-h_{31}K_pK_d\end{bmatrix}$$

$$\boldsymbol{\Gamma}(T)=\begin{bmatrix}K_pK_d(a-b) & 0\\h_{11}K_pK_d & h_{12}\\h_{21}K_pK_d & h_{22}\\h_{31}K_pK_d & h_{32}\end{bmatrix}$$

$$\boldsymbol{C}_s=\begin{bmatrix}1 & 0 & 0 & -K_pK_d\\0 & 1 & 0 & 0\\0 & 0 & 1 & 0\\0 & 0 & 0 & 1\end{bmatrix},\quad \boldsymbol{D}_s=\begin{bmatrix}K_pK_d & 0\\0 & 0\\0 & 0\\0 & 0\end{bmatrix}$$

输出矢量 $\boldsymbol{y}(k)$中给出了进给驱动伺服系统的有用参数，分别是电枢电流、角速度、在给定位置指令和切削力矩作用下工作台的位置，控制系统中的其他状态变量可以根据

图 6.4 的方框示意图乘以适当的增益得到。

【**实例 6.3**】立式铣床进给驱动控制系统的设计。

加拿大的不列颠哥伦比亚大学（University of British Columbia, Canada）——作者所在的实验室曾对一台三轴立式铣床进行翻新改进。所改进的机床有一台 5.5kW 的交流电机连接在主轴齿轮箱。机床的 3 根进给轴（x、y、z）用循环式滚珠丝杠驱动，行程分别为 60cm、40cm 和 12cm。这 3 根轴均采用脉宽调制（PWM）放大器供电的永磁直流伺服电机驱动，电机直接连接在滚珠丝杠轴上，机械时间常数（不带工作台时）为 11ms，电气时间常数为 5ms，放大器可提供的峰值电流是 30A，持续供电电流为 15A。放大器的类型与 6.2.4 节的放大器类型相同。

个人计算机（PC）用做 CNC 主机，32 位数字信号处理板（DSP）和 3 轴运动控制模块用于 3 根线性轴的位置控制。这两块板均插在 AT/ISA 总线上，运动控制卡上有 24 位的可编程数字输入/输出（I/O）用作逻辑控制功能。冷却液、主轴、行程限位和急停继电器等逻辑控制信号连接在 I/O 口上，用以控制机床的此类辅助功能。实时直线、圆弧和样条插补算法及所有轴的位置控制均由 DSP 板完成。离散位置指令发送给 I/O 板，I/O 板通过 16 位专用 D/A 转换器将其转换成模拟信号电压并发送给伺服放大器，I/O 板和实时插补算法及控制代码是由作者所在的实验室开发的。另外，可以在 CNC 上增加基于传感器的智能加工过程监控模块，它是按照开放式软硬件体系结构设计的，如第 6 章所述。通过在 PC 中加载内部开发的 ISO NC 语言软件，这台机床就可以作为标准的 CNC 机床。可以从 PC 发送期望的数值到运动控制单元实时改变进给、加速、减速和数字滤波器的参数[11]，这个功能对于自适应控制和机床监视是特别重要的，同时也是必要的。

其控制系统的方框图与图 6.4 所示相同。电机常数、增益和数字滤波器的参数在表 6.1 中给出；速度和位置环传递函数[19]的参数由式（6.19）、式（6.29）和式（6.30）求得，现列在表 6.2 中。

表 6.1　进给驱动系统参数

B	0.09N·m/(rad/s)	K_t	0.3N·m/A
H_g	0.08872V/(rad/s)	L_a	2mH
J_e	0.0036kg·m^2	R_a	0.4Ω
K_a	0.0643A/A	S_g	0.0648V/V
K_b	0.3V/(rad/s)	T_g	0.13183V/V
K_d	0.00488V/count	a	−0.7161
K_e	636.62counts/(rad/s)	b	−0.6681
K_i	25.5A/V	p	5.08mm
K_p	9.2038	持续供电电流	15A
K_v	21.934V/V	峰值供电电流	30 A

求得速度环的阻尼比和固有频率为：

$$\omega_n = \sqrt{K_3} = 554(\mathrm{rad/s}) = 88\mathrm{Hz}$$

$$\xi = \frac{K_2}{2\sqrt{K_3}} = 0.8384$$

在放大器上加 V_c=1.0V 的电压，同时测量测速发电机输出的电压，就可以得到速度环的阶跃响应。图 6.7 所示为仿真得到的速度控制伺服系统的阶跃响应［式（6.22）］，系统在10ms 左右到达指令速度，并且没有任何超调。分析速度环的频率响应可以确定控制器的带宽，从式（6.19）可以得到闭环速度环的幅值比［$M(\omega)$］和相位角［$\varphi(\omega)$］：

$$M(\omega)=20\lg(K_1/K_3)-20\lg\left[(1-\omega^2/\omega_n^2)^2+(2\xi\omega/\omega_n)^2\right]^{\frac{1}{2}} \quad (6.52)$$

$$\varphi(\omega)=-\arctan\left\{2\xi\frac{\omega}{\omega_n}\bigg/\left[1-\left(\frac{\omega}{\omega_n}\right)^2\right]\right\} \quad (6.53)$$

表 6.2　计算得到的进给驱动系统传递函数的参数

$K_1=1.5102\times10^6$	$K_2=930.178$	$K_3=3.077\times10^5$
$b_2=0.40691\times10^{-4}$	$b_1=1.2906\times10^{-4}$	$b_0=0.25539\times10^{-4}$
$a_1=-1.1992$	$a_0=0.3945$	
$\beta_2=2.4556$	$\beta_1=-1.6438$	$\beta_0=-0.4495$
$\alpha_3=-2.8616$	$\alpha_2=3.077$	$\alpha_1=-1.4686$　$\alpha_0=0.261$
$K_{c1}=0.0057$		

可以采用双通道傅里叶分析仪测量速度环的频率响应。将分析仪随机信号发生器的输出接到放大器的输入端，通过测速发电机的输出测量速度。还可以用不同频率的谐波信号（如正弦、余弦信号）作为输入，测得相应的时间延迟（即相位延迟）和幅值。仿真的频率响应结果如图 6.7 所示。从中可以看到伺服系统跟随进给速度改变的频率最大为 40Hz(250rad/s)，这就是速度环的带宽。

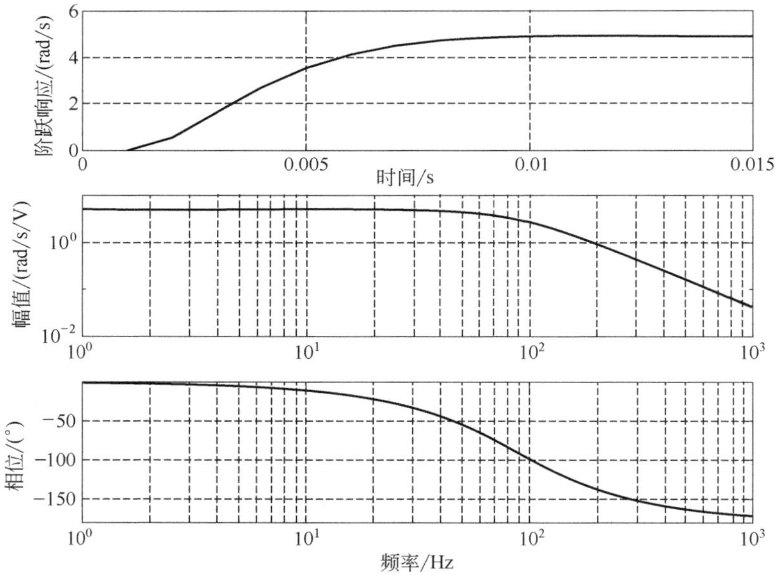

图 6.7　进给驱动速度环的阶跃响应和频率响应

除速度环之外，位置环还包括编码器、数字滤波器和积分器（即翻转计数器），这些大多数是数字型的，其传递函数是已知的（参见图 6.4）。调整数字滤波器以使整个闭环位置控制系统成为一个二阶系统，其上升时间 t_r=30ms，超调M_p=0.1%。下面是数字滤波器的传递函数：

$$D(z) = 9.2038 \times \frac{z - 0.7161}{z - 0.6681}$$

计算得到的系统状态空间参数为：

$$\boldsymbol{\Phi}(T) = \mathrm{e}^{\boldsymbol{A}_c T} = \begin{bmatrix} 0.3274 & -2.1160 & 0 \\ 0.0515 & 0.8718 & 0 \\ 0.0194 & 0.6049 & 1 \end{bmatrix}$$

$$\boldsymbol{H}(T) = \int_0^T \mathrm{e}^{\boldsymbol{A}_c t} \mathrm{d}t \boldsymbol{B}_c = \begin{bmatrix} 11.3754 & 0.3481 \\ 0.5532 & -0.2639 \\ 0.1271 & -0.0859 \end{bmatrix}$$

$$\boldsymbol{G}(T) = \begin{bmatrix} 0.6681 & 0 & 0 & 0.0022 \\ 11.3754 & 0.3274 & -2.1160 & -0.5112 \\ 0.5532 & 0.0515 & 0.8718 & -0.0249 \\ 0.1271 & 0.0194 & 0.6049 & 0.9943 \end{bmatrix}$$

$$\boldsymbol{\Gamma}(T) = \begin{bmatrix} -0.0022 & 0 \\ 0.5112 & 0.3481 \\ 0.0249 & -0.2639 \\ 0.0057 & -0.0859 \end{bmatrix}$$

$$\boldsymbol{C}_s = \begin{bmatrix} 1 & 0 & 0 & -0.0449 \\ 0 & 1 & 0 & 0 \\ 0 & 0 & 1 & 0 \\ 0 & 0 & 0 & 1 \end{bmatrix}, \quad \boldsymbol{D}_s = \begin{bmatrix} 0.0449 & 0 \\ 0 & 0 \\ 0 & 0 \\ 0 & 0 \end{bmatrix}$$

将伺服系统的参数代入方程式（6.37）可以计算出稳态位置误差为：

$$e_{ss} = 0.0083 f_c (\text{counts})$$

数字位置控制环的阶跃、斜坡和频率响应如图 6.8 所示。

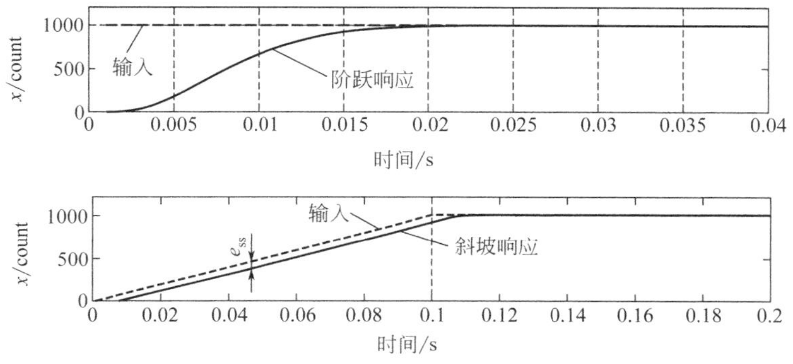

图 6.8

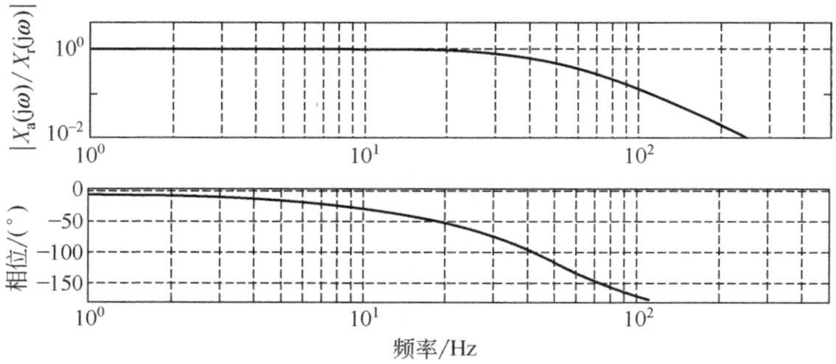

图 6.8　进给驱动位置环的阶跃、斜坡和频率响应

在所测量的速度范围内，稳态误差的线性并不是很好，这主要是由于静摩擦效应和动态部分的有些因素在建模时没有考虑进去。在对位置控制系统进行一般性分析和调整时常采用平均摩擦因数，然而，对于精确的轮廓加工，必须用更先进的控制定律对静态摩擦的影响进行补偿，而不是用这里讲述的简单数字滤波器方法。

【实例 6.4】 单轴滚珠丝杠驱动工作台常用于教学中进行参数识别和数字控制，其原理如图 6.9 所示，滚珠丝杠参数如下。建立系统的状态空间模型，并模拟系统的阶跃和斜坡输入响应。

编码器增益	K_e / (count/rad/s)	电流放大器比例增益	K_{vp}/(V/V)
等效惯性	J_e /kg • m^2	电流放大器积分增益	K_{vi}/(V/V/s)
等效黏性阻尼	N • m/(rad/s)	电流指令	i_a / V
扰动扭矩	T_d / N • m	速度放大器比例增益	K_{ip}/(V/V)
电机扭矩	T_m / N • m	速度放大器积分增益	K_{ii} / (V/V/s)
电机电感	L / H	电流传感器增益	K_a / (V/A)
电机电阻	R / Ω	速度放大器增益	S_g / (V/V)
后置电动马达常数	K_b / (V/rad/s)	马达扭矩常数	K_t / (N • m/A)
滚珠丝杠的角速度	ω/(rad/s)	控制器的传递函数	$G_c(s)$
速度反馈增益	T_g/(V/count/s)	位置指令	x_r/counts
		实测位置	x_a/counts

模块的传递函数为：

编码器　$$\omega(s)\frac{K_e}{s}=x_a(s)$$

机械系统　$$(T_m-T_d)\frac{1}{J_e s+B}=\omega(s)$$

电动机的绕组　$$(V_i-K_b\omega)\frac{1}{Ls+R}=i(s)$$

电流 PI 放大器　$$(i_a-K_a i)\left(K_{vp}+\frac{K_{vi}}{s}\right)=V_i(s)$$

速度 PI 放大器 $(S_g V_c - \omega)\left(K_{ip} + \frac{K_{ii}}{s}\right) = i_a(s)$

位置误差控制器 $(x_r - x_a)G_c(s) = V_c(s)$

分别建立电机电气绕组和机械系统模型，表示为：

$$J\frac{d\omega}{dt} + B\omega = K_t i - T_d \rightarrow \frac{d\omega}{dt} = -\frac{B}{J}\omega + \frac{K_t}{J}i - \frac{1}{J}T_d \tag{6.54}$$

$$L\frac{di}{dt} + Ri = V_i - K_b\omega \rightarrow \frac{di}{dt} = -\frac{K_b}{L}\omega - \frac{R}{L}i + \frac{1}{L}V_i \tag{6.55}$$

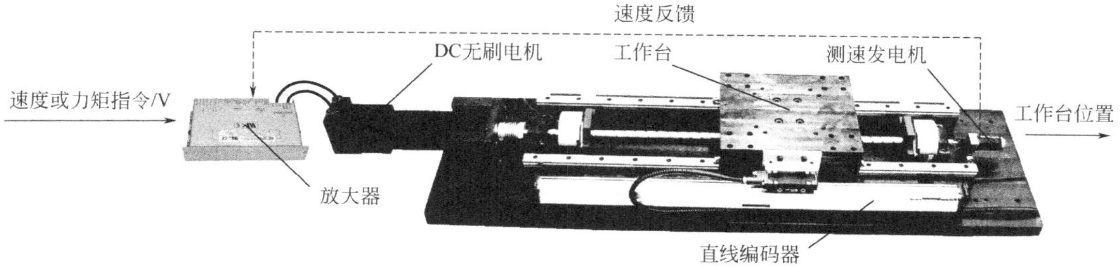

图 6.9 数控设计教学系统的滚珠丝杠传动系统

电流 PI 放大器：

$$V_i = (i_a - K_a i)\left(K_{vp} + \frac{K_{vi}}{s}\right) = K_{vp}(i_a - K_a i) + K_{vi}\underbrace{\frac{1}{s}(i_a - K_a i)}_{z_1} \tag{6.56}$$

辅助状态

$$z_1 = \frac{1}{s}(i_a - K_a i) \rightarrow \frac{dz_1}{dt} = i_a - K_a i \tag{6.57}$$

$$V_i = K_{vp}(i_a - K_a i) + K_{vi}z_1 \tag{6.58}$$

PI 速度环路：

$$i_a = (S_g V_c - \omega)\left(K_{ip} + \frac{K_{ii}}{s}\right) = K_{ip}(S_g V_c - \omega) + K_{ii}\underbrace{\frac{1}{s}(S_g V_c - \omega)}_{z_2} \tag{6.59}$$

辅助状态

$$z_2 = \frac{1}{s}(S_g V_c - \omega) \rightarrow \frac{dz_2}{dt} = S_g V_c - \omega \tag{6.60}$$

$$i_a = K_{ip}(S_g V_c - \omega) + K_{ii}z_2 \tag{6.61}$$

代入 i_a，$\frac{dz_1}{dt}$ 及 V_i 的方程式可改写为：

$$\frac{dz_1}{dt} = i_a - K_a i = K_{ip}(S_g V_c - \omega) + K_{ii}z_2 - K_a i \tag{6.62}$$

$$V_i = K_{vp}(i_a - K_a i) + K_{vi}z_1 = K_{vp}(K_{ip}(S_g V_c - \omega) + K_{ii}z_2 - K_a i) + K_{vi}z_1 \tag{6.63}$$

$$V_i = K_{vp}K_{ip}S_g V_c - K_{vp}K_{ip}\omega + K_{vp}K_{ii}z_2 - K_{vp}K_a i + K_{vi}z_1 \tag{6.64}$$

将 V_i 代入 $\frac{\mathrm{d}i}{\mathrm{d}t}$，得

$$\frac{\mathrm{d}i}{\mathrm{d}t}=-\frac{K_b}{L}\omega-\frac{R}{L}i+\frac{1}{L}V_i \tag{6.65}$$

$$\frac{\mathrm{d}i}{\mathrm{d}t}=-\frac{K_b}{L}\omega-\frac{R}{L}i+\frac{K_{vp}K_{ip}S_g}{L}V_c-\frac{K_{vp}K_{ip}}{L}\omega+\frac{K_{vp}K_{ii}}{L}z_2-\frac{K_{vp}K_a}{L}i+\frac{K_{vi}}{L}z_1 \tag{6.66}$$

$$\frac{\mathrm{d}i}{\mathrm{d}t}=\left(-\frac{K_b+K_{vp}K_{ip}}{L}\right)\omega-\frac{R+K_{vp}K_a}{L}i+\frac{K_{vi}}{L}z_1+\frac{K_{vp}K_{ii}}{L}z_2+\frac{K_{vp}K_{ip}S_g}{L}V_c \tag{6.67}$$

状态方程合并如下：

$$\dot{\boldsymbol{x}}=\begin{bmatrix}\frac{\mathrm{d}\omega}{\mathrm{d}t}\\ \frac{\mathrm{d}i}{\mathrm{d}t}\\ \frac{\mathrm{d}z_1}{\mathrm{d}t}\\ \frac{\mathrm{d}z_2}{\mathrm{d}t}\\ \frac{\mathrm{d}x_a}{\mathrm{d}t}\end{bmatrix}=\begin{bmatrix}-\frac{B}{J} & \frac{K_t}{J} & 0 & 0 & 0\\ -\frac{K_b+K_{vp}K_{ip}}{L} & -\frac{R+K_{vp}K_a}{L} & \frac{K_{vi}}{L} & \frac{K_{vp}K_{ii}}{L} & 0\\ -K_{ip} & -K_a & 0 & K_{ii} & 0\\ -1 & 0 & 0 & 0 & 0\\ K_e & 0 & 0 & 0 & 0\end{bmatrix}\begin{bmatrix}\omega\\ i\\ z_1\\ z_2\\ x_a\end{bmatrix}+\begin{bmatrix}0 & -\frac{1}{J}\\ \frac{K_{vp}K_{ip}S_g}{L} & 0\\ K_{ip}S_g & 0\\ S_g & 0\\ 0 & 0\end{bmatrix}\begin{bmatrix}V_c\\ T_d\end{bmatrix} \tag{6.68}$$

物理变量——速度 (ω)、电流 (i)、等效电流指令 (i_a)、电机电压 (V_i) 可表达为：

$$\begin{bmatrix}\omega\\ i\\ i_a\\ V_i\\ x_a\end{bmatrix}=\begin{bmatrix}1 & 0 & 0 & 0 & 0\\ 0 & 1 & 0 & 0 & 0\\ -K_{ip} & 0 & 0 & K_{ii} & 0\\ -K_{vp}K_{ip} & -K_{vp}K_a & K_{vi} & K_{vp}K_{ii} & 0\\ 0 & 0 & 0 & 0 & 1\end{bmatrix}\begin{bmatrix}\omega\\ i\\ z_1\\ z_2\\ x_a\end{bmatrix}+\begin{bmatrix}0 & 0\\ 0 & 0\\ K_{ip}S_g & 0\\ K_{vp}K_{ip}S_g & 0\\ 0 & 0\end{bmatrix}\begin{bmatrix}V_c\\ T_d\end{bmatrix} \tag{6.69}$$

或用标准状态空间符号法表示

$$\left.\begin{aligned}\dot{\boldsymbol{x}}&=\boldsymbol{A}\boldsymbol{x}+\boldsymbol{B}\boldsymbol{u}\\ \boldsymbol{y}&=\boldsymbol{C}\boldsymbol{x}+\boldsymbol{D}\boldsymbol{u}\end{aligned}\right\} \tag{6.70}$$

上述机床的状态空间模型为连续系统，当对系统进行离散时域分析时，则需考虑其等价零阶保持器，从而得到系统在 z 域的状态空间模型。进而结合数字控制器，建立离散时域闭环系统的完整状态空间模型。

【实例 6.5】 设计一个进给驱动系统的超前-滞后控制器，图 6.10 为其 MATLAB 框图。该驱动器的参数为：$J_e=7\times10^{-4}\mathrm{kg\cdot m^2}$，$B_e=0.00612\mathrm{N\cdot m/(rad/s)}$，$K_t=0.72\mathrm{N\cdot m/A}$，$K_a=0.887\mathrm{A/V}$，$K_e=20/(2\pi)$，$K_d=1\mathrm{V/mm}$，采样时间为 $T=0.0002\mathrm{s}$，求解过程如下。

驱动器开环传递函数：

$$G_0(s)=\frac{K_aK_tK_e}{s(J_es+B_e)}=\frac{K_0}{s(\tau_vs+1)} \tag{6.71}$$

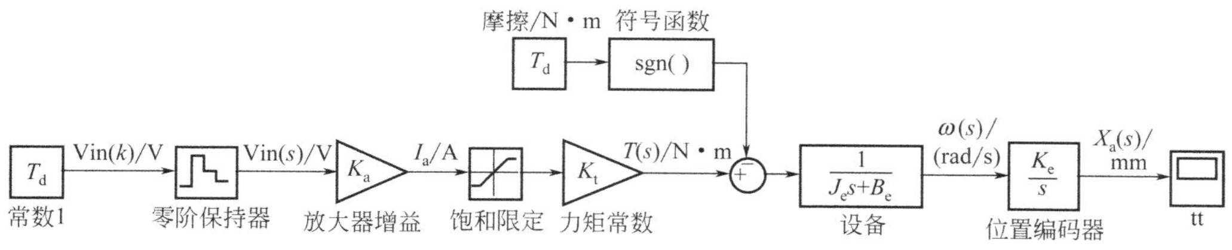

图 6.10 进给驱动系统 MATLAB 仿真框图

式中，增益（K_0）和时间常数（τ_v）分别为 $K_0=\dfrac{K_aK_tK_e}{B_e}=332.2\text{mm/V}$ 和 $\tau_v=\dfrac{J_e}{B_e}=0.1144\text{s}$。为表示离散时域中的驱动动态，得到零阶保持器等价为

$$G_0(z)=(1-z^{-1})\mathbb{Z}\frac{G_0(s)}{s}=(1-z^{-1})\mathbb{Z}\frac{K_0/\tau_v}{s^2(s+1/\tau_v)} \tag{6.72}$$

通过应用部分分数扩展规则，$G_0(s)/s$ 转化为：

$$\frac{1}{s^2(s+1/\tau_v)}=\frac{C_1}{s^2}+\frac{C_2}{s}+\frac{C_3}{s+1/\tau_v}$$

$$C_1=\lim_{s\to 0}s^2\frac{1}{s^2(s+1/\tau_v)}=\tau_v$$

$$C_2=\lim_{s\to 0}\left\{\frac{1}{1!}\times\frac{\mathrm{d}}{\mathrm{d}s}\left[s^2\frac{1}{s^2(s+1/\tau_v)}\right]\right\}=\lim_{s\to 0}\frac{-1}{(s+1/\tau_v)^2}=-\tau_v^2 \tag{6.73}$$

$$C_3=\lim_{s\to -1/\tau_v}\left\{(s+1/\tau_v)\frac{1}{s^2(s+1/\tau_v)}\right\}=\tau_v^2$$

$$\frac{G_0(s)}{s}=\frac{K_0}{\tau_v}\tau_v\left(\frac{1}{s^2}-\frac{\tau_v}{s}+\frac{\tau_v}{s+1/\tau_v}\right)=K_0\left(\frac{1}{s^2}-\frac{\tau_v}{s}+\frac{\tau_v}{s+1/\tau_v}\right)$$

$G_0(s)$ 零阶保持器等价为：

$$\begin{aligned}G_0(z)&=(1-z^{-1})\mathbb{Z}\frac{G_0(s)}{s}\\&=(1-z^{-1})K_0\left[\frac{Tz^{-1}}{(1-z^{-1})^2}-\frac{\tau_v}{1-z^{-1}}+\frac{\tau_v}{1-\mathrm{e}^{-T/\tau_v}z^{-1}}\right]\end{aligned} \tag{6.74}$$

$$G_0(z)=\frac{B(z)}{A(z)}=\frac{z^{-1}(b_1z^{-1}+b_0)}{z^{-2}a_0+z^{-1}a_1+1}=\frac{b_0z+b_1}{z^2+a_1z+a_0}$$

式中，

$$b_1=K_0\left[\tau_v\left(1-\mathrm{e}^{-\frac{T}{\tau_v}}\right)-T\mathrm{e}^{-\frac{T}{\tau_v}}\right]=5.8014\times10^{-5}$$

$$b_0=K_0\left[T-\tau_v\left(1-\mathrm{e}^{-\frac{T}{\tau_v}}\right)\right]=5.8048\times10^{-5}$$

$$a_0=\mathrm{e}^{-\frac{T}{\tau_v}}=0.9983$$

$$a_1=-\left(1+\mathrm{e}^{-\frac{T}{\tau_v}}\right)=-1.9983$$

值得注意的是，其中一个开环极点在单位圆上，而另一个则非常接近单位圆，即 $z^2+a_1z+a_0=(z-1)(z-0.9983)$。

假设位置控制回路是由一个增益为 K_p（V/mm）的比例控制器关闭的，则该比例控制器在拉普拉斯域和离散时域中设计如下。

（1）拉普拉斯域设计

忽略零阶保持器，系统的闭环传递函数推导如下：

$$G_{cl}(s)=\frac{K_pG_0(s)}{1+G_0(s)}=\frac{K_pK_0}{\tau_v s^2+s+K_pK_0}$$

特征方程的根 $\left[p_1,p_2=(-1\pm\sqrt{1-4\tau_vK_pK_0})/(2\tau_v)\right]$，即系统的极点，从开环极点开始，$K_p=0\rightarrow p_1=0$，$p_2=-1/\tau_v=-1/0.1144=-8.7413$；当 $1-4\tau_vK_pK_0=0$ 时成为复共轭，$K_p=1/(4\tau_vK_0)=1/(4\times0.1144\times332.2)=0.0065783$，得到相同的极点 $p_1=p_2=-1/(2\tau_v)=-1/(2\times0.1144)=-4.3706$。如果进一步增加比例增益 (K_p)，系统就会出现复极点，表明有欠阻尼振荡阶跃响应。如果要实现阻尼比 ζ=0.8，通过在闭环系统上选择期望特征方程的比例增益来实现。

$$s^2+\frac{1}{\tau_v}s+\frac{K_pK_0}{\tau_v}\equiv s^2+2\zeta\omega_n s+\omega_n^2 \tag{6.75}$$

$$s^2+\frac{1}{0.1144}s+\frac{K_p\times332.2}{0.1144}\equiv s^2+2\times0.8\times\omega_n s+\omega_n^2$$

$$\omega_n=\frac{1}{2\times0.8\times0.1144}=5.4633(\text{rad/s})$$

$$K_p=\frac{\omega_n^2\tau_v}{K_0}=\frac{5.4633^2\times0.1144}{332.2}=0.0103$$

无论比例增益 K_p 大小如何，即使二阶连续系统振荡行为增加，但系统仍然稳定。

（2）离散时域设计

系统在 z 域的闭环传递函数为

$$G_{cl}(z)=\frac{K_pG_0(z)}{1+G_0(z)}=\frac{K_pK_0(b_0z+b_1)}{z^2+(a_1+K_pK_0b_0)z+a_0+K_pK_0b_1}$$

$$p_1,\ p_2=\frac{-(a_1+K_pK_0b_0)\pm\sqrt{(a_1+K_pK_0b_0)^2-4(a_0+K_pK_0b_1)}}{2}$$

其中极点 $\left\{p_1,p_2=\left[-(a_1+K_pK_0b_0)\pm\sqrt{(a_1+K_pK_0b_0)^2-4(a_0+K_pK_0b_1)}\right]/2\right\}$。如果 $K_p=0$，极点从系统的开环极点（p_1 = 1 和 p_2 = 0.9983）开始。如果 $0\leqslant K_p<0.00658$，系统极点在实轴上且有阻尼。当 K_p=0.00658 时，极点相同，$p_1=p_2$=0.9991。如果 $K_p>30$，极点离开单位圆，系统在离散时域处于不稳定状态。

（3）拉普拉斯域超前-滞后补偿器设计

控制器结构设定为 $C(s)=K(1+\alpha sT)/(1+sT)$，其中增益为 K 和 α,T 是补偿器的参数。在交叉频率 $\omega_g=60\text{Hz}$ 时，补偿器将达到 60°的相位裕度。

从设备在 s 域的 Bode 图来看，在频率为 60Hz(377rad/s)时，设备的相位 $G_0(s)$ 为-179°。$\varphi_1=+59°=1.03\text{rad}$ 的附加相位超前由超前补偿器在 $\omega_g=60\text{Hz}=377(\text{rad/s})$ 处增加。

$$\alpha=\frac{1+\sin\varphi_1}{1-\sin\varphi_1}=\frac{1+\sin 1.03}{1-\sin 1.03}=13.015$$

$$T=\frac{1}{\omega_g\sqrt{\alpha}}=\frac{1}{377\times\sqrt{13.015}}=7.3525\times 10^{-4}$$

在计算出参数后，需要重新调整控制器的增益，确保在频率为 60Hz 时有一个统一的增益。系统的增益在 60Hz 时为-22.7dB；因此，增益需要增加 2.7dB。

$$20\lg K=+22.7\rightarrow K=10^{22.7/20}=13.646$$

因此，超前补偿控制器变成

$$C(s)=K\frac{1+\alpha sT}{1+sT}=13.646\times\frac{1+9.5693\times 10^{-3}s}{1+7.3525\times 10^{-4}s}$$

6.5 滑模控制器

滑模控制器是一个典型的稳健非线性控制器。这里举例说明滑模控制器在进给驱动机构中的应用和设计[10]。图 6.11 是一个进给驱动系统的开环框图。

考虑到滚珠丝杠驱动系统以电流模式控制，工作台位置（x/mm）和数控系统放大器指令（u/V）之间的开环传递函数如下所示：

$$\begin{aligned}x(s)&=\left[K_aK_tu(s)-T_c(s)\right]\frac{r_g}{(Js+B)s}\\&=\frac{K_aK_tr_g}{s(Js+B)}\left[u(s)-\frac{1}{K_aK_t}T_c(s)\right]\\&=\frac{K}{s(s+p)}\left[u(s)-\frac{1}{K_aK_t}T_c(s)\right]\end{aligned}\tag{6.76}$$

式中，$K=K_aK_tr_g/J$ 是增益；$p=B/J$ 是速度环极点；$T_c(s)$ 是由摩擦和切削过程引起的扰动扭矩。

在直线电机驱动中，惯性（J）由工作台-工件质量代替，扰动扭矩(T_c)由直线电机驱动系统中的切削力和摩擦力代替。驱动系统的微分方程可以重新组合为：

$$\frac{1}{K}s^2x(s)+\frac{p}{K}sx(s)=u(s)-\frac{1}{K_aK_t}T_c(s)\tag{6.77}$$

$$\underbrace{\frac{J}{K_aK_tr_g}}_{J_e}\ddot{x}(t)+\underbrace{\frac{B}{K_aK_tr_g}}_{B_e}\dot{x}(t)=u(t)-\underbrace{\frac{1}{K_aK_t}T_c(t)}_{d(t)}$$

或将输入扰动转矩进行归一化

$$J_e\ddot{x}(t)+B_e\dot{x}(t)=u(t)-d(t)\tag{6.78}$$

其中输入端的反射扰动为 $d(t)=T_c(t)/(K_aK_t)$。从式（6.78）中分离出驱动装置加速度，表示为：

$$\ddot{x}(t)=\frac{1}{J_e}\left[-B_e\dot{x}(t)+u(t)-d(t)\right]\tag{6.79}$$

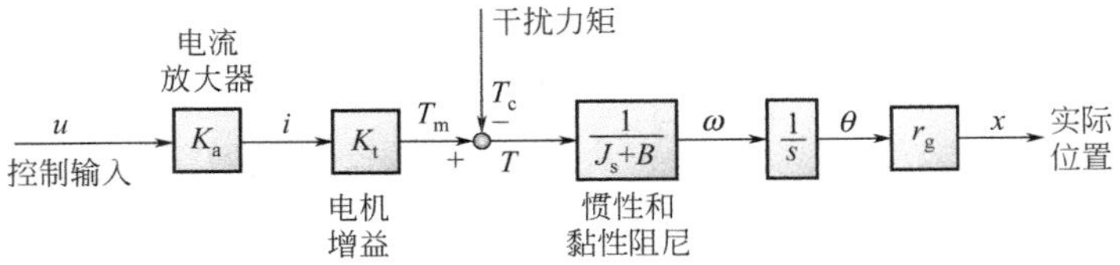

图 6.11　在放大器电流模式下供电的进给驱动系统的开环框图

进给驱动控制系统的目标是控制器能够在高速下以最小的误差跟随指令轨迹和速度，而不必考虑惯性（J_e）、黏性阻尼（B_e）和外部干扰（d）(如库仑摩擦、驱动输入上的切削力)的微小变化。对于传统的驱动控制系统，如果对系统进行了准确建模，那么采用极点配置和前馈控制等技术可以很好地工作，在线性驱动系统中还可以用大宽带对干扰进行过滤。此外，在滚珠丝杠驱动中，大的传动比可以大大减小旋转驱动电机轴上的反射扭矩。然而，当在建模时没有考虑对摩擦力的补偿也没有事先确定线性驱动中的外力时，传统的控制技术在高速加工中的跟踪精度就会大大降低，导致轮廓加工操作不准确。滑模控制器属于非线性控制策略，它对驱动动态的这种不确定性和时间变化具有鲁棒性。

设计滑模控制器有两个基本步骤：滑动面和 Lyapunov（李雅普诺夫）函数的选择。准确跟踪位置和速度是高速机床运行的关键，滑动面（S）的选择如下：

$$S=\lambda(x_r-x)+(\dot{x}_r-\dot{x}) \tag{6.80}$$

式中，λ 是驱动装置期望且可实现的带宽；x_r、x 是参考指令和实际位置；$\dot{x}_r$、$\dot{x}$ 分别是驱动装置的参考指令和实际速度。控制输入（u）在有限的一段时间之后，驱动器的位置和速度都应接近参考指令值（$x\to x_r$，$\dot{x}\to\dot{x}_r$），使位置和速度误差值为零，即 $S\to 0$。

假设机床驱动器上的惯性（J_e）和黏性阻尼（B_e）变化微小。由切削过程和摩擦引起外部扰动的变化较大，其上限（d^+）和下限（d^-）由机床上测量获得。外部扰动可以通过以下观测器进行跟踪：

$$\dot{\hat{d}}=\rho\kappa S,\quad \hat{d}(k)=\hat{d}(k-1)+\rho\kappa ST \tag{6.81}$$

式中，T 为控制周期；k 为离散时域的控制间隔计数器；ρ为参数适应增益（$\rho=0.005$）；κ用于限制扰动的积分控制，如下所示：

$$\kappa=\begin{cases}0 & ,\hat{d}(k)\leqslant d^-\text{且 } S\leqslant 0\\ 0 & ,\hat{d}(k)\geqslant d^+\text{且} S\geqslant 0\\ 1 & ,\text{其他情况}\end{cases} \tag{6.82}$$

因此，估计扰动保持在预先设定的范围内，即 $\hat{d}(k)\in[d^-,d^+]$。

滑模控制器设计的第二步是选择 Lyapunov 函数，用于获得非线性系统的稳定控制法，即由非线性滑模控制策略控制进给驱动。Lyapunov 函数表示为：

$$\dot{V}(t)=\frac{1}{2}\left[J_eS^2+\frac{(d-\hat{d})^2}{\rho}\right] \tag{6.83}$$

其类似于动能和扰动预测误差平方的总和。与滑动面一样，Lyapunov 函数的选择是基于经验和直觉的。对于非线性系统的渐进稳定性，Lyapunov 函数的导数为负数或零，这意味着能量和预测误差的变化率下降。

$$\dot{V}(t)=J_{\mathrm{e}}S\dot{S}-\dot{\hat{d}}\frac{(d-\hat{d})}{\rho}<0 \tag{6.84}$$

代入式（6.80）中的 $\dot{S}=\lambda(\dot{x}_{\mathrm{r}}-\dot{x})+(\ddot{x}_{\mathrm{r}}-\ddot{x})$，式（6.81）中的 $\dot{\hat{d}}=\rho\kappa S$，以及式（6.79）中的 $\ddot{x}$，则

$$\dot{V}(t)=J_{\mathrm{e}}S[\lambda(\dot{x}_{\mathrm{r}}-\dot{x})+\ddot{x}_{\mathrm{r}}]+SB_{\mathrm{e}}\dot{x}-Su+Sd-S\kappa(d-\hat{d})<0 \tag{6.85}$$

$Sd-S\kappa(d-\hat{d})$ 表示为 $S\hat{d}+S(d-\hat{d})(1-\kappa)$。由于在式（6.82）中施加的极限条件（$\hat{d}(k)\in[d^{-},d^{+}]$，$\kappa=0$或1，以及滑动面 S 的值），$S(d-\hat{d})(1-\kappa)<0$ 总是成立，并确保渐进稳定条件在任何条件（$V(t)<0$）下从未超出以下标准：

$$J_{\mathrm{e}}S[\lambda(\dot{x}_{\mathrm{r}}-\dot{x})+\ddot{x}_{\mathrm{r}}]+SB_{\mathrm{e}}\dot{x}-Su+S\hat{d}=-K_{\mathrm{s}}S^{2} \tag{6.86}$$

其中 $K_{\mathrm{s}}>0$ 为要选择的控制增益。控制规律（u）由式（6.86）得到，为

$$\begin{cases}u(k)=J_{\mathrm{e}}\{\lambda[\dot{x}_{\mathrm{r}}(k)-\dot{x}(k)]+\ddot{x}_{\mathrm{r}}(k)\}+B_{\mathrm{e}}\dot{x}(k)+\hat{d}(k)+K_{\mathrm{s}}S(k)\\ S(k)=\lambda[x_{\mathrm{r}}(k)-x(k)]+[\dot{x}_{\mathrm{r}}(k)-\dot{x}(k)]\end{cases} \tag{6.87}$$

式中，k 为控制间隔计数器；参考位置 $x_{\mathrm{r}}(k)$、速度 $\dot{x}_{\mathrm{r}}(k)$ 和加速度 $\ddot{x}_{\mathrm{r}}(k)$ 由数控系统中运行的指令生成算法获得；实际位置 $x(k)$ 由编码器测量；实际速度 $\dot{x}(k)$ 由线性驱动器测量位置的导数求得或直接从测速发电机测量。然而，从离散的位置指令和编码器读数中求得的速度和加速度可能会有噪声，我们可以通过以下简单的低通滤波器降噪。

$$\dot{x}_{\mathrm{r}}(k)=\alpha\dot{x}_{\mathrm{r}}(k-1)+\frac{1-\alpha}{T}[x_{\mathrm{r}}(k)-x_{\mathrm{r}}(k-1)]$$

$$\ddot{x}_{\mathrm{r}}(k)=\alpha\ddot{x}_{\mathrm{r}}(k-1)+\frac{1-\alpha}{T}[\dot{x}(k)-\dot{x}_{\mathrm{r}}(k-1)]$$

$$\dot{x}(k)=\alpha\dot{x}(k-1)+\frac{1-\alpha}{T}\dot{x}_{\mathrm{m}}(k)$$

式中，$\dot{x}_{\mathrm{m}}(k)$ 是由测速仪测得的速度。滤波器增益通常设置为 $\alpha\simeq0.6$。

通过在线估计扰动补偿来减少缓慢变化的切削力和摩擦力影响。然而，当驱动器改变速度方向时，特别是在圆形路径的拐角和象限，摩擦力会逆转其方向并在表面留下斑点。如果已知一主要的库仑摩擦力，在前馈指令生成时对其进行预补偿，具体方法如下：

$$u_{\mathrm{fc}}(k)=\begin{cases}u_{\mathrm{fc}}^{+}=T_{\mathrm{f}}^{+}/(K_{\mathrm{a}}K_{\mathrm{t}}) & \rightarrow\quad \dot{x}_{\mathrm{r}}(k)>0\\ 0 & \rightarrow\quad \dot{x}_{\mathrm{r}}(k)=0\\ u_{\mathrm{fc}}^{-}=T_{\mathrm{f}}^{-}/(K_{\mathrm{a}}K_{\mathrm{t}}) & \rightarrow\quad \dot{x}_{\mathrm{r}}(k)<0\end{cases}$$

式中，T_{f}^{+}、T_{f}^{-} 为运动正反方向上的库仑摩擦力测量值。

因此，总体控制信号得到如下：

$$u(k)=u_{\mathrm{smc}}(k)+u_{\mathrm{fc}}(k)$$

滑动模式控制器可以减弱外部扰动的影响，同时提供良好的跟踪性能和高带宽，滑动模式控制器如图 6.12 所示。

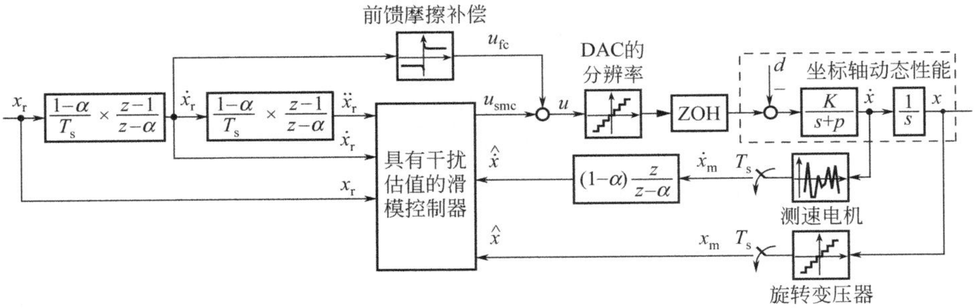

图 6.12　带前馈摩擦补偿的滑模控制器

6.6　进给驱动的主动阻尼

如图 6.13 所示，滚珠丝杠传动装置在电机轴-丝杠连接处、丝杠本身和螺母处存在扭转弹性。螺杆的轴向位移与它的扭转弹性相耦合，螺杆可能会出现横向弹性，从而在工作台导轨接触面上施加拉伸和压缩载荷。由滚珠丝杠组件引起的结构振动通常发生在伺服驱动器的带宽频率以上，即超过 100Hz。然而，它们会影响加工过程中的最终表面质量和精密定位精度，因此，要避免振动的发生。线性切削力（ F_l ）和工作台质量（ m_t ）以折算后的扭矩传递给电机。在高速机床中，采用两个平行的滚珠丝杠驱动，以提高带宽和速度。

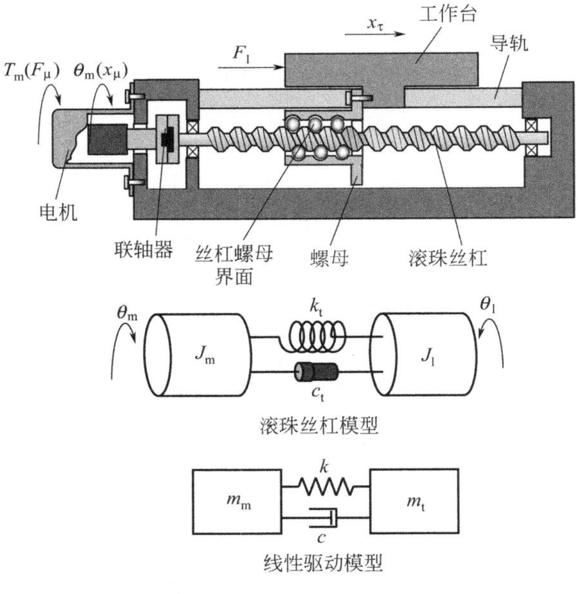

图 6.13　滚珠丝杠的扭转-轴向振动对工作台定位精度（x_l）的影响

如前几节所述，当忽略结构动态柔性时，机械驱动系统以其刚体运动表示。然而，在高速运动过程中，由切削载荷和惯性力激发的机床阻尼结构动态特性则很重要。

由于机床驱动的柔性，其传递函数取代了基于刚体的传递函数，它用来决定工作台和电机的力和位置之间的关系。建立机床系统，通过实验对电流放大器施加白噪声产生随机扭矩（T_m），测量得到传递函数 $G(s)$，进而分别由旋转和线性编码器测量产生的电机轴角度位置（θ_2）和工作台位置（x_2）。工作台的直接传递函数（G_{tt}）是通过施加冲击载荷（F_1）和使用加速器或位移传感器测量工作台的振动（x_t）来得到的。另外，也可以通过假设阻尼常数，从驱动结构的有限元模型中预测传递函数。

如图 6.13 所示，滚珠丝杠传动系统的结构动力学模型可以由电机（J_m）和螺杆（J_l）的换算惯性来模拟建立，并由扭转弹簧（k_t）和阻尼（c_t）元件连接。

如图 6.14 所示，滚珠丝杠传动的刚度随工作台位置不同而变化。静态刚度主要由 DIN 69051-6 中所述的滚珠丝杠-螺母接触的等效轴向刚度决定。滚珠丝杠传动系统，包括轴承和中间传动装置或离合器，具有有限的刚度，便于确定工作台高速定位负载下的静态位移。滚珠丝杠由两端的推力轴承支撑。轴承由螺杆提供径向导向，并抵消轴向进给力。

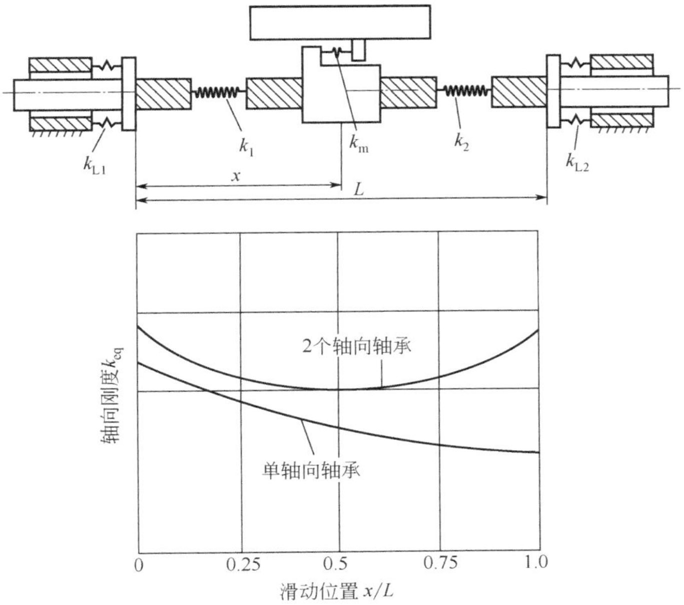

图 6.14　带有单面和双面推力轴承的滚珠丝杠的轴向刚度 DIN 69051-6

如果两端的轴承都是固定的，则滚珠丝杠系统的等效轴向刚度为：

$$k_t = \left(\frac{1}{k_i + k_{ii}} + \frac{1}{k_M} \right)^{-1}$$

式中，k_i 和 k_{ii} 轴承的刚度定义如下：

$$k_i = \left(\frac{1}{k_1} + \frac{1}{k_{L1}} \right)^{-1}, \quad k_{ii} = \left(\frac{1}{k_2} + \frac{1}{k_{L2}} \right)^{-1}$$

当右侧轴承没有施加预载荷时，轴向刚度会降低。随着工作台位置的变化，驱动装置的轴向刚度也随之变化，从而导致滚珠丝杠传动装置成为时变系统。必须指出的是，系统中的螺杆、联轴器和螺母柔性较大。螺杆的扭转刚度可以用下面的方法进行估算：

$$k_{ts}=\frac{GI}{L},\ I=\frac{\pi d_p^4}{32}$$

式中，G(N/m²)是刚度模量，对于钢材料来说，其 G=75×10⁹N/m²；L 和 d_p 是螺杆的长度和节径。

为了简化模型，可以只考虑电机-螺杆连接处或螺杆-螺母连接处的耦合连接，忽略黏性阻尼，从而将滚珠丝杠系统的结构动力学模型表示为：

$$\begin{aligned} J_m\frac{d^2\theta_m}{dt^2}+c_t\left(\frac{d\theta_m}{dt}-\frac{d\theta_l}{dt}\right)+k_t(\theta_m-\theta_l)=T_m \\ J_l\frac{d^2\theta_l}{dt^2}-c_t\left(\frac{d\theta_m}{dt}-\frac{d\theta_l}{dt}\right)-k_t(\theta_m-\theta_l)=T_l \end{aligned} \tag{6.88}$$

如果将运动方程变换到拉普拉斯域，那么：

$$\begin{bmatrix} J_m s^2+c_t s+k_t & -(c_t s+k_t) \\ -(c_t s+k_t) & J_l s^2+c_t s+k_t \end{bmatrix}\begin{bmatrix}\theta_m \\ \theta_l\end{bmatrix}=\begin{bmatrix}T_m \\ T_l\end{bmatrix} \tag{6.89}$$

将传递矩阵求逆得出传递函数矩阵，如下所示：

$$\begin{aligned} \begin{bmatrix}\theta_m \\ \theta_l\end{bmatrix} &= \frac{\begin{bmatrix} J_l s^2+c_t s+k_t & c_t s+k_t \\ c_t s+k_t & J_m s^2+c_t s+k_t \end{bmatrix}}{s^2\left[s^2 J_l J_m+sc_t\left(J_l+J_m\right)+k_t\left(J_l+J_m\right)\right]}\begin{bmatrix}T_m \\ T_l\end{bmatrix} \\ &= \begin{bmatrix} G_{mm} & G_{mt} \\ G_{tm} & G_{tt}\end{bmatrix}\begin{bmatrix}T_m \\ T_l\end{bmatrix} \end{aligned} \tag{6.90}$$

如果考虑线性质量和平移运动，其运动方程具有相同的形式，并变换为：

$$J_m=r_g^2 m_m,\quad J_l=r_g^2 m_t$$

$$k_t=r_g^2 k_a,\quad c_t=r_g^2 c_a$$

$$\theta_m=\frac{x_2}{r_g},\quad \theta_l=\frac{x_1}{r_g}$$

$$T_m=\frac{h_p}{2\pi}F_m,\quad T_l=\frac{h}{2\pi}F_t$$

其中螺距长度为 h_p 的螺杆的传动比 $r_g=h_p/(2\pi)$。线性质量（即线性驱动）系统的传递函数为：

$$\begin{bmatrix}x_m \\ x_t\end{bmatrix}=\frac{\begin{bmatrix} m_t s^2+c_a s+k_a & c_a s+k_a \\ c_a s+k_a & m_m s^2+c_a s+k_a \end{bmatrix}}{s^2\left[s^2 m_t m_m+sc_a\left(m_t+m_m\right)+k_a\left(m_t+m_m\right)\right]}\begin{bmatrix}F_m \\ F_t\end{bmatrix} \tag{6.91}$$

进给驱动结构的固有频率表达如下：

$$\omega_0=\sqrt{\frac{k_t}{J_l J_m/\left(J_l+J_m\right)}}=\sqrt{\frac{k_a}{m_t m_m/\left(m_t+m_m\right)}}(\mathrm{rad/s})$$

在实际中要考虑控制器的阻尼。目前已有多种先进的控制算法用于主动阻尼模式设计，但这里主要介绍具有串联控制结构的控制器，它在工业数控系统中应用最为广泛。如图 6.15 所示，该控制器内部有一个电流环，外围有速度和位置控制环[21]。电流环通常有大约为 1000Hz 的带宽，PWM 转换器有超过 10kHz 的调制器，因此用增益 K_a(A/V)来近似表示。电机扭矩常数为 K_t(N•m/A)。串联控制器采用比例增益（K_v）调节位置误差（e），采用比例和积分控制器调节速度误差 $(\dot{x}_r-\dot{x}_m)$。采用积分最小化由扰动（T_d）引起的稳态误差和由系统传递函数引起的滞后。通过安装在电机轴上的旋转编码器间接测量电机轴上的速度，编码器信号经过数字差分，得到电机轴的速度 $(s\dot{\theta}_m)$。通过螺杆传输增益（r_g）变换成角速度，进而获得与数控系统产生的速度指令相匹配的线性速度。惯性力和黏性阻尼分别由前馈和反馈项补偿，为简化模型，这里忽略其对系统的影响。G_m 为电机轴上的角速度 $(\dot{\theta}_m)$ 和扭矩之间的传递函数，而 G_t 为滚珠丝杠在螺母上的角速度（即工作台速度）和电机轴的速度之间的传递函数。如果忽略驱动装置结构的动态特性，G_m 只代表刚体的传递函数 $[G_m=1/(J_e s+B)]$，并且 $G_t=1$。速度环路的典型带宽约为 100Hz，对于具有刚体动态特性的线性驱动，位置环路约为 30Hz[87]。滚珠丝杠传动的带宽较小。采用共振频率为 ω_0 的加速度反馈 (s/ω_0) 来抑制振动，加速度可以通过安装在固定导轨和螺杆之间的 Ferraris 传感器直接测量[88]，或者通过从安装在工作台上线性编码器得到的位置测量值，求解其二阶导数获得。

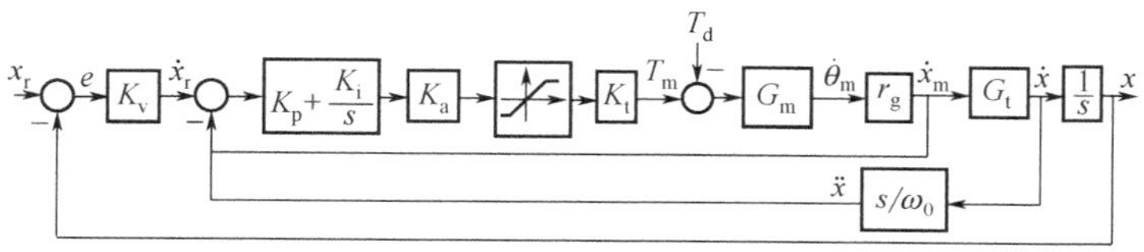

图 6.15　级联控制系统中具有加速度反馈 (s^2/ω_0) 的滚珠丝杠传动的扭转-轴向模式 (ω_0) 的主动阻尼

根据式（6.90），电机扭矩和电机速度之间的传递函数表示如下：

$$G_m(s)=\frac{s\theta_m}{T_m}=sG_{mm}(s)=\frac{J_l s^2+c_t s+k_t}{s\left[s^2 J_l J_m+sc_t(J_l+J_m)+k_t(J_l+J_m)\right]} \tag{6.92}$$

工作台速度 $(\dot{x}_t=\dot{x})$ 和电机轴速度之间的传递函数如下：

$$G_t(s)=\frac{\dot{x}}{\dot{x}_m}=\frac{sr_g\theta_l/T_m}{sr_g\theta_m/T_m}=\frac{sG_{mt}}{sG_{mm}}=\frac{c_t s+k_t}{J_l s^2+c_t s+k_t} \tag{6.93}$$

速度闭环环路响应表示如下：

$$G_v(s)=\frac{\dot{x}_m}{\dot{x}_r}=\frac{\left(\frac{K_p s+K_i}{s}\right)K_a K_t G_m(s)r_g}{1+\left(\frac{K_p s+K_i}{s}\right)K_a K_t G_m(s)r_g}$$
$$=\frac{K_a K_t r_g(K_p s+K_i)(J_l s^2+c_t s+k_t)}{s^2[s^2 J_l J_m+sc_t(J_l+J_m)+k_t(J_l+J_m)]+K_a K_t r_g(K_p s+K_i)(J_l s^2+c_t s+k_t)} \tag{6.94}$$

可以通过调整速度控制器的增益 (K_p,K_i) 来达到期望的瞬态响应，并保持系统稳定。尽管间接速度反馈在一定程度上对系统施加了阻尼，但它不足以对频率为 ω_0 的振动产生明显影响。主动阻尼将从表中测得的加速度 (s/ω_0) 加入到速度环中，带有加速度反馈的

直接速度环路传递函数为

$$G_{\mathrm{vdo}}(s)=G_{\mathrm{v}}(s)G_{\mathrm{t}}(s)\frac{s}{\omega_0}$$

$$=\frac{K_{\mathrm{a}}K_{\mathrm{t}}r_{\mathrm{g}}(K_{\mathrm{p}}s+K_{\mathrm{i}})(J_{\mathrm{l}}s^2+c_{\mathrm{t}}s+k_{\mathrm{t}})}{s^2[s^2J_{\mathrm{l}}J_{\mathrm{m}}+sc_{\mathrm{t}}(J_{\mathrm{l}}+J_{\mathrm{m}})+k_{\mathrm{t}}(J_{\mathrm{l}}+J_{\mathrm{m}})]+K_{\mathrm{a}}K_{\mathrm{t}}r_{\mathrm{g}}(K_{\mathrm{p}}s+K_{\mathrm{i}})(J_{\mathrm{l}}s^2+c_{\mathrm{t}}s+k_{\mathrm{t}})}\times \tag{6.95}$$

$$\frac{(c_{\mathrm{t}}s+k_{\mathrm{t}})}{J_{\mathrm{l}}s^2+c_{\mathrm{t}}s+k_{\mathrm{t}}}\times\frac{s}{\omega_0}$$

$$G_{\mathrm{vdo}}(s)=\frac{K_{\mathrm{a}}K_{\mathrm{t}}r_{\mathrm{g}}(K_{\mathrm{p}}s+K_{\mathrm{i}})(c_{\mathrm{t}}s+k_{\mathrm{t}})}{s^2\left[s^2J_{\mathrm{l}}J_{\mathrm{m}}+sc_{\mathrm{t}}(J_{\mathrm{l}}+J_{\mathrm{m}})+k_{\mathrm{t}}(J_{\mathrm{l}}+J_{\mathrm{m}})\right]+K_{\mathrm{a}}K_{\mathrm{t}}r_{\mathrm{g}}(K_{\mathrm{p}}s+K_{\mathrm{i}})(J_{\mathrm{l}}s^2+c_{\mathrm{t}}s+k_{\mathrm{t}})}\times\frac{s}{\omega_0} \tag{6.96}$$

由有/无加速度反馈的直接速度环路的 Bode 图评估主动阻尼的强度，直接速度环路的最终闭环传递函数为

$$G_{\mathrm{vc}}(s)=\frac{\dot{x}}{\dot{x}_{\mathrm{r}}}=\frac{G_{\mathrm{v}}(s)G_{\mathrm{t}}(s)}{1+G_{\mathrm{v}}(s)G_{\mathrm{t}}(s)\frac{s}{\omega_0}}$$

$$=\frac{K_{\mathrm{a}}K_{\mathrm{t}}r_{\mathrm{g}}(K_{\mathrm{p}}s+K_{\mathrm{i}})(c_{\mathrm{t}}s+k_{\mathrm{t}})\omega_0}{\omega_0\{s^2[s^2J_{\mathrm{l}}J_{\mathrm{m}}+sc_{\mathrm{t}}(J_{\mathrm{l}}+J_{\mathrm{m}})+k_{\mathrm{t}}(J_{\mathrm{l}}+J_{\mathrm{m}})]+K_{\mathrm{a}}K_{\mathrm{t}}r_{\mathrm{g}}(K_{\mathrm{p}}s+K_{\mathrm{i}})(J_{\mathrm{l}}s^2+c_{\mathrm{t}}s+k_{\mathrm{t}})\}+K_{\mathrm{a}}K_{\mathrm{t}}r_{\mathrm{g}}(K_{\mathrm{p}}s+K_{\mathrm{i}})(c_{\mathrm{t}}s+k_{\mathrm{t}})s} \tag{6.97}$$

最后，位置环的 Bode 图表示在保持系统稳定的情况下可获得的增益 K_{v}

$$G_{\mathrm{po}}(s)=\frac{x}{e}=K_{\mathrm{v}}G_{\mathrm{vc}}(s)\frac{1}{s} \tag{6.98}$$

整个位置环路的闭环传递函数变为

$$G_{\mathrm{po}}(s)=\frac{G_{\mathrm{po}}(s)}{1+G_{\mathrm{po}}(s)}=\frac{K_{\mathrm{v}}G_{\mathrm{vc}}(s)}{s+K_{\mathrm{v}}G_{\mathrm{vc}}(s)} \tag{6.99}$$

通过作者所在实验室搭建的实验平台验证主动阻尼系统的性能。

【实例 6.6】采用图 6.9 所示的滚珠丝杠来验证主动阻尼算法。该驱动装置的参数如下：

J_{l}/kg · m^2	2.6274×10^{-4}	h_{p}/m	0.020
J_{m}/kg · m^2	5.0853×10^{-4}	d_{p}/m	0.020
k_{t}/(N · m/rad)	418.15	$r_{\mathrm{g}}=h_{\mathrm{p}}/(2\pi)$	0.0032
c_{t}/(N · m/rad/s)	0.0121	L/m	0.82
K_{a}/(A/V)	0.887	G/GPa	75
K_{t}/(N · m/A)	0.72	$I=\pi(0.8d_{\mathrm{p}})^4/32$/m^4	1.5708×10^{-8}
K_{p}	700	$k_{\mathrm{l}}=GI/L$/(N · m/rad)	1437
K_{i}	500	k_{b}/(N · m/rad)	6000
K_{v}	?	K_{nut}/(N · m/rad)	1300
		K_{coup}/(N · m/rad)	6500

通过串联轴承（k_{b}）、螺杆（k_{l}）、联轴器（k_{coup}）和螺母（k_{nut}）的刚度，估算驱动装置的等效扭转刚度为

$$\tilde{k}_{\mathrm{t}}=\left[\frac{1}{k_{\mathrm{l}}}+\frac{1}{k_{\mathrm{b}}}+\frac{1}{k_{\mathrm{nut}}}+\frac{1}{k_{\mathrm{coup}}}\right]^{-1}=568\mathrm{N\cdot m/rad}$$

而测量得到扭转刚度为 k_t=418.15N • m/rad。驱动结构的固有频率为

$$\omega_0=\sqrt{\frac{k_t}{J_l J_m/(J_l+J_m)}}=1553\text{rad/s}=247\text{Hz}$$

求得结构的传递函数为

$$G_m(s)=\frac{0.0002627s^2+0.0121s+418.2}{s(1.336\times10^{-7}s^2+9.33\times10^{-6}s+0.3225)}$$
$$=\frac{1966.3(s+23.03+\text{i}1261.5)(s+23.03-\text{i}1261.5)}{s(s+34.918+\text{i}1553.3)(s+34.918-\text{i}1553.3)}$$

$$G_t(s)=\frac{c_t s+k_t}{J_l s^2+c_t s+k_t}=\frac{0.0121s+418.15}{2.6274\times10^{-4}s^2+0.0121s+418.15}$$
$$=\frac{46.0531(s+34558)}{(s+23.03+\text{i}1261.5)(s+23.03-\text{i}1261.5)}$$

电机侧的固有频率为 1553rad/s，阻尼为 2.25%，而工作台的固有频率为 1261rad/s，阻尼为 1.8%。

速度环路的闭环传递函数与电机轴的间接反馈如下所示：

$$G_v(s)=\frac{0.0003739s^3+0.01748s^2+595s+425}{1.336\times10^{-7}s^4+0.0003832s^3+0.34s^3+595s+425}$$
$$=\frac{2798.2521(s+0.7143)(s+23.018+\text{i}1261.3)(s+23.018-\text{i}1261.3)}{(s+2554)(s+0.7146)(s+156.55+\text{i}1310.9)(s+156.55+\text{i}1310.9)}$$

其中以阻尼固有频率 1310.9rad/s 为主，阻尼约为 12%。间接速度环路将阻尼从 2.25% 增加到 12%。根据串联台面动态特性和增加阻尼反馈 (s/ω_0)，得到速度环的环路传递函数如下：

$$G_{vdo}(s)=G_v(s)G_t(s)\frac{s}{\omega_0}$$
$$=\frac{82.9339s(s+3.456\times10^4)}{(s+2554)(s+156.55+\text{i}1310.9)(s+156.55-\text{i}1310.9)}$$

图 6.16（a）显示了间接闭环速度环路的频率响应，该环与工作台动态特性 $G_v(s)G_t(s)$ 串联，并增加了阻尼项，$G_{vdo}=G_v(s)G_t(s)s/\omega_0$。阻尼削弱了低频的环路传递函数，并没有改变共振时的幅值，而相位向上移动了 90°。

带有加速度反馈的速度环路的闭环传递函数为：

$$G_{vc}(s)=\frac{\dot{x}}{\dot{x}_r}=\frac{G_v(s)G_t(s)}{1+G_v(s)G_t(s)\frac{s}{\omega_0}}=\frac{128851.252(s+3.456\times10^4)}{(s+1372)(s^2+1578s+3.244\times10^6)}$$
$$=\frac{128851.252(s+3.456\times10^4)}{(s+1372)(s+789+\text{i}1619)(s+789-\text{i}1619)} \tag{6.100}$$

它的阻尼固有频率为 1619rad/s，阻尼比为 43.8%。从具有间接速度和直接加速度反馈的闭环速度环的频率响应函数中看出，在频率处于 1553rad/s 时为高阻尼模态。

图 6.16（b）显示了带有间接速度反馈 $[G_v(s)G_t(s)]$ 和附加加速度反馈 (G_{vc}) 的闭环速度回路的频率响应。共振频率区的幅值衰减了 11.5dB，实现了完全阻尼。如图 6.16（c）所示，无阻尼和有阻尼的速度环路的阶跃响应清楚地表明了阻尼的效果。因此，速度环路的带宽增加到该频率，设计者则可以将位置环路的增益 K_v 增加到更高的数值。高增益

意味着更高的带宽，在圆弧插补和轮廓加工中具有更低的跟随误差和轮廓误差。此外，闭环增益的增加使控制器对切削和摩擦载荷的扰动刚度增大。

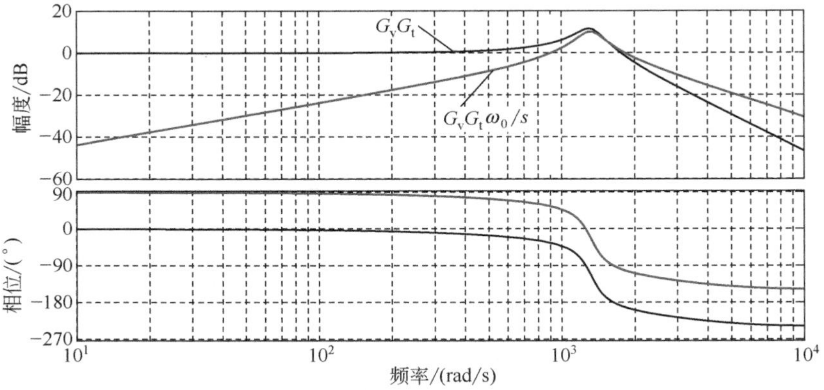

(a) G_vG_t 和 $G_vG_t\,\omega_0/s$的伯德图

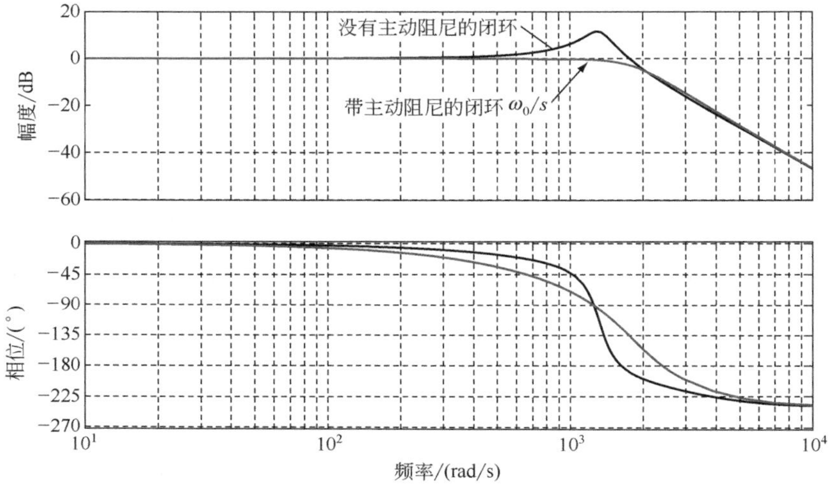

(b) 带有和没有主动阻尼的闭环系统的伯德图

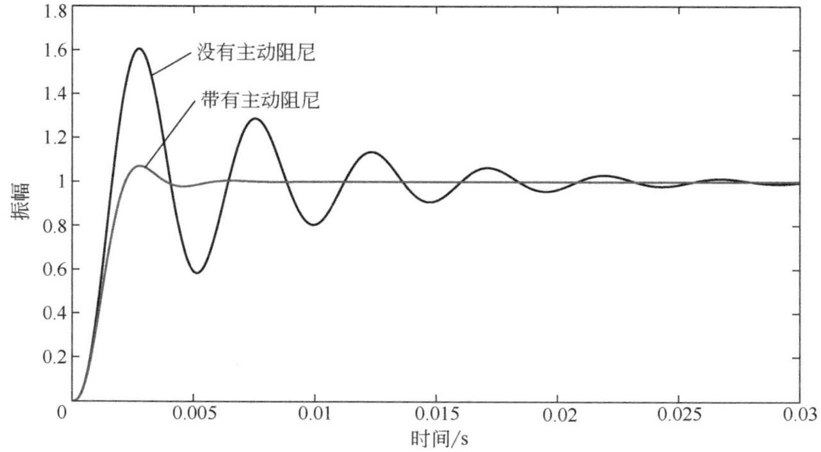

(c) 带有和没有主动阻尼的闭环系统的阶跃响应

图 6.16　滚珠丝杠传动系统速度环的主动阻尼

6.7 电液 CNC 折弯机的设计

金属板带成型机床——折弯机（Press Brake）被广泛地用在结构件车间。典型的折弯机由安装有冲头的冲击锤和固定模具的基架组成（参见图 6.17）。冲击锤的运动由一对液压执行器完成。普通的折弯机是手工操作的，冲击锤的最终位置由行程限位开关或挡块手动设定。手工控制要求频繁地调整机床，并经多次实验直到达到满意的位置和折弯精度要求为止。而 CNC 控制为折弯机提供了柔性，可以很快适应不同的压弯操作，并确保精确的位置。这节将简单讲述折弯机计算机控制系统的设计。

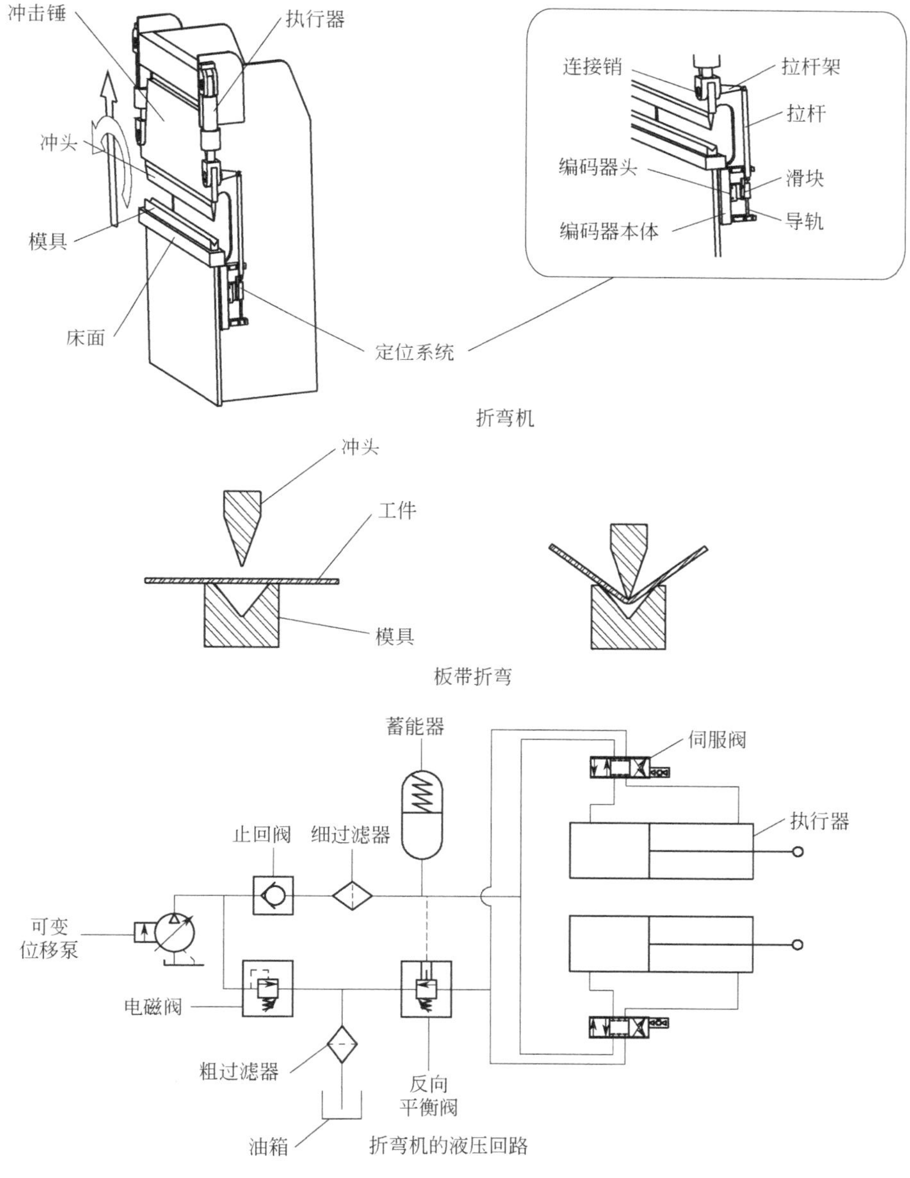

图 6.17　液压折弯机系统

6.7.1 折弯机的液压系统

① 机械系统：冲击锤在其自由端安装有冲头，它本身由两个并列液压执行器带动（参见图 6.17）。冲击锤沿滑动导轨滑动，导轨上安装有圆柱垫，圆柱垫允许冲头在每侧有 3°的倾斜，以便冲压深度变化的金属板材。CNC 系统的目标是控制冲头快速接近位于 V 形模子上的金属板，并用高压使其成形，用慢速压入到达期望的深度。根据所成形零件两端的偏移量，必须用 CNC 系统控制带动冲头的两个液压执行器的位置和速度。

冲击锤两侧的实际位置用线性编码器监测，考虑到折弯机基架床面和冲击锤之间的相对静态变形，设计了如图 6.17 所示的滑动连接杆。连接杆的柱子位于冲击锤/执行器的连接轴上。用高精度球铰来连接滑动连接杆和它对应的柱子和滑动装置。所选择的线性编码器的分辨率为 0.005mm，编码器的固定部分安装在折弯机床面靠近模具的地方，移动读数头安装在圆柱导轨上的直线滑动装置上，导轨的刚度可以调整。用精确的线性位移传感器（LDT）代替了编码器，它采用波纹管和磁铁，也可以用作执行器杆的一部分。

② 液压系统：液压系统的设计框图如图 6.17 所示。选择带压力反馈的活塞泵作为液压动力的传递装置。采用蓄能器保持系统的压力在设置水平的 10%以内，并对因活塞泵往复运动引起的压力振荡起到阻尼作用。在蓄能器和活塞泵之间安装了单向阀，以消除在储运损耗时出现蓄能器的压力逆向驱动活塞泵的可能性。采用反向平衡阀在系统失去压力时锁住系统。在伺服阀的供油线路上安装有细的压力过滤器，以保证供油安全，在回路安装有粗的低压过滤器。如图 6.18 所示，对现有的液压执行器进行改装，增加伺

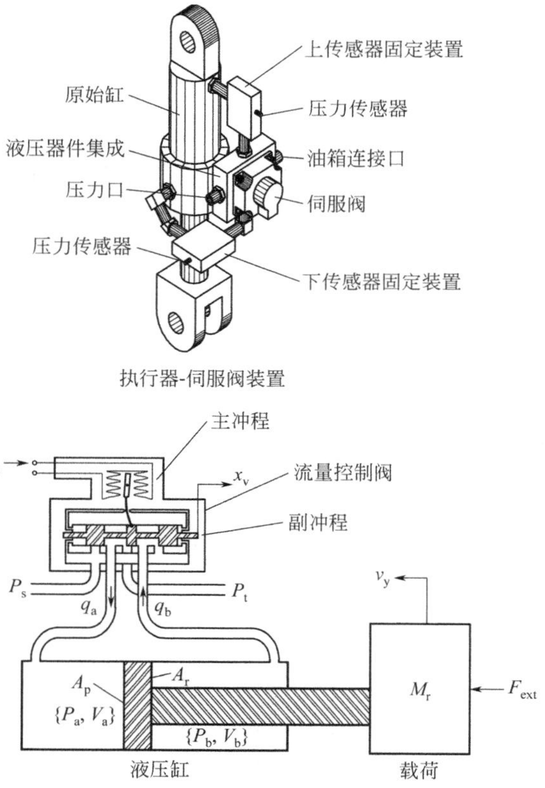

图 6.18 电液执行器装置

服阀和压力传感器，这是现有产品机床上执行器的一部分。流入和流出执行器液压缸的流量由双冲程伺服阀控制。制造商给定的额定流量为 20gal/min（相当于 75.708L/min，译者注），带宽为 85Hz。主冲程主要由驱动主挡板阀的力矩马达组成，它提供无重叠的二级封闭中心随动阀两端的差压，二级随动阀的位移通过悬臂弹簧回馈给力矩马达，该随动阀控制流入液压缸的流量。液压缸有两个被活塞分开的储油内腔，活塞的一端通过刚性杆与冲击锤相连。注入液压缸内腔的压力油必须克服冲击锤和连接杆的惯性载荷、冲击锤导轨和活塞与液压缸之间的静摩擦力和黏性摩擦载荷以及折弯工件的折弯载荷。

③ CNC 系统：该液压折弯机由作者所在实验室内部开发的开放式体系结构的 CNC 系统控制[11,14]。

6.7.2 液压执行器模块的动态模型

由于在液压件的密封和连接处存在渗漏，弹性软管中存在能量损失，液体的可压缩性及其黏性的改变，孔、口的磨损等，很难获得整个液压系统的精确动态模型。另外，在设计 CNC 系统的实际控制算法时流量-压力的表达式是非线性的。即使采用了一些实际的假说，液压系统的数学模型对于优化液压回路的设计和选择液压元器件都是很必要的。此类分析在设计折弯机液压回路时已进行过[14]，这里只给出一个简单的液压系统模型，以便有一个适用于 CNC 系统的数字折弯机控制器基础。

该模型是基于图 6.18 所示的阀-执行器装置的。随动阀的二阶动态特性比具有一阶动态特性的电动力矩马达要快得多，随动阀的位移和力矩马达供电电流之间的传递函数近似为：

$$\frac{x_{\mathrm{v}}(s)}{I_{\mathrm{a}}(s)}=\frac{K_{\mathrm{i}}}{\tau_{\mathrm{i}}s+1} \tag{6.101}$$

式中，K_{i} 和 τ_{i} 分别为力矩马达的增益和时间常数。假定二级阀芯在 0 流量位置，液压缸的两端连接到另一侧的阀口，在无重叠位置封闭。通过阀口的流量与开口面积和压降的平方根成正比。因为阀的开口面积与阀芯的位移成正比，下面的表达式可以用于表示活塞推程和回程运动时通过阀口的流量[78]：

$$\left.\begin{aligned}q_{\mathrm{a}}&=K_{\mathrm{q}}x_{\mathrm{v}}\sqrt{|P_{\mathrm{s}}-P_{\mathrm{a}}|}\,\mathrm{sgn}(P_{\mathrm{s}}-P_{\mathrm{a}})\\q_{\mathrm{b}}&=K_{\mathrm{q}}x_{\mathrm{v}}\sqrt{|P_{\mathrm{b}}-P_{\mathrm{t}}|}\,\mathrm{sgn}(P_{\mathrm{b}}-P_{\mathrm{t}})\end{aligned}\right\}\quad x_{\mathrm{v}}\leqslant 0$$
$$\left.\begin{aligned}q_{\mathrm{a}}&=K_{\mathrm{q}}x_{\mathrm{v}}\sqrt{|P_{\mathrm{t}}-P_{\mathrm{a}}|}\,\mathrm{sgn}(P_{\mathrm{t}}-P_{\mathrm{a}})\\q_{\mathrm{b}}&=K_{\mathrm{q}}x_{\mathrm{v}}\sqrt{|P_{\mathrm{b}}-P_{\mathrm{s}}|}\,\mathrm{sgn}(P_{\mathrm{b}}-P_{\mathrm{s}})\end{aligned}\right\}\quad x_{\mathrm{v}}>0 \tag{6.102}$$

式中，P_{s}、P_{t}、P_{a} 和 P_{b} 分别表示供油、油箱和液压缸口（A、B）的压力。

假定 A 口和 B 口的流量系数等于 K_{q}。根据每个液压缸内质量守恒的原理，流入液压缸推动活塞运动的流量为：

$$\begin{cases}q_{\mathrm{a}}=-A_{\mathrm{p}}v_{\mathrm{y}}+\dfrac{V_{\mathrm{a}}}{\beta}\dfrac{\mathrm{d}P_{\mathrm{a}}}{\mathrm{d}t}+K_{\mathrm{lp}}(P_{\mathrm{a}}-P_{\mathrm{b}})\\q_{\mathrm{b}}=-A_{\mathrm{r}}v_{\mathrm{y}}-\dfrac{V_{\mathrm{b}}}{\beta}\dfrac{\mathrm{d}P_{\mathrm{b}}}{\mathrm{d}t}+K_{\mathrm{lp}}(P_{\mathrm{a}}-P_{\mathrm{b}})\end{cases} \tag{6.103}$$

式中，β 和 K_{lp} 分别是液体的体积弹性模量和通过活塞的泄漏系数。

对于特定的单杆活塞系统，液压缸两个腔的活塞面积（A_p、A_r）是不相同的。式中压差和液体的体积弹性模量的乘积项表示由于液体的可压缩性液压缸体积的变化。

前面给出的伺服阀和执行器装置的基本流量方程［式（6.102）和式（6.103）］除平方根外还有几个非线性量，为了使推导整个液压执行器系统的传递函数简单起见，对这些表达式进行了线性化。在线性化过程中，采用了下列假说：活塞两侧面积相等（即结构对称 $A_p=A_r=A$），储油箱暴露在空气中，它的相对压力为 0，即 $P_t=0$，流入和流出随动阀和液压缸的液体流量相等。定义载荷流量为 $q_l=q_a=q_b$，载荷压力为 $P_l=P_a-P_b$，我们可以从式（6.102）得到下面的关系：

$$K_q x_v \sqrt{|P_s - P_a|}\,\mathrm{sgn}(P_s - P_a) = K_q x_v \sqrt{|P_b|}\,\mathrm{sgn}(P_b)$$

推导出：

$$P_s = P_a + P_b,\quad P_l = P_a - P_b,\quad \rightarrow \quad P_b = \frac{P_s - P_l}{2}$$

将 $P_t=0$ 和 P_b 代入 q_b［式（6.102）］得到：

$$q_l = (K_q\sqrt{P_s/2})x_v\sqrt{1-P_l/P_s} \tag{6.104}$$

假定阀的位移（x_v）和载荷压力（P_l）有很小的变化，对流量进行线性化。对阀芯在 0 流量位置的 q_l 进行线性化，我们得到：

$$\begin{aligned} q_l &= \left.\frac{\partial q_l}{\partial x_v}\right|_{P_{l0},x_{v0}} x_v + \left.\frac{\partial q_l}{\partial P_l}\right|_{P_{l0},x_{v0}} P_l \\ &= K_{q0}x_v + K_{x0}P_l \end{aligned} \tag{6.105}$$

式中归一化的阀流量（K_{q0}）和压力增益（K_{x0}）为：

$$K_{q0} = K_q\sqrt{\frac{P_s - P_{l0}}{2}},\quad K_{x0} = \frac{-K_q x_{v0}}{2\sqrt{2(P_s - P_{l0})}}$$

也可以对液压缸流量方程［式（6.103）］进行线性化。如果让液压缸的总体积为 V_t，液压缸内的体积变化为ΔV，液压缸的体积将变为 $V_a=V_t/2+\Delta V$ 和 $V_b=V_t/2-\Delta V$。如果将流量添加到每个液压缸内（即：$q_a+q_b=2q_l$），并假定采用恒定的供压压力 P_s 和相等的活塞面积（$A_p=A_r=A$），并考虑：

$$\frac{\mathrm{d}P_l}{\mathrm{d}t} = \frac{\mathrm{d}P_a}{\mathrm{d}t} - \frac{\mathrm{d}P_b}{\mathrm{d}t},\quad \frac{\mathrm{d}P_s}{\mathrm{d}t} = \frac{\mathrm{d}P_a}{\mathrm{d}t} + \frac{\mathrm{d}P_b}{\mathrm{d}t} = 0$$

从式（6.103）得到的载荷流量变为：

$$q_l = -Av_y + \frac{V_t}{4\beta}\times\frac{\mathrm{d}P_l}{\mathrm{d}t} + K_{lp}P_l \tag{6.106}$$

忽略活塞杆的黏性摩擦，当量质量（M_r）的运动方程为：

$$\sum F_{\leftarrow}^{+} = M_r\frac{\mathrm{d}v_y}{\mathrm{d}t} = A(P_b - P_a) + F_l \tag{6.107}$$

式中，载荷 $F_L=F_{ext}+F_c\,\mathrm{sgn}(v_y)$。这里 F_{ext} 和 F_c 分别是金属板折弯力和静摩擦力。活

塞速度的传递函数可以通过对式（6.105）～式（6.107）的拉氏变换进行推导得到：

$$v_y(s)=\frac{K_x}{s^2+2\zeta_1\omega_1 s+\omega_1^2}x_v+\frac{K_F(\tau_F s+1)}{s^2+2\zeta_1\omega_1 s+\omega_1^2}F_1 \tag{6.108}$$

式中，

$$\omega_1=2A\sqrt{\frac{\beta}{V_t M_r}};\ \zeta_1=\frac{K_{1p}-K_{x0}}{A}\sqrt{\frac{\beta M_r}{V_t}};\ K_x=\frac{-4\beta A K_{q0}}{V_t M_r};\ \ \tau_F=\frac{V_t}{4\beta(K_{1p}-K_{x0})};\ K_F=\frac{1}{\tau_F M_r}\text{。}$$

开环传递函数表明外部折弯力和静摩擦力对冲击锤速度的影响；阻尼系数与阀和活塞的泄漏成正比；执行器的刚度与液体的体积弹性模量和活塞面积成正比，与冲程速度成反比。线性化传递函数对分析给定初始设计参数的执行器整体行为很有用。然而，非线性因素和未知的液体黏性、摩擦，在各密封口的泄漏数值等因素，要求在线辨识整个系统的传递函数，以便在 CNC 中嵌入巧妙的数字控制算法。

6.7.3 基于计算机控制的电液驱动的动态性能辨识

虽然数学建模是选择液压元件的有力工具，然而确定整个系统的阶数，阀死区的影响、滞后、黏结、泄漏和迁移延迟使得精确建立用于计算机控制的液压系统的动态模型相当困难，通常要通过一系列的系统辨识实验估算用于计算机控制的系统离散传递函数。

在设计辨识实验时必须考虑液压系统的几个特性。虽然随动阀在流量为 0 的封闭中心位置刚度最大，但死区和滞后也很大。另外，输入信号必须足够大，这样才能保证稳态流量增益的辨识不因阀芯的黏结而出现偏差。因为在冲击锤和导轨之间有相当大的静摩擦，所选择的输入激励信号不能与运动方向相反，对静摩擦载荷也一样。此外，因为我们采用的是单杆非对称的执行器，活塞的推程和回程动态性能不一样。最后，由于存在平方根，整个流量-压力的关系是非线性的，它们的线性化近似只在执行器小区域内的位移才能被接受。在进行系统辨识实验时要考虑上面提到的液压系统的特性。首先，对活塞推程和回程单独进行一系列阶跃响应实验，近似估算系统的阶数和时间延迟，这些在后面通过 PRBS（伪随机二进制序列）激励和最小二乘法辨识技术进行进一步解释。在这两种激励中，输入信号的最小幅度至少应为克服非线性阀增益和阀芯摩擦所需要最大幅值的 3%，在输入信号中增加一直流偏置用以阻止出现反向的活塞运动（和静摩擦力载荷），对推程或回程辨识均要施加该直流偏置。

输入信号和对应的执行器位置、速度和压力输出同时用多通道数字示波器采集。这些数字数据最后被传送到计算机中用 MATLAB 的系统辨识工具箱[1]进行处理。数字位置反馈和到 CNC 的编码器反馈被断开，输入信号通过 D/A 转换器以模拟信号发送给伺服放大器，其增益为 K_d=20/2^9(V/count/s)。两边执行器的速度采用安装在连接杆滑动机构上的速度传感器进行测量。在辨识实验中，数据采样频率固定在 1kHz。

系统的开环离散传递函数从采样的输入和输出得到，其输入是输入到伺服阀放大器的 FRBS 数值，输出是速度传感器间隔为 1ms 的输出，这个间隔等价于控制环的闭环控制周期。系统的开环离散传递函数可以表示为下面的形式：

$$G_0(z^{-1})=\frac{v_y(z^{-1})}{u(z^{-1})}=\frac{z^{-d}B(z^{-1})}{A(z^{-1})} \tag{6.109}$$

式中，d 为系统的死区时间，并且有：

$$B(z^{-1}) = b_0 + b_1 z^{-1} + b_1 z^{-2} + \cdots + b_{n_b} z^{-n_b}$$
$$A(z^{-1}) = 1 + a_1 z^{-1} + a_2 z^{-2} + \cdots + a_{n_a} z^{-n_a}$$

也可以用 ARMA（自回归滑动平均模型）形式表示在时间间隔 k 的系统响应——活塞速度（v_y）：

$$\boldsymbol{v}_y(k) = \boldsymbol{\phi}(k)^T \boldsymbol{\theta} \tag{6.110}$$

式中测量矢量为：

$$\boldsymbol{\phi}(k)^T = \left[u(k-d)\ \ u(k-d-1)\ \cdots\ u(k-d-n_b),\ -v_y(k-1)\ \cdots\ -v_y(k-n_a) \right] \tag{6.111}$$

传递函数的参数矢量为：

$$\boldsymbol{\theta} = [b_0\ \ b_1 \cdots\ b_{n_b}\ a_1\ \ a_2 \cdots\ a_{n_a}]^T \tag{6.112}$$

传递函数的数值或时不变参数矢量 $\boldsymbol{\theta}$ 的分量，采用离线标准最小二乘（LS）法从 N 组测量数据中估计，这种方法在附录 B 中有简单的总结。在这里采用 MATLAB 的系统辨识工具箱[1]中的 LS 辨识程序。输入信号的幅值选择为 600mV，或克服阀黏结的最大阀输入的 3%。另外，在折弯成型中，该数值正好在阀输入的范围之内。

经实验发现，在低频段，一阶模型可以代表系统的动态性能，而三阶模型可以获得载荷和执行器在 100Hz 以上产生的结构动态模态。对每个模型，系统的延迟均在 4～5ms 之间变化。左边和右边的执行器具有不同的动态特性，这反映了每个执行器-导轨副的加工和摩擦特性。另外，由于活塞结构的不对称性，每个执行器表现出不同的推程和回程动态特性。虽然，高阶模型代表系统在比较宽的频率范围内的动态性能，而具有 5ms 时间延迟的一阶模型只对执行器在低频段的推程运动的动态特性有满意的表示，但折弯成形操作是发生在这个频段的。辨识的执行器速度（v_y）和阀放大器输入（u）之间的开环传递函数表示为：

$$\frac{v_y}{u} = \frac{z^{-5}(b_0 + b_1 z^{-1})}{1 + a_1 z^{-1}} \tag{6.113}$$

利用图 6.19 所示的梯形速度图采用平滑的速度改变，以避免激励高阶模态。

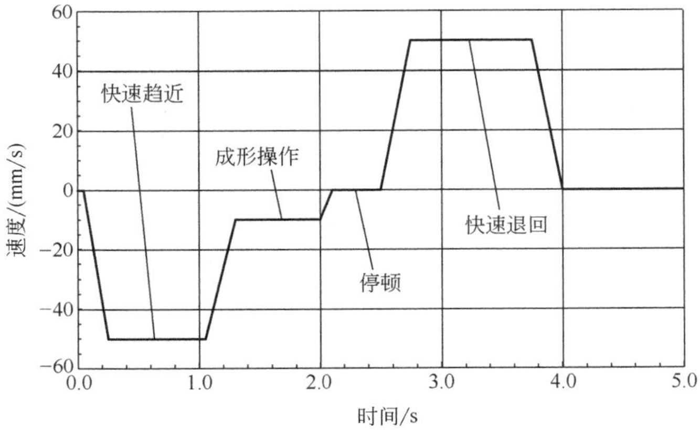

板带折弯循环的速度图

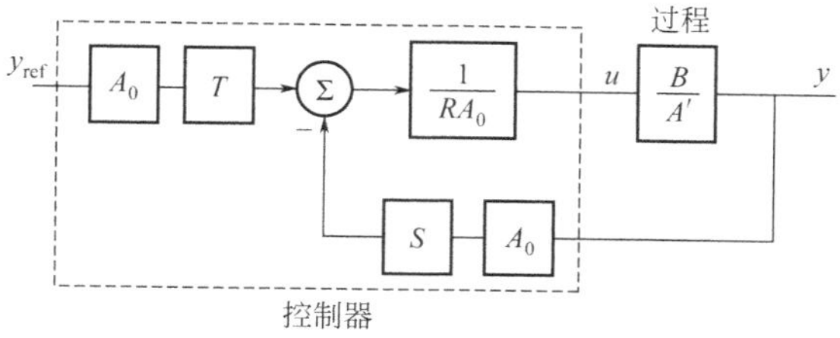

极点配置控制系统框图

图 6.19　折弯机的控制系统

读者可以留意表 6.3 中给出的折弯机的开环传递函数参数：

- $a_1=a_1'+1$，因为 a_1' 属于位置环。
- 应该给数值 b_0 和 b_1 乘以 CNC 的数/模转换器的增益，以获得位置输入和以计数单位为单位的输出之间正确的传递函数单位。用±10V 的 9 位双平行脉冲宽度调制电路作为 A/D 转换器，D/A 转换器电路的增益为 $K_d=20/2^9=0.0391\text{V/(count/s)}$。

表 6.3　液压折弯机的极点-配置轴控制定律参数

$[A_m]=1+a_{m1}z^{-1}+a_{m2}z^{-2}$	$1-1.429z^{-1}+0.4724z^{-2}$ 期望的模态
左轴 y_1	极点-配置设计参数
$[B]=b_0+b_1z^{-1}$ $[A]=1+a_1'z^{-1}+a_2'z^{-2}$ $[T]=t_0$ $[S]=s_0+s_1z^{-1}$ $[R]=r_0+r_1z^{-1}+\cdots+r_5z^{-5}$	$(1573-702z^{-1})$ (count/V) · k_d $1-1.871z^{-1}+0.871z^{-2}$ 4.8837×10^{-4} $0.00444-0.00395z^{-1}$ [1　0.442　0.4284　0.4165　0.4062　0.1244]
右轴 y_2	极点-配置设计参数
$[B]=b_0+b_1z^{-1}$ $[A]=1+a_1'z^{-1}+a_2'z^{-2}$ $[T]=t_0$ $[S]=s_0+s_1z^{-1}$ $[R]=r_0+r_1z^{-1}+\cdots+r_5z^{-5}$	$(982-505z^{-1})$ (count/V) · k_d $1-1.861z^{-1}+0.861z^{-2}$ 7.4717×10^{-4} $0.00645-0.0057z^{-1}$ [1　0.432　0.4154　0.401　0.3887　0.1306]

注：D/A 转换器增益为 $K_d=20/2^9=0.0391\text{V/(count/s)}$

6.7.4　数字位置控制系统的设计

我们需要设计计算时间最小、控制环闭环频率高、位置误差低的数字控制算法。在折弯和停顿操作期间，定位系统性能的好坏决定折弯机的性能，在这些情况下，执行器克服成形载荷，推动冲击锤运动或保持它原有的位置。因此，采用表示执行器推程速度动态性能的一阶模型，作为折弯机冲击锤位置的数字控制模型。折弯机冲击锤位置由安装在冲击锤连接杆上的线性编码器测量，线性编码器和 CNC 中的位置计数器的作用像一个积分器 $[1/(1-z^{-1})]$，它按离散控制周期 T_s 提供执行器端点的实际位置。放大器输入（u）和执行器位置（y）之间最终的开环传递函数为：

$$\frac{B(z^{-1})}{A'(z^{-1})}=\frac{y}{u}=\frac{v_y}{u}\left(\frac{1}{1-z^{-1}}\right)=\frac{z^{-5}(b_0+b_1z^{-1})}{1+a_1'z^{-1}+a_2'z^{-2}} \tag{6.114}$$

式中，$a_1'=a_1-1$，$a_2'=-a_1$。u 的单位是伏特，y 的单位是计数单位（count），1 count=

0.005mm。为了方便利用前移算子（z），可以将开环位置环的传递函数表示为：

$$\frac{y(k)}{u(k)}=\frac{B(z^{-1})}{A'(z^{-1})}=\frac{b_0 z+b_1}{z^4\left(z^2+a_1'z+a_2'\right)}\left(\frac{\text{counts}}{\text{V}}\right) \tag{6.115}$$

上面的传递函数分子为一阶的{即 deg ［$B(z)$］=1}，分母为六阶的{即 deg ［$A(z)$］= 4+2=6}。Astrom[29]给出的极点-配置控制策略允许基于性能进行设计，其中设计的性能准则是：①具有高的增益以抵抗折弯和摩擦载荷的干扰；②在开环传递函数中补偿延迟；③稳态位置误差要小。图 6.19 所示为极点-配置控制器的方框图，其中：输入是指令，输出是执行器的实际位置。B/A 是式（6.113）给出的开环传递函数。数字控制器由前馈滤波器 $T(z)$、反馈滤波器 $S(z)$、控制器极点 $R(z)$和观察器 $A_0(z)$组成。从方框图（参见图 6.19）可以推导出闭环控制系统的传递函数为：

$$\frac{y(k)}{y_{\text{ref}}(k)}=\frac{(BT)/(A_0A'R)}{1+(BA_0S)/(RA_0A')}=\frac{BT}{A'R+BS} \tag{6.116}$$

设计控制多项式 R、S、T 和 A_0，使整个系统的闭环响应与期望的模型传递函数的响应一样：

$$\frac{y(k)}{y_{\text{ref}}(k)}=\frac{BT}{A'R+BS}=\frac{A_0B_{\text{m}}}{A_0A_{\text{m}}} \tag{6.117}$$

式中，多项式 A_{m} 和 B_{m} 包含系统期望的极点和零点。

所选择的期望系统响应具有二阶动态特性，对于欠阻尼系统，过渡过程时间 $t_{\text{s}}\approx 4/(\xi\omega_{\text{n}})$，对于过阻尼系统，$t_{\text{s}}\approx -\ln 0.05/\left[\omega_{\text{n}}(\xi-\sqrt{\xi^2-1})\right]$。所选择的期望特征方程为：

$$A_{\text{m0}}=s^2+2\xi\omega_{\text{n}}s+\omega_{\text{n}}^2=s^2+750s+62500$$

其固有频率为 250rad/s。特征方程的过阻尼（$\xi>1$）根为：

$$s_{\text{i}}=\omega_{\text{n}}\left(-\xi+\sqrt{\xi^2-1}\right)=-95.4915$$

$$s_{\text{ii}}=\omega_{\text{n}}\left(-\xi-\sqrt{\xi^2-1}\right)=-654.5085$$

对于 T=1ms 的采样间隔，对应的离散时域根为：

$$z_{\text{i}}=\mathrm{e}^{s_{\text{i}}T}=0.9089,\quad z_{\text{ii}}=\mathrm{e}^{s_{\text{ii}}T}=0.5197$$

期望的离散传递函数为：

$$A_{\text{m0}}=(z-z_{\text{i}})(z-z_{\text{ii}})=z^2-1.429z+0.4724=z^2+a_{\text{m1}}z+a_{\text{m2}}$$

所选择的最终期望模型传递函数与开环过程动态性能有相同的分子（即零点）和相同的分母阶数：

$$\frac{B_{\text{m}}}{A_{\text{m}}}=\frac{y(k)}{y_{\text{ref}}(k)}=\frac{b_{\text{m0}}(b_0z+b_1)}{z^4(z^2+a_{\text{m1}}z+a_{\text{m2}})}\left(\frac{\text{count}}{\text{count}}\right) \tag{6.118}$$

式中，y_{ref} 是指令参考位置；b_{m0} 是为了保证整个闭环系统为单位增益所采用的比例因子。

$$\left|\frac{B_{\text{m}}(z)}{A_{\text{m}}(z)}\right|_{z=1}=1,\quad\rightarrow\quad b_{\text{m0}}=\frac{1+a_{\text{m1}}+a_{\text{m2}}}{b_0+b_1}$$

在 Astrom 和 Wittenmark[29]证明的因果设计准则的基础上（即当前的输入不依赖于未来的系统输出），控制多项式必须具有下面的阶数：

$$\deg\left[A_0(z)\right] \geqslant 2\deg\left[A'(z)\right]-\deg\left[A_{\mathrm{m}}(z)\right]-1=5,\quad 使\deg\left[A_0(z)\right]=5$$

$$\deg\left[R(z)\right]=\deg\left[A_0(z)\right]+\deg\left[A_{\mathrm{m}}(z)\right]-\deg\left[A'(z)\right]=5+6-5=5$$

$$\deg\left[S(z)\right]\leqslant\deg\left[R(z)\right],\quad 使\deg\left[S(z)\right]=5$$

$$\deg\left[T(z)\right]=\deg\left[A_0(z)\right]=5$$

相应的控制多项式如下：

$$\begin{cases} A_0 = z^5 \\ R(z) = z^5 + r_1 z^4 + r_2 z^3 + r_3 z^2 + r_4 z + r_5 \\ S(z) = s_0 z^5 + s_1 z^4 + s_2 z^3 + s_3 z^2 + s_4 z + s_5 \end{cases} \tag{6.119}$$

考虑到实际的闭环系统和期望的传递函数模型［式（6.117）］之间的等价性，我们可以从下面的丢番图（Diophantine）方程[29]的解得到控制多项式的参数：

$$\begin{cases} B(z)T(z) \equiv A_0(z)B_{\mathrm{m}}(z) \\ A'(z)R(z)+B(z)S(z) \equiv A_0(z)A_{\mathrm{m}}(z) \end{cases} \tag{6.120}$$

考虑分子项，我们得到：

$$(b_0 z + b_1)T(z) \equiv z^5 b_{\mathrm{m}0}(b_0 z + b_1) \rightarrow T(z) = b_{\mathrm{m}0} z^5 \tag{6.121}$$

当考虑 $A'(z)R(z)+B(z)S(z) \equiv A_0(z)A_{\mathrm{m}}(z)$ 时，我们得到：

$$\begin{aligned} & z^4(z^2 + a_1' z + a_2)(z^5 + r_1 z^4 + r_2 z^3 + r_3 z^2 + r_4 z + r_5) \\ & \quad + (b_0 z + b_1)(s_0 z^5 + s_1 z^4 + s_2 z^3 + s_3 z^2 + s_4 z + s_5) \\ & \quad \equiv z^5 z^4 (z^2 + a_{\mathrm{m}1} z + a_{\mathrm{m}2}) \end{aligned}$$

参数的最终表达式为：

$$\begin{aligned} & r_1 = a_{\mathrm{m}1} - a_1', \quad r_2 = a_{\mathrm{m}2} - a_2' - a_1' r_1 \\ & 2 < j < (d=5) \rightarrow r_j = -(a_1' r_{j-1} + a_2' r_{j-2}), \quad j = 3,4 \\ & r_{\mathrm{d}} = r_5 = \left[\left(a_1' \frac{b_1}{b_0} - a_2'\right) r_{\mathrm{d}-1} + a_2' \frac{b_1}{b_0} r_{\mathrm{d}-2}\right] \Big/ \left(a_1' - a_2' \frac{b_0}{b_1} - \frac{b_1}{b_0}\right) \\ & s_0 = -\frac{r_{\mathrm{d}} + a_1' r_{\mathrm{d}-1} + a_2' r_{\mathrm{d}-2}}{b_0}, \quad s_1 = -\frac{a_2' r_{\mathrm{d}}}{b_1}, \quad s_j = 0, \quad j = 2,\cdots,d \end{aligned}$$

式中，延迟 d=5。因为假定开环传递函数的参数是不随时间变化的，在设计过程中只需要解一次丢番图（Diophantine）方程。计算出的用于左右执行器控制的数值如表6.3所列。

从控制系统的方框图可以看出，根据下面的表达式生成位置指令输入：

$$R(z)u(k) = T(z)y_{\mathrm{ref}}(k) - S(z)y(k) \tag{6.122}$$

代入控制多项式参数（R、T、S），推导出在每个控制间隔 T_{s} 执行的下列控制定律：

$$u(k) = t_0 y_{\mathrm{ref}}(k) - \sum_{j=0}^{1} s_j y(k-j) - \sum_{j=1}^{5} r_j u(k-j) \tag{6.123}$$

对左右两个执行器进行了一系列的位置突变实验，测试其控制折弯机的阶跃响应（参见图 6.20）。可以观察到左右执行器的动态响应基本匹配，这是控制折弯坐标精度所必需的，系统的总上升时间大约为 12ms。虽然对推程（负方向）和回程采用相同的控制规律，执行器还是没有出现超调现象，这也是机床控制最基本的要求。为了测试因阀-阀芯黏结和导轨静摩擦引起的死区和滞后对系统的影响，从 CNC 系统发送了一系列脉冲位置指令，这些位置指令的幅度越来越大，对执行器的位置每隔 2ms 监测一次，其结果显示在图 6.20 中。测试结果显示所控制运动的死区在 1 个编码器计数单位（0.005mm）之内，这个结果是相当令人满意的。

这里给出的计算机控制策略，在实际中也可以用于其他运动和过程控制系统。

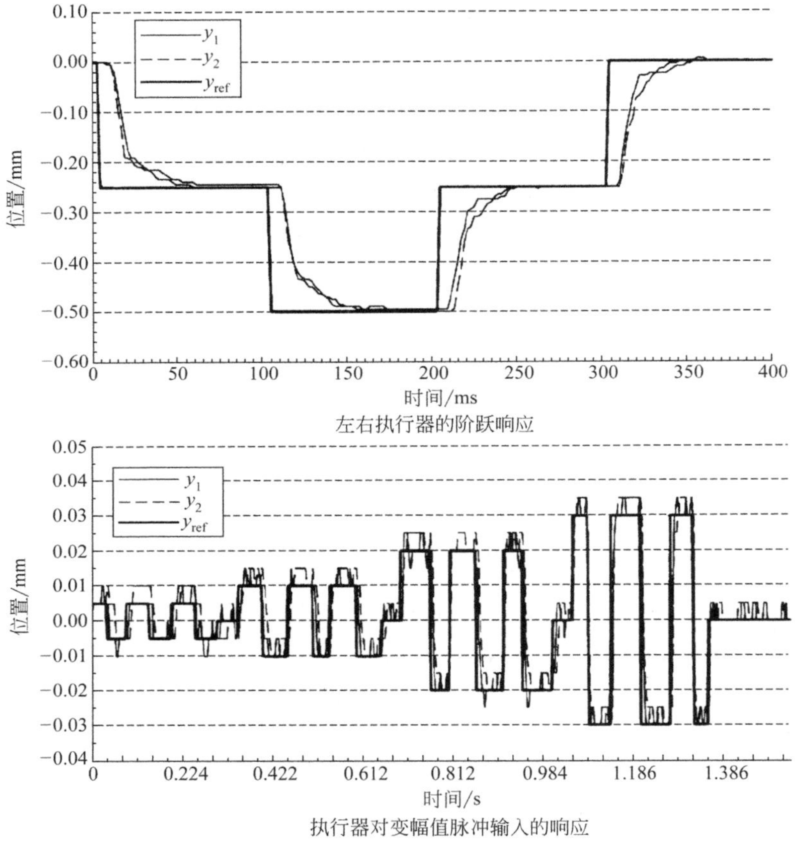

图 6.20　左右定位系统对位置指令阶跃改变的响应

6.8　思考问题

1. 图 6.21 显示了进给驱动系统的开环框图。给定的进给驱动系统由比例+微分(PD)型控制器控制，该控制器的传递函数为 $\dfrac{u(s)}{e(s)} = K_p + K_d s$，其中位置跟踪误差为 $e(s) = x_r(s) - x(s)$（单位为 count），而 $u(s)$ 是控制信号（单位为 V）。$K_g = 8.956\text{N}\cdot\text{m/V}$，$K_m = 50\text{rad/s/(N}\cdot\text{m)}$，$\tau_m = 1.565\text{s}$，$K_e = 3183\text{counts/rad}$。

① 以指令位置 $x_r'(s)$（单位为count）和扰动转矩 $T_d(s)$（单位为 N·m）为输入，测得的工作台位置 $x(s)$（单位为 count）为输出，画出闭环系统框图。

② 以 $x(s)=G_x(s)x_r(s)+G_d(s)T_d(s)$ 的形式求解被测工作台位置，作为指令位置和扰动转矩的函数的闭环表达式。

③ 设计 PD 控制器增益（即 K_p 和 K_d），使得阶跃位置命令的闭环响应具有上升时间 $t_r=0.025s$ 和最大过冲 $M_p=1\%$。在拉普拉斯域中设计控制器。

④ 假设位置控制环以 $T=0.001$s 的采样周期数字方式闭合，通过使用欧拉（后向差分）近似 $\left(s\cong\frac{z-1}{Tz}\right)$ 将连续时间 PD 变换到 z 域，获得需要在控制计算机中实现的控制律（即差分方程）。

⑤ 绘制闭环扰动传递函数［即 $G_d(s)=x(s)/T_d(s)$］的频率响应图（仅 3 个点的幅值，$\omega=0,\omega_n,10\omega_n$）。

⑥ 以相反方向的恒定切削扭矩 $T_d=10\text{N}\cdot\text{m}$ 实现进给运动 $f=10^5\text{counts/s}$，计算机床运行的稳态跟踪误差

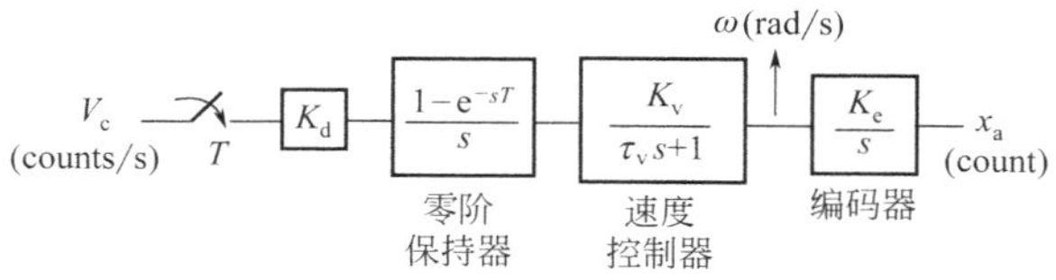

图 6.21　轴驱动系统开环传递函数

2．CNC 设计和分析项目：一台 CNC 铣床的进给驱动系统的简化方框图如图 6.22 所示。系统的参数如下：

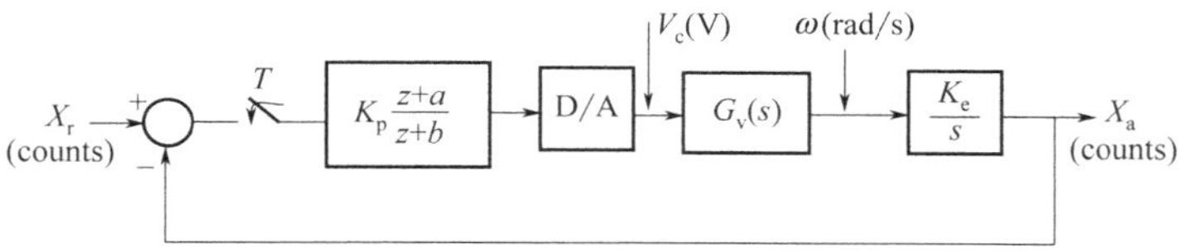

进给位置控制器伺服框图

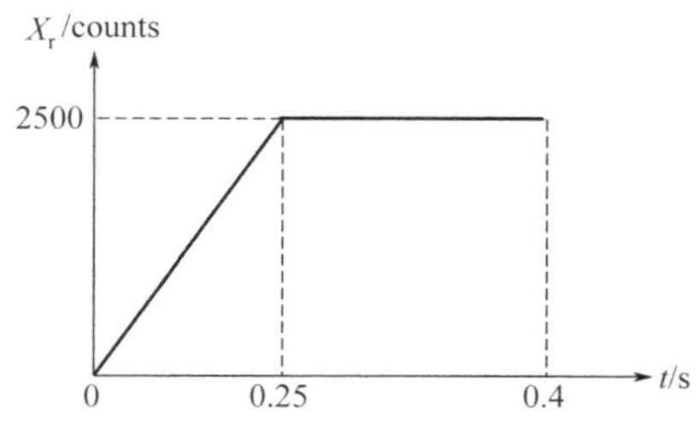

位置指令图

图 6.22　进给驱动控制系统的方框图和指令位置历程图

测速发电机常数 H_g=0.0913V/(rad/s)；

D/A 转换器增益 K_d=0.0781V/counts；

编码器增益 K_e=636.6counts/rad；

数字滤波器增益 K_p=?；

数字滤波器零点 a=?；

数字滤波器极点 b=?；

采样周期 T=0.001s。

① 速度环传递函数［$G_v(s)$］未知。给伺服放大器施加幅值 V_c=1V 的矩形波信号测量速度环的过渡过程响应。进给驱动的实际速度从测速发电机的输出测量，测速发电机的增益为 H_g=0.0913V/(rad/s)。假定系统近似为一阶系统，辨识速度环的传递函数 $G_v(s)=\omega(s)/V_c(s)$=？采用拉氏变换在连续时域仿真速度环的阶跃响应，在同一张图上绘制仿真的响应结果和实验测量的数据并进行比较。注意，如果没有实验装置，假定 $G_v(s)=11/(0.008s+1)$。

② 测量速度环的频率响应。绘制频率最高到 100Hz 的幅值比和相位差。确定速度环的带宽。

③ 设计位置控制系统的数字滤波器，要求超调小到可以忽略的水平（即 M_p=1%），上升时间大约为 20ms。可以采用 s 域或 z 域的控制定律。

④ 假定 CNC 计算机通过 D/A 转换器以 T=1ms 的时间间隔将速度指令（V_c）发送给伺服放大器，在 s 域或 z 域辨识整个位置环的传递函数。利用系统的离散传递函数仿真在施加图 6.22 所示输入的情况下位置环的响应。计算理论稳态误差，并与仿真显示的误差进行比较。

⑤ 推导位置环的状态空间响应。在施加图 6.22 所示输入的情况下仿真位置控制环的位置和速度响应。将位置响应图与前面问题中得到的传递函数仿真结果进行比较。

⑥ 设计直线和圆弧组成的刀具路径的实时插补算法。在 PC 机上模拟给出的刀具路径。如果可能的话，在实验室实际的机床上实验设计的算法。

⑦ 设计实时插补和时域进给驱动伺服系统的组合仿真算法。分析进给速度增加时，圆弧刀具路径的轮廓误差。

3．高速直线电机驱动的 XY 工作台的设计：一高速两轴 XY 工作台由直线直流电机驱动，采用直线导轨。图 6.23 所示为工作台的装配图和连续控制速度环的方框图。实际位置（x_a，单位为 m）由线性编码器测得，位置环闭环中包含数字计算机，位置误差通过数字滤波器 $D(z)=K_p\dfrac{z+a}{z+b}$ 传出，经过数字滤波的误差通过电压范围为±10V 的 12 位 D/A 转换器发送给直线电机放大器。工作台 x 轴的参数如下：K_i=9700A/A，K_p=31.8V/V，K_a=0.25V/A，K_b=13.78V/(m/s)，L_a=0.75mH，R_a=2.8Ω，T_g=0.068 V/V，H_g=(1V)/(0.03m/s)，H_i=5.246，K_t=15.568V/V，K_e=1μm/count。

PWM 电压放大器的饱和极限为±159V，控制间隔 T=0.001s。

① 推导速度环的传递函数 $G_v(s)$。

② 速度环具有很高的带宽，所以可以近似为增益 E=4 A/V 的环节，如图 6.23 所示。用图中所示的实验装置测量速度环的频率响应，测得系统在频率 ω=0、1000rad/s 的幅值分别为$|G_v(0)|$=0.1076m/s/V 和$|G_v(1000)|$=0.0139m/s/V。估算工作台的质量（M_a，单位为 kg）和参考信号增益（S_g）。速度环的增益和时间常数为多少？

③ 设计数字滤波器 $D(z)$，使整个闭环位置环相当于过阻尼二阶系统，具有两个负实数极点：s_1=−100rad/s，s_2=−150rad/s。（K_p、a、b=?）

④ 求稳态进给速度 f=0.1m/s 时，位置控制环的稳态误差。

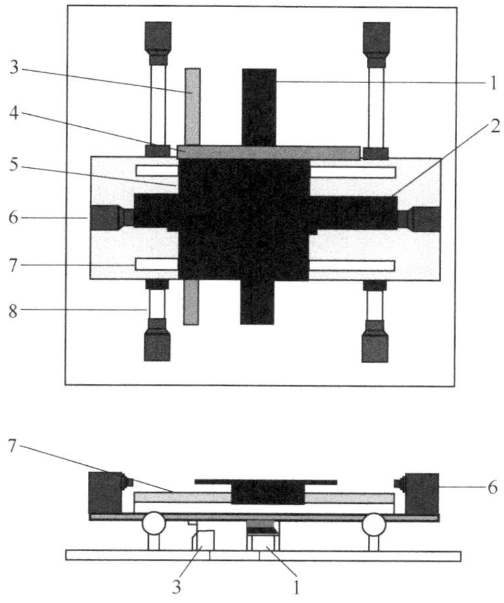

(a) 直线电机驱动的高速XY工作台

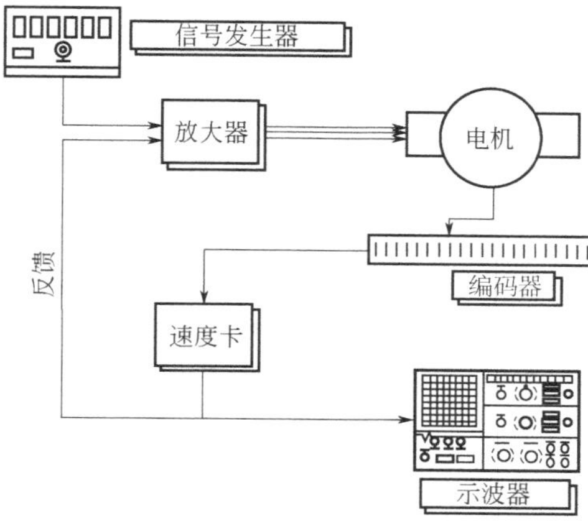

(b) 实验测量装置

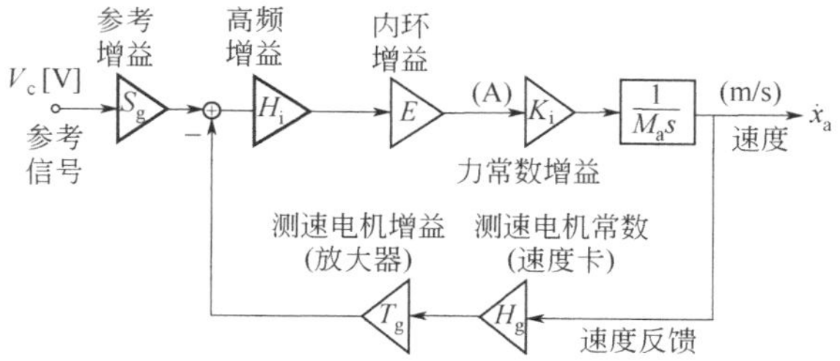

(c) 不带编码器和CNC计算机的单个驱动系统简化示意图，内环为E

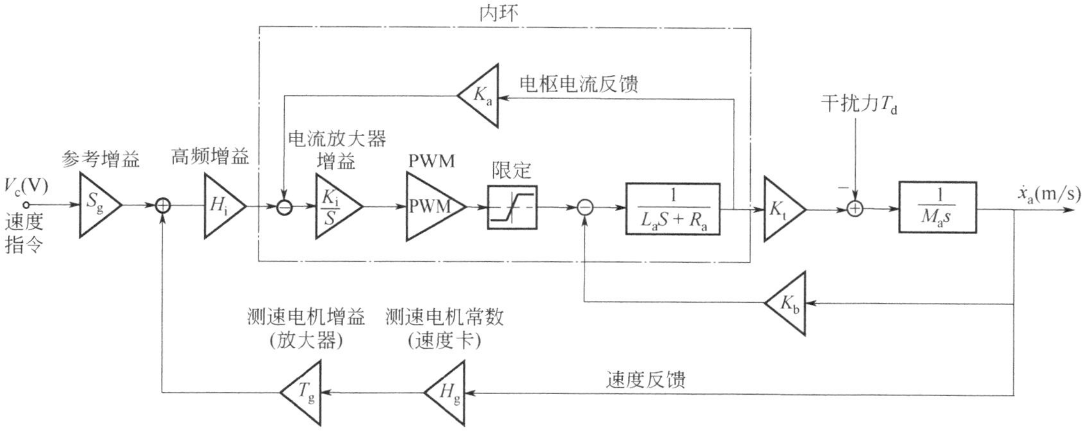

(d) 不带编码器和CNC计算机的单个驱动系统示意

图 6.23 高速直线 XY 工作台系统

1—x 轴直线电机；2—y 轴直线电机；3—x 驱动的直线编码器；4—y 驱动的直线编码器；5—顶部定位盘；6—弹簧载荷缓冲器；7—x 驱动直线支撑轨道；8—y 驱动直线支撑轨道

⑤ 从系统中去掉速度反馈（T_g=H_g=0），考虑速度内环，推导整个位置环的闭环传递函数（在 s 域和 z 域）。

⑥ 仿真 10N 恒定静摩擦时单位阶跃和斜坡输入的电流、速度、位置和速度指令（V_c）。在仿真中可以采用控制软件工具。

4．具有直接工作台位置反馈编码器的丝杠进给驱动系统模型如图 6.24 所示。电机由电流放大器供电并驱动丝杠系统，将运动传递到机床工作台，机床工作台由润滑导轨支撑。使用线性编码器测量工作台的位置，伺服控制器使用该测量值来生成必要的控制信号，从而使工作台紧密遵循命令的运动轨迹。（线性编码器为一种附在工作台上的线性光学标尺，取代旋转编码器。）

电机上不使用旋转速度或位置反馈。假设放大器和电机电枢之间的电流调节环路比系统动态的其余部分快，因此，放大器被视为静态增益，可产生与应用控制信号成比例的电机电流。电机的电气绕组可以忽略不计。将切削力等扰动的影响转化为作用在电机轴上的等效扰动扭矩（T_d）。

① 画出开环系统的框图（即伺服控制器未连接到物理系统）。在 Laplace 域中表达系统中各部分的传递函数。在框图上使用系统的符号表示。输入是放大器的信号电压（单位为 V），输出单位为（counts），电机扰动转矩的单位为 N・m。机床开环传递函数框图中各参数的值如下：

电流放大器增益	K_a	4 A/V
电机扭矩增益	K_t	2.239 N・m/A
丝杠节距	h_p	20mm/r
转子，联轴器和丝杠的转动惯量	J	0.027kg・m^2
工作台和螺母质量	m_t	225kg
工件质量	m_w	200kg
换算到电机轴的黏性摩擦	B_e	0.020N・m/(rad/s)
正交解码的线性编码器分辨率		1count/μm
D/A 转换增益		1

② 列出系统开环传递函数表达式。

③ 设计超前补偿器，使得在 $\omega=60$Hz 的交叉频率下实现 60° 相位裕度。绘制满足设计标准的含补偿器开环系统的频率响应图。

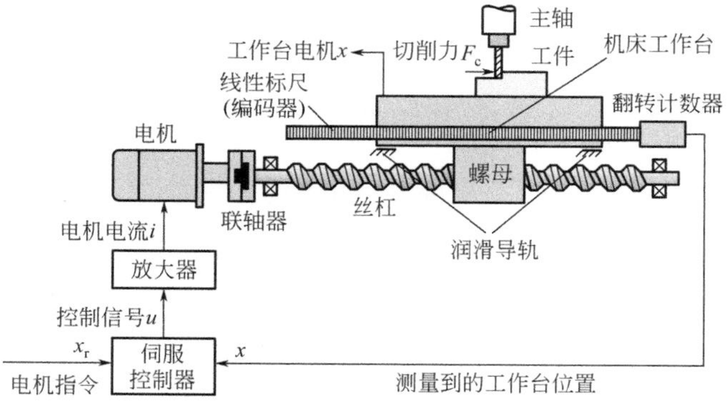

图 6.24　机床进给驱动控制系统

5．CNC 液压系统设计项目：现需要设计液压执行器驱动木材带锯机锯头的数字控制系统。物理控制系统由放大器驱动伺服阀——活塞/油缸，活塞带动的带锯头组成。带

锯头的实际位置 x_a(单位为 μm)用直线编码器电路测量，其增益为 K_e（单位为 μm /mm），由速度传感器监测带锯头运动的直线速度（单位为 mm/s）。位置环中包含有数字计算机，采用在 6.7.4 节中讲述的极点-配置控制定律，进行执行器的位置控制。最终的控制变量通过 D/A 转换器发送给伺服阀放大器，D/A 转换器的增益为 K_d。速度环的输入电压 V_c（单位为 V）来自 D/A 转换器，输出速度 u 用速度传感器来测量，单位为 mm/s。现发现速度环相当于一阶连续系统，增益为 K_v (单位为 mm/s/V)，时间常数为 τ_v（单位为 s）。

① 绘制整个控制系统的方框图。

② 推导带锯头速度 u（单位为 mm/s）和位置 x_a（单位为 μm）的状态空间方程。

③ 速度环的增益和时间常数通过下面的简单频率响应实验估算：给伺服阀放大器发送 V_c=sin(100t)（单位为 V）的信号，测量最终的正弦速度响应。观察测量的速度，其最大幅值为 u=70.71mm/s，相对于正弦输入 V_c 的时间延迟 T_d=0.0078s，速度环的增益和时间常数是多少？

④ 控制间隔 T=0.001s，编码器电路的分辨率为 1000μm/mm（即：1count=1μm），D/A 转换电路电压为±5V，分辨率为 10 位，设计极点-配置定律，使整个闭环位置环是一个二阶过阻尼系统，系统的固有频率 ω_n=250rad/s，阻尼比 ξ=1.5。

⑤ 将状态方程［u(单位为 mm/s)，x_a（单位为 μm）］表示为数值差分方程。假定输入是一系列 $x_r(k)$。

第7章 传感器辅助加工

7.1 导言

建立自动加工系统的第一步是引进 CNC 机床，CNC 机床的主要功能是根据零件的几何形状自动执行多轴序列运动。然而，安全、精确和经过优化的加工过程通常是制造工程师们根据经验和对加工过程的理解设计规划的。提前预测振动、刀具磨损和破损、机床的热变形是相当困难的，类似的加工过程中的问题需要使用离线理论模型进行分析。除在实际加工前对工艺过程进行设计规划外，为了提高生产率和在线切削加工的可靠性，需要给机床装备振动、温度、位移、力、视觉和激光传感器，这些传感器必须拥有可靠的频带宽度、高的信噪比，并能提供与加工过程状态相关的可靠信号，同时它们也必须适合在机床上安装。传感器所测量的信号经实时监控算法进行处理后，CNC 机床据此采取正确的操作动作，根据加工过程监控软件，这些操作可能是改变或调整主轴速度、进给率、刀具偏置量、对机床位置进行补偿、停止进给或换刀等。在文献[16，17]中，这种传感器辅助的切削被称为智能加工（Intelligent Machining）。对于这种 CNC 机床，要求其 CNC 系统必须能够实时操作机床的切削条件，换句话说，CNC 必须是开放式（Open）的，允许集成用户开发的实时应用程序。下面讲述的智能加工模块（Intelligent Machining Module，IMM）是作者所在实验室开发的[11,18]，可以进行模块化集成，用来监控 CNC 机床的切削过程。

7.2 智能加工模块

我们已经设计了运行在现存商业 CNC 系统上的智能加工模块，它允许最终用户有限操作切削条件。该 IMM 运行在数字信号处理（Digital Signal Processing，DSP）板上，具有处理模拟传感器信号的能力。在系统上可以同时完成各种智能加工任务，如自适应控制、刀具状态检测和切削过程控制，用户可以在提供的信号处理和数据采集库中用脚本指令对系统进行重新配置，每个功能模块被称作一个即插即用模块（Plug In Module，PIM），IMM 具有将用户新开发的 PIM 集成到脚本指令库中的机理，可以配置 IMM 和商品化半开放 CNC 系统，通过 PC-CNC 通信连接和软件进行通信。目前在工业上已采用了多个 IMM 系统，比较典型的如 FANUC™ CNC 公司开发的采用 PC 界面的自适应控制模块、颤振检测模块和在五轴加工中心上使用的刀具失效检测模块。由 IMM 发送改变进给率和主轴转速、暂停加工、换刀、刀具偏置和其他 CNC 控制器能够接收的 NC 指令。

7.2.1 硬件体系结构

实时 IMM 算法可以在任何 DSP 板上运行，DSP 板与主 PC 机共享内存并带有采集传感器信号的模拟通道。传感器的模拟输出，如切削力、振动、温度和压力等可以与 DSP 的数据采集模块相连（参见图 7.1）。DSP 板由运行在 Windows NT 操作系统下的 PC 软件控制，有些商品化 CNC 或者允许与外部 PC 进行高速通信，或者拥有内部 PC 机。机床指令，如改变进给率、改变主轴转速，刀具偏置和换刀及其类似的指令可以由运行在 PC 机上的 C 语言程序发送给商品化 CNC 执行。这类 CNC 系统允许与用户软件有一定的界面，在本书中被称为半开放式 CNC 系统。我们所设计的 IMM 模块已经运行在此类半开放式 CNC 系统上。

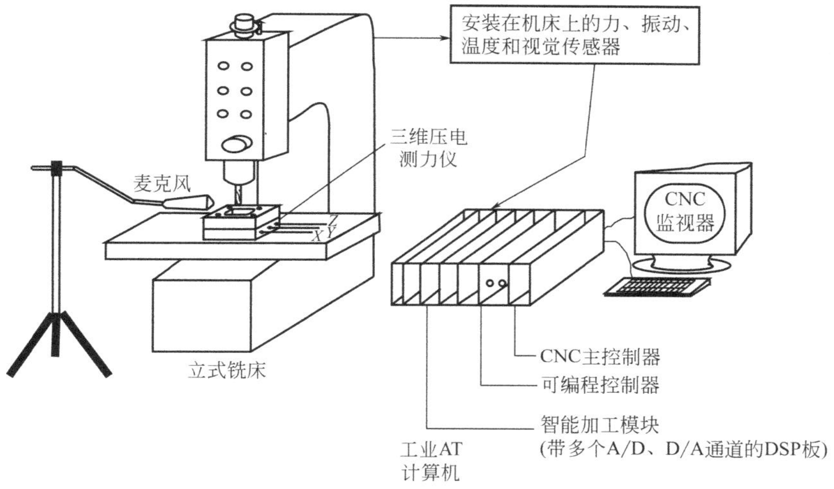

图 7.1 传感器辅助的智能加工系统

7.2.2 软件体系结构

IMM 是运行在主 PC 机上的 PC 系统管理器和运行在 DSP 板上的 DSP 系统管理器的组合，其中 DSP 板插在 PC/ISA 总线上。DSP 系统管理器的配置与服务器类似，而 PC 管理器类似客户。所有实时传感器数据采集和信号处理由 DSP 完成，PC 系统管理器对用户要求的功能进行初始化，建立信号处理网，在 DSP、用户和 CNC 之间交换信息。为了消除对硬件的依赖，在主 PC 机上开发了通用 DSP 界面作为软件模块。DSP 制造商提供的 DSP 驱动软件可以以通用 DSP 界面与其他软件通信，通用 DSP 界面没有硬件依赖性。通用 DSP 界面可以提供诸如命令缓冲、瞬时数据传输协议、数据传输的循环和双向缓冲等高级服务。IMM 在 DSP 软件中也具有通用 I/O 接口，可以从高层访问模拟 I/O、中断和定时器，它也拥有 DSP 独立操作的低级 I/O 驱动程序。对于不同的 I/O 和 DSP 板，通过简单地改变不依赖于硬件的驱动程序就可以使用，不需要修改任何用户开发的 DSP 软件功能。

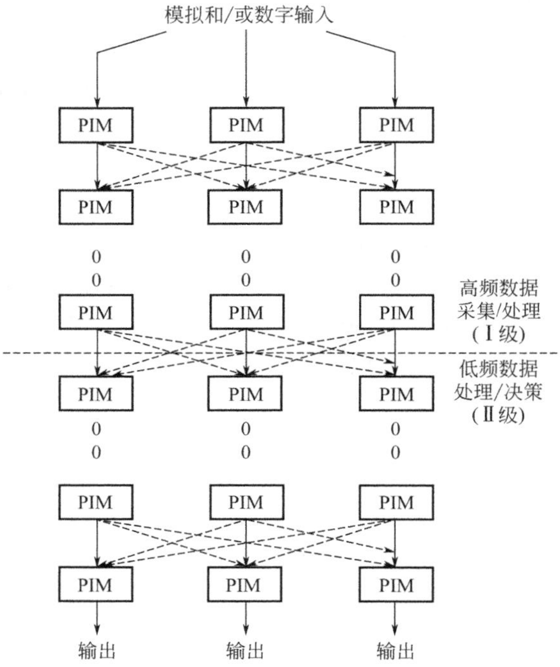

(a) 信号处理网(SPN)的结构

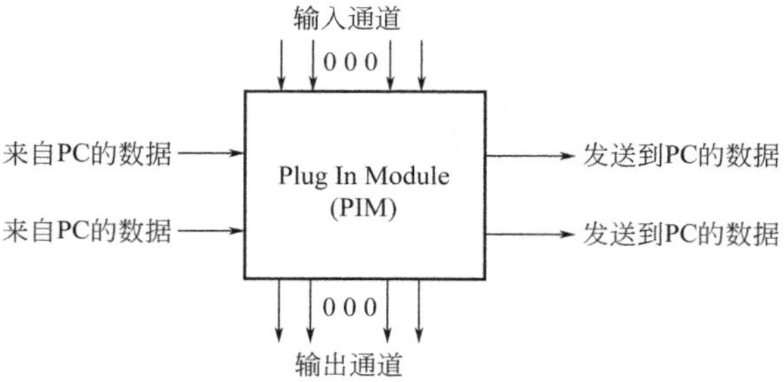

(b) 即插即用模块(PIM)的结构

图 7.2　智能加工模块中的实时信息流结构

信号处理网（Signal Processing Network，SPN）：SPN 是应用软件特定任务集，这些特定的模块在 IMM 中称作即插即用模块（PIM）。如图 7.2（a）所示，在同一 SPN 中的 PIM 按顺序执行，这就消除了同步的必要性，因此确保使用者采用很快的通信策略而不必冒丢失数据传递完整性的危险。SPN 可以用不同的频率在多个层次运行，以便以一个频率完成数据采集和处理，以其他的频率完成附加的数据处理和决策。可以采用高级语言在运行时配置 PIM 和 PIM 之间的连接[11]。

即插即用模块（Plug in Module，PIM）：PIM 的界面允许在不知道所在系统硬件详细信息的情况下在特定层次实现特定的应用任务。诸如滤波器、控制算法、传递函数识别器和快速傅里叶变换等功能可以用 PIM 的形式实现，以便它们与其他软件集成。PIM 的输入和输出如图 7.2（b）所示。

7.2.3　智能加工的应用

下面的指令是用户设置的用于五轴铣削加工的切削力自适应控制和刀具破损检测的应用软件。切削力传感器的标定因子为 1000N/V，它连接到 DSP 板的 0、1 和 2 模拟通道。切削力的采样频率为 2000Hz，并通过 300Hz 的低通滤波辨识其峰值和平均切削合力。立铣刀有 4 个螺旋槽，主轴转速为 600r/min（10Hz），在秒这个时间数量级，对应的铣刀齿通过频率为 40Hz，峰值切削力用于自适应力控制算法，平均力用于刀具破损检测功能。自适应力用于 PIM 计算保持恒定切削力所需要的进给率，刀具失效算法在检测到刀具破损后将发送进给保持信号（停止进给）。这两个算法均通过 PC 管理器，给 CNC 发送进给或进给保持指令。

通过下列指令设置系统：

```
传感器连接在 DSP 板的 0、1 和 2 模拟通道;
INPUT SCALE 0,1,2;1000,1000,1000        //标定:200N/V;
BEGIN 0,1,2;2000 //以 2000Hz 的频率采样输入通道 0,1 和 2;
LOWPASS FILTER(0;16;300)                //施加长度为 16 的低通滤波器;
LOWPASS FILTER(1;16;300)                //切削力的滤波频率为 300Hz;
```

```
LOWPASS FILTER(2;16;300)         //在通道 0,1 和 2 写入峰值和平均切削力矢量;
PEAK DETECT(0,1,2→5;;)           //从通道 0,1 和 2 到软件通道 5 和 7;
AVERAGE DETECT(0,1,2→7;;)        //
SECOND LEVEL Timer 40//开始频率为 40Hz 的第二个算法;
ADAPTIVE CONTROL(5,6;;200,200,4,0.2,0.05)//利用通道 5 提供的峰值力进行自适应控制。
TOOL BREAKAGE DETECTION(7,8;;)//利用通道 7 提供的平均力进行刀具破损检测。
IMMEDIATE OUTPUT TO PC(6,8;;)//发送计算出的进给率或进给保持指令给 PC。
DOUBLE BUFFERED OUTPUT  TO PC(5,6;;)//将峰值力和计算的进给率存储在缓冲器中。
END                               //结束第一个循环
IMMEDIATE HANDLER=Write feed override and emergency stop(0.05)//发送进给倍率值给半开放式 CNC 系统。
DOUBLE HANDLER= Write to disk(c:results.dat) //将所有数据存储到磁盘文件。
```

IMM 系统的图形用户界面，将记录脚本命令文件中指定的任何信号或参数。图 7.3 所示为指令切削力和所测量的切削力的显示窗口。IMM 系统的基本思想是允许将用户新开发的功能（即 PIM）集成到脚本库，按期望的顺序调用脚本指令很快地配置新应用软件。智能加工任务——自适应切削力控制、刀具破损检测和颤振检测与避免等的数学细节将在下面几节中讲述。

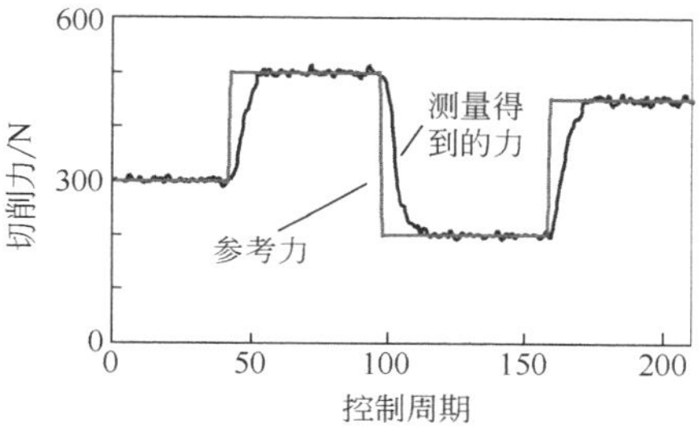

图 7.3　通过自适应控制 PIM 控制峰值切削力

7.3　铣削加工中峰值切削力的自适应控制

7.3.1　导言

在金属加工中有多个物理制约因素，有些是机床本身的制约，如机床主轴所能提供的最大力矩和功率；有些则是刀具和工件材料的制约。在加工中所切削的最大厚度不能使硬质合金机夹刀片主切削刃承受的主应力超过刀具材料的强度极限；留在工件表面上的最大静偏差不能超过工件的公差；施加在比较细长的立铣刀上的最大切削力不能使刀柄损坏。这里将介绍两种不同的自适应控制策略，通过自适应性改变切削载荷或进给率使最大切削合力保持在安全水平。

典型的自适应控制系统通用方框图如图 7.4 所示。系统的输入是参考最大切削力或最大切削力的期望水平；实际的切削力通过安装在工作台或主轴上的传感器测得，主轴每转动 3°～5°进行一次测量，以获得最大切削合力。计算出的每个铣刀齿周期或主轴周期的峰值切削力将传递给自适应控制。当铣刀有多个刀齿时，推荐使用主轴每转的峰值切削力，否则，刀具的偏心将在每个刀齿周期产生峰值切削力的波动，自适应控制将向机床驱动系统发送类似的进给率波动，而机床驱动系统的带宽比较窄，最终将导致自适应控制系统产生不期望的振荡。因此，峰值切削力 $F_p(k)$从每个主轴周期 k 中求得，并减去设定值或期望的力水平 $F_r(k)$。自适应控制算法确定出使切削力误差最小的新进给率指令，将进给率指令 $f_c(k)$发送给 CNC 单元，CNC 系统有它自己的数字位置控制规律，其执行间隔相对比较小（0.100ms）。CNC 将电压信号发送给进给驱动电机，进给驱动电机以 f_a（单位为 mm/s）的实际进给率移动工作台。因为机床驱动控制伺服系统被调节为没有超调的过阻尼系统，可以近似为平均时间常数为 0.1ms 的一阶动态系统，注意这个数值可能取决于机床的类型，对于高速机床的驱动，这个值可能相当小。切削过程至少要在一个刀齿周期后才能感受到切削载荷或峰值切削力 $F_p(k)$的变化，无颤振切削过程可以近似为一阶系统，其时间常数等于一个或多个刀齿周期，但小于主轴周期。随着工件上切削宽度或深度的改变，峰值切削力将沿刀具路径发生变化，因此，切削过程的一阶动态系统具有时变参数。CNC、机床进给驱动和切削过程的组合可以近似为二阶动态系统 $G_c(s)$。测量得到的峰值切削力将发送给在线切削过程辨识算法，该算法估算机床、CNC、刀具加工孔、槽等其他零件功能形状的时变切削过程组合成的系统数字参数。切削过程中的时变系数是根据进给率指令输入和加工过程中的峰值切削力输出估算的。估算的机床和切削过程参数用来在每个控制间隔更新自适应控制规律的参数。因为控制规律参数在每个采样间隔根据切削过程参数的变化而调整，控制系统就自适应了工件几何形状的变化。运行在控制计算机上的自适应控制规律在每个采样间隔计算新的进给率指令。进给指令依据进给驱动伺服系统的动态性能移动机床工作台。工作台的实际进给速度改变切削厚度，从而改变加工过程中产生的切削力。自适应控制环确保铣刀承受的实际切削力始终等于参考恒定力，这个力在刀具破损的安全限之下。在下面的各节中将一步一步地分析极点-配置控制器的设计和通用预测自适应控制器的设计。

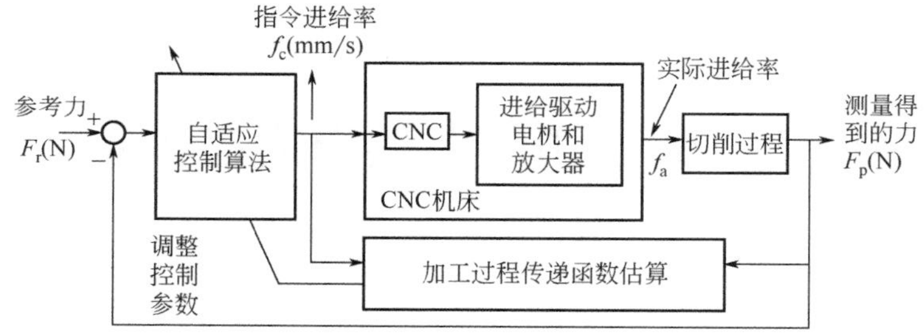

图 7.4　加工过程中通用自适应控制系统的方框图

7.3.2　铣削加工系统的离散传递函数

如上所述，机床的控制和驱动系统可以近似为一阶连续系统[100]：

$$G_m(s)=\frac{f_a(s)}{f_c(s)}=\frac{1}{\tau_m s+1} \tag{7.1}$$

式中，f_a 和 f_c 是进给速度的实际输出和指令输入值，单位为 mm/s。

可以求得每转的进给或切削载荷为：h(mm/r)= $f_c/(Nn)$，式中 N 是铣刀齿数，n(r/s)是主轴转速。在车削加工建模中可以采用 N=1。切削力并非随进给率的变化立即发生变化，切削过程可以近似为一阶动态过程：

$$G_p(s)=\frac{F_p(s)}{f_a(s)}=\frac{K_c ab(\varphi_{st},\varphi_{ex},N)}{Nn}\times\frac{1}{\tau_c s+1} \tag{7.2}$$

式中，K_c(N/mm^2)、a(mm)、$b(\varphi_{st}$，φ_{ex}，$N)$分别为切削常数、切削深度、接触角函数。接触函数$b(\varphi_{st}$，φ_{ex}，$N)$没有任何单位，根据接触角和刀具齿数的不同，可以在0～N之间变化。根据工件几何形状的不同，轴向切深（a）和径向切深（b）均可能沿刀具路径而变化，因此a和b是随时间变化的。注意：当出现颤振时，切削过程会变得很不稳定，将出现大幅值的振荡切削力。这时切削过程将是一个复杂的高阶非线性动态过程，不能单凭自适应控制系统改变进给率进行控制，必须单独考虑颤振控制，因此在出现颤振时，必须关闭自适应控制。

虽然可以认为机床动态过程是时不变系统，但为了在多轴机床上实际应用自适应控制方法，为了方便将机床和切削过程一起作为时变系统来考虑，整个系统的传递函数为：

$$G_c(s)=\frac{1}{(\tau_m s+1)}\times\frac{K_c ab}{Nn(\tau_c s+1)}=\frac{K_p}{(\tau_m s+1)(\tau_c s+1)} \tag{7.3}$$

式中，切削过程增益K_p(N/mm/s)=$K_c ab/(Nn)$。

实际上，由于刀具-工件结构静态变形的存在，τ_s可能发生变化，它也影响切削载荷。然而，上面的近似对仿真研究自适应控制算法是很有效的。因为加工过程是以主轴旋转周期T控制的，$G_c(s)$的等价零阶保持为：

$$G_c(z)=\frac{F_p(k)}{f_c(k)}=(1-z^{-1})\mathcal{Z}\frac{G_c(s)}{s}=\frac{b_0 z+b_1}{z^2+a_1 z+a_2} \tag{7.4}$$

式中，k为主轴旋转计数；z为前移算子；$b_0=K_p\dfrac{\tau_m(1-e^{-T/\tau_m})-\tau_c(1-e^{-T/\tau_c})}{\tau_m-\tau_c}$；

$b_1=K_p\dfrac{\tau_c(1-e^{-T/\tau_c})e^{-T/\tau_m}-\tau_m(1-e^{-T/\tau_m})e^{-T/\tau_c}}{\tau_m-\tau_c}$；$a_1=-(e^{-T/\tau_m}+e^{-T/\tau_c})$；$a_2=e^{-T(1/\tau_c+1/\tau_m)}$。

离散切削过程参数（a_1，a_2，b_0，b_1）取决于工件的几何形状，并且在加工过程中有可能变化。例如在加工发动机壳或飞机翅膀时，切削宽度（即刀具接触深度）和轴向切深均可能依据工件形状和所选择的刀具路径变化。

为了设计调节最大切削力的自适应控制系统，必须在每个主轴旋转周期估计未知的时变参数（a_1，a_2，b_0，b_1）。在文献[48]中采用递归最小二乘（Recursive Least Square，RLS）算法估计时变参数。从此以后，可以用$\hat{a}_1$、$\hat{a}_2$、$\hat{b}_0$和$\hat{b}_1$来估计切削参数。下面的RLS算法在每个主轴旋转周期（k）按顺序方式执行：

$$\hat{\boldsymbol{\theta}}(k)=\hat{\boldsymbol{\theta}}(k-1)+\boldsymbol{K}(k)[F_p(k)-\boldsymbol{\varphi}(k)^T\hat{\boldsymbol{\theta}}(k-1)] \tag{7.5}$$

$$\boldsymbol{K}(k)=\frac{\boldsymbol{P}(k-1)\boldsymbol{\varphi}(k)}{\lambda+\boldsymbol{\varphi}(k)^T\boldsymbol{P}(k-1)\boldsymbol{\varphi}(k)} \tag{7.6}$$

$$\boldsymbol{P}(k)=\frac{\boldsymbol{P}(k-1)}{\lambda}[\boldsymbol{I}-K(k)\boldsymbol{\varphi}(k)^T] \tag{7.7}$$

式中，参数矢量$\hat{\boldsymbol{\theta}}^T=[\hat{a}_1\quad\hat{a}_2\quad\hat{b}_0\quad\hat{b}_1]$。

回归矢量$\hat{\boldsymbol{\varphi}}(k-1)^T=[-F_p(k-1)\quad -F_p(k-2)\quad f_c(k-1)\quad f_c(k-2)]$。

$K(k)$称作估算增益，其中用户选择的遗忘因子为 $0.5<\lambda<1$。一般在 0.8～0.95 之间选择 λ，它是用来减弱前面的测量对当前估算影响的。协方差阵 $\boldsymbol{P}(k)$是一个 $N_p \times N_p$ 维的方阵，其中 N_p 是要估算的参数数目（这里采用 $N_p=4$）。该算法开始时，赋给这些参数一个初始猜想值（如 $\boldsymbol{\theta}(0)=[0.1 \quad 0.1 \quad 0.1 \quad 0.1]$），给协方差阵赋予很大的初始值。在使用 RLS 算法时，必须特别小心，当自适应控制算法运行了很长的时间而切削过程参数变化不大时，协方差阵将变得很大或很小，这将引起数值不稳定。通过监视协方差阵迹线的变化（即 $\mathrm{tr}(\boldsymbol{P}(k))=\sum_{i=1}^{4} P_{ii}$）可以避免这个问题，当发现计算的迹线数值太大或太小时，可以将协方差阵重新设置为初始值。

7.3.3 极点-配置控制算法

一旦完成了在线切削过程参数估算，就可以正式设计极点-配置控制算法，对切削力进行控制（参见图 7.5）[29]。

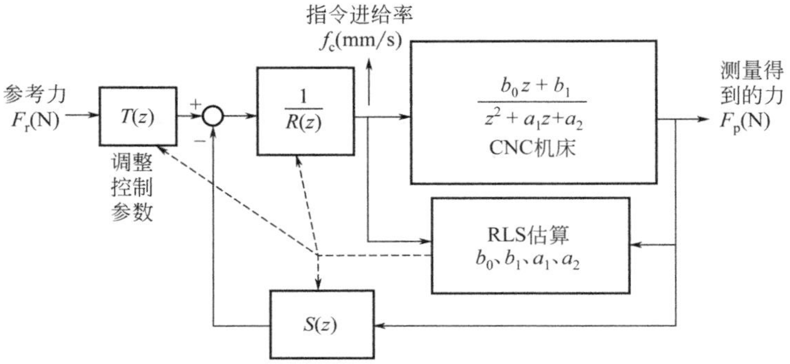

图 7.5　加工过程极点-配置自适应控制系统方框图

该控制系统的闭环传递函数为：

$$\frac{F_p(k)}{F_r(k)}=\frac{T(z)B(z)}{A(z)R(z)+B(z)S(z)} \tag{7.8}$$

多项式 $S(z^{-1})$、$T(z^{-1})$和 $R(z^{-1})$分别表示反馈、前馈和误差调节器，它们在每个主轴周期采用自适应性方式确定。控制算法对进给速度 $f_c(k)$按下列规律进行调节：

$$Rf_c(k)=TF_r(k)-SF_p(k) \tag{7.9}$$

基于极点配置设计的自适应控制器的目标是：参考力 F_r 和实际切削力 F_p 之间的闭环传递函数遵从下列期望的动态模型：

$$\frac{F_p(k)}{F_r(k)}=\frac{B_m(z)}{A_m(z)} \tag{7.10}$$

这里 $A_m(z)$的设计要满足控制器的瞬态响应特性。选用二阶动态过程表示期望的响应：

$$A_m(z)=z^2-2\mathrm{e}^{-\zeta\omega_n T}\cos\left(\omega_n\sqrt{1-\zeta^2}T\right)z+\mathrm{e}^{-2\zeta\omega_n T} \tag{7.11}$$

它对应于离散控制间隔为 T（即：主轴旋转周期），期望固有频率为 ω_n，阻尼比为 ζ

的二阶连续系统（即 $s^2+2\zeta\omega_n s+\omega_n^2$）。在实际应用中通常选择阻尼比 $\zeta=0.8$，上升时间（T_r）选择 3 个主轴旋转周期和进给驱动伺服系统上升时间中比较大的一个，对应的固有频率 $\omega_n=2.5/T_r$ rad/s。利用这些设计准则，可以得到单位增益的闭环模型的传递函数为：

$$\frac{F_p(k)}{F_r(k)}=\frac{B_m}{A_m}=\frac{1+m_1+m_2}{z^2+m_1z+m_2} \tag{7.12}$$

式中 $m_1=-2e^{-\zeta\omega_n T}\cos\left(\omega_n\sqrt{1-\zeta^2}T\right)$ 和 $m_2=+e^{-2\zeta\omega_n T}$。为了使系统接近期望的模型，必须保证下面的等式：

$$\frac{BT}{AR+BS}=\frac{B_m}{A_m} \tag{7.13}$$

设计工作中的关键问题是利用加工设备的传递函数和期望模型的传递函数求得多项式 R、S 和 T。加工过程传递函数的分子可以表示为：

$$B(z)=B^-(z)B^+(z)=b_0(z+b_1/b_0) \tag{7.14}$$

在实际生产中，机床的零点总是稳定的并且在单位圆内（即$|b_1/b_0|<1.0$）。然而，RLS 估计并不需要精确预测参数 b_1 和 b_0。为了保持控制系统稳定，将根据加工过程是否具有稳定或不稳定零点单独设计控制系统。

（1）第一种情况：加工过程中零点稳定（$|b_1/b_0|<1.0$）

令

$$B^-(z)=b_0,\quad B^+(z)=z+b_1/b_0$$

可设计控制参数，使稳定零点和系统的闭环极点相互消去，为了利用闭环传递函数的极点消去 B^+，由于 A 和 B 是互质的，必须设计 R 有一 B^+因子：

$$R=B^+R'=(z+b_1/b_0)R' \tag{7.15}$$

闭环传递函数［式（7.13）］将变为：

$$\frac{B^+B^-T}{B^+(AR'+B^-S)}=\frac{B^-T}{AR'+B^-S}=\frac{A_0B_m(z)}{A_0A_m(z)} \tag{7.16}$$

式中，观察器 A_0 的设计必须保证好的迹线和因果关系（好的因果关系指控制输入不依赖于将来的输入和系统的输出）。可以从下列恒等式求得控制多项式 R'、S 和 T：

$$\begin{cases}B^-T\equiv A_0B_m\\ AR'+B^-S\equiv A_0A_m\end{cases} \tag{7.17}$$

其中第二个恒等式叫丢番图（Diophantine）方程。加工过程传递函数的阶数（即多项式 B 和 A 的阶数）为：

$$\deg(B)=\deg(B^+)+\deg(B^-)=1+0,\quad \deg(A)=2 \tag{7.18}$$

并且 $\deg(A_m)=2$。多项式的阶数由因果关系条件和加工过程传递函数的阶数来确定，归纳总结如下：

$$\deg(A_0)\geqslant 2\deg(A)-\deg(A_m)-\deg(B^+)-1=2\times2-2-1-1=0$$
$$\deg(R)=\deg(A_0)+\deg(A_m)-\deg(A)=1+2-2+1=2$$
$$\deg(S)=\deg(A)-1=2-1=1$$
$$\deg(T)=\deg(A_0)+\deg(B_m)-\deg(B^-)=1+0-0=1$$

最终的控制多项式为：

$$\begin{cases} A_0(z) = z \\ R'(z) = z + r_1 \\ S(z) = s_0 z + s_1 \\ T(z) = t_0 z \end{cases} \tag{7.19}$$

丢番图（Diophantine）方程（ $AR' + B^- S = A_0 A_m$ ）变为：

$$\begin{cases} (z^2 + a_1 z + a_2)(z + r_1) + b_0(s_0 z + s_1) \equiv z(z^2 + m_1 z + m_2) \\ B^- T \equiv A_0 B_m \end{cases}$$

根据这两个等式，可以按下面所示推导出控制多项式参数：

$$\begin{cases} r_1 = m_1 - a_1 & \rightarrow R(z) = z^2 + (r_1 + b_1 / b_0)z + (b_1 / b_0) r_1 \\ s_0 = \dfrac{m_2 - a_1 r_1 - a_2}{b_0}, \quad s_1 = -\dfrac{a_2 r_1}{b_0} & \rightarrow S(z) = s_0 z + s_1 \\ t_0 = \dfrac{1 + m_1 + m_2}{b_0} & \rightarrow T(z) = t_0 z \end{cases} \tag{7.20}$$

式中， $R(z) = B^+ R' = (z + b_1 / b_0)(z + r_1)$ 。

根据控制规律在每个主轴周期计算出进给率为：

$$f_c(k) = \frac{T(z)}{R(z)} F_r(k) - \frac{S(z)}{R(z)} F_p(k)$$

在代入参数并对多项式乘以 z^{-2} 后，我们得到：

$$f_c(k) = t_0 F_r(k-1) - \left(r_1 + \frac{b_1}{b_0} \right) f_c(k-1) - r_1 \frac{b_1}{b_0} f_c(k-2) - s_0 F_p(k-1) - s_1 F_p(k-2) \tag{7.21}$$

这里将用在线估计的值（ $\hat{b}_0$ 、 $\hat{b}_1$ 、 $\hat{a}_1$ 、 $\hat{a}_1$ ）代替过程参数，以便控制系统使自己自适应时变加工过程。实时自适应控制算法的应用可以归纳总结如下：

① 在主轴每转 k 采集最大切削力。

② 利用 RLS 算法估计过程参数（b_0、b_1、a_1、a_2）。

③ 求控制多项式 R、S 和 T［式（7.20）］。

④ 计算进给率［式（7.21）］并发送给 CNC。

（2）第二种情况：加工过程中零点不稳定（$\|b_1/b_0\|>1.0$）

令：

$$B^+(z) = 1, \quad B^-(z) = b_0 z + b_1$$

设计过程与第一种情况相同，只是过程零点不能消去，必须将其包含在模型传递函数中：

$$t_0 = \frac{1 + m_1 + m_2}{b_0 + b_1}$$

丢番图（Diophantine）方程变为：

$$(z^2 + a_1 z + a_2)(z + r_1) + (b_0 z + b_1)(s_0 z + s_1) \equiv z(z^2 + m_1 z + m_2)$$

其余的求解方法与第一种情况相同。

将极点-配置自适应控制算法作为即插即用模块集成在智能加工模块中，并在开放式CNC控制的铣床上进行实验。工件几何形状和切削条件如图7.6所示。工件在轴向切深方向有台阶状深度变化，以便测试过渡过程响应和控制算法的稳定性。无论何时，只要RLS算法估算出了不稳定零点，极点-配置控制规律将切换到上面所讲的第二种情况，设置参考峰值力 F_r=1200N，实验结果如图7.7所示。峰值合力一直保持在期望的1200N的水平，在轴向切深突变时，该算法出现了一些超调。然而，该控制算法是稳定的并且快速收敛。同时也给出了用控制规律计算的进给率和用RLS PIM估算的过程参数（b_0、b_1、a_1、a_2），控制间隔是主轴的旋转周期。

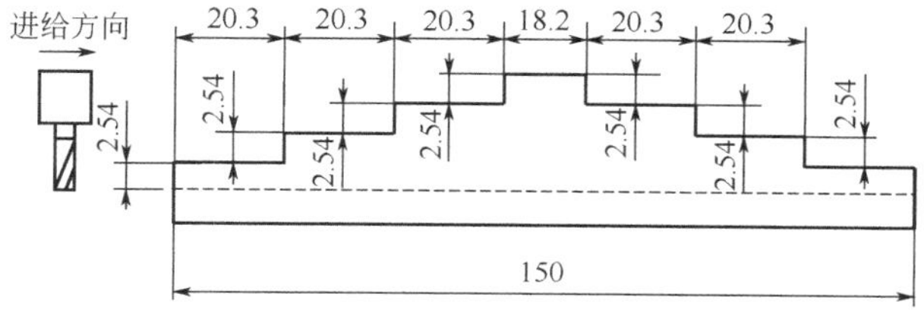

图7.6　测试阶跃响应和铣削力自适应控制算法的工件几何形状

工件材料为铝合金6067；刀具为4个螺旋槽的硬质合金立铣刀；主轴转速为715r/min

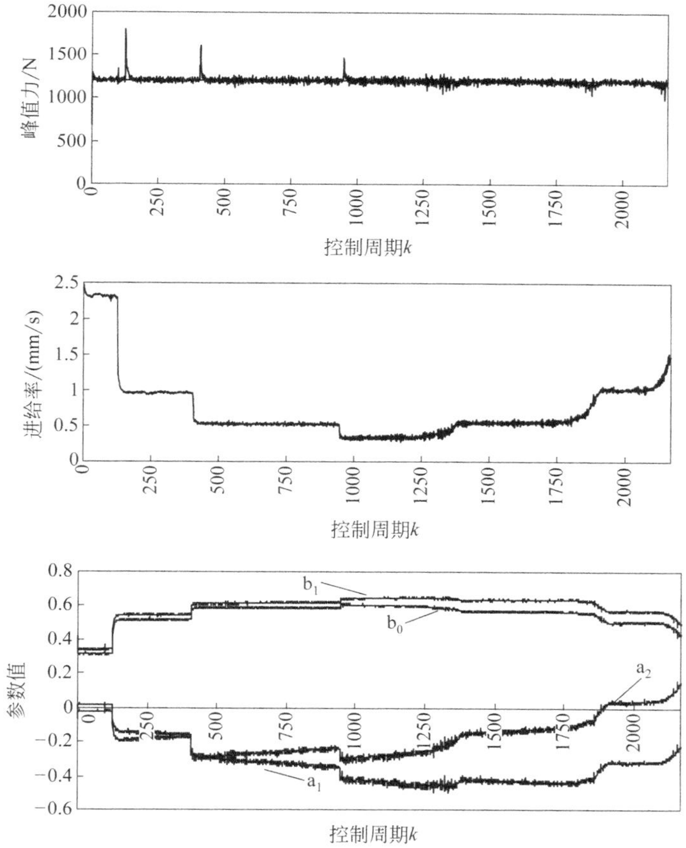

图7.7　利用极点-配置自适应控制系统进行铣削实验的结果

（零件几何形状和切削条件参见图7.6）

7.3.4 铣削过程通用预测自适应控制

一般而言，大多数的自适应控制算法在特定的机床上，恒定的转速下，经过调节还是能够很好地工作的，如前面讲述的极点-配置控制算法便是如此。极点-配置控制算法依赖于主轴转速，主轴的旋转周期是它的采样周期（T）。人们需要不依赖于主轴转速的，在参数估算时没有协方差摆动，对进给指令和 CNC 实现的实际进给之间的可变时间延迟稳定的模块化自适应控制算法，以便可以用最小的修改工作量将它们集成在开放式 CNC 系统中。作者所在实验室，在拥有丰富的加工过程控制策略的基础上[5,100]，发现了最能满足这些要求的通用预测自适应控制（Generalize Predictive Control，GPC）方法[16]。GPC 对未来切削力的变化相当稳定，即它可以从 CAD 系统[100]获得工件几何形状的变化和自适应控制模块生成的进给指令与 CNC 系统实际执行的进给之间变化的时间延迟。Clarke 等[40]给出了其基本控制规律，下面将简要归纳它在特定加工场合的应用。

动态进给驱动系统和无颤振切削过程的组合传递函数可以表示为[16]：

$$\begin{aligned} G_{\mathrm{c}}(z^{-1}) &= \frac{F_{\mathrm{p}}(k)}{f_{\mathrm{c}}(k)} = \frac{z^{-1}B(z^{-1})}{A(z^{-1})} \\ [3pt] &= \frac{z^{-1}(b_0 + b_1 z^{-1} + b_2 z^{-2})}{1 + a_1 z^{-1} + a_2 z^{-2}} \end{aligned} \tag{7.22}$$

式中，$f_{\mathrm{c}}(k)$是自适应控制模块在主轴周期 k 发送给 CNC 系统的指令进给。在前面的传递函数［式（7.4）］中，考虑进给率（即切削厚度）和切削力之间的非线性关系，加工过程传递函数的阶数将增加。根据轴向和径向切削深度的变化和进给驱动系统轻微的动态变化，多项式 A 和 B 的参数将随时间变化。在每个主轴周期或自适应控制间隔 k，从测量得到的峰值力 F_{p} 和指令进给 f_{c} 对这些参数进行一次递归估算，估算采用一种改进的递归最小二乘（RLS）算法，它可以避免因不稳定的激励（如工件几何形状的变化）引起的参数漂移。通过跟踪协方差阵的迹线可以避免协方差阵向不稳定的方向漂移，并在切削过程有变化时对它们进行更新，在附录中给出了利用跟踪协方差阵辨识递归参数的方法。从 GPC 方法得到了 ARIMAX 模型，调用这个模型自然可以在控制器中采用积分器消除稳态偏置。将加工过程模型按 ARIMAX 格式重新排列得到：

$$F_{\mathrm{p}}(k) = \frac{B(z^{-1})}{A(z^{-1})} f_{\mathrm{c}}(k-1) + \frac{\zeta(k)}{\Delta A(z^{-1})} \tag{7.23}$$

式中，ΔA（z^{-1}）和 $\zeta(k)$是互不相关的随机噪声序列。将噪声项用部分分式展开，在式（7.23）的基础上可以提前 j 步预测 $F_{\mathrm{p}}(k)$。

$$\frac{z^j \zeta(k)}{\Delta A(z^{-1})} = z^j E_j \zeta(k) + \frac{F_j(k)}{\Delta A(z^{-1})} \zeta(k)$$

利用它可以得到丢番图（Diophantine）方程：

$$\begin{cases} 1 = E_j(z^{-1}) A(z^{-1}) \Delta + z^{-j} F_j(z^{-1}) \\ \deg\left[E_j(z^{-1})\right] = j-1 \\ \deg\left[F_j(z^{-1})\right] = \deg\left[A(z^{-1})\right] = 2 \end{cases} \tag{7.24}$$

对于给定的 $A(z^{-1})$ 和预测周期 j，E_j 和 F_j 是唯一确定的多项式。一旦针对某个 j 计算出了相应的值，通过简单的迭代可以求得对应所有 j 的值，这部分计算可以参考后面的内容。因为所有预测的噪声发生在将来，因此提供的可供使用的输出数据最大到时间 k 和 $f_c(k+j-1)$，在主轴间隔 k 提前 j 步预测的峰值切削力 F_p 可以用下式给出：

$$\hat{F}_p(k+j)=G_j(z^{-1})\Delta f_c(k+j-1)+F_jF_p(k) \tag{7.25}$$

式中，$G_j(z^{-1})=E_jB(z^{-1})$。这里假定过程延迟为 1，它依据主轴转速的不同将有轻微的变化。

分别考虑选择最小和最大预测输出水平 $N_1=1$ 和 $N_2=4$ 的两种情况。GPC 控制规律在处理控制参数（即进给率）时，考虑接连 4 个主轴周期内的预测输出值，式（7.25）含有进给率和切削力当前（即 k）、过去（即 $k-i$）和未来（即 $k+i$）的值。GPC 考虑将来控制输入［即 $f_c(k+j)$］的改变不会超出控制水平 NU，这里选择 $NU=1$。因此 $\Delta f_c(k+1)=\Delta f_c(k+2)=\Delta f_c(k+3)=0$。方程式（7.25）可以分割为：

$$\hat{\boldsymbol{F}}_p=\boldsymbol{G}_1\Delta f_c(k)+\boldsymbol{f} \tag{7.26}$$

式中，矢量是 4×1 维的，其推导过程将在下面给出。注意矢量 $\boldsymbol{f}$ 含有当前和过去测得的峰值力 $F_p(k-i)$, $i=0,1,2$ 和过去的进给指令 $f_c(k-i)$, $i=1,2$，以及递归计算出的多项式 G_j 和 F_j。根据 GPC 策略，进给率是按预期的二次成本函数最小计算出来的，二次成本函数包含在控制水平（即下一主轴周期）实际和参考峰值力之间在输出水平内对未来误差的预测（即接下来的 4 个主轴周期）：

$$J\left(f_c,k\right)=E\sum_{j=N_1}^{N_2}\left[\hat{F}_p(k+j)-F_r(k+j)\right]^2+\lambda\left[\Delta f_c(k)\right]^2 \tag{7.27}$$

式中，λ 是控制输入增量的权因子，选择 $\lambda=0.2$ 以平滑几何形状突然改变对自适应控制规律产生的冲击。使成本函数最小（$\partial J/\partial f_c=0$）得到在主轴周期的输入进给指令：

$$f_c(k)=f_c(k-1)+\frac{1}{\boldsymbol{G}_1^{\mathrm{T}}\boldsymbol{G}_1+\lambda}\boldsymbol{G}_1^{\mathrm{T}}(\boldsymbol{F}_r-\boldsymbol{f}) \tag{7.28}$$

多项式 E_j、F_j 和 G_j 的参数是按照上面给出的控制规律［式（7.28）］在每个主轴周期递归求得的。计算出的矢量进给被发送给 CNC 主控制器，这样可以将实际的加工力限制在期望的水平。为了安全起见，进给率被限定在用户定义的最大和最小极限进给率之间。

多项式 E_j、F_j 和 G_j 的递归计算如下。

这里将简要归纳 GPC 的递归算法。对于 $j=1$，丢番图（Diophantine）方程变为：

$$1=\Delta A(z^{-1})E_1(z^{-1})+z^{-1}F_1(z^{-1}) \tag{7.29}$$

从式（7.29）将得到：$e_{10}=1$，$f_{10}=-(a_1-1)$，$f_{11}=-(a_2-a_1)$ 和 $f_{12}=a_2$。

对于 $j>1$，考虑丢番图（Diophantine）方程在 j 和 $j+1$ 处的差值：

$$\Delta A(E_{j+1}-E_j)+z^{-j}(z^{-1}F_{j+1}-F_j)=0$$

推导出：

$$e_{10}=e_{20}=e_{30}=e_{40}=e_0=1;\quad e_{21}=e_{31}=e_{41}=e_1;\quad e_{32}=e_{42}=e_2;\quad e_{43}=e_3$$

和

$$e_{j-1}=f_{j-1,0};\ f_{j,i}=f_{j-1,i+1}-e_{j-1}(a_{i+1}-a_i),\quad i=0,1,2$$

然后就可以计算多项式 G_j:

$$G_j=E_jB=E_j(b_0+b_1z^{-1}+b_2z^{-2}) \tag{7.30}$$

在每个预测周期 j，递归求解该方程，求得的结果如表 7.1 和表 7.2 所示。

其中各矢量给出如下：

$$\hat{\boldsymbol{F}}_{\mathrm{p}}=\begin{bmatrix}\hat{F}_{\mathrm{p}}(k+1)\\\hat{F}_{\mathrm{p}}(k+2)\\\hat{F}_{\mathrm{p}}(k+3)\\\hat{F}_{\mathrm{p}}(k+4)\end{bmatrix},\quad \boldsymbol{F}_{\mathrm{r}}=\begin{bmatrix}F_{\mathrm{r}}(k+1)\\F_{\mathrm{r}}(k+2)\\F_{\mathrm{r}}(k+3)\\F_{\mathrm{r}}(k+4)\end{bmatrix},\quad \boldsymbol{G}_1=\begin{bmatrix}g_0\\g_1\\g_2\\g_3\end{bmatrix} \tag{7.31}$$

$$\boldsymbol{f}=\begin{bmatrix}g_{11}&g_{12}&f_{10}&f_{11}&f_{12}\\g_{22}&g_{23}&f_{20}&f_{21}&f_{22}\\g_{33}&g_{34}&f_{30}&f_{31}&f_{32}\\g_{44}&g_{45}&f_{40}&f_{41}&f_{42}\end{bmatrix}\begin{bmatrix}\Delta f_{\mathrm{c}}(k-1)\\\Delta f_{\mathrm{c}}(k-2)\\F_{\mathrm{p}}(k)\\F_{\mathrm{p}}(k-1)\\F_{\mathrm{p}}(k-2)\end{bmatrix} \tag{7.32}$$

表 7.1　多项式 E_j、F_j 和 G_j

j	E_j	F_j	G_j
1	e_0	$f_{10}+f_{11}z^{-1}+f_{12}z^{-2}$	$g_{10}+g_{11}z^{-1}+g_{12}z^{-2}$
2	$e_0+e_1z^{-1}$	$f_{20}+f_{21}z^{-1}+f_{22}z^{-2}$	$g_{20}+g_{21}z^{-1}+g_{22}z^{-2}+g_{23}z^{-3}$
3	$e_0+e_1z^{-1}+e_2z^{-2}$	$f_{30}+f_{31}z^{-1}+f_{32}z^{-2}$	$g_{30}+g_{31}z^{-1}+g_{32}z^{-2}+g_{33}z^{-3}+g_{34}z^{-4}$
4	$e_0+e_1z^{-1}+e_2z^{-2}+e_3z^{-3}$	$f_{40}+f_{41}z^{-1}+f_{42}z^{-2}$	$g_{40}+g_{41}z^{-1}+g_{42}z^{-2}+g_{43}z^{-3}+g_{44}z^{-4}+g_{45}z^{-5}$

表 7.2　多项式 E_j、F_j 和 G_j 参数的递归计算

j 参数	
1	$e_0=1$；$f_{10}=-(a_1-1)$，$f_{11}=-(a_2-a_1)$，$f_{12}=a_2$；$g_0=g_{10}=b_0$，$g_{11}=b_1$，$g_{12}=b_2$
2	$e_1=f_{10}$；$f_{20}=f_{11}-e_1(a_1-1)$，$f_{21}=f_{12}-e_1(a_2-a_1)$，$f_{22}=e_1a_2$； $g_{20}=b_0$，$g_1=g_{21}=b_1+e_1b_0$，$g_{22}=b_2+e_1b_1$，$g_{23}=e_1b_2$
3	$e_2=f_{20}$；$f_{30}=f_{21}-e_2(a_1-1)$，$f_{31}=f_{22}-e_2(a_2-a_1)$，$f_{32}=e_2a_2$； $g_{30}=g_0$，$g_{31}=g_1$，$g_2=g_{32}=b_2+e_1b_1+e_2b_0$，$g_{33}=e_1b_2+e_2b_1$，$g_{34}=e_2b_2$
4	$e_3=f_{30}$；$f_{40}=f_{31}-e_3(a_1-1)$，$f_{41}=f_{32}-e_3(a_2-a_1)$，$f_{42}=e_3a_2$；$g_{40}=g_0$，$g_{41}=g_1$，$g_{42}=g_2$，$g_3=g_{43}=e_1b_2+e_2b_1+e_3b_0$， $g_{44}=e_2b_2+e_3b_1$，$g_{45}=e_3b_2$

加工实验的结果

自适应 GPC 算法也作为即插即用模块被集成在智能加工模块中，并在开放式 CNC 控制的铣床上进行了实验。工件几何形状和切削条件如图 7.6 所示，这与图 7.7 所示的极点-配置控制实验一样。参考峰值力设置为 F_{r}=1200N，实验结果如图 7.8 所示。峰值合力一直保持在期望的 1200N 的水平，在轴向切深突变时，该算法出现了一些超调。然而，该控制算法是稳定的并且快速收敛。图中同时也给出了用控制规律计算的进给率和用

RLS PIM 估算的过程参数（b_0、b_1、b_2、a_1、a_2），控制间隔对应于主轴的旋转周期。

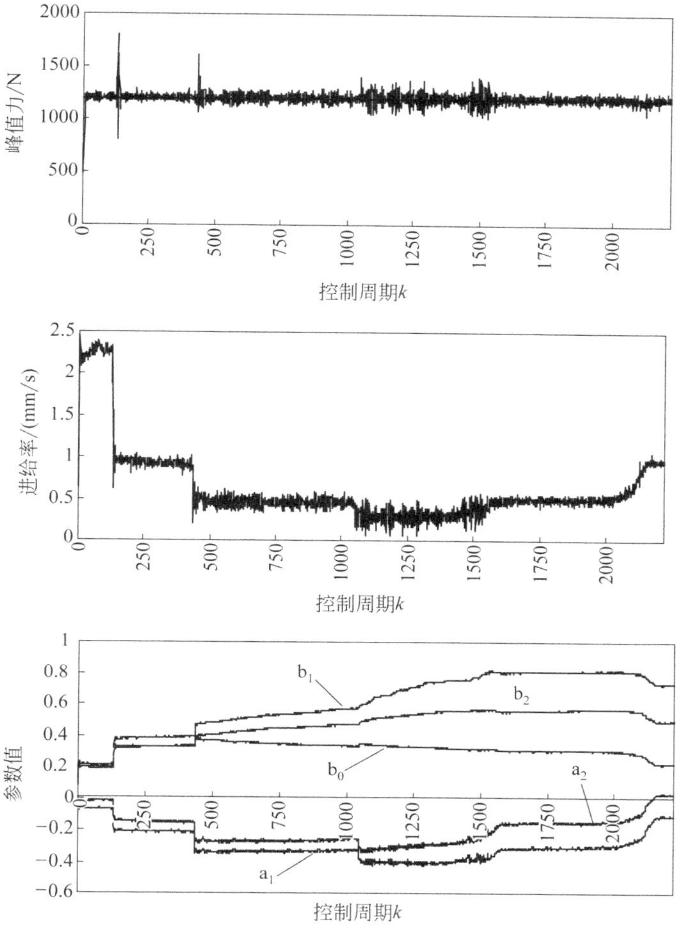

图 7.8　通用预测自适应控制系统的铣削实验结果

（零件几何形状和切削参数见图 7.6）

7.3.5　刀具破损的在线检测

刀具破损检测采用每个刀齿周期（m）的平均切削合力，可以表示为：

$$F_a(m) = \frac{\sum_{i=1}^{I}\sqrt{F_x(i)^2 + F_y(i)^2}}{I} \tag{7.33}$$

式中，I 是在刀齿周期 m 内采样切削力的次数。

当未出现偏心和刀具破损时，刀具上没有瞬时的几何形状变化区（即零件-刀具相交截面的几何形状不发生变化），铣刀上所有刀齿产生的平均切削力是相等的，刀齿平均切削力之差为：

$$\Delta F_a(m) = F_a(m) - F_a(m-1) = (1 - z^{-1})F_a(m) \tag{7.34}$$

其值将等于0。否则，如果不为 0，它就反映了切削载荷的变化。如果刀具进入几何过渡区（如由于孔、槽和其他几何体空间出现切入和切出角的变化），力的差值将反映这种趋势[22]。因为相对于铣刀直径和过渡几何区的尺寸而言，每齿进给量是相当小的，一阶自适应时间序列滤波器可以消除因工件几何形状变化引起的缓慢变化趋势：

$$\epsilon_1(m) = (1-\hat{\phi}_1 z^{-1})\Delta F_a(m) \tag{7.35}$$

式中，$\hat{\phi}_1$是利用标准递归最小二乘法在每个刀齿周期对测量的$\Delta F_a(m)$的估计。然而，如果铣刀上每个刀齿的偏心不同，这种滤波器在每个刀齿周期仍会出现大幅值的残余值[3]。可以将每个刀齿的力与它本身前一转的力进行比较以消除刀齿偏心的影响：

$$\Delta^N F_a(m) = F_a(m) - F_a(m-N) \tag{7.36}$$

这个差值再一次通过一阶自适应时间序列滤波器以消除因工件几何形状变化引起的缓慢变化趋势：

$$\epsilon_2(m) = (1-\hat{\phi}_2 z^{-1})\Delta^N F_a(m) \tag{7.37}$$

在每个刀齿周期，两个自适应时间序列滤波器并列运行。当切削力从空切开始增大时，在最初的五个主轴旋转周期，两个滤波器中残余值出现最大值，通常假定在这个阶段不会出现刀具破损，残余值中包含刀具偏心和噪声的影响，但不包含几何形状变化的影响，这种影响已经被设计的算法过滤掉了。刀具破损阈值由用户定义的因子 α_1 和 α_2 与最大残余值的乘积确定。

$$LIMIT_1 = \alpha_1 \max\{\epsilon_1\}, \quad LIMIT_2 = \alpha_2 \max\{\epsilon_2\} \tag{7.38}$$

在用该刀具加工的其他时间里均采用这个破损阈值。在两个残余值均超出阈值范围，即：$\epsilon_1(m) > LIMIT_1$ 和 $\epsilon_2(m) > LIMIT_2$，并在下一主轴旋转周期附加的瞬态确认检查中满足 $\epsilon_1 > LIMIT_1$，则认为出现了刀具破损。

图 7.9 所示为用立铣刀周铣带有孔和空洞的工件时，用该算法进行刀具破损检测的

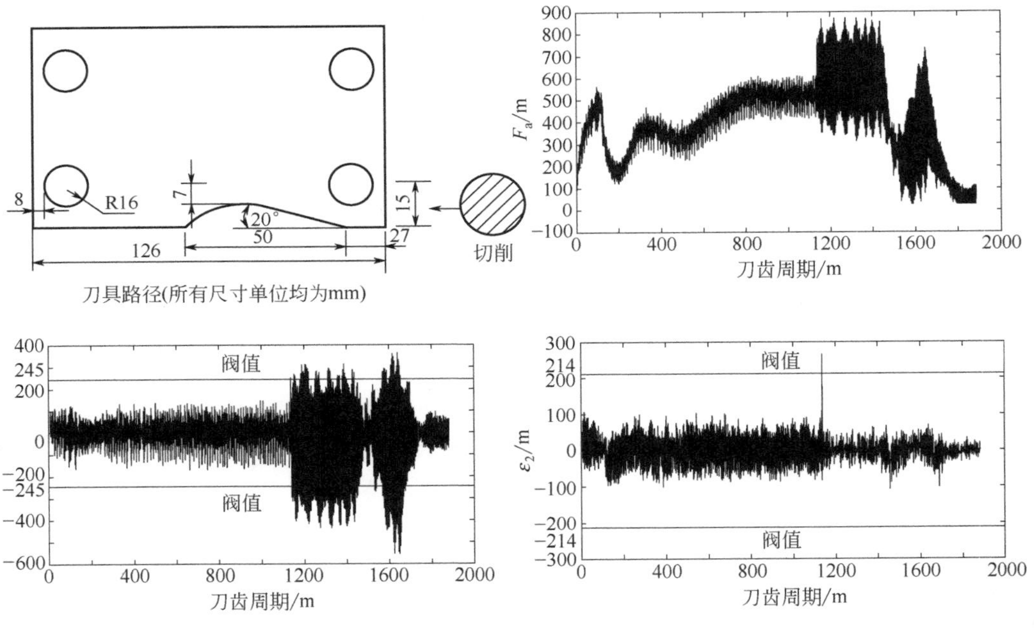

图 7.9　典型的刀具破损事件（在第 1138 个刀齿周期，某个螺旋刃出现崩刃）

切削条件：4 个螺旋槽直径为 25.4mm 的 HSS 铣刀，主轴转速=556r/min，进给率=0.1mm/齿，切削深度=7.62mm，径向切深是变化的

实验，在相同的切削条件下，进行了两次重复的切削实验，但一次刀具完好，另一次出现铣刀崩刃现象。最后在各种几何过渡位置进行了平均切削力的采集，以检验该算法的稳定性。测量的切削力和加工过程中的残余值如图 7.9 所示，靠直觉选择的阈值因子为 $\alpha_1=\alpha_2=2.0$，与此对应的 $LIMIT_1=245$N，$LIMIT_2=214$N，在 $m=1138$ 时检测到了刀具破损事件，因为两个残余值均超出阈值范围。在没有忘记刀具破损的情况下，连续出现了 ϵ_1 超出阈值的现象。

此类算法可以应用在任何能够提供和机床操作频率（即带宽）相关的切削力信号的传感测量方式下，例如，在低速切削时，可以采用进给电机电流进行机床状态监测[4]。

7.3.6 颤振检测与抑制

可通过连续检测扩音器传出声音的声频谱幅值来检测颤振。前面曾经证明改变主轴转速可以改善铣削加工的稳定性，但在实际应用中，这种方法受主轴力矩/功率和带宽的限制[9]。Smith 和 Tlusty[97]采用在线检测颤振频率，再匹配刀齿切削频率的方法抑制颤振。其结果是在稳定性最高的叶瓣进行铣削加工，这个区域是无颤振加工的最佳速度区。而 Weck[117]提出了利用自动减小轴向切深抑制颤振的方法。减小轴向或径向切深可以减小铣削动态闭环系统的增益。虽然，后面一种方法降低生产率，但它是一种始终有效的方法，并且特别适合应用在低速切削的情况下。因为颤振总是发生在接近某个结构频率处，并且通常是高于 500Hz，为了避免颤振，在匹配刀齿切削频率和颤振频率时需要高的主轴转速。这里将计算出声音的功率谱，每 250ms 搜索一次发生在颤振频率的最大幅值，图 7.10 所示分别为发生颤振和没有发生颤振时铣削加工的谱样本，在 2300Hz 的颤振频率处谱幅值是没有发生颤振铣削时该频率幅值的 6 倍，在实验中，切削条件和扩音器的位置相同，只是在有颤振发生的不稳定铣削中，切削深度从 2.54mm 增加到 6.35mm。在实验中观察到，对于特定的机床一旦安装好扩音器，只要不发生颤振，在加工中进给率、轴向和径向切深的改变并不引起声谱大的变化。于是选择颤振阈值为 5mV，这远远高出在没有颤振的稳定切削状态的最大幅值。在该实验机床上[16]进行的铣削加工中，当测量的声谱幅值超出阈值（5mV）时，CNC 系统就认为出现了颤振。

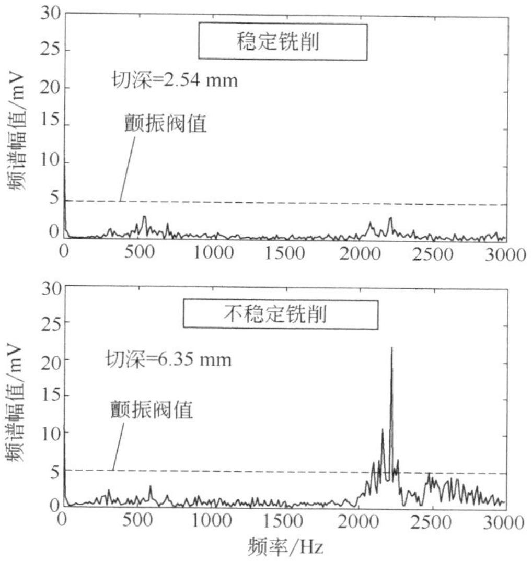

图 7.10 稳定与不稳定加工加工的声谱
切削条件：4 个螺旋槽直径为 19.05mm 的 HSS 铣刀，主轴转速=885r/min，进给率=0.01mm/齿，螺旋槽角=0，刀具伸出长度=74.0mm，半浸入逆铣，工件材料为 Al 7075-T6 合金

7.4 实例——用 IMM 系统进行型腔的智能化加工

将前面讲过的对切削力的通用预测控制方法、刀具破损检测和避免颤振的算法集成

到开发的开放式 CNC/IMM 系统，所有的这三个算法同时运行并且均可操纵 CNC 系统，通过型腔铣削加工的应用实例对整个系统进行测试（参见图 7.11）。开始假定轴向切深为整个型腔的深度，将其编写在 NC 代码中并发送给 CNC 系统。在用户调用自适应力控制

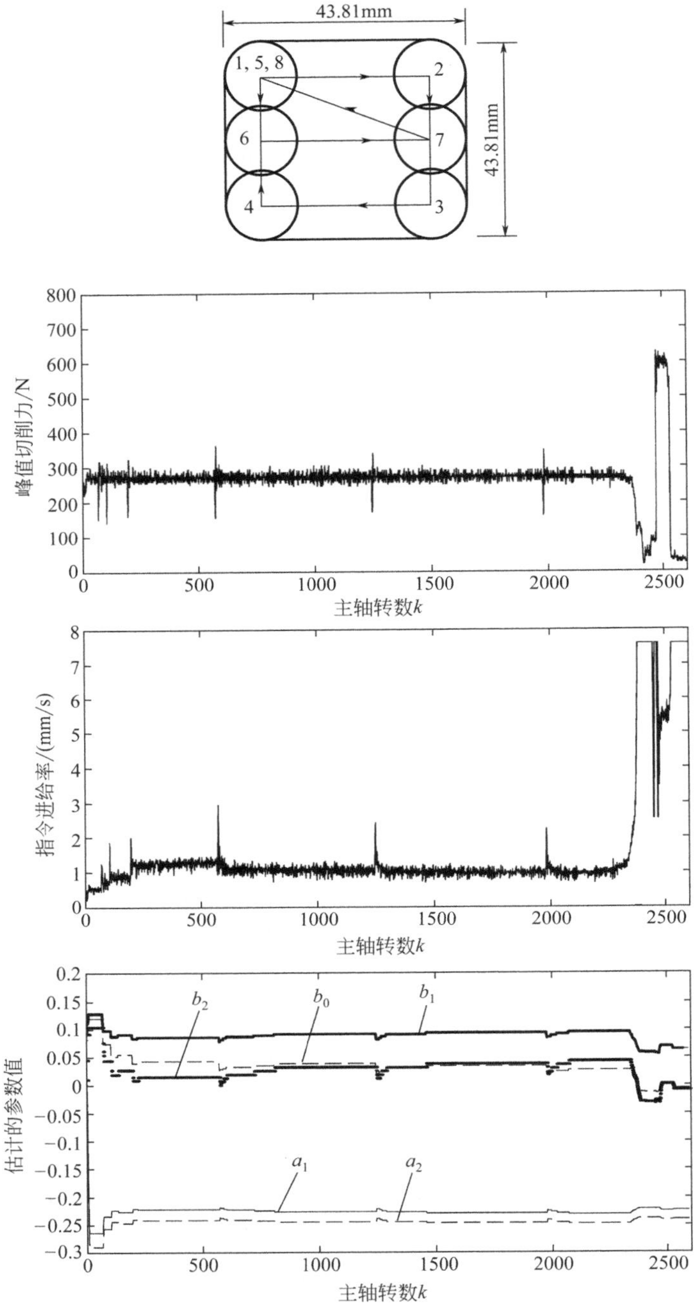

图 7.11　型腔的加工

切削条件：两个螺旋槽直径为 15.875mm 的 HSS 铣刀，主轴转速=1500r/min，变进给率，螺旋槽角=30°，刀具伸出长度=76.2mm，工件材料为 Al 7075-T6 合金

时，自动采用缺省的最大和最小进给率数值，在加工过程中，自适应控制在给定的进给率范围内控制进给率。在刀具路径位置 1，铣刀完全切入到达型腔的底部后，开始沿 x 轴向位置 2 运动完成型腔侧壁的加工，该侧壁的尺寸公差为 0.1mm，刀尖的刚度为 2700N/mm，选择垂直于该侧壁的最大切削力（F_y）作为控制的参考力，并将该参考力设置为 270N，以便把立铣刀的静态变形限制在尺寸公差内。当系统检测到颤振时，停止进给，将轴向切深减小 1mm，然后继续以自适应控制器调节的进给率切削，系统自动将切削深度从 6.35mm 减小到 3.35mm，使颤振消失（参考图 7.11），自适应控制系统将进给率调节到 74.3mm/min。当刀具从 2 位置向 3 位置运动时，垂直于型腔侧壁的力是 F_x，仍保持 270N，重复同样的算法。如果再发生颤振，切削深度将从 3.35mm 继续减小。这个过程在路径段 3→4 和 4→5 之间重复进行。假定在第一层的切削中，切除的厚度等于最小切深，改变 NC 程序，在下一走刀自动完成剩余侧壁的加工。刀具定位在路径上的点 6，剩余的岛屿采用参考切削合力 600N 进行加工，以避免损坏刀柄。在加工过程中，刀具破损检测一直起着作用，在整个过程中没有发现刀具破损（参考图 7.12）。图 7.13 所示为加工型腔过程中的声谱。在型腔加工完成后，侧壁的最大误差为 0.095mm，在指定的公差范围内。

其他加工过程控制算法，如热变形补偿、碰撞检测和在线探测可以通过在 IMM 库添加新的 PIM 模块实现。

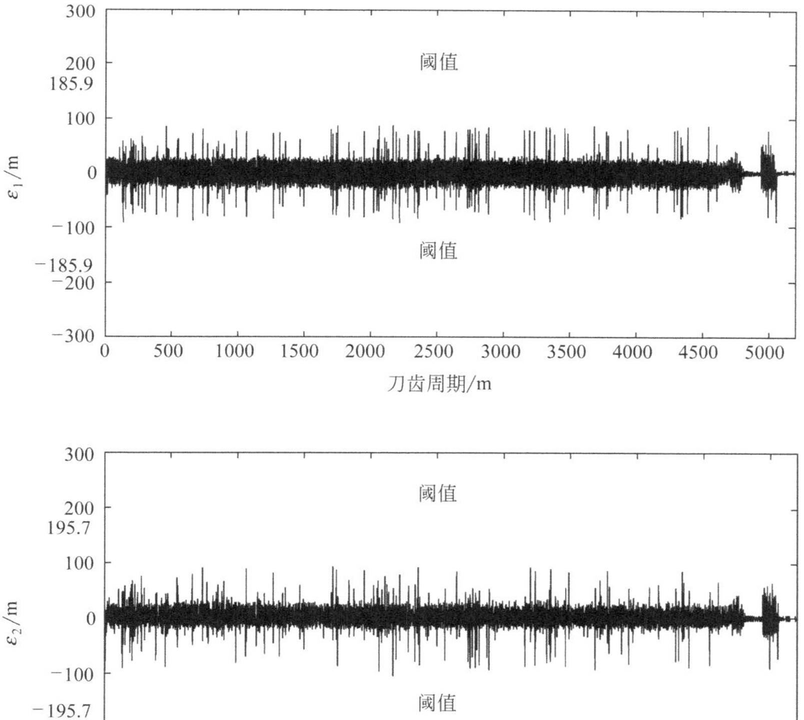

图 7.12　在型腔加工中，刀具破损检测用滤波器中的残余值

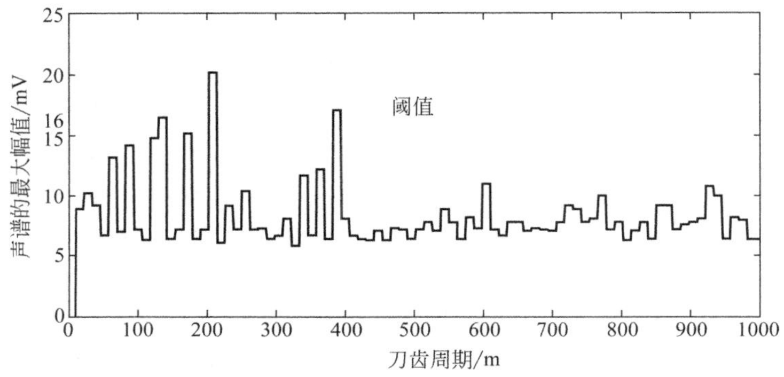

图 7.13　在型腔加工中声谱的最大幅值（注意：图中只显示了第一次走刀的一部分声谱）

7.5　思考问题

1．设计一自适应极点-配置控制系统，使车削加工的切削力保持在期望的参考水平。主轴转速保持恒定为 1200r/min，给定的切削合力常数为 K_c=1500N/mm^2，主轴每转动 50 转轴向切削深度增加 1.0mm，初始切削深度为 1.0mm。当主轴旋转 250 转后，轴向切削深度以同样的方式减小，机床的进给驱动伺服系统可以近似为时间常数 τ_m=0.1s 的一阶连续系统。无振动切削过程的近似时间常数 τ_c=0.65T，其中 T 为主轴周期。自适应控制系统必须相当于一个阻尼比为 0.95，上升时间为 4 个主轴周期的二阶系统。

2．针对第 1 个问题，设计自适应比例积分微分（PID）控制器。

3．针对第 1 个问题，设计自适应 GPC。

4．如何修改自适应力控制器，才能使刀具偏差保持在 0.2mm 内？讨论如何在实际中使刀具的静态变形偏差引起的表面误差最小。

5．用 C 语言编写刀具破损检测程序。在铣削力预测算法中模拟刀具破损的情况，对所设计的算法进行测试。

6．如何通过监测切削力功率谱检测刀具破损。

7．现设计了一刀架式压电执行器用于在车削过程中对切削刀具进行精确定位，图 7.14 所示为刀架式压电执行器安装在 CNC 车削加工中心刀架上的照片及其机械和控制框图。压电元件的一端支撑在坚固的刚性壁上，另一端用螺栓固定在弯形刀架上。计算机提供信号电压 u(单位为 V)给压电高压放大器，它能传递很高的负电压 v(单位为 V)。当给压电元件施加高电压时，压电元件推或拉弯形刀架，利用激光测量刀架的位移，利用数字控制系统对刀尖位置进行控制，控制精度在 0.1mm 内。执行器的使用频率带宽在 700Hz 内，因此任何高于 1000Hz 的高频动态分量可以忽略不计。系统中各个元件的频率响应如图 7.15 所示，刀架可以建模为一等价的质量（m）、弹簧（k）和阻尼（c）元件。严格按照下列指令顺序设计控制系统：

① 绘制刀尖精确定位的计算机控制系统方框图。

② 识别方框图中各个元件的传递函数。可以采用符号表示，但最终要将各个符号数值化。

③ 假定控制/采样周期为 T 秒，用代数方法表示整个物理系统的开环连续和离散（0

阶保持等价的）传递函数（不要用数值）。

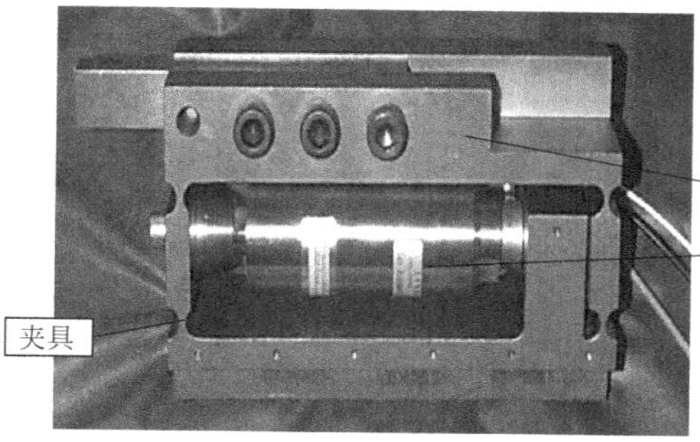

压电执行器的照片

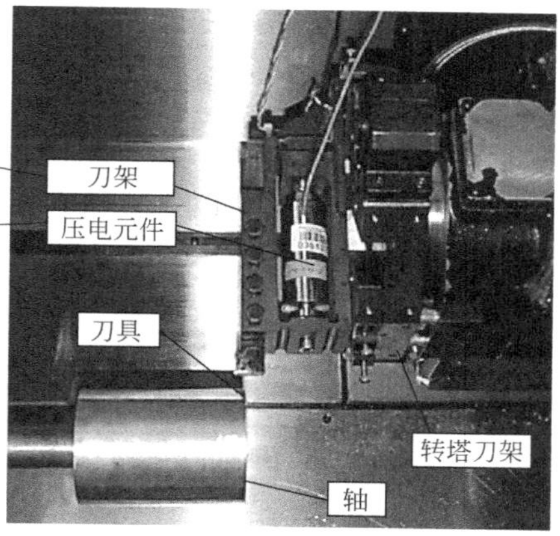

压电执行器安装在CNC车削中心的转塔刀架上

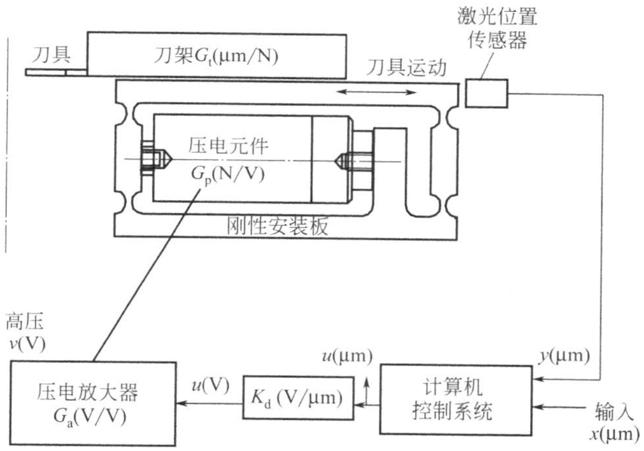

图 7.14　安装在 CNC 车削中心上的精密刀架式压电执行器

④ 绘制刀尖超精定位系统的极点-配置控制系统方框图。

⑤ 设计极点-配置控制规律，使系统的过渡时间和超调分别为 t_s 和 M_p。（首先求出相应的期望固有频率 ω_m 和阻尼比 η，在代数推导中采用这两个符号。）用解析法求解该设计问题，但只能用一个代数符号。

⑥ 假定提供下列数值：T=0.0004s，t_s=0.005s，M_p=1%。刀架：m=2.1kg，c=0.0006324N/(m/s)，k=33.55N/m。D/A 转换器（K_d）：16 位，−3～+3V 的范围。按顺序求下列所有未知量的数值解：

- G_a，G_p，G_t：压电放大器、压电元件和刀架的传递函数。
- $G_0(s)$，$G_0(z)$：整个压电执行器的开环传递函数。
- B_m/A_m：在 z 域期望的传递函数。
- R，S，T：控制规律参数。
- $u(k)=f(x,u,y)$：控制输入的表达式。

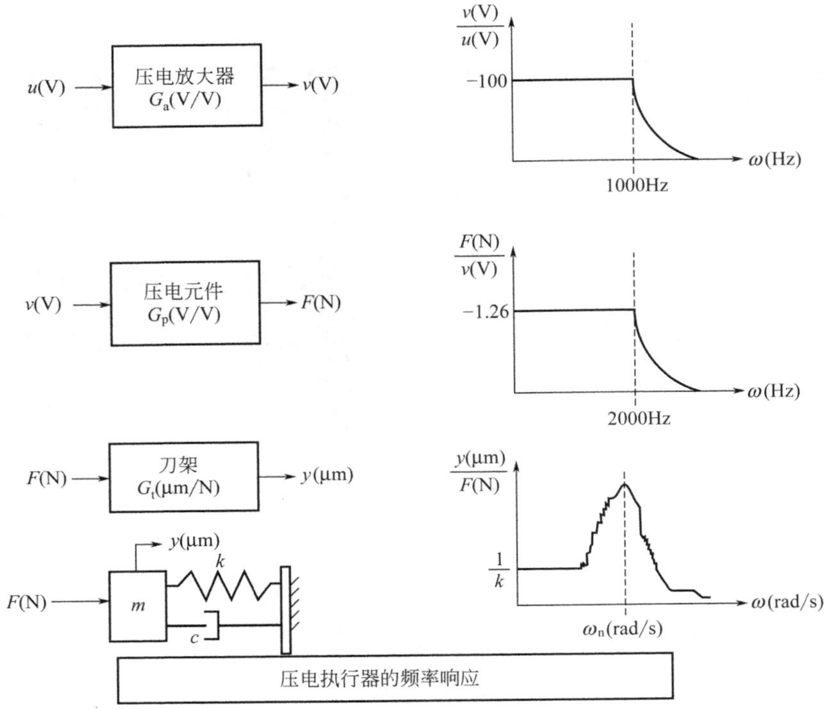

图 7.15 压电执行器的频率响应函数

附录A 拉普拉斯变换和 z 变换

A.1 导言

拉氏变换和 z 变换方法对于在连续时间域和离散时间域分析和设计线性时不变系统有很大的作用。例如，考虑用差分方程组表示的连续时域系统，拉氏变换理论可以将给定的差分方程组问题简化为代数方程组问题。

在本附录中，我们只考虑线性时不变动态系统。如果想更详细地学习有关拉氏变换、z 变换及其相关的变换（如傅里叶变换等）及其它们之间的相互关系，请参考控制技术方面的教科书（如 Ogata[80,81]和 Kuo[65]）。

对于某些控制理论知识有限的工程师，在使用拉氏（s）变换和 z 变换时往往会产生混淆。下面给出简单例子，介绍这些变换的物理意义和它们在工程实际中的应用。

考虑一个简单的一阶系统，其输入为 x（如供给放大器的电压），输出为 y（如电机速度）。在拉氏（即连续时间）域，系统的传递函数为：

$$G(s)=\frac{Y(s)}{X(s)}=\frac{K}{\tau s+1}=K\frac{1/\tau}{s+1/\tau} \tag{A.1}$$

式中，K 是增益；τ 是电机的时间常数。

如果给系统施加幅值为 A 的阶跃输入，我们期望知道输出 y（即电机速度，单位为 rad/s）会出现什么情况，考虑阶跃输入的拉氏变换 $L[x(t)]=X(s)=A/s$，我们得到：

$$Y(s)=X(s)K\frac{1/\tau}{s+1/\tau}=KA\frac{1/\tau}{s(s+1/\tau)} \tag{A.2}$$

式（A.2）的拉氏逆变换将给出对于幅值为 A（单位为 V）的阶跃输入（即供电电压的阶跃变化），系统（电机）在连续时域的响应（即速度）：

$$y(t)=L^{-1}Y(s)=KA(1-\mathrm{e}^{-t/\tau}) \tag{A.3}$$

从式（A.3）可以看出，经过一段时间后，输出将稳定在稳态值（速度）KA（单位为 rad/s）。过渡过程时间取决于系统的时间常数 τ。τ 的值越小，到达稳态目标（最终速度）KA 的时间越短。

现在，让我们考虑从计算机向该系统发送指令的情况，输入 x 的数值在每个离散时

间间隔 T 从计算机发送到物理系统（即电机的放大器），通过数/模（D/A）转换器电路，数字值被转换为电压。然而，计算机只按时间间隔 T（单位为 s）发送数值，在时间间隔 T 内给定物理装置（即电机）的数值为常数。现在指令的生成完全在离散时间域；因此，输入必须转化到 z 域，阶跃输入 $x=A$ 的 z 变换为 $Z[x(kT)]=X(z)=A/1-z^{-1}$。虽然放大器——伺服电机系统只在离散时间 T 接收输入指令，由于它是一个物理系统，它仍工作在连续时间域。为了将离散（数字计算机）和连续（如伺服电机）部分组合在同一个域，就必须获得物理系统的离散等价传递函数，D/A 转换器电路被认为是联系这两个域的物理桥梁。在实际建模中，绝大多数情况下，将 D/A 转换电路近似为零阶采样保持器，即：$ZOH=(1-\mathrm{e}^{-sT})/s$。因为 $z^{-1}=\mathrm{e}^{-sT}$，连续物理系统到离散时间域的零阶保持等价转化如下：

$$\begin{aligned}G(z)&=(1-z^{-1})Z\frac{G(s)}{s}=(1-z^{-1})\left[K\frac{1/\tau}{s(s+1/\tau)}\right]\\&=(1-z^{-1})\frac{Kz^{-1}(1-\mathrm{e}^{-T/\tau})}{(1-z^{-1})(1-\mathrm{e}^{-T/\tau}z^{-1})}\\&=\frac{z^{-1}[K(1-\mathrm{e}^{-T/\tau})]}{1-\mathrm{e}^{-T/\tau}z^{-1}}\end{aligned}\qquad(A.4)$$

现在系统已经完全转化到 z 域，我们就可以分析它对计算机产生的阶跃输入的响应了。可以求得系统对幅值为 A 的阶跃输入的稳态响应如下：

$$y_{\mathrm{ss}}=\lim_{z=1}X(z)G(z)=\lim_{z=1}\frac{A}{1-z^{-1}}\times\frac{z^{-1}\left[K(1-\mathrm{e}^{-T/\tau})\right]}{1-\mathrm{e}^{-T/\tau}z^{-1}}=KA\qquad(A.5)$$

这与从式（A.3）得到的连续系统的响应值相同。我们可以观察在每个时间间隔 $k=0,1,2,3,\cdots$ 的系统响应，各个时间间隔具有相等的周期 T（单位为 s），这个周期被称作采样或控制周期。如果计算机发送的阶跃指令按下列顺序改变：$x(0)=0$，$x(1)=A$，$x(2)=A$，$x(3)=A,\cdots,x(k)=A$，那么可以将它记作 $z^{-1}x(k)=x(k-1)$ 和 $z^{-2}x(k)=x(k-2)$，可以从式（A.5）求得系统在离散时间间隔的响应为：

$$\begin{aligned}&y(k)=G(z)x(k)\\&\left[(1-\mathrm{e}^{-T/\tau})z^{-1}\right]y(k)=z^{-1}\left[K(1-\mathrm{e}^{-T/\tau})\right]x(k)\\&y(k)=+\mathrm{e}^{-T/\tau}y(k-1)+\left[K(1-\mathrm{e}^{-T/\tau})\right]x(k-1)\end{aligned}\qquad(A.6)$$

读者可以给系统赋值，对两个系统［式（A.3）和式（A.7）］进行仿真，并比较其结果（假定 $A=10$，$K=2$，$T=1$，$\tau=0.2$）。

在设计机床或加工过程控制算法前必须清楚地理解拉氏（s）变换和 z 变换的处理方法。

在本附录中，除介绍拉氏变换和 z 变换及其它们的逆变换外，还将讲述如何用 MATLAB Symbolic Math Toolbox[1]进行这些变换。

A.2 基本定义

假定 $x(t)$ 是时间 t 的连续函数，其采样序列值如下：

$$\boldsymbol{x}(kT)=\{x(0),x(T),x(2T),\cdots\} \quad (A.7)$$

或

$$\boldsymbol{x}(k)=\{x(0),x(1),x(2),\cdots\}$$

式中，T 是采样周期，有时并不明确指出采样周期。在式（A.7）中，假定：

$$\begin{cases}x(t)=0 & t<0\\ x(kT)=0 & k<0\end{cases} \quad (A.8)$$

式中，k 是非负整数，k=0，1，2，…

$x(t)$的拉氏变换定义为：

$$\mathcal{L}[x(t)]=X(s)=\int x(t)\mathrm{e}^{-st}\mathrm{d}t \quad (A.9)$$

$x(t)$或其对应的序列 $\boldsymbol{x}(kT)$的［参见式（A.7）］z 变换定义为：

$$Z[x(t)]=X\boldsymbol{x}(kT)=\sum_{k=0}^{\infty}x(kT)z^{-k}$$

或去掉采样周期 T，我们可以得到：

$$Z[x(t)]=X\boldsymbol{x}(k)=\sum_{k=0}^{\infty}x(k)z^{-k} \quad (A.10)$$

且 $x(kT)=Z^{-1}[X(z)]$是逆 z 变换。式（A.9）和式（A.10）给出的拉氏变换和 z 变换均是单边变换形式［即在式（A.8）和式（A.10）中积分与求和均从 0 开始］，这从式（A.8）得到了证明。在控制工程中广泛采用这种单边变换形式。

从概念上讲，z 变换比拉氏变换易于理解，因为前者涉及求和而后者涉及积分。例如，考虑斜坡函数：

$$x(t)=\begin{cases}At & t\geqslant 0\\ 0 & \text{其余情况}\end{cases} \quad (A.11)$$

或对应的单位斜坡序列：

$$x(t)\big|_{t=kT}=x(kT)=\begin{cases}AkT & k=0,1,2,\cdots\\ 0 & \text{其余情况}\end{cases} \quad (A.12)$$

以式（A.9）和式（A.11）为例，利用积分可以得到 $x(t)$的拉氏变换为：

$$X(s)=\mathcal{L}(At)=\int_0^{\infty}At\mathrm{e}^{-st}\mathrm{d}t=\frac{A}{s^2} \quad (A.13)$$

然而对式（A.12）的 z 变换可以直接通过求和得到：

$$X(z)=\sum_{k=0}^{\infty}AkTz^{-k}=AT(z^{-1}+2z^{-2}+3z^{-3}+\cdots) \quad (A.14)$$

对于$|z|>1$，上式是收敛的。然而式（A.14）并不是很有用，因为它是一个无限级数（即求和项有无限多项）。采用指数级数式（A.14）的 z 变换可以写成下列封闭形式：

$$X(z)=AT\frac{z^{-1}}{(1-z^{-1})^2}=AT\frac{z}{(z-1)^2} \quad (A.15)$$

虽然如前面提到的，从概念上讲 z 变换比拉氏变换易于理解，但在控制技术的教材中却首先考虑拉氏变换，其原因是在分析和设计连续时间系统时，拉氏变换就足够了，而在数字控制系统中，拉氏变换和 z 变换都是必要的，这是因为数字控制系统既有连续时间元件（如设备），又有离散时间元件（如控制器），这在前面的章节中已经讲过。

如式（A.15）所示，函数或序列的 z 变换既可以用 z 的正指数表示，又可以用 z 的负指数表示。但在使用负指数表示时必须注意零点在 z-平面的原点的情况[80]。最后考虑：

$$X(z)=\frac{z}{z-3}=\frac{1}{1-3z^{-1}} \tag{A.16}$$

很显然，用 z 的正指数表示上式时，极点为 z=3，零点 z=0 在 z-平面的原点。然而，如果用 z 的负指数表示 $X(z)$，虽然可以很明显地看出极点为 z=3，但零点在原点就不是那么明显了。在本附录中将用 z 的正指数表示得到的余数，而在 z 变换表中用 z 的负指数表示变换表达式。

对于在 s 域给定的传递函数，可以通过几种不同的方式获得对应的 z 域传递函数，如：①向后差分法；②向前差分法；③极点-零点匹配法；④双线性变换法；⑤脉冲不变性法；⑥阶跃不变性法[80]。在这些方法中，脉冲不变性法直接使用 z 变换。

表 A.1 拉氏变换和 z 变换表[80]

$x(t)$	$X(s)$	$x(kT)$	$X(z)$
脉冲	—	$\delta(k)=\begin{cases}1 & k=0\\0 & k\neq 1\end{cases}$	1
延迟	—	$\delta(n-k)=\begin{cases}1 & k=n\\0 & k\neq n\end{cases}$	z^{-k}
1	$\frac{1}{s}$	1	$\frac{1}{1-z^{-1}}$
e^{-at}	$\frac{1}{s+a}$	e^{-akT}	$\frac{1}{1-e^{-aT}z^{-1}}$
t	$\frac{1}{s^2}$	kT	$\frac{Tz^{-1}}{(1-z^{-1})^2}$
t^2	$\frac{2}{s^3}$	$(kT)^2$	$\frac{T^2z^{-1}(1+z^{-1})}{(1-z^{-1})^3}$
t^3	$\frac{6}{s^4}$	$(kT)^3$	$\frac{T^3z^{-1}(1+4z^{-1}+z^{-2})}{(1-z^{-1})^4}$
$1-e^{-at}$	$\frac{a}{s(s+a)}$	$1-e^{-akT}$	$\frac{z^{-1}(1-e^{-aT})}{(1-z^{-1})(1-e^{-aT}z^{-1})}$
$e^{-at}-e^{-bt}$	$\frac{b-a}{(s+a)(s+b)}$	$e^{-akT}-e^{-bkT}$	$\frac{z^{-1}(e^{-aT}-e^{-bT})}{(1-e^{-aT}z^{-1})(1-e^{-bT}z^{-1})}$
te^{-at}	$\frac{1}{(s+a)^2}$	kTe^{-akT}	$\frac{Te^{-aT}z^{-1}}{(1-e^{-aT}z^{-1})^2}$
$(1-at)e^{-at}$	$\frac{s}{(s+a)^2}$	$(1-akT)e^{-akT}$	$\frac{1-(1+aT)e^{-aT}z^{-1}}{(1-e^{-aT}z^{-1})^2}$
t^2e^{-at}	$\frac{2}{(s+a)^3}$	$(kT)^2e^{-akT}$	$\frac{T^2e^{-aT}(1+e^{-aT}z^{-1})z^{-1}}{(1-e^{-aT}z^{-1})^3}$

续表

$x(t)$	$X(s)$	$x(kT)$	$X(z)$
$\sin(\omega t)$	$\dfrac{\omega}{s^2+\omega^2}$	$\sin(\omega kT)$	$\dfrac{z^{-1}\sin(\omega T)}{1-2z^{-1}\cos(\omega T)+z^{-2}}$
$\cos(\omega t)$	$\dfrac{s}{s^2+\omega^2}$	$\cos(\omega kT)$	$\dfrac{1-z^{-1}\cos(\omega T)}{1-2z^{-1}\cos(\omega T)+z^{-2}}$
$e^{-at}\sin(\omega t)$	$\dfrac{\omega}{(s+a)^2+\omega^2}$	$e^{-akT}\sin(\omega kT)$	$\dfrac{e^{-aT}z^{-1}\sin(\omega T)}{1-2e^{-aT}z^{-1}\cos(\omega T)+e^{-2aT}z^{-2}}$
$e^{-at}\cos(\omega t)$	$\dfrac{s+a}{(s+a)^2+\omega^2}$	$e^{-akT}\cos(\omega kT)$	$\dfrac{1-e^{-aT}z^{-1}\cos(\omega T)}{1-2e^{-aT}z^{-1}\cos(\omega T)+e^{-2aT}z^{-2}}$
		a^k	$\dfrac{1}{1-az^{-1}}$
		a^{k-1}, $k=1,2,3,\cdots$	$\dfrac{z^{-1}}{1-az^{-1}}$
		ka^{k-1}	$\dfrac{z^{-1}}{(1-az^{-1})^2}$
		$a^k\cos(k\pi)$	$\dfrac{1}{1+az^{-1}}$

注意式（A.11）和式（A.12）给出的是最基本情况的例子，我们可以直接从表 A.1 得到它们的拉氏变换和 z 变换，而不必使用式（A.13）和式（A.14）。对于非基本情况的拉氏变换和 z 变换，可以使用表 A.2 和表 A.3 给出的变换定理。事实上，在式(A.13)和式（A.15）中，我们已经应用了拉氏变换和 z 变换定理的第一个特性。

接下来我们考虑另一个例子，在这个例子中我们将说明如何利用表 A.2 中的拉氏变换特性：

$$\mathcal{L}\left[Ae^{-\alpha t}\cos(\omega t)\right]=A\mathcal{L}\left[e^{-\alpha t}\cos(\omega t)\right] \tag{A.17}$$

式中，A、a 和 ω 是实数。从拉氏变换表 A.1 我们得到：

$$\mathcal{L}[\cos(\omega t)]=\frac{s}{s^2+\omega^2} \tag{A.18}$$

利用在 s 域的实数平移特性，从拉氏变换表（参见表 A.2）我们得到：

$$\mathcal{L}[Ae^{-at}\cos(\omega t)]=A\frac{s+\alpha}{(s+\alpha)^2+\omega^2} \tag{A.19}$$

表 A.2　拉氏变换的特性[80]

$\mathcal{L}[Af(t)]=AF(s)$
$\mathcal{L}[f_1(t)\pm f_2(t)]=F_1(s)\pm F_2(s)$
$\mathcal{L}\pm\left[\dfrac{d}{dt}f(t)\right]=sF(s)-f(0\pm)$
$\mathcal{L}\pm\left[\dfrac{d^2}{dt^2}f(t)\right]=s^2F(s)-sf(0\pm)-f(0\pm)$

$\mathcal{L}\left[e^{-at}f(t)\right]=F(s+a)$
$\mathcal{L}\left[f(t-a)1(t-a)\right]=e^{-as}F(s)$
$\mathcal{L}\left[tf(t)\right]=-\frac{dF(s)}{ds}$
$\mathcal{L}\left[\frac{1}{t}f(t)\right]=\int_s^{\infty}F(s)ds$

表 A.3　z 变换的特性[80]

函数	z 变换
$x(k)$或 $x(k)$	$Z[x(t)]$或 $Z[x(k)]$
$ax(t)$	$aX(z)$
$ax_1(t)+bx_2(t)$	$aX_1(z)+bX_2(z)$
$x(t+T)$或 $x(k+1)$	$zX(z)z-x(0)$
$x(t+2T)$	$z^2X(z)-z^2x(0)-zx(T)$
$x(t+kT)$	$z^kX(z)-z^kx(0)-z^{k-1}x(T)-\cdots-zx(kT-T)$
$x(t-kT)$或 $x(n-k)$	$z^{-k}X(z)$
$tx(t)$	$-Tz\frac{d}{dz}X(z)$
$e^{-at}x(t)$	$X(ze^{aT})$
$\nabla x(k)=x(k)-x(k-1)$	$(1-z^{-1})X(z)$
$\sum_{k=0}^{n}x(k)$	$\frac{1}{1-z^{-1}}X(z)$

注意函数“$e^{-at}\cos(\omega t)$”表示阻尼正弦信号，由于它在工程系统中的重要性，在拉氏变换表 A.1 中也给出了其变换结果。

在本附录的剩余部分，我们将考虑拉氏变换和 z 变换的逆变换。在拉氏逆变换中将重点讲述部分分式展开法，我们也将讲述余式法，余式法也被称为逆余式法和逆公式法，它可以直接得到逆 z 变换而不必查 z 变换表

A.3　部分分式展开法

部分分式展开法是一种与连续分式法类似的数学工具。部分分式展开法可以用来求解拉氏、z 和傅里叶逆变换，我们将讲述前两种逆变换的求解。

在进行逆变换时，采用部分分式展开法可以使我们利用拉氏或 z 变换表直接写出或通过简单变换处理得到用 s 或 z 表示的有理函数的逆变换。

考虑传递函数：

$$X(p)=\frac{N(p)}{(p-p_1)\cdots(p-p_r)\cdots(p-p_n)} \tag{A.20}$$

假定它有显式极点，并且没有可以约掉的极点-零点对。在式（A.20）中，分子多项式 $N(p)$的次数比分母多项式的次数 n 低。换句话说 $X(p)$是严格本征有理函数。

注意在拉氏变换中，我们将设定 $p=s$，在 z 变换中，我们将设定 $p=z$。在本附录的剩余部分，我们将只采用 z 的负指数表示并将使用 z 变换表。

如果式（A.20）中分子多项式 $N(p)$的次数大于或等于分母多项式的次数 n，采用分数除法得到：

$$X(p)=F(p)+\tilde{X}(p) \tag{A.21}$$

式中，$F(p)$是 p 的正指数多项式，并且是严格本征有理函数，如果 $X(p)$表示工程系统的传递函数，根据因果条件，$F(p)$将是常数。

对于显式极点的情况，式（A.20）的部分分式展开表示为：

$$X(p)=\frac{A_1}{p-p_1}+\cdots+\frac{A_r}{p-p_r}+\cdots+\frac{A_n}{p-p_n} \tag{A.22}$$

式中，$A_i(i=1,\cdots,n)$是与极点 p_i 相对应的余数，注意我们假定式（A.22）的所有极点均是显式的，可以根据下面方法得到余数：

$$A_i=\left[(p-p_i)X(p)\right]\Big|_{p=p_i} \tag{A.23}$$

其中，式（A.23）是给式（A.22）乘 $p-p_i$，并求在 $p=p_i$ 处的值得到的。注意式（A.22）和式（A.23）对于实数和共轭复数极点（$i=1,2,\cdots,n$）有效，对于后一种情况，如果 $p_2=p_1{}^*$，那么 $A_2=A_1{}^*$（其中*号表示共轭复数）。

对于多个极点的情况：

$$X(p)=\frac{A_1}{p-p_1}+\frac{A_{21}}{p-p_2}+\frac{A_{22}}{(p-p_2)^2}+\cdots+\frac{A_{2j}}{(p-p_2)^j}+\cdots\frac{A_{2r}}{(p-p_2)^r} \tag{A.24}$$

式中，p_2 具有 r 个多重根。可以从下面公式推导出与这个多重根对应的余数：

$$A_{2j}=\frac{1}{(r-j)!}\left\{\frac{\mathrm{d}^{r-j}}{\mathrm{d}p^{r-j}}\left[(p-p_2)^r X(p)\right]\right\}\Bigg|_{p=p_r}\quad (j=1,\cdots,r) \tag{A.25}$$

注意也可以像下面实例 1 中示范的那样，通过求解代数方程得到余数。

下面的例子说明如何利用部分分式法得到余数。

【实例 A.1】考虑下面具有显式单极点的部分分式展开式：

$$X(p)=\frac{1}{(p+2)(p+4)}=\frac{A_1}{p+2}+\frac{A_2}{p+4} \tag{A.26}$$

按式（A.23）所示，式（A.26）可以写为：

$$X(p)=\frac{0.5}{p+2}+\frac{-0.5}{p+4} \tag{A.27}$$

注意余数 $A_1=0.5$ 和 $A_2=-0.5$ 也可以从下面的线性代数方程组得到：

$$\begin{bmatrix}1 & 1\\ 4 & 2\end{bmatrix}\begin{bmatrix}A_1\\ A_2\end{bmatrix}=\begin{bmatrix}0\\ 1\end{bmatrix} \tag{A.28}$$

它是从

$$\frac{A_1(p+4)+A_2(p+2)}{(p+2)(p+4)}=\frac{1}{(p+2)(p+4)} \tag{A.29}$$

得到的，采用方程两边分子中 p 的同指数系数相等的办法得到。

【实例 A.2】 接下来我们考虑具有重根的部分分式展开的情况：

$$X(p)=\frac{p+0.4}{(p+0.1)^2(p+0.2)} \tag{A.30}$$

按式（A.25）所示，我们得到：

$$X(p)=\frac{-20}{p-0.1}+\frac{3}{(p-0.1)^2}+\frac{20}{p-0.2} \tag{A.31}$$

这样，式（A.31）中的每一项均可在拉氏变换表中找到。

【实例 A.3】 在进行逆 z 变换时，在处理位于 z 平面原点的极点时必须特别小心，在这个例子中，我们选择在原点有双极点的传递函数：

$$X(p)=\frac{1}{(p-0.8)^2p^2} \tag{A.32}$$

采用部分分式展开的余数公式（A.23）和式（A.25），可以将式（A.32）写为：

$$X(p)=\frac{3.9}{p-0.8}+\frac{1.56}{(p-0.8)^2}+\frac{3.9}{p}+\frac{1.56}{p^2} \tag{A.33}$$

A.4 用部分分式展开法进行拉氏逆变换和 z 逆变换

在本节中我们将采用部分分式法进行拉氏逆变换和 z 逆变换。注意在进行 z 变换时，如果传递函数 $X(z)$采用的是 z 的正指数表示法，并且在原点至少有一个零点，我们可以考虑用 $X(z)/z$ 代替 $X(z)$进行变换[80]。

【实例 A.4】 为了示范单极点拉氏变换的情况，用 $p=s$ 代入式（A.26），考虑在 s 域的传递函数：

$$X(s)=\frac{1}{(s+2)(s+4)} \tag{A.34}$$

按式（A.27）所示，我们利用拉氏变换表可以得到 $x(t)$为：

$$x(t)=\mathcal{L}^{-1}[X(s)]=0.5\mathcal{L}^{-1}\frac{1}{s+2}-0.5\mathcal{L}^{-1}\frac{1}{s+4}=0.5\mathrm{e}^{-2t}{}_1u(t)-\mathrm{e}^{-4t}u(t) \tag{A.35}$$

式中，$u(t)$是单位阶跃。

【实例 A.5】 接下来我们考虑具有重根的传递函数［式（A.30）］的拉氏逆变换：

$$X(s)=\frac{s+0.4}{(s+0.1)^2(s+0.2)} \tag{A.36}$$

按式（A.31）所示，并利用拉氏变换表，我们得到：

$$\begin{aligned}x(t)&=\mathcal{L}^{-1}[X(s)]=-20\mathcal{L}^{-1}\frac{1}{s+0.1}+3\mathcal{L}^{-1}\frac{1}{(s+0.1)^2}+20\mathcal{L}^{-1}\frac{1}{s+0.2}\\&=(-20\mathrm{e}^{-0.1t}+3t\mathrm{e}^{-0.1t}+20\mathrm{e}^{-0.2t})u(t)\end{aligned} \tag{A.37}$$

【实例 A.6】为了示范逆 z 变换，我们首先考虑单极点传递函数逆拉氏变换的情况，在式（A.26）中令 $p=z$，我们得到：

$$X(z)=\frac{1}{(z+2)(z+4)}=\frac{1}{z^2+6z+8} \tag{A.38}$$

给式（A.27）的分子和分母同乘 z^{-2} 得到在 z^{-1} 域的表达式：

$$X(z)=\frac{z^{-2}}{1+6z^{-1}+8z^{-2}} \tag{A.39}$$

对于离散输入 $u(k)$，每个步长 k 处的输出 $x(k)$可以表示为过去的输入和输出的递归函数，即：

$$x(k)=u(k-2)-6x(k-1)-8x(k-2) \tag{A.40}$$

然而，每个极点根对传递函数值和对给定任何输入对应的响应的贡献值，其传递函数的部分分式形式比较容易解释和看得清楚。式（A.27）的部分分式表示如下：

$$X(z)=\frac{0.5}{z+2}+\frac{-0.5}{z+4} \tag{A.41}$$

注意如果传递函数以 z 的负指数的形式给出，在推导其部分分式前，我们可以先将它们写成 z 的正指数的形式。

从式（A.41）我们得到：

$$\begin{aligned}x(k)&=Z^{-1}[X(z)]=0.5Z^{-1}\frac{1}{z+2}-0.5Z^{-1}\frac{1}{z+4}\\&=0.5Z^{-1}\frac{z^{-1}}{1+2z^{-1}}-0.5Z^{-1}\frac{z^{-1}}{1+4z^{-1}}\end{aligned} \tag{A.42}$$

利用 z 变换表并对得到的结果进行化简，得到：

$$x(k)=(-1)^{k-1}(2^{k-2}-2^{2k-3})u(k-1) \tag{A.43}$$

这里 $u(k-1)$是一个采样周期延迟的单位阶跃序列。

注意即使部分分式是用 z 的正指数表示得到的，但在变换表中，逆 z 变换是以 z 的负指数的形式给出的。

【实例 A.7】考虑具有重根的有理函数［式（A.30）］的逆 z 变换。代入 $p=z$，我们得到：

$$X(z)=\frac{z+0.4}{(z+0.1)^2(z+0.2)} \tag{A.44}$$

从式（A.31）我们得到：

$$\begin{aligned}x(k)&=Z^{-1}[X(z)]=-20Z^{-1}\frac{1}{z+0.1}+3Z^{-1}\frac{1}{(z+0.1)^2}+20Z^{-1}\frac{1}{z+0.2}\\&=-20Z^{-1}\times\frac{z^{-1}}{1+0.1z^{-1}}+3Z^{-1}\frac{z^{-2}}{\left(1+0.1z^{-1}\right)^2}+20Z^{-1}\frac{z^{-1}}{1+0.2z^{-1}}\end{aligned} \tag{A.45}$$

考虑式（A.45）右边的第二项，利用 z 变换及其平移特性，我们得到：

$$Z^{-1}\left[z^{-1}\frac{z^{-1}}{(1+0.1z^{-1})^2}\right]=(k-1)(-0.1)^{k-2}u(k-1) \tag{A.46}$$

代入式（A.45），我们得到：

$$x(k)=(1+2^k-3k)(-1)^{k-1}(0.1)^{k-2}u(k-1) \tag{A.47}$$

【实例 A.8】用部分分式求有多重极点位于原点的传递函数的逆 z 变换，令 $p=z$ 并考虑有理函数［式（A.32）］：

$$X(z)=\frac{1}{(z-0.8)^2z^2} \tag{A.48}$$

利用式（A.33），我们得到：

$$X(z)=\frac{3.9}{z-0.8}+\frac{1.56}{(z-0.8)^2}+\frac{3.9}{z}+\frac{1.56}{z^2} \tag{A.49}$$

$$x(k)=Z^{-1}[X(z)]=3.9Z^{-1}\frac{z^{-1}}{1-0.8z^{-1}}+1.56Z^{-1}\frac{z^{-2}}{(1-0.8z^{-1})^2}+3.9Z^{-1}(z^{-1})+1.56Z^{-1}(z^{-2}) \tag{A.50}$$

并利用：

$$Z^{-1}\left[z^{-1}\times\frac{z^{-1}}{(1-0.8z^{-1})^2}\right]=(k-1)(0.8)^{k-2}u(k-1)$$

$$Z^{-1}\left(\frac{z^{-1}}{1-0.8z^{-1}}\right)=(0.8)^{k-1}u(k-1)$$

$$Z^{-1}(z^{-1})=\delta(k-1)=\begin{cases}1 & k=1\\ 0 & k\neq 1\end{cases}$$

$$Z^{-1}(z^{-2})=\delta(k-2)=\begin{cases}1 & k=2\\ 0 & k\neq 2\end{cases}$$

我们得到：

$$x(k)=(k-3)(0.8)^{k-4}u(k-3) \tag{A.51}$$

附录B 利用最小二乘法进行离线和在线参数估计

B.1 离线最小二乘法估计

系统的传递函数可以利用冲击、阶跃和频率响应技术在连续或离散时域进行辨识，也可以在离散时域采用回归技术进行辨识。当系统是计算机控制系统时，可能采用与计算机控制周期相同的离散时间间隔采集系统的输入和输出数据，对传递函数的参数进行辨识比较容易。

考虑采样延迟为 d，分子分母阶数分别为 nb 和 na 的传递函数通用表达式（在文献中，这样的系统被称为 ARIMA（na,d,nb））：

$$G_0(z^{-1})=\frac{z^{-d}(b_0+b_1z^{-1}+b_2z^{-2}+\cdots+b_{nb}z^{-nb})}{+a_1z^{-1}+a_2z^{-2}+\cdots+a_{na}z^{-na}} \tag{B.1}$$

给系统施加阶跃、脉冲或谐波输入，并用数字示波器测量输入和输出之间的时间延迟可以很容易地观察到死区时间。如果我们对系统没有工程感觉，通常估计系统的阶数（即 na,d,nb）比较困难。在这种情况下，我们可以求助于随机阶数辨识技术，关于这方面的内容在这里不做讲述。然而在机床工程实际中，如果我们忽略机床结构的动态特性，其驱动的阶数一般比较低，通常最高为 2 到 3 阶。再说，一名好的工程师对本书第 5 章中讲述的驱动设计和切削过程控制必须有基本的理解。习惯上通常先假定传递函数为低阶的，如果辨识输出的结果与测量吻合不好，再提高阶数。

现在让我们假定有一简单的系统，其离散传递函数如下：

$$G(z^{-1})=\frac{y(k)}{u(k)}=\frac{z^{-2}(b_0+b_1z^{-1})}{1+a_1z^{-1}} \tag{B.2}$$

这是一个一阶过程，其输出（y）相对于输入（u）有 2 个采样周期的延迟。展开传递函数，我们得到：

$$(1+a_1z^{-1})y(k)=\left[z^{-2}(b_0+b_1z^{-1})\right]u(k) \tag{B.3}$$

或

$$y(k)=[-y(k-1)\quad u(k-2)\quad u(k-3)][a_1\quad b_0\quad b_1]^{\mathrm{T}}\ \boldsymbol{\phi}(k)^{\mathrm{T}}\boldsymbol{\theta} \tag{B.4}$$

式中，k 是采样计数；$\boldsymbol{\phi}(k)^{\mathrm{T}}=[-y(k-1)\ \ u(k-2)\ \ u(k-3)]$ 是回归或测量矢量，$\theta=[a_1\ \ b_0\ \ b_1]^{\mathrm{T}}$ 是未知的参数矢量。这 3 个未知参数从 N 次测量中估计，测量次数大于未知参数的数目（即：$N\gg3$）。如果 $\hat{\theta}=[\hat{a}_1\ \ \hat{b}_0\ \ \hat{b}_1]$ 是估计的参数，在间隔 k 处，估计和实际测量之间的误差为：

$$\epsilon(k)=y(k)-\hat{y}(k)=y(k)-\boldsymbol{\phi}(k)^{\mathrm{T}}\hat{\boldsymbol{\theta}} \tag{B.5}$$

假定给系统施加的脉冲或随机输入包含很宽的频率范围，并按固定的时间间隔采集 N 次输入和输出，对每次测量可以写出下列表达式：

$$\begin{bmatrix}\epsilon(3)\\ \epsilon(4)\\ \vdots\\ \epsilon(k)\\ \vdots\\ \epsilon(N)\end{bmatrix}=\begin{bmatrix}y(3)\\ y(4)\\ \vdots\\ y(k)\\ \vdots\\ y(N)\end{bmatrix}-\begin{bmatrix}-y(2) & u(1) & u(0)\\ -y(3) & u(2) & u(1)\\ \vdots & \vdots & \vdots\\ -y(k-1) & u(k-2) & u(k-3)\\ \vdots & \vdots & \vdots\\ -y(N-1) & u(N-2) & u(N-3)\end{bmatrix}\begin{bmatrix}a_1\\ b_0\\ b_1\end{bmatrix}$$

或用矩阵形式表示为：

$$\boldsymbol{Y}=\boldsymbol{\Phi\theta} \tag{B.6}$$

式中，$\boldsymbol{Y}=\left[y(3)\quad y(4)\quad \cdots y(k)\quad \cdots y(N)\right]^{\mathrm{T}}$；$\boldsymbol{\Phi}=\left[\phi(3)\quad \phi(4)\quad \cdots\phi(k)\quad \cdots\phi(N)\right]^{\mathrm{T}}$。

最小二乘辨识方法基于使所有测量得到的误差的平方和最小[48]。误差的平方和或成本函数为：

$$J(\boldsymbol{\theta},N)=\sum_{k=3}^{N}\epsilon(k)^2=(\boldsymbol{Y}-\boldsymbol{\Phi\theta})^{\mathrm{T}}(\boldsymbol{Y}-\boldsymbol{\Phi} theta\ )=(\boldsymbol{Y}^{\mathrm{T}}-\boldsymbol{\theta}^{\mathrm{T}}\boldsymbol{\Phi}^{\mathrm{T}})(\boldsymbol{Y}-\boldsymbol{\Phi\theta}) \tag{B.7}$$

将其进一步展开，我们得到：

$$J(\boldsymbol{\theta},N)=\boldsymbol{Y}^{\mathrm{T}}\boldsymbol{Y}-\boldsymbol{Y}^{\mathrm{T}}\boldsymbol{\Phi\theta}-\boldsymbol{\theta}^{\mathrm{T}}\boldsymbol{\Phi}^{\mathrm{T}}\boldsymbol{Y}-\boldsymbol{\theta}^{\mathrm{T}}\boldsymbol{\Phi}^{\mathrm{T}}\boldsymbol{\Phi\theta}$$

使误差或成本函数最小得到相应的参数，即：

$$\frac{\partial J(\boldsymbol{\theta},N)}{\partial\boldsymbol{\theta}}=\begin{Bmatrix}\dfrac{\partial J(\boldsymbol{\theta},N)}{\partial\theta_1}\\[2mm] \dfrac{\partial J(\boldsymbol{\theta},N)}{\partial\theta_2}\end{Bmatrix}=-2\boldsymbol{\Phi}^{\mathrm{T}}\boldsymbol{Y}+2\boldsymbol{\Phi}^{\mathrm{T}}\boldsymbol{\Phi\theta}=0$$

这将得到从 N 次测量估计出的参数：

$$\boldsymbol{\theta}=\left[\boldsymbol{\Phi}^{\mathrm{T}}\boldsymbol{\Phi}\right]^{-1}\boldsymbol{\Phi}^{\mathrm{T}}\boldsymbol{Y} \tag{B.8}$$

这里讲述的最小二乘技术对于辨识任何阶数的离散传递函数的参数都是非常有用的工具。矩阵的乘积和求逆可以编写简单的程序计算或采用通用软件工具求解。

B.2 递归参数估计算法

下面给出一种在线、递归、规则常数跟踪算法[48]：

$$\hat{\boldsymbol{\theta}}(t)=\hat{\boldsymbol{\theta}}(t-1)+a(t)k(t)\left[\boldsymbol{F}_{\mathrm{p}}(t)-\boldsymbol{\phi}^{\mathrm{T}}(t)\hat{\boldsymbol{\theta}}(t-1)\right] \tag{B.9}$$

$$k(t)=\boldsymbol{P}(t-1)\boldsymbol{\phi}(t)\left[1+\boldsymbol{\phi}^{\mathrm{T}}(t)\boldsymbol{P}(t-1)\boldsymbol{\phi}(t)\right]^{-1} \tag{B.10}$$

$$\overline{\boldsymbol{P}}(t)=\overline{\boldsymbol{P}}(t-1)-a(t)k(t)\boldsymbol{\phi}^{\mathrm{T}}(t)\boldsymbol{P}(t-1) \tag{B.11}$$

$$\boldsymbol{P}(t)=c_1\frac{\overline{\boldsymbol{P}}(t)}{\mathrm{tr}[\overline{\boldsymbol{P}}(t)]}+c_2\boldsymbol{I} \tag{B.12}$$

$$a(t)=\begin{cases}\overline{a}, \left|\boldsymbol{F}_{\mathrm{p}}(t)-\boldsymbol{\phi}^{\mathrm{T}}(t)\hat{\boldsymbol{\theta}}(t-1)\right|>2\delta \\ 0\text{其他情况}\end{cases} \tag{B.13}$$

式中，$\hat{\boldsymbol{\theta}}(t)=\left[\hat{a}_1 \quad \hat{a}_2 \quad \hat{b}_0 \quad \hat{b}_1 \quad \hat{b}_2\right]^{\mathrm{T}}$ 是估计的参数矢量；$k(t)$是估计的增益；$\boldsymbol{\phi}(t)=\left[-F_{\mathrm{p}}(k-1) \quad -F_{\mathrm{p}}(k-2) \quad f_{\mathrm{c}}(k-1) \quad f_{\mathrm{c}}(k-2) \quad f_{\mathrm{c}}(k-3)\right]^{\mathrm{T}}$ 是回归矢量或观察矢量；$\overline{\boldsymbol{P}}(t)$ 是辅助协差阵；$\mathrm{tr}\left[\overline{\boldsymbol{P}}(t)\right]=\sum_{i=1}^{5}\overline{\boldsymbol{P}}_{ii}$ 是辅助协差阵的迹线和；$\boldsymbol{P}(t)$是协差阵。这里 $c_1>0$，$c_2\geqslant 0$，δ 是估计的许可输出波动或噪声的幅度。

参考文献

[1] *MATLAB Users Guide*. MathWorks, Inc., Natick, MA, 1992.

[2] R.J. Allemang and D.L. Brown. Multiple input experimental modal analysis - a survey. *International Journal of Analytical and Experimental Modal Analysis*, 44:37-44, 1986.

[3] Y. Altintas. In-process detection of tool breakages using time series monitoring of cutting Forces. *International Journal of Machine Tool and Manufacturing*, 28(2):157-172, 1988.

[4] Y. Altintas. Prediction of cutting forces and tool breakage in milling from feed drive current measurements. *ASME Journal of Engineering for Industry*, 114(4):386-392, 1992.

[5] Y. Altintas. Direct adaptive control of end milling process. *International Journal of Machine Tools and Manufacture*, 34(4):461-472, 1994.

[6] Y. Altintas. Analytical prediction of three dimensional chatter stability in milling.*JSME International Journal, Series C: Mechanical Systems, Machine Elements and Manufacturing*, 44(3):717-723, 2001.

[7] Y. Altintas, C. Brecher, M. Weck, and S. Witt. Virtual machine tool. *CIRP Annals*, 54(2):651-674, 2005.

[8] Y. Altintas and E. Budak. Analytical prediction of stability lobes in milling. *CIRP Annals*, 44(1):357-362, 1995.

[9] Y. Altintas and P. Chan. In-process detection and supression of chatter in milling. *International Journal of Machine Tools and Manufacture*, 32:329-347, 1992.

[10] Y. Altintas, K. Erkorkmaz, and W. Zhu. Sliding mode controller design for high speed feed drives. *CIRP Annals*, 49(1):265-270, 2000.

[11] Y. Altintas and N.A. Erol. Open architecture modular tool kit for motion and machining process control. *CIRP Annals*, 47(1):295-300, 1998.

[12] Y. Altintas, M. Eyniyan, and M. Onozuka, Identification of dynamic cutting force coefficients and chatter stability with process damping. *CIRP Journal of Manufacturing Science and Technology*, 57(1):371-374, 2008.

[13] Y. Altintas and J.H. Ko. Chatter stability of plunge milling. *CIRP Annals*, 55(1):361-364, 2006.

[14] Y. Altintas and A.J. Lane. Design of an electro-hydraulic CNC press brake. *International Journal of Machine Tools and Manufacture*, 37:45-59, 1997.

[15] Y. Altintas and P. Lee. A general mechanics and dynamics model for helical end mills. *CIRP Annals*, 45(1):59-64, 1996.

[16] Y. Altintas and K. Munasinghe. Modular CNC system design for intelligent machining. Part II: Modular integration of sensor based milling process monitoring and control tasks. *ASME Journal of Manufacturing Science and Engineering*, 118:514-521, 1996.

[17] Y. Altintas and W.K. Munasinghe. A hierarchical open architecture CNC system for machine tools. *CIRP Annals*, 43(1):349-354, 1994.

[18] Y. Altintas, N. Newell, and M. Ito. Modular CNC design for intelligent machining.Part I: Design of a hierarchical motion control module for CNC machine tools. *ASME Journal of Manufacturing Science and Engineering*, 118:506-513, 1996.

[19] Y. Altintas and J. Peng. Design and analysis of a modular CNC system. *Computers in Industry*, 13(4):305-316,

1990.

[20] Y. Altintas, G. Stepan, D. Merdol, and Z. Dombovari. Chatter stability of milling in frequency and discrete time domain. *CIRP Journal of Manufacturing Science and Technology*, (1):35-44, 2008.

[21] Y. Altintas, A. Verl, C. Brecher, L. Uriarte, and G. Pritschow. Machine tool feed drives. *CIRP Annals of Manufacturing Technology*, 60(2):779-796, 2011.

[22] Y. Altintas, I. Yellowley, and J. Tlusty. The detection of tool breakage in milling operations. *Journal of Engineering for Industry*, 110:271-277, 1988.

[23] Y. Altintas, and Spence, A. End milling force algorithms for CAD systems. *CIRP Annals*, 40(1):31-34, 1991.

[24] E.J.A. Armarego. *Material Removal Processes - An Intermediate Course*. The University of Melbourne, 1993.

[25] E.J.A. Armarego and R.H. Brown. *The Machining of Metals*. Prentice-Hall, 1969.

[26] E.J.A. Armarego, D. Pramanik, A.J.R. Smith, and R.C. Whitfield. Forces and power in drilling-computer aided predictions. *Journal of Engineering Production*, 6:149-174, 1983.

[27] E.J.A. Armarego and M. Uthaichaya. A mechanics of cutting approach for force prediction in turning operations. *Journal of Engineering Production*, 1(1):1-18, 1977.

[28] E.J.A. Armarego and R.C. Whitfield. Computer based modelling of popular machining operations for force and power predictions. *CIRP Annals*, 34:65-69, 1985.

[29] K.J. Astrom and B. Wittenmark. *Computer-Controlled Systems*. Prentice Hall Inc., 1984.

[30] G. Boothroyd. Temperatures in orthogonal metal cutting. *Proceedings of the Institution of Mechanical Engineers*, 177:789-802, 1963.

[31] G. Boothroyd. *Fundamentals of Machining and Machine Tools*. McGraw-Hill, 1975.

[32] E. Budak and Y. Altintas. Flexible milling force model for improved surface error predictions. In *Proceedings of the 1992 Engineering System Design and Analysis, Istanbul, Turkey*, pages 89-94. ASME, 1992. PD-Vol. 47-1.

[33] E. Budak and Y. Altintas. Peripheral milling conditions for improved dimensional accuracy. *International Journal of Machine Tools and Manufacture*, 34(7):907-918, 1994.

[34] E. Budak and Y. Altintas. Analytical prediction of chatter stability in milling.Part I: General formulation; Part II: Application of the general formulation to common milling systems. *ASME Journal of Dynamic Systems, Measurement and Control*, 120:22-36, 1998.

[35] E. Budak, Y. Altintas, and E.J.A. Armarego. Prediction of milling force coefficients from orthogonal cutting data. *ASME Journal of Manufacturing Science and Engineering*, 118:216-224, 1996.

[36] CAMI. *Encylopedia of the APT Programming Language*. Computer Aided Manufacturing International, Arlington, Texas, 1973.

[37] L.H. Chen and S.M. Wu. Further investigation of multifaceted drills. *Trans.ASME J. Engineering for Industry*, 106:313-324, 1984.

[38] R.Y. Chiou and S.Y Liang. Chatter stability of a slender cutting tool in turning with wear effect. *International Journal of Machine Tools and Manufacture*, 38(4):315-327, 1998.

[39] B.E. Clancy and Y.C. Shin. A comprehensive chatter prediction model for face turning operation including the tool wear effect. *International Journal of Machine Tools and Manufacture*, 42(9):1035-1044, 2002.

[40] D.W. Clarke, C. Mohtadi, and P.S Tuffs. Generalized predictive control. Part I:The basic algorithm.

Automatica, 23(2):137-148, 1987.

[41] R.C. Colwell. Predicting the angle of chip flow for single point cutting tools. *Transactions of the ASME*, 76:199-204, 1954.

[42] M.K. Das and S.A. Tobias. The relation between static and dynamic cutting of metals. *International Journal of Machine Tools and Manufacture*, Vol. 7:63-89, 1967.

[43] B.R. Dewey. *Computer Graphics for Engineers*. Harper & Row Publishers, New York, 1988.

[44] D.J. Ewins. *Modal Testing Theory and Practice*. Research Studies Press, Baldock, United Kingdom, 1984.

[45] M. Eyniyan and Y. Altintas. Chatter stability of general turning operations with process damping. *Journal of Manufacturing Science and Engineering, Transactions of the ASME*, 131(4):1-10, 2009.

[46] H.J. Fu, R.E. DeVor, and S.G. Kapoor. A mechanistic model for the prediction of the force system in face milling operations. *ASME Journal of Engineering for Industry*, 106:81-88, 1984.

[47] D.J. Galloway. Some experiments on the influence of various factors on drill performance. *Transactions of the ASME*, 79:139, 1957.

[48] C.G. Goodwin and K.S. Sin. *Adaptive Filtering Prediction and Control*. Prentice Hall, Inc., 1984.

[49] E. Govekar, J. Gradišek, M. Kalveram, T. Insperger, K. Weinert, G. Stépàn, and I. Grabec. On stability and dynamics of milling at small radial immersion. *CIRP Annals-Manufacturing Technology*, 54(1):357-362, 2005.

[50] W.G. Halvorsen and D.L. Brown. Impulse technique for structural frequency response. *Sound & Vibration*, vol. 11/11:8-21, 1977.

[51] R.E. Hohn, R. Sridhar, and G.W. Long. A stability algorithm for a special case of the milling process. *ASME Journal of Engineering for Industry*, vol. 90:325-329, 1968.

[52] T. Insperger and G. Stépán. Stability of the milling process. *Periodica Polytechnica*, 44:47-57, 2000.

[53] T. Insperger and G. Stépán. Updated semi-discretization method for periodic delay-differentilal quations with discrete delay. *International Journal for Numerical Methods in Engineering*, 61:117-141, 2004.

[54] I.S. Jawahir and C.A. van Luttervalt. Recent developments in chip control research and applications. *CIRP Annals*, 42/2:49-54, 1993.

[55] S. Kaldor and E. Lenz. Drill point geometry and optimization. *ASME Journal of Engineering for Industry*, 104:84-90, 1982.

[56] S. Kalpakjian. *Manufacturing Engineering and Technology*. Addison-Wesley Publishing Company, 1995.

[57] R.I. King. *Handbook of High Speed Machining Technology*. Chapman and Hall, 1985.

[58] W.A. Kline, R.E. DeVor, and I.A. Shareef. The prediction of surface accuracy in end milling. *ASME Journal of Engineering for Industry*, 104:272-278, 1982.

[59] W.A. Kline, R.E. DeVor, and W.J. Zdeblick. A mechanistic model for the force system in end milling with application to machining airframe structures. In:*North American Manufacturing Research Conference Proceedings, Dearborn, MI*, page 297. Society of Manufacturing Engineers, Vol. XVIII, 1980.

[60] W. Kluft, W. Konig, C.A. Lutterwelt, K. Nagayama, and A.J. Pekelharing. Present knowledge of chip form. *CIRP Annals*, 28/2:441-455, 1979.

[61] F. Koenigsberger and J. Tlusty. *Machine Tool Structures. Vol. I: Stability Against Chatter*. Pergamon Press, 1967.

[62] W. Konig and K. Essel. New tool materials - wear mechanism and application.*CIRP Annals*, 24/1:1-5, 1975.

[63] Y. Koren. *Computer Control of Manufacturing Systems*. McGraw Hill, 1983.

[64] J. Krystof. *Berichte uber Betriebswissenschaftliche Arbeiten, Bd., 12*. VDI Verlag, 1939.

[65] C.K. Kuo. *Digital Control Systems*. 2nd Edition. Saunders College Publishing. R.Worth, 1992.

[66] UBC Manufacturing Automation Laboratory. *CUTPRO ©Advanced Machining Process Measurement and Simulation Software*.MAL Manufacturing Automation Lab. Inc., Vancouver, BC, Canada, 2000.

[67] E.H. Lee and B.W. Shaffer. Theory of plasticity applied to the problem of machining.*Journal of Applied Mechanics*, 18:405-413, 1951.

[68] G.C.I. Lin, P. Mathew, P.L.B. Oxley, and A.R. Watson. Predicting ©utting force for oblique machining conditions. *Proceedings of the Institution of Mechanical Engineers*, 196:141-148, 1982.

[69] T.N. Loladze. Nature of brittle failure of cutting tool. *CIRP Annals.*, 24/1:13-16, 1975.

[70] W.K. Luk. The direction of chip flow in oblique cutting. *International of Journal of Production Research*, 10:67-76, 1972.

[71] M.E. Martellotti. An analysis of the milling process. *Transactions of the ASME*, 63:677-700, 1941.

[72] M.E. Martellotti. An analysis of the milling process. Part Ⅱ: Down milling. *Transactions of the ASME*, 67:233-251, 1945.

[73] M.E. Merchant. Basic mechanics of the metal cutting process, *ASME Journal of Applied Mechanics*, vol. 11:A168-A175, 1944.

[74] M.E. Merchant. Mechanics of the metal cutting process. *Journal of Applied Physics*, vol. 16:267-279, 1945.

[75] M.E. Merchant. Mechanics of the metal cutting process. Ⅱ: Plasticity conditions in orthogonal cutting. *Journal of Applied Physics*, 16:318-324, 1945.

[76] S.D. Merdol and Y. Altintas. Multi frequency solution of chatter stability for low immersion milling. *Journal of Manufacturing Science and Engineering, Transactions of the ASME*, 126(3):459-466, 2004.

[77] H.E. Merrit. Theory of self-excited machine tool chatter. *ASME Journal of Engineering for Industry*, 87:447-454, 1965.

[78] H.E. Merrit. *Hydraulic Control Systems*. John Wiley & Sons, New York, 1967.

[79] I. Minis, T. Yanushevsky, R. Tembo, and R. Hocken. Analysis of linear and nonlinear chatter in milling. *CIRP Annals*, 39:459-462, 1990.

[80] K. Ogata. *Modern Control Engineering*. Prentice Hall, Inc., 1970.

[81] K. Ogata. *Discrete Time Control Systems*. Prentice Hall, Inc., 1987.

[82] H. Opitz and F. Bernardi. Investigation and calculation of the chatter behavior of lathes and milling machines. *CIRP Annals*, 18:335-343, 1970.

[83] P.L.B. Oxley. *The Mechanics of Machining*. Ellis Horwood Limited, 1989.

[84] W.B. Palmer and P.L.B. Oxley. Mechanics of orthogonal machining. *Proceedings of the Institution of Mechanical Engineers*, 173(24):623-654, 1959.

[85] J. Peters and P. Vanherck.Machine tool stability and incremental stiffness. *CIRP Annals*, 17/1, 1967.

[86] W.H. Press, B.P. Flannery, S.A. Tenkolsky, and W.T. Vetterling. *Numerical Recipes in C*. Cambridge University Press, 1988.

[87] G. Pritschow. A comparison of linear and conventional electromechanical drives.*CIRP Annals*, 47/2:541-547,

1998.

[88] G. Pritschow, C. Eppler and W-D. Lehner. Ferraris sensor: the key for advanced dynamic drives. *CIRP Annals*, 52/1:289-292, 2003.

[89] S.S Rao. *Mechanical Vibrations*. Addison-Wesley Publishing Company, 1990.

[90] H. Ren. Mechanics of machining with chamfered tools. Master's thesis, The University of British Columbia, 1998.

[91] D.M. Ricon, Ulsoy, A.G. Effects of drill vibrations on cutting forfces and torque.*CIRP Annals*, 43(1):59-62, 1994.

[92] J.C. Roukema and Y. Altintas. Generalized modeling of drilling vibrations. Part Ⅰ:Time domain model of drilling kinematics, dynamics and hole formation. *International Journal of Machine Tools and Manufacture*, 47(9):1455-1473, 2007.

[93] J.C. Roukema and Y. Altintas. Generalized modeling of drilling vibrations.Part Ⅱ: Chatter stability in frequency domain. *International Journal of Machine Tools and Manufacture*, 47(9):1474-1485, 2007.

[94] T.L. Schmitz and K.S. Smith. *Machining Dynamics-Frequency Response to Improved Productivity*. Springer, 2009.

[95] E. Shamoto and Y. Altintas. Prediction of shear angle in oblique cutting with maximum shear stress and minimum energy principle. *ASME Journal of Manufacturing Science and Engineering*, 121:399-407, 1999.

[96] M.C. Shaw. *Metal Cutting Principles*. Oxford University Press, 1984.

[97] S. Smith and T. Delio. Sensor-based control for chatter-free milling by spindle speed selection. In *Proceedings of ASME 1989 WAM: Winter Annual Meeting*, 18:107-114, 1989.

[98] S. Smith and J. Tlusty. An overview of modelling and simulation of the milling process. *ASME Journal of Engineering for Industry*, 113(2):169-175, 1991.

[99] A. Spence and Y. Altintas. A solid modeller based milling process simulation and planning system. *ASME Journal of Engineering for Industry*, 116(1):61-69, 1994.

[100] A.D. Spence and Y. Altintas. CAD assisted adaptive control for milling. *Trans. ASME J. Dynamic Systems, Measurement and Control*, 116:61-69, 1991.

[101] L.N. Srinivasan and Q.J. Ge. Parameteric continuous and smooth motion interpolation.*Journal of Mechanical Design*, 118(4):494-498, 1996.

[102] G.V. Stabler. Fundamental geometry of cutting tools. *Proceedings of the Institution of Mechanical Engineers*, Vol. 165:14-26, 1951.

[103] G.V. Stabler. The chip flow law and its consequences. *Proceedings of 5th Machine Tool Design and Research Conference*, 243-251, 1964.

[104] D.A. Stephenson. Material characterization for metal-cutting force modeling.*Journal of Engineering Materials and Technology*, 111:210-219, 1989.

[105] G. Stute. *Electrical Feed Drives for Machine Tools*. Edited by H. Gross, John Wiley Inc., 1983.

[106] J.W. Sutherland and R.E. DeVor. An improved method for cutting force and surface error prediction in flexible end milling systems. *ASME Journal of Engineering for Industry*, 108:269-279, 1986.

[107] A.O. Tay, M.G. Stevenson, G. De Vahl Davis, and P.L.B. Oxley. A numerical method for calculating temperature distributions in machining, from force and shear angle measurements. *International Journal of Machine Tool*

Design and Research, 16:335-349, 1976.

[108] F.W. Taylor. On the art of cutting metals. *Transactions of the ASME*, vol. 28:31-350, 1907.

[109] THK. *THK LM System Ball Screws, Catalog No. 75-IBE-2*. T H K Co., Japan, 1996.

[110] J. Tlusty and F. Ismail. Basic nonlinearity in machining chatter. *CIRP Annals*, 30:21-25, 1981.

[111] J. Tlusty and T Moriwaki. Experimental and computational identification of dynamic structural methods. *CIRP Annals*, 25:497-503, 1976.

[112] J. Tlusty and M. Polacek. The stability of machine tools against self-excited vibrations in machining. *International Research in Production Engineering, ASME*, vol. 1:465-474, 1963.

[113] S.A Tobias. *Machine Tool Vibration*. Blackie and Sons Ltd., 1965.

[114] S.A. Tobias and W. Fishwick. A theory of regenerative chatter. *The Engineer-London*, vol. 205:139-239, 1958.

[115] E.M. Trent. *Metal Cutting*. Butterworths, 1977.

[116] F.C. Wang, S. Schofield, and P. Wright. Open architecture controllers for machine tools. Part Ⅱ : A real time quintic spline interpolator. *Journal of Manufacturing Science and Engineering*, 120(2):425-432, 1998.

[117] M. Weck, E. Verhagg, and M. Gather. Adaptive control of face milling operations with strategies for avoiding chatter-vibrations and for automatic cut distribution.*CIRP Annals*, 24(1):405-409, 1975.

[118] I. Zeid. *CAD/CAM, Theory and Practice*. McGraw Hil, New York, 1991.

[119] N.N. Zorev. Interrelationship between shear processes occurring along tool face and on shear plane in metal cutting. *ASME Proceedings of International Research in Production Engineering Research Conference, New York*, pages 42-49, New York. September 1963.

[120] N.N. Zorev. *Metal Cutting Mechanics*. Pergamon Press, 1966.